华章程序员书库

Towards Professional
Programming in C

C语言编程
思想与方法

尹宝林 著

机械工业出版社
China Machine Press

图书在版编目（CIP）数据

C 语言编程思想与方法 / 尹宝林著 .-- 北京：机械工业出版社，2022.1
（华章程序员书库）
ISBN 978-7-111-69828-9

I. ①C… II. ①尹… III. ①C 语言 – 程序设计 IV. ①TP312.8

中国版本图书馆 CIP 数据核字（2021）第 267299 号

C 语言编程思想与方法

出版发行：机械工业出版社（北京市西城区百万庄大街 22 号 邮政编码：100037）

责任编辑：赵亮宇　　　　　　　　　　　　　　责任校对：殷　虹

印　　刷：保定市中画美凯印刷有限公司　　　　版　　次：2022 年 3 月第 1 版第 1 次印刷

开　　本：186mm×240mm　1/16　　　　　　　印　　张：21.75

书　　号：ISBN 978-7-111-69828-9　　　　　　定　　价：79.00 元

客服电话：(010) 88361066　88379833　68326294　　　投稿热线：(010) 88379604

华章网站：www.hzbook.com　　　　　　　　　　　读者信箱：hzjsj@hzbook.com

Foreword 作者自序

　　本书面向具有一定的 C 语言编程基础，希望在专业程序设计能力方面进一步提高的读者。本书重点讲解 C 语言中需要深入理解和掌握的知识，程序设计的基本方法和原则，以及这些方法和原则在实际中的应用。希望读者能够通过对本书的阅读和学习，在编程工作中掌握较为专业的思维方式和工作方法，能够正确、准确、有效地把自己解决实际计算问题的思路转换为具有专业质量的程序。

　　计算机技术是信息化时代重要的技术支撑，是信息化的技术基石。当前人类社会中，计算机系统无处不在，如果说硬件是计算机系统的躯体，那么软件就是计算机系统的灵魂。可以说，程序设计就是为计算机系统铸造灵魂的工作。因此程序设计能力是信息化时代的一种重要能力。

　　程序设计离不开编程语言。在编程语言百花齐放的今天，C 语言具有非常独特的地位。在面世近 50 年之后，C 语言仍然保持着旺盛的活力，多年来一直在语言应用排行榜中稳居前两名。尽管各种新的编程语言不断涌现，也未能撼动 C 语言的地位。即使近年来在人工智能热潮的推动下，Python 语言后来居上，但在 2021 年 10 月份发布的 TIOBE 编程语言排行榜上，C 语言也仅仅以 0.11% 之差屈居第二，是编程语言中名副其实的常青树。

　　程序设计如同写文章。一篇合格的文章需要立意明确、思路清楚、内容完整、布局合理、表达准确、语言生动。一个具有专业水平的程序则不但要全面满足任务需求，而且要结构清晰、组织合理、代码简洁，并能完整实现对程序功能、性能、可靠性和可扩展性等各方面的要求。也就是说，一个好的程序也需要在构思和表达两方面都有完美的表现。程序的构思涉及软件工程、常用算法、数据结构以及与具体任务相关的知识和算法。本书则主要侧重如何使用 C 语言准确地表达程序的构思，讨论如何写出结构合理、表达准确、描述简练、高效可靠、易于理解和维护的代码，讨论程序的分析、设计和实现过程、指导原则，以及常用的方法，并结合示例介绍这些方法和原则在实际编程中的具体运用，为希望进一步提高自己实际程序设计能力的读者提供适当的指导。

　　理论与实践相结合是掌握知识的必由之路。为此，读者应该积极地将所学到的理论知识应用到自己的编程实践中去。在实践过程中要把注意力着重放在问题的分析、计算过程的分解、数据结构的选择、程序结构的组织等程序设计的过程和方法上。只要抓住了这些关键，认真思考并勤于实践，就可以有效地提高自己的专业素养和实际的程序设计能力。正如毛主席所说的："世上无难事，只要肯登攀。"

　　本书的写作得到了机械工业出版社华章分社温莉芳、刘立卿和刘锋，以及出版社其他同人的热情鼓励和多方支持，作者对此表示衷心的感谢。限于水平，书中难免有错漏之处，还望读者不吝指正。

尹宝林

2021 年初冬于北京航空航天大学

Contents 目　　录

第 0 章 *Chapter 0*

引　言

计算机与程序设计

计算机技术是人类在 20 世纪最重要的发明之一，其对我们社会发展和生活的影响远远超过了发明者当初的预期。如今，计算机已经日益深入生产、生活、国防、科技、商务、政务、文化、娱乐等方方面面。大到宇宙飞船的发射、电子商务、电子政务的运行，小到电子邮件的收发、使用手机通话、通过互联网交谈和玩电子游戏，无不需要计算机技术的支持。随着技术的不断发展，计算机技术将会在人类活动的几乎所有领域得到应用，深刻而持久地改变我们的社会和生活。

计算机技术之所以具有如此影响力的一个重要原因是，计算机不是一个一次性定型的直接服务性产品。计算机的硬件，包括它的核心功能部件和外围设备，只是提供了一个具有广泛通用性的计算平台。计算机系统功能的多样性和复杂性，主要取决于它的软件系统。可以粗略地认为，硬件决定计算机系统的性能，而软件决定计算机系统的功能。硬件性能的提高在很大程度上取决于电子技术的进展，而软件功能的发展，则主要取决于人们的需求，以及软件工作者的想象力和程序设计能力。

依据程序的规模、功能目标和所涉及的主要技术，程序设计一般可以分为语言基础级、基本运用级、工具程序级、软件工程级以及大型系统级等几个层次。语言基础级的目标是掌握程序设计语言的基本元素、语法规则、语义、程序的基本结构、计算和控制，以及语言和各种支持工具的基本使用方法，所涉及的程序代码一般在十几行到几十行之间。基本运用级的目标是使用程序设计语言解决小型问题。这一层面所需的主要技术是问题的基本分析方法、常用的简单算法、语言的使用技巧、常用模式以及程序的调试和检验技术，所涉及的程序代码一般在百行左右。工具程序级的目标是使用程序设计语言解决一般规模的实际问题，提供实用的软件工具。这一层面的重点在于对系统需求、程序结构、程序应用环境、程序可靠性、程序可维护性、程序可扩展性、程序可移植性、程序错误处理、程序性能优化和程序风格等的考虑，程序代码一般在千行以上，万行以下。软件工程级和大型系统级的程序设计面向规模数万行、数十万行，甚至更大规模的软件系统，其核心技术是软件工程和系统工程，远远超过了一般程序设计的范畴。但是这些大型软件及其支持工具的基本实现技术仍然是程序设计。

程序设计和程序设计语言

程序是软件的主要表现形式，程序设计是软件实现的主要手段，程序设计语言是程序设计的基本工具。伴随着计算机技术的发展，程序设计语言也经历了一个从低级编程语言到高级编程语言的发展过程。在计算机出现的最初阶段，程序设计是通过机器语言以及后来的汇编语言实现的。汇编语言与机器语言同属于低级语言，其语言结构基本上是面向特定机器指令系统的指令序列，对计算过程的描述是在目标机操作的层次进行的。因此汇编语言与机器语言严格依赖于特定的指令系统，可移植性差。同时，由于这类语言的描述层次很低，导致程序的可读性和可维护性差，代码较长，所以它们不适于大型软件的开发。

随着计算机硬件功能和性能的增强，软件的规模和复杂度也日益增加。低级的机器语言和汇编语言显然已不能满足更复杂的软件设计要求。大型程序设计需要更加符合人们描述习惯、更具可读性和可理解性的程序设计语言。同时，随着多种硬件结构的出现，人们也希望程序具有较强的可移植性，可以运行在不同的机器上而不要过分依赖特定的机器指令系统和硬件结构。在这种情况下，高级程序设计语言就应运而生了。

高级程序设计语言的出现标志着形式语言理论和编译理论的突破性进展。高级程序设计语言在与目标机无关的层次对所需计算的问题进行描述，因此它可以屏蔽计算过程的执行细节，突出计算过程的目标和基本过程，便于问题的分析和描述。高级程序设计语言在较高的层次上对计算机的执行过程进行抽象描述，一条高级程序设计语言的语句往往等价于很多条机器指令，这就大大提高了程序设计的效率。同时，高级程序设计语言需要通过编译系统转换成机器指令，其本身与具体的目标机无关，只要编译系统能够生成出目标机的指令序列，用高级程序设计语言写成的程序就可以运行在任何计算机上。高级程序设计语言的这些特点，使得计算机应用进入了一个新的阶段。大量使用低级语言难以实现的规模大、复杂度高、使用周期长、投入资源多的程序设计任务不断出现并得以完成。这些也反过来促进了高级程序设计语言的发展。

程序设计语言并不等于程序设计。程序设计的作用是表达程序设计者的思想，是按照计算机所能理解和执行的方式描述其需要完成的工作，而程序设计语言则是表达这种思想的工具。在程序设计工作中，首先需要明确的是所要表达的思想到底是什么，也就是到底需要计算机按照什么样的步骤来执行计算过程，产生什么样的计算结果。至于采用什么样的语言，以及这种语言的细节，则是第二位的。这就好像一篇文章，既可以用中文写成，也可以用英文写成一样。当然，如同语言的特性和细节对于表达的方式、修辞的手段，甚至文章的结构都会有一定的影响一样，程序设计语言对于程序设计也有不可忽视的影响。

只有正确熟练地掌握了所选择的程序设计语言，才能高质量地完成复杂的程序设计工作。但是，程序设计语言毕竟只是程序外在的表示手段，是从属于程序所要表达的思想内容的。著名的计算机科学家和教育家、图灵奖获得者 Knuth 说过，对于一个计算机专业工作者来说，熟练掌握一门新的程序设计语言只需要一周的时间。他实际的意思是说，相对于一种程序设计语言，专业化的程序设计思路和方法是更为本质的知识和能力，是独立于具体程序设计语言的。在具备了基本的程序设计能力之后，掌握一门新的语言并不是一件困难的事情。

专业化的程序设计能力

一名计算机专业工作者应该能够准确有效地使用编程语言表达自己的思想和意图，使之成为计算机能够理解和执行的程序；应该能够规范系统地完成从任务的分析和理解到程序代码的测试和质量保证这一完整的程序开发过程。从技术的层面上讲，对于具有专业能力的程序设计人员来说，仅仅能够熟练地掌握程序设计语言，写出可以在简单测试条件下运行的程序是远远不够的。具有专业能力的人所写的程序，应该是能够全面充分地满足对计算任务的功能和性能要求，可以在各种条件下正确运行的；应该在程序的结构设计、算法和数据结构的选择、程序的功能和性能、程序的可靠性和可维护性、程序的可扩展性以及程序的风格等方面有着更高的水平和质量。程序不是运行在抽象的环境中，而是运行在具体的计算机硬件和操作系统之上的。程序在运行中所产生的效果和影响，必然与其目标机和相关的系统软件有着密切的关系。例如，有时程序结构的轻微调整或程序中某些参数的小小改动就可能显著地影响程序的性能，有时调整表达式的计算顺序就可能得到不同的结果，同一个程序在不同的环境下运行会产生不同的答案，如此等等。解决这些问题需要对计算机硬件的运行机制、编译系统、操作系统的工作原理有充分的了解⊖。这些方面的知识以及必要的技术判断能力，也是一个从事程序设计工作的人必须具备的。

C 语言的特点

目前的高级程序设计语言很多，每一种语言都有其所适用的领域、对问题的描述方式、语言运行的方式等。本书之所以选择 C 语言作为讲解程序设计的工具，是因为它具有独特的优点，目前仍然是很多计算机专业人员的首选编程语言。C 语言是由 Dennis Ritchie 为实现 Unix 操作系统而专门设计的编译型程序设计语言⊜。根据设计者自己的评价："C 是一种通用的程序设计语言，它包含了紧凑的表达式，现代控制流和数据结构，以及丰富的运算符集合。C 不是一种'很高级'的语言，也不'大'，它不特定于某一个应用领域。但是 C

⊖ 兰德尔·E. 布莱恩特（Randal E. Bryant），大卫·R. 奥哈拉伦（David R. O'Hallaron），《深入理解计算机系统（原书第 3 版）》。

⊜ 布莱恩·W. 克尼汉（Brian W. Kernighan），丹尼斯·M. 里奇（Dennis M. Ritchie），《C 程序设计语言（第 2 版·新版）典藏版》。

的限制少，通用性强，这使得它比一些被认为功能强大的语言更方便，效率更高。"实践证明，C语言不仅圆满地实现了其最初的设计目标，而且适用于数值计算和非数值应用等其他领域。目前，不仅绝大多数的操作系统、编译系统以及各种基础软件工具等都是用C语言实现的，而且不少的应用软件也采用C语言作为编程语言。C语言对很多编程语言有着重大影响。不仅C++和C#等语言脱胎于C，很多新兴的语言，包括一些常用的脚本语言也都大量借鉴和采用了C语言的语法和其他要素。C语言可以说是计算机专业人员的第一语言。一旦掌握了C语言，再看其他各种编程语言，就会有一览众山小的感觉。

C语言的成功得益于它的诸多特点。C语言是一种支持结构化程序设计的语言，语法和结构简洁，所涉及的概念比较少，易于学习。C语言兼具高级语言和低级语言的特点，这使得C语言不仅在系统软件的设计中占据绝对的主导地位，在应用软件的设计中也占有一席之地，是目前应用领域最广的语言之一。其低级语言的特点使其可以对系统的硬件进行更直接的控制和操作，使之成为设计操作系统、嵌入式系统等需要硬件操作能力的软件时的不二选择。而其高级语言的特点使其具有很高的抽象描述能力、良好的程序可读性和可维护性。C语言源程序可以分块编译，便于大型程序的组织和维护，因此可以胜任各种大型应用系统的编程。用C语言编写的程序具有很高的运行效率。这不仅使它成为需要关注程序运行过程和效率的软件（如各种实时系统、各种高级语言的解释器和虚拟机的实现）的首选编程语言，而且在很多应用系统中得到了广泛的应用，并表现出鲜明的特点。例如，苹果手机的iOS系统采用基于C语言的Objective C，在性能方面就明显优于使用Java的安卓系统。C语言与操作系统的结合紧密自然，在对计算过程的描述上贴近计算机系统的运行过程，因此在掌握了专业化的C语言编程能力之后，对于各种系统的运行机制就会有一种看透一切的洞察力。

当然，C语言也有自己的缺点。例如：C语言的运算符优先级过多，难以记忆；指针使用无限制，容易产生错误；语法过于灵活，容易产生歧义性；语言过于精练，一些拼写错误较难发现；类型定义方式较为复杂，不容易理解；等等。但是这些毕竟瑕不掩瑜，而且在C语言学习中的这些难点会随着学习者经验的积累而被克服。

避开编程中的误区

由于思维和工作习惯，很多读者在学习编程时经常会陷入一些误区。下面是初学者需要注意的一些原则要点，遵循这些原则，就可以有意识地避开学习和实际编程中的很多误区。从而提高工作效率，收到事半功倍的效果。

明确任务需求 从整体上把握程序设计的过程是圆满完成编程任务的关键。这其中首要的就是明确任务的需求。从程序要解决的主要问题、所需要具备的各种功能、对程序性能的要求，到程序的运行环境和各种限制条件等，都需要了然于胸。这说起来简单，但却是很多初学者在编程过程中经常失误的地方：大到在程序中遗漏了一些功能需求，小到忘记对输入/输出数据格式的规定和其他限制条件及特殊要求，以及在调试程序时没有弄清故障现象就动手修改程序，等等。这些听起来似乎不可思议，却是不少人在编程实践中屡屡出现的失误。要避免这些失误，重要的是需要遵循规范的编程过程，自顶向下、按部就班地完成程序设计的任务。

不要急于编码 不少人在接到一个编程任务后，往往略加思考就开始编写代码。实际上，在规范的编程过程中，编码所占的时间比例并不高。程序设计过程的大部分时间都用在了编码前的各项前期工作以及对程序的测试上。只有前期工作准备充分，后期的编码工作才能顺利，也才能够保证程序的质量。即使是比较简单的程序，也需要先理清思路，想清楚手工计算的过程，写出关键的计算表达式、数据的组织方式、必要的程序测试数据，以及预期的计算结果等。而急于编码，会过早地把自己的注意力集中到一些细节上，往往容易忽视对程序的整体把握，忽视编程任务中的关键要点，甚至有可能偏离程序的任务要求。

使用中文思考 与急于编码相关联的是，有些人往往会不自觉地使用编程语言进行思考。这种做法有两个主要缺点：第一个就是首先把自己的注意力集中在程序的局部和细枝末节上，而不是注意从整体上把握程序；第二个就是使用自己不熟悉、不自然的方式进行思考，这样往往会导致纠缠于一些语言的细节而难以理清思路。马克思说过："就像一个刚学会外国语的人总是要在心里把外国语言译成本国语言一样；只有当他能够不必在心里把外国语言翻成本国语言，当他能够忘掉本国语言来运用新语言的时候，他才算领会了新语言的精神，才算是运用自如。"反过来说，一个人只有在掌握了新语言的精髓之后，才能够运用这种语言进行思考，而这绝不是一个简单的、可以一蹴而就的过程。在真正掌握了C语言的精髓，能够对其运用自如之前，还是需要用我们的母语中文进行思考，从整体到细节把握程序设计中的各个要点。

不要忽视注释 很多人，尤其是初学者，往往会把全部注意力集中在程序的代码上，疏于或懒于对程序代码进行注释。其实，完整、准确、简练、充分的注释不仅是良好程序风格的必要组成部分，而且是支持程序可维护性的重要手段。尽管注释对程序的运行不产生任何影响，但对于编程人员和其他需要阅读、理解和维护程序的人具有重要的帮助作用，是保证程序具有可读性和可维护性的重要工具。当程序的规模不断增大时，对源代码的理解难度也会随之增加。即使是编程人员自身，在相隔一段时间之后，也可能在对自己编写的代码的理解上发生困难，更不用说其他需要阅读和维护程序的人员了。作者就曾多次见到一些研究生在撰写学位论文时，需要花费时间重新分析和理解自己一年甚至几个月前编写的没有注释的程序代码，以便理清思路，弄清楚自己当初做了什么，以及为什么这么做。准确充分的注释在帮助自己和他人正确地理解程序方面的作用是无可替代的。对于具有一定的生命周期以及需要与他人进行交流协作的程序代码，注释是必选项而不是可选项。因此在学习程序设计的开始就应该养成正确使用注释的习惯。

本书的内容和结构

本书主要涉及语言基础级、基本运用级以及部分工具程序级的程序设计技术，包括对问题的分析、方案的设计以及编码和调试。希望学习过本书的读者能够在培养专业水平的程序设计能力方面打下一定的基础。本书共8章（不含第0章），分为三个部分。第1章讨论程序设计的基本方法，包括问题的分析、方案的设计以及编码和调试。这些知识，以及对这些知识的运用能力，是专业化编程能力的重要组成部分。第 2～6 章重点讨论专业人员需要较深入了解和掌握的内容，其中既包括 C 语言中需要深入理解和掌握的知识，也包括在编程中对一些基本算法和数据结构的运用，并结合这些内容进一步说明程序设计的基本方法和原则，以及这些方法和原则在实际中的应用。这一部分的主要内容有 C 语言中的整型数据和浮点型数据的数值表示及计算精度、类型的转换、数据的字节序和截断、指针、结构和类型、以及数组、动态内存分配等。此外，在这一部分中对递归思想及其在编程中的运用、深度优先搜索和广度优先搜索算法的使用以及具体的代码实现也进行了讨论分析，并介绍了常用的标准库函数及其使用。最后两章讨论程序代码和结构的优化，包括对程序时间效率和空间效率的优化、程序的风格以及程序组织的方式和原则。这些知识和技术都是在设计和实现具有较大规模的实用程序时可能需要用到的。

本书的重点是讨论如何使用 C 语言进行程序设计。因此对 C 语言里一些不常用或非关键的内容没有涉及，对于语言的一些语法和语义也没有过于深入的讨论。读者在学习和练习的过程中遇到这方面的问题时，可以自行查阅相关的内容。本书也没有过多涉及各类算法和数据结构，因为那是属于其他技术领域的。本书只在第 5 章中重点讨论了盲目搜索算法，包括深度优先搜索和广度优先搜索及其实现技术。这不仅是因为盲目搜索算法在理论研究和实际应用中的重要性，还因为盲目搜索算法为讲解将求解思路转换为程序代码提供了难度适中的范例。

为了说明程序设计中的各种原则和方法及其在实际编程中的运用，本书中使用了较多的示例，而且有些示例还被使用了多次，以便说明在一个问题求解过程的不同阶段如何具体运用相关的方法，或者比较对同一个问题的不同观察角度和求解思路。读者在阅读示例时，可以首先独立思考，得出自己的结论，然后再参考示例中给出的答案。程序设计中的很多选择和答案都不是唯一的，也许读者会发现比示例答案更好的方法。在有些示例中只给出了关键部分的程序代码，其余部分则留待读者去补充完善。为了便于阅读，本书对示例按章号加序号的方式编号。例如第 1 章第 2 个示例的编号是【例 1-2】。同一个示例在同一章中被再次使用时会在原编号的后面加上后缀。如果这个示例在其他章节中被再次使用，则会按照其所在的章号和序号重新编号。

本书讨论了程序设计中的各种原则和方法。但是，程序设计不是一种抽象的理论，而是一种实践性很强的知识和能力的综合。为了掌握和提高程序设计能力，需要进行大量的编程实践，以循序渐进的方式从简单问题入手，逐步尝试求解一些复杂的问题，尝试在求解过程中灵活地运用学过的方法和原则，以便加深对这些方法和原则的理解和掌握。需要注意的是，在程序设计中，对问题的观察可能有多种角度，对问题的分析可能有多种思路，对方案的设计可能有多种选择，对程序的编码可能有多种结构和风格。在这多种可能性中迅速把握住问题的关键，做出正确的抉择和取舍，不仅需要掌握一般的原则和方法，而且取决于编程人员的知识和经验、专业素养，以及思维方法和灵感。这也是程序设计常被称为是一种艺术的重要原因。这里最重要的是对各种知识的融会贯通，对各种原则的灵活运用，对问题宏观而全面的把握，以及自顶向下的分析方法。800 多年前，岳飞在谈论兵法时说过一句名言："阵而后战，兵法之常；运用之妙，存乎一心。"这句话在我们学习程序设计时依然有着重要的指导意义。

第 1 章 *Chapter 1*

程序设计的基本方法

对于初学者来说，写出一个满足要求的程序并不是一件简单的事情。明明已经了解和掌握了 C 语言中各种语句的语法和语义以及 C 程序的基本结构，对要求似乎也都清楚，但就是不知道怎样写出一个满足要求的程序：或者是程序运行所产生的结果不对，或者是程序一运行就崩溃，或者有时感觉根本就无从下手。

出现这种情况是很正常的。编程是用程序设计语言描述一种可以让计算机准确执行的计算过程，以期完成所需的计算。这里涉及内容和表达两个方面。所谓内容就是要有明确的解决问题的思路和方案，所谓表达就是使用程序设计语言对问题的解决方案，包括计算的过程和步骤、所采用的算法和数据结构等，进行准确的描述。大部分初学者在程序设计的学习过程中首先把注意力集中在对程序设计语言本身的学习上，需要了解和掌握程序设计语言的基本要素，熟记各种关键字和各种语句的语法、含义和基本使用方法，因此还没有足够的时间和精力去学习和掌握使用这些语句去编写程序的方法和技巧，更难以关注如何从任务的要求入手，构思一个合理的解决方案，以及如何准确有效地实现这一方案，保证所完成的程序正确可靠地运行。这是学习过程中的一个必然阶段，就好像人们首先要学习和掌握写字和造句，然后才能练习写文章一样。但是，如果注意掌握正确的学习方法，在学习程序设计语言的同时注意学习程序设计的方法和对程序设计语言的运用，则可以收到事半功倍的效果。

与学习写作需要掌握遣词造句、布局谋篇、起承转合相类似，学习程序设计也要掌握一些专门的方法。与使用自然语言写作相比，程序设计语言的词汇和语法要简单得多，写程序的方法和步骤也更加规范和易于掌握。因此，经过一定的学习和练习，编写符合要求的程序将不再是一件很困难的事情。

1.1 程序设计的基本过程

与解决任何其他问题一样，在进行程序设计时，首先要明确的是需要解决的问题和已知的条件。只有在这两者都明确的情况下，才有可能找到从出发点通向目标的正确道路。在程序设计中，需要首先考虑的问题是：程序需要完成的任务是什么，已知的条件和数据有哪些，从哪里获得这些数据，在计算过程中有哪些限制。在明确了这些基本要素之后，才能开始寻找实现目标的方法，选择和确定适当的算法和数据结构，并且考虑如何检验和证明所实现的程序是否符合设计目标的各项要求。在这些问题都弄清之后，才能进一步考虑使用什么样的语句进行编码，把上述思想转化为程序。根据这些要点，程序设计的基本过程可以分为问题分析、设计、编码、调试和测试等几个阶段。

问题分析阶段的主要工作是明确程序所要完成的任务目标及其工作环境和限制。设计阶段主要是明确问题求解的基本思路和步骤，将任务目标进一步细化为对于程序的具体要求，并在此基础上确定实现技术的基本要素，如数据结构、算法、程序结构等。编码过程是程序的具体实现，是将问题求解过程和步骤的描述由自然语言或其他不能由计算机执行的表达方式转换为计算机所能理解的形式，将由形式化或非形式化方式完成的设计转换成用编程语言完成的对计算过程的步骤和细节进行具体描述的代码。调试阶段的任务主要是发现和改正编码过程中的错误，保证编码过程，也就是从设计到程序的转换工作的正确性，保证程序能够正常运行。测试阶段的工作目的是检查程序的功能和性能是否符合目标的要求，能否满足所规定的各项指标。

尽管所有的程序设计工作基本上都要经过这几个阶段，但不同规模的程序在每一个阶段所需完成的任务的复杂程度是有很大差别的。例如在大型的软件中，与问题分析工作相对应的工作被称为需求分析，在需求分析结束后需要产生一份详细的需求分析报告。对于更复杂的系统的需求分析已经创造出了一个新的术语：需求工程。在大型软件中，设计工作被进一步细化分解为概要设计和详细设计，测试也被划分为单元测试、模块测试、功能测试、性能测试、回归测试等很多种。这些在软件工程领域都有专门的论著和教科书进行深入的讨论和分析。对于几十行、上百行或是再稍大一些的程序来说，事情远不需要这么复杂，各个阶段的工作都要简单得多。很多时候，这些阶段之间的分界并不是非常明确的，很多工作有可能是交叉进行的。但是，即使对于一个不大的程序来说，也仍然有许多问题需要仔细地考虑，分阶段地处理。因此，把程序设计的过程分成上述这些阶段是很必要的。对于初学者来说，这有利于掌握有条不紊、按部就班地分析和解决问题的方法，养成良好的习惯。

在程序设计前期的分析和设计阶段，特别需要注意的是阶段性的工作结果一定要完整、细致、具体。所谓完整、细致和具体，主要的判断标准有三项：第一是工作的结果能够满足其前导阶段的要求。例如，对功能和性能的分析结果应当能够与各项要求一一对应，设计方案应当能够实现分析结果中对功能和性能的要求。第二是工作结果能够为后续阶段工作提供具体的指导。例如，分析结果应当明确地列举所有需要实现的功能和性能指标，以便在方案设计时有所依据；方案设计应当清晰完整，对程序的结构以及算法和数据结构的描述应当准确、完整，以便编码时可以一一对照，而不需要在这些方面再重新构思。第三是工作结果能够为后续阶段工作提供具体的检验标准，也就是说，我们可以根据前期工作的结果，逐项检查后续阶段的工作是否满足要求、是否合格。例如，我们可以根据设计方案中关于求解思路、计算步骤、算法以及数据结构的描述来检查编码的内容是否符合要求，是否完整地实现了设计方案所规定的各项任务，也可以根据分析结果来检查设计方案是否完整地体现了对功能和性能的各项要求。我们还应该可以根据分析结果来确定测试数据的构造原则，并据此来构造相应的测试数据，检验整个程序的功能和性能，并能确保在通过了这些测试后，程序就可以满足所规定的各项任务和要求。所有上述各项，都是概念含混、用词模糊、叙述笼统的分析和设计结果所无法实现的。

有些人编程时往往不对问题进行认真的分析，不对求解思路进行认真的思考，也没有仔细地进行方案设计，而是直接使用编程语言思考如何进行编码。他们首先考虑的往往不是程序的第一步应该做什么，第二步应该做什么，而是第一个语句应该怎么写，第二个语句应该怎么写。这种缺少对于问题宏观把握的做法混淆了不同阶段的任务，不仅使得编程人员需要同时面对很多不同性质的问题，而且需要使用他们还不很熟悉的编程语言来进行思考和做出决策。这种做法对于简单的小问题还可以应付，对于稍微复杂一点的问题就会很难把握，往往事倍功半。为避免出现此类情况，应该在开始学习程序设计时就重视编程工作的阶段性，养成踏踏实实、循序渐进的工作习惯。在编码之前的各个阶段，应当使用中文这种我们最熟悉的自然语言思考，以保证对问题理解准确、描述清楚，为后续阶段的工作打下坚实的基础。

1.2 问题分析

问题分析是程序设计的第一步，其目的是理解要求，明确程序的运行环境和方式，以及相关的限制条件。问题分析的基本内容包括：确定程序的功能和性能，程序的输入输出数据的来源、去向、内容、范围及其格式，程序的使用者、调用方式、人机交互要求，与其他程序的关系和交互方式，对通用性的要求和扩展的可能，以及性能和其他对程序的特殊要求和限制，如程序所占用系统资源的数量、对输入命令的响应速度等。在进行问题分析时需要注意的是，不但要理解字面的意思，更要深入分析字面中隐含的内容，要准确、完整、全面地理解要求。

1.2.1 对程序功能的要求

对于一般的程序，特别是对于平时练习时的小程序来说，程序的功能要求会在程序的任务说明中很明确地给出。对于为解决某项实际任务而设计的程序，其主要功能可能会明确地给出，也可能会隐含地给出，但辅助功能以及具体要求的细节往往需要通过对实际问题的具体分析才能获得。有时程序的主要功能比较复杂，只凭文字描述还不足以准确地界定，这就需要通过一些示例来进一步阐述。这时，编程人员就需要通过对问题的描述以及相关的示例分析来明确任务对程序主要功能的要求。对程序主要功能的理解是否全面、准确、具体，是后续工作是否正确和顺利的关键。所谓全面，就是要尽量考虑到问题涉及的所有方面，以及所有可能出现的情况。在对主要功能进行描述时，要尽量避免使用"主要是""基本上""等等"这样一些不精确的词句，而要将程序所应具备的所有功能，无论大小，一律一一列出，勿使遗漏。此外，还应考虑到对程序隐含的和潜在的要求。例如，在实际问题中，除了要考虑到任务本身直接的要求外，还应该考虑到程序在使用过程中可能出现的各种要求以及可能遇到的情况，包括用户的使用方式、可能的运行环境、潜在的对程序升级和扩展的要求等。对于平时的练习，则除了认真考虑给出的每一个条件字面上的意思之外，还需要考虑其中隐含的内容。所谓理解准确，就是要避免理解上的误差。这其中特别要注意的是一些需求的细节和边界条件。例如取值的范围是开区间还是闭区间，所要求的解是否是唯一的，对于多解的问题，需要只生成一个任意的解还是生成全部的解，以及输入/输出数据的准确格式和要求等。所谓具体，就是要尽量避免过于笼统含混的说法，尽量将程序的主要功能用具有一定限制和可操作性的方式进行描述，以便于后续的工作。例如，"获取系统运行状态"就是过于笼统的说法，而"获取当前CPU的使用率和内存的占用率"就是更加具体的描述。除了定性的要求之外，应当尽量使用定量的要求。例如，给出参数的取值范围以及对计算结果的精度要求就比仅仅说明参数和结果的数据类型要更加明确，说明"数据吞吐量不低于2MB/s"要比"要有很高的数据吞吐量"更加具体。

1.2.2　对程序性能的要求

对于程序性能的要求，可以用对系统资源的占用来衡量。程序运行所需要的最基本的系统资源是CPU时间和存储空间。有一些任务对于程序性能有着明确的要求，例如，要求程序运行的时间不超过1秒，占用内存空间不超过32MB。而多数小型编程任务，特别是练练习一类的程序，因为程序任务简单，运行时所占用的资源微不足道，一般都没有给出对程序性能的明确要求。当然，有时一些看似很简单的问题，有可能需要占用很多的系统资源。也有些问题在使用一些效率不高的算法时，所需要占用的系统资源明显超过了合理的范围，使得程序或者无法运行，或者在有限的时间内无法得出计算结果。面对这类问题时，对程序性能的考虑就成为对问题分析的一项重要工作了。

对系统资源的占用，受两方面因素的影响。一个因素是问题的规模，另一个是程序设计和实现时所选择的算法、数据结构以及代码的结构。一般而言，一个程序对系统资源的占用随问题规模的增大而增加。例如，对一个大的图像进行压缩所需要的计算时间和存储空间一般都要大于较小的图像。而对系统资源的占用随问题规模增加的速度，取决于所选择的算法和数据结构。用算法分析的术语来讲，就是说不同的算法具有不同的计算时间复杂度和存储空间复杂度。例如，如果一个算法具有$O(n)$的时间复杂度，也就是说其计算所需的时间与问题规模n成正比，当问题的规模增加到原来的10倍时，它所需要的计算时间约等于原来的10倍。而如果一个算法具有$O(2^n)$的时间复杂度，当问题的规模增加到原来的10倍时，它所需要的计算时间约为原来的1024倍以上。我们无法改变需要求解的问题的规模，但是有可能设计和选择合适的、具有更高效率的算法，使程序满足要求。因此，对程序性能的要求实际上是对所选择的算法提出了要求和限制。

1.2.3　程序的使用方式和环境

使用方式是问题分析的一项重要内容，涉及人机界面、输入 / 输出数据及格式、与其他系统的交互，以及使用环境和人员等方面。在问题分析阶段，需要明确程序的基本使用方式，例如程序是在字符终端上通过字符界面的命令方式被使用，通过图形界面的方式被使用，还是作为后台服务程序被使用；输入数据是通过命令行参数传递，还是由程序通过文件或图形界面上的控件读入，抑或是使用给定的库函数获取；输出数据是写到标准输出上，还是写到指定的文件中；输入 / 输出数据的编码是二进制方式的还是正文的；数据的类型是整型数还是浮点数；以及数据的组织方式，数据之间的分隔符等。程序的使用者以及程序的生命周期对于程序的分析和设计，以及其他阶段的工作也有很大的影响。程序的生命周期是指从任务的提出到程序不再被使用和维护的全部时间。不同程序的生命周期是不同的。例如，课程作业练习的生命周期到程序提交并评测完毕，取得了分数就结束了；一个自己常用的工具程序可能会跟随自己几周、几个月或者几年的时间；而一个商业性的程序，其生命周期可能会持续更长的时间。程序生命周期的长短直接关系到设计者需要对它在测试和优化上所花费的资源和精力。为大量非专业的使用者设计的、具有很长的生命周期、需要经常维护和升级的程序，在功能、性能、程序的可靠性、可扩展性、对错误的处理等工作的复杂和细致程度方面都会与由设计者本人或者少数专业人员使用的程序，或者只是作为练习的答案或临时使用的工具的程序有很大的不同。此外，还需要考虑程序运行所在的计算平台，包括硬件系统和操作系统，以及它们所能提供的系统支持。尽管一般的应用程序基本上不与操作系统直接打交道，但是至少一些基本数据类型的实际长度会受 CPU 结构的影响，数据的输入 / 输出会涉及操作系统所提供的文件格式以及对文件的基本访问和控制功能。当需要使用一些比较复杂的系统功能时，例如多进程 / 多线程的创建、进程间的通信、内存的管理和设备的控制等，就更是需要直接和操作系统进行交互。从功能方面看，不同操作系统所提供的对一些常用功能，例如对文件的打开和关闭、对数据的读写等的支持比较类似，有些已经被封装在 C 语言的库函数中。但是即使是对这些功能的支持，不同的系统在实现的细节上仍然可能有一些差别，并且这些差别有可能影响到程序执行的正确性。例如，对于 ASCII 文件中的换行符，在 Unix/Linux 上的表示方法就与 Windows/DOS 不同。对更复杂的功能来说，差异可能就更大了。因此，当程序有可能在不同的平台上运行时，必须要考虑不同系统的这些差异，并采取相应的处理方法。

尽管使用方式和环境不是程序功能要求的主要部分，但在程序的实现中，有时其所占的比重会大于程序的主要功能本身。这一点在一些通用的实用程序中表现得特别明显。有些时候，实现程序的主要功能的代码所占的比重远远小于为适应不同的使用环境和使用方式而产生的代码所占的比重。例如，一个最简单的可以完成基本功能的 Web 服务器，在仅使用标准库函数的情况下，其所需要的代码量不过几百行；在 Unix 系统上正式使用的 Web 服务器 NCSA 1.3 的源程序也只有 6500 行 C 代码。然而，一个功能完善、可以适用于多种使用环境、满足不同要求、具有灵活的可配置功能的 Web 服务器的代码量会远远超过这一规模。广泛应用的开源 Web 服务器 Apache，其 2.0 版的源代码包括 .c 和 .h 文件共 670 个，总共约有 260 000 行代码，这其中有相当一部分是用于处理不同应用环境和使用方式的需求以及各种辅助功能及其配置的。

1.2.4 程序的错误处理

错误处理是指程序在运行时遇到各种不正常的情况时所应做出的反应。程序运行时常见的错误包含下面三大类：一是用户在使用中造成的错误；二是程序运行环境中出现的错误；三是程序设计或实现中的漏洞所导致的程序运行错误。我们不能假设程序始终运行在正确的环境下，不能假设使用者在使用程序时会不犯错误，也不能假设我们的程序自身没有一点错误。例如，网络连接可能由于网络设备的故障而无法建立，用户可能会在调用程序时给出错误的参数，指定的输入文件可能不存在或者打不开，输入文件中数据的类型或数值可能是错误的，程序在输出数据时可能会由于权限问题或存储空间问题而无法打开指定的文件或无法写入数据，程序在运行时可能会由于地址越界问题而访问了不存在的存储空间，等等。所有设计规范的软件都会对已知的或未知的错误做出适当的处理和防范。例如，当用户试图使用编辑工具打开一个不存在的文件时，程序会报告该文件不存在，并允许用户重新输入文件名。这就是对已知类型的使用错误的一种处理方式。著名的 Windows 系统的蓝屏问题则是对系统自身产生的未知类型且无法正常恢复的运行错误的一种处理方法。错误处理所需要做的就是在出现错误的情况下做出恰当的反应。完善的错误处理机制是一个相当复杂的问题，有时甚至连一些比较成熟的软件在这方面也未必做得很完美。例如，很多编译系统对于用户程序中一般的语法错误可以给出比较准确的定位，但是对于像括号不匹配这样的错误就往往给出不正确的错误信息，有些甚至会停止运行。

对错误处理的复杂和完善程度取决于程序的性质、规模、重要性及其用户群。对于初学者来说，重要的首先是要有对程序在运行时有可能出现错误的预期和防范意识，其次需要知道什么是对于不同性质的错误的恰当处理，然后，需要根据任务的要求和程序的重要性，在一些关键的地方进行错误的检测和响应。对于比较简单的程序，包括练习和在小范围内使用的简单工具等，首先需要对使用中最容易出现的错误，特别是程序的调用方式和输入的数据的正确性进行检测，在错误出现时进行适当的处理，并且向使用者报告提示信息。这是对任何一个程序，哪怕仅仅是为自己使用的小型工具程序都应当做的。例如，假设一个程序在运行时需要从命令行上读入一个给定范围内的整数，程序应该在一开始就检查这个参数是否在命令行上给出了，这个参数是否是一个整数，以及这个整数的值是否在规定的范围内。如果发现其中有任何一项错误，则程序需要输出错误提示信息，告诉用户程序的正确调用方式以及参数的类型和范围，然后结束运行。其次，程序应当对运行中可能出现的错误，如网络连接无法建立、输入文件无法打开、计算结果溢出、地址越界、除数为 0 等进行适当的检查和防范，并尽可能地自动对发现的错误进行处理。在无法自动处理时，也需要向用户报告出错信息，以方便对程序的维护和修改。应当尽量避免程序在没有任何提示的情况下就停止运行甚至崩溃，并因此导致数据丢失、服务中断，而且没有为程序的维护和更新留下任何有用的信息。

1.2.5　程序的测试

在对问题的分析完成之后，除了对问题本身的理解之外，还需要考虑对程序的测试。虽然程序只有在完成后才能进行测试，但关于程序测试的考虑应该在问题分析阶段就开始。对于小的程序，我们可以只考虑如何对程序的整体进行测试。对于功能和结构较为复杂的程序，则在整体测试之前还需要考虑如何根据程序的功能和结构，对程序的各个部分进行单独的测试。认真深入地考虑对程序的测试有助于检验和促进对问题的分析工作。实际上，只有认真思考过如何对程序进行测试，才能更深刻、更全面地理解任务中各项要求的含义。在问题分析阶段对测试的考虑主要集中在四个方面，即程序测试的内容、测试的方法、测试所使用的数据，以及测试所使用的工具和环境。测试内容应当覆盖对程序功能和性能的全部要求。这些内容应当全面地体现在测试方法和测试数据中。测试的方法取决于程序的类型和规模。对于小型的面向字符终端的计算和数据处理型程序，在基本测试中多采用"黑盒测试"的模式，不考虑程序的内部结构和实现方法，只根据对程序功能和性能的要求，设计测试数据和测试方法。测试数据是测试工作中的重要工具，对测试数据应规定其类型、规模和生成方法，说明预期结果的生成方法、结果正确性的判断方法以及测试过程的具体操作流程。测试数据应该完整全面，应该包括各种典型的正常输入数据、可能出现的极限数据以及应该处理或做出响应的错误数据。有些初学者在自己的程序出现问题时往往束手无策，这其中一个重要原因就是在问题分析阶段没有仔细地考虑对程序的测试以及测试数据的设计。对一个程序的完整测试往往需要大量的数据，测试过程也往往需要多次重复性的操作。对于比较复杂的问题，特别是来源于实际应用领域的程序设计问题，测试是一个相当复杂、耗时而且充满挑战性的工作。设计和使用适当的测试工具对程序进行完备的测试，应该成为编程人员所需要了解和掌握的重要知识和工作技能。

1.2.6　问题分析的结果

在问题分析工作完成之后，需要对分析结果进行整理，把分析的要点记录下来，以便在程序完成之后一一对照，检查程序是否完全满足了要求。当然，这些内容在对具体问题进行分析时，应该根据问题的复杂程度进行适当的取舍和调整。在程序设计课程中遇到的问题多数比较简单，但对问题的分析也仍需要认真细致，对需求的关键都需要一一列清。下面我们先来看一个简单的例子。

【例 1-1】$N!$ 的质因子分解　从标准输入读取一个整数 N（$2 \leqslant N \leqslant 60\,000$），将 $N!$ 分解成质数幂的乘积，将结果打印到标准输出上。分解式中的质数按从小到大的顺序输出。对重复出现的质因数，用指数形式表示，各符号间无空白符。例如，当输入数据为 5 时，程序应输出下列内容：

```
2^3*3*5
```

这里的要求很明确，基本功能只有一句话，就是将 $N!$ 分解成质数幂的乘积。辅助功能分别是读入输入数据和输出计算结果。输入的内容是一个整数，从标准输入上读入，数值的范围在 2～60 000 之间。输出结果写到标准输出上，稍微复杂一些的是输出数据的格式。为了更清楚地说明输出的格式，这里给出了一个输入/输出的样例。因为这个问题很简单，问题分析所涉及的主要内容都有直接的描述，所以不需要再写更多文字性的分析要点。需要重点考虑的是如何保证结果及其输出格式的正确性，再就是考虑程序的测试方法，以及测试数据的生成。这里的程序只有一个输入参数，是取值范围为 2～60 000 的整数，因此生成测试输入数据很简单。所使用的测试数据应能够覆盖整个区间，其中应该有区间的两个端点 2 和 60 000，以及在这一区间内适当分布的若干数值，包括质数以及分别包含一个和多个质因子的幂组成的合数。因为这里的输出结果是一个字符串，所以采用将输出数据直接与预期结果进行比较的方法是简单可行的。只是预期的输出结果的生成有些问题。对于较小的输入数值，可以直接用手工的方式生成它们的质因子分解结果；但是对于较大的数值，手工生成它们的质因子分解结果并不是一件简单的事情，因此需要考虑其他的方法。我们知道，$N!$ 和 $(N-1)!$ 的质因子分解结果之间相差的是 N 的质因子。因此对于较大的数值 N，可以检查程序对输入数据 N 和 $N-1$ 的输出结果，看看它们之间所相差的质因子的乘积是否等于 N。为了使得对程序的测试更加便捷，也可以设计和实现一个简单的小工具，来检查两个质因子分解结果之间的差别，并生成这一差别的乘积，看看它是否等于 N。这样，我们只需要手工生成一些较小的测试数据，用来对输入数据区间的低端进行测试，而采用检查两个相邻数据分解结果之差的方法来对输入数据区间的中间和高端区域进行测试。当然，设计一个测试工具的工作也许对于初学者来说仍然是一件不太容易的事情。因此对于这个问题，也可以选择更为简单的方法，例如，可以令 N 为一个质数。这样，如果程序的计算结果是正确的，那么对于 $N!$ 和 $(N-1)!$ 的分解结果之间仅会相差一个质因子 N，而这是很容易检查的。这里由于功能要求简单，因此测试也简单，手工方式就可以完成大部分的测试工作。

有些问题字面看起来很简单，但是其所包含的意思和要求却远非直觉所能全部理解的。特别是在大量的实际应用问题中，对程序的要求有很多并不是直接表述，而是隐含在文字之中，或是依托于常规惯例的。为了真正准确地把握问题的要求，就需要进行认真细致的分析，切忌草率地望文生义，不求甚解。下面我们再看一个稍微复杂一些的例子。

【例 1-2】多项式运算 已知一元多项式 $A=a_nx^n+\cdots+a_1x+a_0$，$B=b_nx^n+\cdots+b_1x+b_0$，根据运算符 +、−、*，分别计算 $A+B$、$A-B$、$A*B$。输入数据从标准输入上读入，由三行组成。第一行是多项式 A，第二行是多项式 B，第三行是一个运算符，表示所要进行的运算。多项式中除常数项外的每一项的形式为 a_nX_n，其中 a_n 和 n 均为正整数，a_n 表示该项的系数，n 是该项的次数，X 是一个字母，表示变量名。各单项式与"+"之间可以有 0 个或多个空格符。输入的多项式 A 和 B 的最高次数均不超过 50，系数的绝对值不超过 100。输出结果写在标准输出上，占一行。结果多项式按降幂方式排列，各项的表示形式与输入形式相同，按常规的方式显示。各项与运算符之间空一格。下面是一组输入数据的样例：

```
3x5 + 5x3 + 6
9x6 + 2x5 + 6x3 + x2 + 6
-
```

　　对于这组输入样例，程序应该在标准输出上产生下列输出结果：

```
-9x6 + x5 - x3 - x2
```

　　这里大的计算步骤有三个，即读入数据、完成计算、输出结果。首先，程序应该能从指定的文件中读入数据，即两个参与运算的多项式以及相应的运算符。然后，程序应能够按照运算符的要求，完成两个多项式的相加、相减或相乘。最后，程序应能够将计算结果用正确的格式输出。输入数据的格式很明确，对数据输入的功能要求也很简单：读入三个各占一行的字符串。至于如何对这三个字符串进行分析和处理，取决于程序所选择的内部表达形式，需要在数据结构和算法选择的阶段进一步考虑。需要注意的是，输入多项式的各项与运算符之间可以有数目不确定的空格符，这些空格符需要在读入数据时进行妥善的处理。另外，在问题中给出了关于输入多项式最高次数和系数最大值的说明。输入多项式的最高次数隐含了输入多项式和结果多项式的最大长度。输入多项式的最高次数与系数的最大值一起，隐含了结果多项式中的系数最大值。这两个最大值在进行方案设计阶段，在选择数据结构的存储空间时，都要加以考虑和满足。

　　在正确完成了多项式的计算之后，程序需要将计算结果按合适的格式写到标准输出上。在问题描述中关于输出格式的规定有下列几点明确的要求：

　　1）输出结果占一行。

　　2）结果多项式按降幂方式排列。

　　3）各项的表示形式与输入形式相同。

　　4）各项与运算符之间空一格。

　　这些都是程序输出时必须满足的要求，但是仅此还不够。程序对于输出的其他要求都隐含在"按常规的方式显示"中和输出样例中，而这绝不像初看起来那么简单。例如，对于多项式中的一个通项 $_aX^b$，程序应该以 axb 的格式输出，但是这只有在 a 和 b 既不等于 0 也不等于 1 时才是如此。当 a 等于 0 时，所对应的项不应输出，而当 a 等于 1 时，则不应输出这个系数，而需要直接输出 xb。此外，当 b 等于 0 时，这一项就是一个常数项，因此应该只输出系数而不输出 x0，当 b 等于 1 时，应该只输出 x。又例如，对于系数为负数的项需要如何显示，取决于该项是不是结果多项式的第一项。若该项是整个多项式中的第一项，即幂次最高的项时，则在该项前输出符号 "−"，且不留空格；若该项不是第一项，则不输出符号 "−"，但是需要将其前面的运算符显示为减号。经过对诸如此类的情况进行分析和整理，对于一般项可以得到如下的对于输出格式的要求：

　　1）输出结果占一行。

　　2）结果多项式按降幂方式排列。

　　3）各项与运算符之间空一格。

　　4）如果系数为 0，则不输出该项。

　　5）除常数项外，如果系数为正负 1，则不显示系数。

　　6）系数的正负号不单独输出，而是与该项前面的运算符合并在一起。

　　7）如果指数为 1，则不输出指数。

8）如果指数为 0，则不输出变量名和指数，而只输出系数。这包括系数为 1 的情况。

对于多项式的第一项，有下面的特殊规则：

1）若第一项系数为正数，则在其前面不输出任何符号。

2）若第一项系数为负数，则在其前面输出符号"－"，且"－"与系数之间不留空格。

对于整个多项式，还有下面的特殊规则：

1）若多项式中所有项的系数均为 0，即整个结果多项式为零，则输出 0。

2）操作符 +、- 前后要留有空格。

3）末尾要输出换行符 '\n'，并且 '\n' 与前面的可显示字符之间不留空格。

此外，如果再仔细看一下就会发现，问题描述中只说在多项式中变元的名字是一个字符，但是并没有规定这个字符一定是 x。因此在输出结果中，变元的名字必须与输入多项式中的变元名字一致，因此变元名需要从输入文件中读出。在这个问题中，没有对于错误处理的特殊要求。由于这是一个示例，可以假定所有的输入数据都是符合问题规定的格式的，因此不必考虑对于输入数据的错误处理步骤。

总结起来，这个问题中关于功能要求的细节共有十几项，远多于我们刚看到问题时的直觉。从这个例子中可以看出，对问题的分析是一个复杂的过程。要准确全面地理解问题的要求，不仅需要认真细致，有时还需要多次的反复。有些时候，一些对问题的规模、性能等方面的限制性条件没有明确给出，这时就需要根据已知条件进行分析。在确实缺乏信息，无法得出确切结论的情况下，可以做些合理的假设，或者采用适当的方案，使得程序可以在计算平台资源允许的条件下，最大限度地满足各种可能的要求和限制。

根据对问题的分析，可以确定测试数据的范围和要求。一个比较完整的测试中至少要覆盖所有的极限值测试点，并且包含一些典型的测试点与极限值的多种组合。所有在分析中有明确要求的数值和数据格式均应有至少一个以上的测试点。下面是对【例 1-2】测试的一些基本考虑要点。

1）输入数据的覆盖。输入数据覆盖中要考虑的因素有输入数据的长度、多项式各项系数的值以及运算符。

在输入数据的长度方面，应当覆盖下列各点：

❑ 两个多项式的长度相等，且小于 / 等于给定的极限值；

❑ 多项式 A 的长度大于多项式 B 的长度，且 A 的长度小于 / 等于给定的极限值；

❑ 多项式 B 的长度大于多项式 A 的长度，且 B 的长度小于 / 等于给定的极限值；

❑ 多项式 A 和 B 分别只有一个非 0 项；

❑ 多项式 A 和 B 分别等于 0。

在输入数据的系数方面，应当覆盖下列各点：

❑ 全部系数均为小于给定极限值的正整数；

❑ 全部系数均为 1；

❑ 常数项为正整数，此外其余所有项的系数均为 0；

❑ 两个多项式均只有偶数次项的系数为正整数，奇数次项的系数为 0；

❑ 两个多项式均只有奇数次项的系数为正整数，偶数次项的系数为 0；

❑ 两个多项式交替只有奇数次项和偶数次项；

❑ 全部系数均为极限值。

在运算符方面，应该考虑包含 +、−、*。

2）结果数据的覆盖。结果数据覆盖中要考虑的因素有结果多项式的长度以及多项式各项系数的值，并根据结果的要求设计相应的输入数据。

在结果多项式的长度方面，应当覆盖下列各点：

❑ 结果等于 0；

❑ 结果只有一项；

❑ 结果长度小于可能的最大值；

❑ 结果长度等于可能的最大值。

在结果多项式的系数方面，应当覆盖下列各点：

❑ 所有非常数项的系数等于 0；

❑ 常数项的系数等于 0；

❑ 全部系数为正整数；

❑ 全部系数为负整数；

❑ 只有偶数次项的系数为正整数 / 负整数，奇数次项的系数为 0；

❑ 只有奇数次项的系数为正整数 / 负整数，偶数次项的系数为 0；

❑ 第一项的系数为正整数 / 负整数。

上面列举了输入数据和输出数据的测试要点以及需要覆盖的内容。这些要点的组合可以生成一个庞大的测试数据集合，而这些还仅仅是一些基本的验证程序正常功能的覆盖要点，并没有包含程序可能会遇到的错误输入。对于这个示例，我们可以暂时忽略程序的错误处理能力。当然，对于普通的练习不一定要进行如此完整的测试。但是需要明确的是，即使是简单的程序和练习，其测试数据也决不能是随意找几个输入数据简单地试一试就可以的。也许有人会质疑，对于一个程序是否要进行如此复杂的测试。对于这个问题的回答是肯定的。这里的原因有以下几点：

1）程序所要解决的是现实世界中的问题。现实世界是复杂的，因此程序所要处理的情况也很复杂。这导致程序的结构复杂、语句繁多，在程序设计的各个阶段都有可能产生错误。例如，在问题分析阶段有可能对问题的要求理解不准确、不全面，因而忽略了一些功能要求或特殊限制。在设计阶段有可能忽视了对一些特殊条件的处理，在计算的步骤或逻辑上引入错误。在编码阶段可能产生的错误就更多了：小到有可能使用了错误的操作符或者变量名，或者由于手误而将小数点点错了位置；大到漏写了算法中的某些语句，颠倒了数据处理的顺序，或者向函数传递了错误的参数。对于众多潜在的错误，只有通过全面的测试才可能发现。

2）在程序设计中，编程人员是程序的第一测试人。对于小规模程序，有时编程人员就是程序的唯一测试者。当编程人员测试自己的程序时，其潜在的倾向就是证明自己的程序是正确的，而不是力图发现自己程序中的错误。因此，只有系统规范地规划设计测试数据，才能尽最大可能保证程序符合各项要求，在各种应用环境和输入数据下正常运行，产生正确的结果。

3）对于他人设计的程序，完备的测试更是必要的。对同一个问题，不同的人可能有不同的求解思路。即使是采用同一个求解思路，在程序的具体实现方法上也可能千差万别，代码的描述质量也会由于编程人员的经验和水平的不同而有很大的差距。我们不能主观地假定编程人员会采用什么样的求解思路，选择什么样的实现技术，具有什么样的编码质量。要判断一个程序是否符合要求，只能根据对程序功能和性能上的要求，尽可能全面地进行测试。

1.3 方案设计

方案设计是根据对问题的分析和理解，确定解决问题的方法和策略，为后续的编码提供依据。方案设计阶段的工作包括计算过程和步骤的规划、计算模型的选择，以及算法和数据结构的选择。

1.3.1 求解思路

在明确了对程序的功能、性能等方面的要求之后，接着需要做的是建立求解思路，然后根据求解思路选择和设计算法，构造相应的数据结构。所谓建立求解思路就是用自然语言描述求解的计算过程和步骤，而算法则是使用具有可操作性的语言，按照一定的规则，对这些过程和步骤进一步细化。如果用写文章做比喻的话，可以说求解思路解决的是布局和谋篇的问题，而算法描述则是关键章节和段落的构思。当然，在程序设计的过程中，这两个层面并不是截然分开的，它们之间的界线也不是不可逾越的。很多时候，对求解思路的考虑要涉及拟采用的算法的时空效率，而对一些简单的问题，相应的算法就是求解思路的直接延伸，或者说，求解思路可能直接就导出了相应的算法。有些时候，问题的求解过程很简单，从对问题的分析就直接可以得到问题的求解思路。例如【例1-2】多项式运算的主要功能只有读入数据、进行多项式的运算和输出运算结果这三个步骤，而这三个功能从概念上讲，都是比较简单的基本操作步骤。其中输入数据的读入直接对应了简单的语句，而对多项式的计算和按格式输出计算结果又是和具体的数据结构的选择以及编码中的一些考虑相关的。因此对这样的问题，就可以省略建立求解思路的过程而直接进入算法和数据结构的设计以及编码了。

对于复杂一些的问题，求解思路可能涉及多个性质不同的计算步骤和过程，而每一个计算步骤所涉及的算法和数据结构也各不相同。这样，求解思路就与算法和数据结构的设计有一个比较明显的划分。例如，不少人都玩过一个叫作"连连看"的电子游戏。这是一个基于图形界面的人机交互游戏，用鼠标点击连接盘面上图案相同的两个棋子时，如果这对棋子可以使用不超过3条线段连接起来，那么这对棋子即可被消除。当盘面上的棋子不能被消除时，游戏程序会对剩余的棋子重新排列。游戏的目标是尽可能多地连续消除盘面上的棋子，以便在有限的对剩余棋子的重新排列次数内清除掉所有的棋子。图 1-1 是游戏的一个初始状态盘面。假设我们希望编写一个程序来帮助我们对任何一个游戏状态找到最优的操作序列，那么一个自然的想法就是让程序自动地在游戏的盘面状态上进行搜索。为实现这一目标，我们需要识别盘面中各个棋子的图案，而要做到这一点，就需要获取计算机终端屏幕上指定区域中的图像，在这个图像中分割出一个个棋子所对应的区域，然后再对这些区域进行识别和记录。为了便于对盘面状态进行搜索，需要在识别了棋子的图案后把它们转换为一种内部的表示形式，并存储在程序内部表示游戏盘面状态的数据结构中。在完成了这些步骤之后，就可以选择最适合的搜索算法来求解最优的操作顺序。然后，再以合适的方式把这一操作顺序通知用户。这一连串的计算过程分别属于数据采集、图像处理、图像识别、状态空间搜索以及人机交互等领域，每一个步骤都是相对独立的，有其自身的特点和独立的算法的。

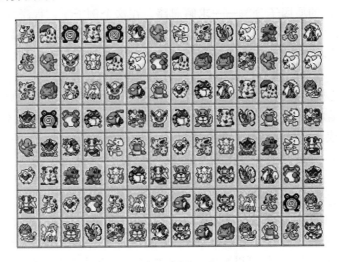

图 1-1　游戏连连看的一个布局

　　一般说来，建立求解思路是一个逐步探索、逐步细化的过程，其基本策略是分而治之，也就是把大的问题逐步分解成小的、更容易把握和解决的问题。对于简单的问题，可能略加思索就可以明确求解的基本步骤。对于较为复杂的问题，则需要首先明确求解的基本方向和大的步骤，然后再对每个具体步骤逐步细化，直到每一个步骤都是可以解决的基本问题为止。在这一过程中，重要的是要抓住问题的关键，并围绕关键的步骤灵活地思考。在思考的过程中，首先需要评估一下已知条件和所要求的结果，也就是出发点和目标之间的差距。如果这两者之间的差距很小，可以用已知的方法实现从出发点到目标的跨越，则说明已经找到了解决这一问题的方法。否则，就需要考虑如何利用已知的方法，从出发点向着目标前进一步。当然，我们也可以从目标出发，考虑能否找到利用已知方法达到目标且距离出发点较近的中间结果。不断地针对新的起点和新的目标重复上述过程，就可以构建一条根据已知条件解决问题的思路。需要注意的是，在这一过程中，在构建思路中的每一个步骤时，都必须考虑到它的可行性，即这一步骤应该不仅在理论上是正确的，而且在计算机上是可以实现的，是在计算机所能提供的有限资源下可以计算的。有些时候，一个求解思路会受到某些因素的制约，因而在实际上是不可行的。这时就需要另寻其他的思路。至于求解思路中每一步骤的大小，并没有固定的标准。它既取决于问题的规模，也取决于编程人员的能力和经验。一般来说，规模较大的程序中每一个步骤的粒度要大于规模较小的程序。有经验的编程人员考虑问题可以粗一些，而经验较少的初学者就需要把问题分解得更细一些。例如，在做程序练习时，对于经验较多的人，"根据输入数据建立一个名字－数值对照表"可能就是一个很明确的、可以把握的基本操作步骤，而对于初学者来说，就需要再进一步将其分解为更细的操作步骤。随着经验的积累和能力的提高，对问题分解的粒度也可以逐渐加大。下面我们以一个具体的问题为例，来讨论求解思路的建立过程。

【例 1-1-1】$N!$ 的质因子分解——求解思路 在这个例子中，程序的主要功能是将 $N!$ 进行质因数分解，以及记录每一个质因数出现次数。最直观的求解方法就是首先计算出 $N!$，然后再对其进行质因数分解。我们知道如何计算 $N!$，也知道如何对一个数进行质因数分解。因此从理论上讲，我们找到了一条解决这一问题的思路。但是在实际上，这条路是不可行的，它受到了计算机所能提供的数值表达能力和计算能力的限制。我们知道，$N!$ 随着 N 的增加呈指数方式迅速增大。对于 32 位的计算机来说，它所能直接表示的最大有符号整数是 $2^{31}-1$，所能直接表示的最大无符号整数是 $2^{32}-1$。这两个数都介于 12! 和 13! 之间，64 位整数可以表示到 20!。即使使用 double 类型的浮点数，也只能表示到 1475! 的近似值，而这里要求准确分解的最大的数是 60 000!，这远远超过了计算机基本数据类型所能直接表示的数值范围。即使我们可以用其他方法来表示这么大的数值，这样的方法在计算效率方面也会很低，在可以接受的时间内无法得出计算结果。因此必须寻找其他的解决方法。

因为 $N!$ 是从 1 到 N 的 N 个正整数的乘积，而 N 的最大取值 60 000 仍然在计算机可以直接表示的范围内。所以我们可以考虑逐一地对这 N 个自然数进行质因数分解，在分解的过程中记录每一个质因子出现的次数，并把每个自然数中相同的质因子出现的次数累加起来。首先，这一方法在理论上是正确的，中学的数学教科书中就讲过乘法的交换律和结合律；其次，这一方法是可以在计算机上计算的，对一个 60 000 以内的自然数进行质因数分解，即使用手工计算也不是非常困难的问题。使用计算机更是可以轻而易举地完成。因此我们可以以此作为求解这个问题的一个思路。

在确定了求解思路之后，剩下的问题就是对其中的关键步骤，也就是一个正整数的质因数分解，以及对每个质因数出现的次数计数，进行算法和数据结构的设计。这里，我们可以认为这两个步骤都比较基本，是用已有的知识就可以完成的。如果读者认为这两个步骤依然比较复杂，对于设计求解的算法和编程来说还嫌过于粗糙，也可以在求解思路的层面上对这两个步骤进一步细化。

在上面的例子中，求解步骤的实际不可计算性使得初始的求解路线不可行，必须另辟蹊径。一般来说，对于同一个问题，可能有多个不同的求解思路。不同的求解思路有可能在描述的繁简、实现的难易、运行的效率以及对计算资源的要求等方面都不相同，程序的运行环境以及系统所提供的各种基本支持等其他多种因素也常常对求解步骤产生影响。因此在构思了一个求解思路之后，需要根据这些指标来衡量一下，看看求解思路是否可行，并在遇到难以克服的困难时及时转换求解思路。有些时候，对问题的进一步分析，特别是对算法和数据结构的设计和分析有可能导出新的求解思路。因此，在建立求解思路的过程中，需要保持灵活和开放的态度，对已有的求解思路进行认真的分析，看看它是否真的可行，是否还有更好的方法。

1.3.2　计算模型

　　计算模型是对所要求解的问题的一种抽象，它用计算过程中的各种元素，如数据、公式、操作等来描述需要求解的问题。一些与数值计算和系统软件直接相关的问题，往往直接给出了计算模型或计算公式。这时编程人员只需要确定适当的计算步骤，选择和设计有效的算法以及相应的数据结构，就可以着手编码了。另外一类问题，往往是与其他应用领域相关的，则只从相关领域的角度描述了计算的前提条件和对计算的要求。这就像数学练习中求解应用题一样，需要首先建立起相应的计算模型，然后才能进行后续的工作。

　　计算模型的建立，是把应用领域中的实体和这些实体之间的关系向抽象的数学模型映射的过程。在这一过程中，需要首先分析问题中给出的与计算相关的实体，这些实体间的关系，以及所要求解的内容。然后需要对这些实体、关系和求解要求逐步细化和抽象，生成一个脱离具体应用领域的问题描述，建立这一描述中的计算实体与原始问题中计算实体的对应关系。根据对问题的抽象描述，就可以在已知的各种数学模型中进行检索，找出最为合适或接近的计算模型，并根据这一模型完成确定计算步骤、算法及数据结构等后续工作。下面我们看一个例子。

　　【例 1-3】**呼叫组**（Calling Circles）　这是一道 1996 年国际大学生程序设计竞赛 (ACM/ICPC) 的题目。题目的大意是，如果 A 呼叫过 B，B 又直接或间接地呼叫过 A，则 A 和 B 同在一个呼叫组中。给出一组电话呼叫记录，计算出各个呼叫组及其中的人员。

　　这个问题描述了电话通信中的呼叫关系，实体是通话的各方。问题需要求解的是确定哪些通话者属于同一个通话组。我们可以很直观地用图来表示这个题目中的实体和关系。通话者可以用顶点来表示，呼叫关系可以用由呼叫者指向被呼叫者的带箭头的弧来表示，即若 A 呼叫 B，则从 A 引一条指向 B 的弧。通过这样的分析和描述，可以很清楚地看到，这道题目中的实体和关系构成了一个有向图，题目中给出的数据就是一个对有向图的具体描述，而题目所要求解的就是根据连通性对有向图中顶点的等价类划分。这样，就可以利用关于有向图连通性的知识来解决这个问题：首先从输入文件中读入描述用户呼叫过程的数据，按照对有向图的表示方法生成数据的内部表示形式，并建立用户人名和有向图节点之间的对照表。然后，根据所选择的关于有向图连通性的计算方法，计算出各个节点之间的连通性，求出节点的分组结果，再参照人名 – 节点对照表生成分组名单。最后，根据分组名单，按照规定的格式要求输出分组结果。至于在计算有向图连通性时采用什么方法，则是在算法设计阶段需要根据问题的要求进一步考虑的。例如，如果问题中给定的数据规模不大，对计算的时间效率要求不高的话，可以选择邻接矩阵的方式来表示这个有向图，并用邻接矩阵的幂来计算邻接矩阵的连通性。否则的话，就需要选择效率更高的算法。在确定了有向图的表示方法之后，数据的读入过程和向内部形式的转换等步骤就可以进一步细化了。

很多问题的关键计算模型并不唯一。不同模型在模型的直观性、描述的复杂程度、实现的难易以及计算复杂性方面都可能有较大的差异。这时就需要根据具体问题来进行分析、比较和选择。当发现一种计算模型在计算效率或编程复杂度等方面不能满足要求时，可以进一步寻找其他适当的模型。下面是一个具有不同计算模型的例子。

【例 1-4】连词游戏（Play on Words） 这是 ACP/ICPC 1999 年中欧分区赛中的一道题目。题目大意是，判断 N 个由小写字母组成的英文单词是否可以构成这样的序列，使得相邻的两个单词中前一个单词的末字母等于后一个单词的首字母。题目的限制条件是，单词长度在 2～1000 个字母之间，总的单词数量 N 小于等于 100 000。例如，假设给定三个单词 mouse、acm、malform，则可以构成这样的序列，即 acm malform mouse。而对于单词集合 yes、yes、no、ok，则不能构成这样的序列。

对于这个问题，直观的感觉是可以使用有向图作为计算模型。但是在有向图的顶点和弧与问题中的实体的对应关系上，却可以有不同的选择。第一种选择是，有向图中的每个顶点对应一个单词，如果顶点 A 所对应的单词最后的字母与另一个顶点 B 所对应的单词的第一个字母相同，则从顶点 A 建立一条指向顶点 B 的弧，也就是说，每条弧都从一个单词出发，指向可以接在其后的单词。图 1-2 是在这种对应关系下单词集合 mouse、acm、malform 所对应的有向图。

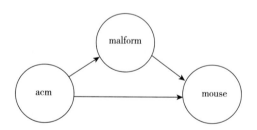

图 1-2　连词游戏的一种计算模型

在建立了这样的对应关系之后，问题就转化为判断在有向图中是否存在一条经过所有顶点一次且仅一次的通路，也就是求解有向图中哈密顿通路是否存在的问题。哈密顿通路是图论中的一个典型问题。这样看起来，这个问题的计算模型问题似乎就得到了解决。但是判断在一个图中是否存在哈密顿通路是一个很复杂的计算问题，目前还没有发现求解这一问题的有效算法。因此，对于 100 000 个顶点的有向图，很难在合理的时间内做出判断。而这也迫使我们考虑其他的模型。

有向图的顶点和弧与问题中的实体的对应关系的另一种选择是，每个顶点对应 26 个字母中的一个，每条弧对应一个单词，从该单词的首字母指向末字母。图 1-3 是在这种对应关系下单词集合 mouse、acm、malform 所对应的有向图。

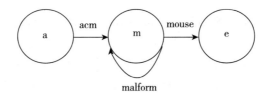

图 1-3　连词游戏的另一种计算模型

在建立了这样的对应关系之后，问题就转化为在有向图中求解一条经过所有的弧一次且仅一次的通路是否存在，也就是判断有向图中欧拉通路的存在性问题。在图论中，对于判断欧拉通路的存在性是有有效算法的，因此使用图 1-3 所示的计算模型可以满足求解连词游戏这一问题的要求。

很多情况下，计算模型的建立不仅取决于待求解问题本身，而且也取决于对问题分析的切入点和对问题的分解策略。不同的分析方法可能产生完全不同的计算模型。下面我们看一个例子。

【例 1-5】实数格式识别　合法的实数书写格式分普通格式和科学格式。普通格式的描述方法是：

[<符号>]<整数>[.<整数>]

而科学格式的描述方法是：

[<符号>]<整数>[.<整数>]E[<符号>]<整数>

其中由 [] 括起的内容为可选项，符号包括 + 和 −。例如，+1.23 是一个普通格式的实数，−5.1E−2 是一个科学格式的实数，而 9.1.1 不是任何格式的实数。写一个程序，分析一个给定的字符串是哪种格式的实数。

学过形式语言和自动机的读者可能会敏锐地发现，这两种数据格式都是正则表达式，因此可以使用有限自动机来分析和识别给定的字符串，并可以根据自动机模型写出相应的代码。但是如果从模式识别的角度来观察，可以发现普通格式与科学格式的显著区别并建立另外一种计算模型：科学格式中包含字母 E 而普通格式中没有。这样，根据字符串中是否包含字母 E，就可以将其划入不同的格式类别，然后再根据该格式的描述对字符串进行检验：对于科学格式，E 的前面是一个可能带有符号的表示普通格式实数的子串，其后面是一个可能带有符号的表示整数的子串。对于普通格式的实数，可以根据其中是否包含小数点而进一步分解：包含小数点的实数在小数点前是一个可能带有符号的整数，在小数点后是一个不带符号的整数，而不包含小数点的实数则只有一个可能带有符号的整数。对这些由 E 和小数点分隔的子串的检验是很基本的操作。所有的子串均符合要求即可断定该字符串属于相应的格式类别，任何一个子串不符合规定的格式即可判断该字符串为非法格式。依据这样的模型写出的程序完全不同于依据自动机模型写出的程序。

计算模型的建立是一个涉及面很广的问题，它不仅要求对问题所涉及的应用领域有深入的了解，而且还需要有对各种数学模型的熟练掌握，以及高度的抽象思维能力。深入讨论计算模型的建立远远超出了本书的范围。本书中所涉及的领域都是常识所易于理解的，所使用的模型也多是常用的。对这类问题建立计算模型，一般来说是比较容易的。有些时候，问题的计算模型并不是很明显的，有些问题可能有多个可选的模型。如何找到一个最适合的模型是需要认真思考和仔细权衡的事情。这里更需要的是分析问题的方法和抽象思维的能力，以及勤于实践的习惯和经验。

1.3.3 算法分类

在确定了求解思路之后，需要对求解过程中的各个步骤进一步细化和精确描述，确定关键步骤的算法以及所使用的数据结构。在程序设计中，数据结构与算法是密不可分的。程序就是使用编程语言在数据的某种特定表示方法和结构的基础上对抽象算法的具体描述。一方面，不了解施于数据上的算法，就无法决定如何构造数据。另一方面，算法的构造和选择也常常在很大程度上依赖于作为算法基础的数据结构。因此有些人甚至认为数据结构更为基础，也更为重要，因为只有先有了计算对象才有计算的算法。在实际工作中，数据结构的选择与算法的设计是相辅相成、互相协调的。数据结构被用来组织和保存数据，而算法描述对这些数据的操作，因此这两者应该放在一起来考虑。

与求解思路相似，算法同样是描述计算的过程。所不同的是，算法是对具体而且较为复杂的计算步骤的精确描述，是用具有可操作性的方式描述一个求解步骤的具体执行过程。至于一个计算步骤是否复杂，则需要根据问题的性质、规模、编程人员的经验以及所使用的编程工具等而定。例如，对于一般计算问题的描述而言，浮点数的四则运算属于基本的操作步骤。但是当进行计算机运算部件的设计和模拟时，一个浮点数的四则运算就是一个复杂的计算过程。在学习数据结构课程时，快速排序是一个需要认真分析和讨论的复杂算法，但在 C 程序设计中，快速排序只是一个对标准库函数的调用。Hash 表的构造和操作对于初学者来说可能是一个复杂的任务，但是对于从事大型系统编程的高级程序员来说，这可能只是对数据处理算法中的一个简单步骤。

算法根据其复杂程度和应用领域，可以分为简单算法、专用算法和策略算法。无论哪类算法，作为算法都应该满足下面的几个条件：

1）算法的每一步都应是含义确定、可以计算的。
2）算法应该在有限的步骤之内产生所需要的计算结果。
3）算法应该在有限的步骤内停止。

1. 简单算法

对于简单的问题，一些直观的思路、常规的方法和步骤就可以解决问题。所谓简单算法就是对这些解决问题的直观思路和常规方法的精确描述。枚举、递推以及模拟算法等也可以归入这一类。简单算法一般不涉及复杂的数据结构和计算过程。设计简单算法时更多需要的是对问题的准确理解和把握，以及对相关领域的基本常识。下面我们看一个简单算法的例子。

【例 1-6】求倒数　给出整数 a（$2 \leqslant a \leqslant 10\,000$），求 $1/a$。输入文件有一行，包含两个正整数，分别代表正整数 a 和所要保留的小数位数 N（$N \leqslant 500$）。输出所求的小数部分，不输出尾部的 0。

这里的计算结果要求保存最多 500 位有效数字，远远超过了 C 语言中任何基本数据类型的表示范围。因此这个问题的程序需要使用超长有效数字计算方法。超长有效数字计算也称为高精度计算。在高精度计算中，可以使用一维数组来表示一个数值，其中每一个数组元素表示该数值的一个十进制位。有了这样的数据表示方法，我们就可以采用在小学算术中学过的除法竖式计算的方法，逐位计算出 $1/a$ 的值：

1）将 1 放入余数存储单元 r 中，将数组元素全部清零。

2）根据给定的所要保留的小数位数 N，循环执行下列操作序列 N 次：

① r 的内容乘以 10。

② r 的内容除以 a，将结果保存在数组的当前位中。

③从 r 中减去数组的当前位中的值与 a 的乘积。

④如果 r 等于 0，则停止循环；否则转回操作①。

在计算结束后，从 $1/a$ 的末尾，也就是数组中第 N 个元素开始向前检查，记住第一个不等于 0 的数组元素的位置，然后从数组中第 1 个元素开始向后顺序输出数组中的各个元素的值。根据算术教科书可以知道这个算法是正确的。根据上述算法，也可以很容易地推知对相关数据结构的要求：保存计算结果的一维数组的长度只要大于 500 即可。因为数组中只保存 $1/a$ 的各位有效数字，所以各元素的最大值不超过 9。因为 $a \leqslant 10\,000$，所以余数的最大值不会超过 9999。这样，a 和 r 都可以使用普通的整型变量。

2. 专用算法

专用算法是对特定领域中的问题进行计算的算法。依据问题的领域和应用类型，常见的专用算法可以分为数值算法和非数值算法两大类。初等数学中求最大公约数的辗转相除法、线性代数中的高斯消元法、信号处理中的快速傅里叶变换（FFT）、插值算法、微分方程求解的龙格 - 库塔法等都是数值算法的例子；而图像处理算法、代码优化算法、语音识别算法、内存垃圾收集算法等则是非数值算法的例子。每种专用算法都与一个或几个特定应用领域中的问题密切相关，是相关领域的研究对象。

3. 策略算法

策略算法是一类应用广泛的算法。策略算法并不局限于具体的问题和应用领域。各种搜索算法、动态规划算法、贪心算法等都是策略算法的例子。在策略算法中，重点描述的是问题求解的策略和步骤，算法中的控制机制以及对抽象运算对象的操作。例如，在搜索算法中会描述在抽象的搜索空间中按照什么样的次序生成节点、如何对搜索空间中的节点进行遍历，等等。但是，一个节点代表什么对象、具有哪些属性、如何生成新的节点等具体问题都是和具体的实际问题密切相关的，是策略算法所不关心的。因此，在选择策略算法时首先应将具体问题抽象为策略算法描述中所使用的概念和模型。在选定了策略算法之后，还必须根据具体的问题，确定对具体对象描述和操作的细节。熟练地掌握一些常用的策略算法，对于提高通过程序设计解决实际问题的能力是很有帮助的。

1.3.4 算法和数据结构的选择

与问题的计算模型相类似，一般来说，对于一个确定的问题，可选的数据结构和算法并不唯一，当问题比较复杂时更是如此。数据结构和算法，由于其更加接近于程序的实现，因此更需要从实现的角度来观察和考虑各种不同方案的优缺点。程序的运行时间和所需要的存储空间、算法的思路是否直观和易于理解、算法描述和表达的复杂程度、使用特定语言和在特定环境下实现的难易程度等，都是算法选择时需要关注的。在很多情况下，尽管不同的方案都可以完成所给定的任务，但是它们在不同的度量指标上的表现各不相同。只有根据程序在实现和使用过程中的具体要求和限制条件进行权衡，才能在诸多方案中选择出最合适的方案。数据结构的设计和选择既与算法的选择密切相关，又有其需要独立考虑的内容。有一些算法隐含了对数据结构的要求和限制，因此在确定了算法后，就基本上确定了所要采用的数据结构。这时需要重点考虑的是数据结构与问题规模的关系，以及程序将要运行的计算平台能否满足问题规模对存储空间的要求。如果在给定的问题规模下计算平台不能满足算法所需要的存储空间，就需要选择其他可能较为复杂或计算效率较低但是对内存需要较少的算法。有些算法可以运行在几种不同的数据结构上。这时对数据结构的选择就取决于问题的规模以及算法实现的复杂程度。当问题规模较小时，我们不妨采用空间效率略低但是算法实现较为简洁的数据结构。当问题规模较大，以至于对内存的需求有可能超过计算平台的限制时，对空间效率的考虑就是第一位的了。算法的设计是一个自顶向下、逐步求精的过程。其详细程度应能使描述中的每一步都对应一个或一组明确的对数据结构的操作，因此可以直接指导对程序的编码。下面我们通过一个实际的例子来看看算法和数据结构的选择过程。

【例 1-1-2】 $N!$ 的质因子分解——算法和数据结构

根据对这个问题的求解思路，需要对从 2 开始的自然数逐一地进行质因子分解，并将每一个质因子出现的次数分别累加。这很自然地使我们想到，需要建立一个质数表，以及一个与之相对应的质数出现次数表，来分别保存所用到的质数以及每个质数在 $N!$ 中出现的次数。这样，我们就可以依次检查质数表中的质数在 $N!$ 中出现的次数，并将它们记录下来。质数表是一个大小固定的线性表，在计算过程中不需要增加和删除其中的表项，因此可以选择最方便的线性表的实现方式，即一维数组。相应地，质数出现次数表也采用相同的数据结构。这样，两个表的对应关系就可以通过数组下标来建立：质数出现次数表中每个表项所记录的下标与之相同的质数表项中所保存的质数在 $N!$ 中出现的次数。当然，我们也可以选择使用组合结构的方式，把一个质数与其在 $N!$ 中出现的次数作为两个不同的成员保存在同一个组合结构（记录）中，使用一个一维的结构数组来同时保存质数表和质数出现次数表。一般来说，使用组合结构的方式可以使数据组织更加清晰，更便于维护。在这个问题中，由于比较简单，使用两个分开的数组与使用一个结构数组对于程序中计算过程的描述以及程序的可读性和可维护性影响不大。而当选择使用事先计算好的静态质数表时，使用分开的数组在对质数表的初始化描述上更加方便，因此我们选择使用两个分开的一维数组作为程序的存储结构。有兴趣的读者可以自己试一试使用组合结构的方式。使用这样两个表对各个自然数进行质因子的分解和结果累加的算法可以具体地描述如下：

【算法 1-1-1】N! 的质因子分解——方法 1

1. 建立按升序排列的自然数 N 以下的质数表
2. 将所有的质数出现次数表项清零
3. 对于从 2 到 N 的自然数进行遍历，并且对每一个数 n_i 进行下列操作：

    3.1   对 n_i 进行质因数分解并将 n_i 所包含的各个质因子的个数分别累加到相应的质数出现表项中

在这个描述中，建立质数表是一个相对独立的步骤。既可以直接使用已知的质数表对程序中的质数表进行初始化，也可以用各种质数表生成算法计算出所需的质数表。因此我们暂时可以认为建立质数表是一个可以直接编码的基本操作步骤。质数出现次数表项清零也是可以直接编码实现的，因此不需要进一步地细化描述。对于从 2 到 N 的自然数的遍历，在编码中对应着循环语句，也是可以直接实现的。而对于每一个自然数进行质因数分解，以及将分解的结果累加到相应的质数出现表项中，则稍微复杂一些，我们一时无法看到它与编码的直接对应关系，因此需要进一步细化。

对于一个自然数的质因子分解，可以用可能的质数去除该自然数。如果一个质数可以整除这个自然数，则说明在它的质因子中包含这个质数，这时，我们需要将这个质数所对应的质因子出现表项的值加 1，同时将该自然数除以这个质数，以便将这个质因子从原来的自然数中剔除，然后再继续重复上述过程，直到它不能再被该质数整除为止。这样就完成了从该自然数中提取完这一质因子出现次数的工作。如果一个数不能被某一个质数整除，则说明在它的因子中不包含该质数，因此需要跳过这一质数，继续使用后面的质数进行试探，直到该自然数在历次整除后所得的商等于 1 为止。根据这一过程，可以对上面算法的第 3.1 步进一步具体描述如下：

    3.1   对每一个大于 1 的自然数 n_i 进行的质因子提取操作如下：

        3.1.1   将 n_i 保存在存储单元 A 中，将第一个质数的序号保存在存储单元 B 中

        3.1.2   检查 A 中的数值是否等于 1。如果 A 中的数值等于 1，则结束 3.1 步的操作

        3.1.3   根据 B 中的序号从质数表中取出质数，并检查该数能否整除 A 中的数值

        3.1.4   如果该质数可以整除 A 中的数值，则将 A 被该质数整除所得的商保存到 A 中，并根据 B 中的下标将质数出现表项的值加 1，然后转回 3.1.3 步

        3.1.5   如果该质数不能整除 A 中的数值，则将 B 中的序号加 1，转回 3.1.2 步

这些描述已经比前面的描述更加具体，其中的每一步都具有可以直接编码的可操作性。第 3.1.2 步规定了算法结束的条件。第 3.1.3 步和第 3.1.4 步不断地从 n_i 中按照从小到大的顺序提取质因子，而 n_i 中的质因子数量是有限的，因此算法总能在有限的步骤之内结束运行并产生运算结果。具有一定经验的读者已经可以据此写出相应的代码。从计算速度上看，这一算法并不是最优的。例如，如果一个正整数不能被任何小于等于其平方根的质数整除，则该数就是一个质数。因此算法可以在试探完所有小于等于该数平方根的质数时停止，而不必等到 3.1.2 步的条件得到满足。上述算法可以根据这一思路做进一步的改进，以提高运行效率。

在上面这段算法的描述中，质数表可以通过单独的程序段来建立。但是，对上述改进后的算法再仔细研究就可以发现，建立质数表的基本操作已经包含在算法的各个步骤之中了。只要对算法进行一些不大的调整和改动，就可以在质数表初始只包含一个质数 2 的条件下，在对自然数序列进行质因子提取的同时，不断地生成新的质数并添加到质数表中。我们把这一算法的设计留给读者作为练习。

在确定了算法之后，需要进一步考虑数据空间的大小，也就是质数表以及质数出现次数表中所应包含表项的数量。为此，需要估计质数表中所需要的所有质数的数量。尽管 $N!$ 是一个非常巨大的数，但它是 $N-1$ 个因子的乘积，因此其最大的质因子不应该超过 N。问题中 N 的上限是 60 000，因此质数表中最大的质数小于 60 000。对质数数量及其分布的估计是一个复杂的数学问题，有各种各样或粗略或精确的数学公式。在这个问题中，我们并不需要精确地知道 60 000 以下质数的数量，而只需要用粗略估计的方法来确定质数数量一个比较接近的上限即可，因此完全不需要了解和使用这些公式。对一些辅助性参数的范围进行粗略的估计，是程序设计中常用的一种技术。我们知道，质数的分布随着数值区间向上增长而趋于稀疏。例如，10 以内有 4 个质数，100 以内有 25 个质数，200 以内有 46 个质数，500 以内有 95 个质数，1000 以内有 168 个质数，5000 以内有 669 个质数。依此类推，我们可以保守地估计，在 60 000 以内，质数不超过 1/8。因此，质数表和质数出现次数表只要有 7500 项就足够了。实际上，在 60 000 以内共有 6057 个质数，略多于 60 000 的 1/10，因此 7500 个表项绰绰有余。

除了表项的数量之外，需要确定的还有每项数据存储的类型。我们已经知道，质数表中最大的质数不超过 60 000，因此完全可以用 16 位二进制位的无符号整数来表示。但是，作为良好的程序设计习惯，一般情况下应该避免使用无符号整数来表示需要进行运算的数据。关于这一点，在第 2 章中将有更详细的讨论。16 位有符号整数所能表示的最大数值只有 32 767，小于质数表中最大的质数，因此质数表项的数据类型需要使用 32 位的有符号整数。在确定质数出现次数表项的数据类型时，需要估计在所有质因子中出现次数最多的质因子的最大出现次数是多少。我们知道，2 是最小的质数，在自然数中，每隔一个数就是偶数，包含有 2 的因子。因此在 $N!$ 的各个质因子中，2 出现的次数最多。为了便于分析，我们将 $N!$ 按定义展开成为从 1 到 N 的连乘，并对这一由自然数构成的因子序列进行考察。可以看出，从 1 到 N 的自然数中，每 $2^1=2$ 个数中就有一个数包含有一个 2，每 $2^2=4$ 个数中就有一个数包含有两个 2，每 2^3=8 个数中就有一个数包含有三个 2。依此类推，$N!$ 中所包含的 2 的个数为 $N/2^1+N/2^2+N/2^3+\cdots+N/2^t$，其中 t 为满足 $2^t\leqslant N$ 的最大值，而除法是整除，即商的小数部分被抛弃。为方便计算起见，我们假设 N 的最大值为 2^{16}=65 536，则这时 $N!$ 中所包含的 2 的个数为 $2^{16}-1$=65 535。这是 16 位无符号整数表示数值的上限。出于与质数表项数据类型同样的考虑，我们选择 32 位的有符号整数作为质数出现次数表项的数据类型。

上面的分析可以推广到其他任意的质数。可以看出，对 N 以下的每一个质数，我们都可以直接计算出它在 $N!$ 中出现的次数，而这正是我们的程序所要解决的问题。这个方法看起来要比对 N 以下的各个正整数进行质因子分解更简单一些。这就启发我们考虑另外一条求解思路：用 N 以下质数的各次幂分别整除 N，并将结果累加，直接得到对 $N!$ 的质因子分解结果。与这个思路相对应的算法可以描述如下：

【算法 1-1-2】$N!$ 的质因子分解——方法 2

1. 建立按从小到大排序的 N 以下的质数表

2. 将所有的质数出现次数表项清零

3. 对从 2 到 N 之间所有的质数进行遍历，并对每一个质数 Pi 进行下列操作：

　3.1　将质数 Pi 放入存储单元 A 中

　3.2　用 A 中的数整除 N，并将结果累加到相应的质数出现表项中

　3.3　将 A 中的数乘以质数 Pi 并保存到 A 中，比较 A 中的数是否大于 N

　3.4　如果 A 中的数大于 N，结束对质数 Pi 的处理

　3.5　如果 A 中的数不大于 N，则转到 3.2 步

这个算法描述比上一个算法要简单很多，实现起来也更方便，而且算法的运算效率也更高。首先，这一算法是对 N 以下的所有质数进行遍历，而不是对 N 以下的所有自然数进行遍历，而 N 以下的质数的数量远远小于 N 以下的自然数的数量。其次，对于每一个质数，所需要进行的除法的次数也很少，约为 $\log_{Pi}N$ 次。【算法 1-1-2】唯一的缺点是在计算各个质因子的个数的过程中无法同时生成质数表，因此质数表需要事先提供或另行计算。从这个例子中可以看到，在相同的数据结构上可以采用不同的算法，并产生不同的效果。

有时，算法的改进是随着数据结构的改变而变化的，或者说数据结构的改变直接影响到算法的改进。下面我们看另外一个例子。

【例 1-2-1】多项式运算——算法和数据结构

这个问题的核心是计算两个多项式的和、差和乘积。多项式的运算规则很简单，但是具体的操作步骤取决于多项式的内部表示方法。因此这里首先需要确定的是数据结构。

多项式是单项式的代数和，在程序内部的数据结构中需要能表示多项式中所有的单项式以及它们之间的关系。每一个单项式都有自己的次数和系数，需要有相应的数据结构来存储。各单项式的代数和是一个一维线性结构，而能够表示这样一种一维线性结构的数据结构不止一种。常见的选择有单向链表和一维数组。

采用单向链表的基本方法是，以链表中的一个元素代表一个系数不为 0 的单项式。每一个链表元素是一个复合结构（struct）。其中的一个成员表示单项式的次数，另一个成员表示单项式的系数。链表中的各个元素按照降幂的顺序链接起来。图 1-4 所示是使用链表方式表示一个多项式的例子。

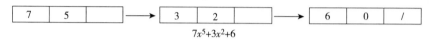

$$7x^5+3x^2+6$$

图 1-4　使用单向链表表示多项式

采用一维数组的基本方法是，数组中的一个元素只表示一个单项式的系数，单项式的次数用单项式在数组中的序号，也就是数组的下标来表示。数组的长度应能够分别保存两个最大长度的输入多项式以及其乘积所产生的结果多项式。图 1-5 是用定长一维数组表示一个与图 1-4 相同的多项式的例子。在这个例子中，数组的长度假设为 16，即假设多项式的最高次数为 15。

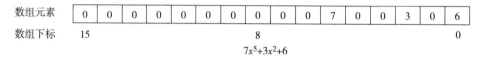

$$7x^5+3x^2+6$$

图 1-5　使用数组表示多项式

采用单向链表方式的优点是，存储空间只用于存储系数不为 0 的单项式。因此当一个多项式中只有少量的系数不为 0 的单项式时，它的存储空间的利用率比较高。例如，假设一个多项式只包含了一个单项式，采用单向链表的方式只需要分配一个元素的存储空间即可。假设次数、系数和指向下一个元素的指针都各占 4 个字节，则保存这一多项式所需要的全部存储空间只有 12 个字节。同时，由于采用单向链表方式时往往通过向系统动态申请内存分配来为新节点申请存储空间，因此无须事先设定对多项式长度的限制。对多项式长度的限制只取决于系统的内存资源。而采用长度固定的一维数组的方式，则所需要的存储空间取决于所允许的多项式次数的最大值，与正在处理的多项式的项数无关。即使一个多项式中只包含了一个单项式，采用一维数组的方式仍然需要为（次数最大极限值 +1）个单项式分配存储空间。如果每一个系数占 4 个字节，则保存这一多项式所需要的全部存储空间为（次数最大极限值 +1）*4。

尽管采用单向链表的方式可以节省存储空间，但是却增加了算法的复杂程度和编码的难度。首先，把输入数据保存到链表中的过程就比较复杂。单向链表的元素是动态分配，并逐一链接到链表上去的。因此，对多项式中的每一个项，都需要申请存储空间，填写相应的次数和系数，然后再把它链接到链表的尾部。相比之下，一维数组的存储空间是一次性分配的。当采用按允许次数的极限值预先分配时，只需要一个数组定义语句。对于读入的多项式中的每一个项，采用一维数组时所需要做的只是根据单项式的次数确定数组元素的下标，然后再将系数填写进去。其次，在进行多项式的运算时，采用单向链表的方式就显得更为复杂。在进行多项式的加减运算时，需要同时在两个输入多项式所对应的链表中查找，以便根据各个项的次数来决定它们之间是否可以运算，然后对次数相同的项的系数进行运算，再将运算结果以及没有对应运算对象的输入项按降幂的次序链接到保存结果多项式的链表中。对于乘法运算，则需要不断地在保存结果多项式的链表中查找，以确定其中是否已经存在与两个单项式乘积的次数相同的项。如果这样的项已经存在，则需要将乘积的系数与之相加，否则，就需要按降幂的方式在结果多项式链表中的适当位置上插入新的项。而采用一维数组的表示方式，多项式之间的运算就要简单得多。在进行多项式的加减运算时，只需要对输入多项式所对应的数组中下标相同的元素进行加减运算，并将结果保存到结果多项式所对应数组中下标相同的元素中即可。在乘法运算中，任意两个单项式的乘积的次数就是两个单项式次数之和，在使用数组下标表示单项式的次数时，它就是两个因子元素的下标之和，其系数的乘积可以直接据此保存到结果多项式所对应数组元素中。当然，对于一维数组的表示方式来说，进行多项式的运算时，需要对数组中所有的元素进行遍历，而无论其系数是否为 0。这在输入多项式中仅有少量的非 0 项时，也会造成一些无效计算。

　　对于数据结构的选择是一个多种因素互相权衡的过程。在这个多项式运算的例子中，单向链表的存储方式在一些特殊的情况下，在存储空间的效率方面比定长一维数组具有优势。但是这种优势是有限的。当在最高次项与常数项之间的非 0 系数项的数量占到所有项数的 1/3 时，两种方案所占用的存储空间就相等了。当非 0 系数项的数量超过最高允许项数的 1/3 时，一维数组所需的存储空间反而小于单向链表。而且根据这个问题的规模，使用一维数组所需的存储空间不过区区 812 个字节，与当前计算机系统的内存空间动辄上百兆字节相比，是微不足道的。而从编程的难度来说，采用单向链表方式则是明显地高于定长一维数组。根据这些因素，可以确认一维数组是一个更为可取的方案。

　　在确定了使用一维数组作为程序中的数据存储结构之后，需要进一步确定数组的大小和元素的类型。对于最高次数为 N 的输入多项式 A 和 B，其数组的长度应大于等于 $N+1$。对于结果多项式，其数组长度应大于等于 $2*N+1$，以便保存两个极限长度输入多项式的乘积。数组元素的类型取决于其所要保存的最大值，而这一最大值出现在两个极限状态下的多项式相乘时。对于两个系数最大绝对值为 M、最高次数为 N 的多项式，其乘积中单项式系数的最大绝对值为 $N*M^2$。根据给定的限制，这一最大绝对值为 5×10^5，因此可以使用 4 字节的 int 类型来表示。这样，这一程序所使用的数据结构可以定义如下：

```
#define N 50
int a[N + 1], b[N + 1], c[2 * N + 1];
```

　　很多时候，算法和数据结构的选择不仅取决于任务的内容和性质，而且取决于任务的规模。同一个问题，如果所要处理的数据的规模较小，则可以采用比较简单的算法和数据结构。但是当所要处理的数据的规模较大时，则需要采用比较复杂的算法和数据结构，以便降低程序的时空复杂度，提高计算效率。例如，假设在程序中需要进行数据的记录和查找。当所要处理的数据项在百十项左右时，可以使用简单的线性表和线性查找算法。但是当所要记录和处理的数据项有成千上万，甚至更多时，就需要采用排序表、二叉树、Hash

表等更便于数据记录和查找的数据结构和相应的算法了。下面我们看两个例子。

【例 1-7】最大的 N 个数　从文件中读入 M 个整数，在标准输出上输出其中最大的 $N(M \geqslant N)$ 个数。

对于这个问题，很多人最容易想到的是可以把 M 个整数读入一个数组中，对其按降序排序，再输出前 N 个数。当 M 不是太大时，比如当 M 在 10^6 以下时，这无疑是一种可行的方法。但是如果 M 大于计算平台对内存使用的限制时，这种方法就不可行了。这时如果 N 不太大的话，我们可以建立一个能保存 N 个数据的存储结构，暂存读入数据中 N 个最大的数。每当读入一个新的数据时，就和这个存储结构中的数进行比较，当新读入的数据大于程序中暂存的数据时，就剔除暂存记录中最小的数，而将新读入的数据放入暂存记录。暂存记录的存储结构及其内容的更新方法也与 N 的大小相关。当 N 是很小的一位数时，可以使用排序的链表结构。当 N 为两位数或更大的数值时，更好的方法可能是使用数组，并辅以适当的索引结构进行排序。如果 N 的大小也超过了计算平台对内存使用的限制，那就只能选择外排序算法了。

【例 1-8】队列　这是 CEOI 2006 中的一道题，题目的大意是，$M(1 \leqslant M \leqslant 10^9)$ 个人排队，并根据每个人的初始位置从 1 到 M 顺序编号，然后进行 $N(2 \leqslant N \leqslant 50\,000)$ 轮的位置变动，使编号为 A_i 的人站到编号为 B_i 的人前面（$1 \leqslant i \leqslant N$; $1 \leqslant A_i, B_i \leqslant 10^9$）。问 N 轮过后，编号为 $X_j(1 \leqslant j \leqslant L)$ 的人站的位置是多少，站在位置 $P_{kj}(1 \leqslant k \leqslant P)$ 的人的编号是多少（$1 \leqslant L+P \leqslant 50\,000$）。对程序的内存限制为 32MB，运行时限为 3 秒。

对于这道题，可以使用模拟操作的方式来求解：使用一个数据结构表示队列，结构中的元素表示队列中的每个人，每次位置变动可以直接转换成对结构中元素位置的操作。如果问题的规模很小，例如 M、N、L、P 等都在 100 以内，那么这道题的数据结构很容易选择。例如我们可以使用一维数组来表示这一队列，队列中的每一个人对应着数组中的一个元素，这样程序也很容易写。但是这道题的规模很大，人员数量的上限是 10^9，数组元素使用 4 个字节的 int 类型整数，需要约 4GB 的内存。这超过了 32 位计算平台所能提供的资源容量，更远远超过了题目给定的内存限制。因此在程序中需要使用更有效的数据结构，以减少对内存空间的需求。

因为在题目中人员位置交换的次数远远少于人员的总数，人员位置顺序被打乱的情况也就不多，所以我们可以设计一种结构，通过记录队列中按顺序连续排列人员的首尾编号来表示这一组人员，并把整个队列表示为由这种结构节点组成的链表。例如在初始状态下，整个队列只使用一个首尾编号分别是 1 和 10^9 的记录就可以表示。当把编号为 A_i 的人移到编号为 B_i 的人前面时，只需要分别找到 A_i 和 B_i 所在的节点，对它们进行分裂操作，并插入新的节点即可。图 1-6 是在初始状态下把编号为 5 的人移到编号为 10^8 的人前面时的数据结构的变化。

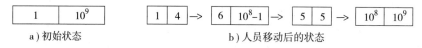

a）初始状态　　　　　　　　　　b）人员移动后的状态

图 1-6　【例 1-8】中 5 号人员移到 10^8 号人员前面时数据结构的变化

分析各种不同的情况可以看出，对于每一次的位置变动，表示连续排列人员的结构节点最多增加 3 个。因为人员位置变动的次数不超过 5×10^4，所以所有节点的总数不超过 1.5×10^5 个。设每个节点占 16 字节，所有节点共占 2.4×10^6 字节，远远小于题目中给定的对内存使用的限制。但是这一数据结构并不能满足问题对计算速度的要求。在题目中，对于人员移动和位置查询都可能高达 5×10^4，因此对这一结构的搜索操作耗时巨大。例如，每次人员位置移动都需要对这一数据结构进行两次搜索，一次是查找被移动人员所在的节点，另一次是查找其所要移入位置所在的节点。在不采取任何优化措施的情况下，当进行节点搜索时需要从头到尾地对结构链表进行扫描，而每次扫描所需要的时间正比于人员位置的移动次数，因此处理人员位置移动所需要的总的节点搜索时间正比于人员位置移动次数的平方。同理，人员位置查询所需要的节点搜索时间正比于人员位置变动次数与查询次数的乘积。无论是人员位置变动次数还是查询次数，其上限都是 5×10^4，这样线性扫描的结果必定使得程序的运行时间远远超出题目规定的时限。

为避免节点搜索时对结构链表的线性扫描，需要采用数据索引结构以加速对链表节点的搜索。因为在程序运行时节点的数量是在不断变化的，所以排序二叉树是一种比较好的选择。如果可以保证二叉树的结构基本平衡，则一次搜索所需访问的节点数量正比于节点总数的对数。对于这道题目的规模，这样做对程序的性能最大可望有上千倍的改进。

1.3.5　算法的检验

在实际编程中，只有很少的任务可以直接采用已有的成熟算法。在大多数情况下，或者需要对已有的算法进行一定的改动，以满足所要求解问题的特殊要求；或者很难找到接近任务要求的现成算法，因此需要从头设计。无论是新设计的算法，还是对已有算法的改动，在付诸编码前都需要对其进行检验，以尽量保证算法在与实现无关的描述层面上的正确性。

对算法的检验既不是对算法的再次推导，也不是对算法的证明。对算法的检验是在对算法的理论分析和理解的基础上，通过实例对算法的执行过程进行模拟，以便了解算法在处理不同的数据时所执行的步骤以及内部数据结构的变化，并且检查算法描述中是否有疏漏或错误。为此需要使用测试数据或专门为检验算法而准备的数据作为算法运行的输入数据，一步步地根据算法中的步骤，手工计算出算法所涉及的数据结构和中间结果的变化，直至产生出最终结果，并将这一结果与预期的结果进行比较，看看是否一致。例如，对于在排序线性表中进行二分查找的算法，我们可以分别使用具有一个、两个、三个以至更多元素的排序数据作为该算法的输入数据，并分别以存在于这些数据之中和不在这些数据之中的数据作为查找目标，看看在不同的输入数据下查找究竟是如何进行的，各种中间结果是如何变化的，不同的查找目标对查找过程和中间结果有何影响，等等。当算法的执行结果与预期不一致时，需要进一步分析问题出在哪里：是算法描述有误还是我们对算法的理解不准确？抑或是模拟执行的过程有疏漏？通过这样的检验，不仅可以加深对算法的理解，有助于编码和对代码的调试，也有可能发现算法中潜藏的错误。

1.4 编码：从算法到代码

在完成了包括算法和数据结构在内的方案设计并经过认真的检查之后，就可以进入编码阶段，把设计方案付诸实施了。编码是使用编程语言对程序的求解步骤、算法和数据结构进行操作性描述的过程。编码工作依据程序的设计方案，但并不仅仅是对求解步骤和算法的简单翻译。在编码过程中，有其特别需要注意的要点和方法，以保证编码的结果既能完整正确地体现设计方案的思想，又能充分利用编程语言的描述能力，简洁有效地实现程序。

1.4.1 代码的结构

在编码过程中首先需要关注的是程序的结构。编码是一个自顶向下的过程，保持良好的程序结构所需要注意的要点就是对计算过程描述的层次性。所谓层次性就是对程序的描述要自顶向下，逐步细化，在每一个层面上只描述本层面直接使用到的计算步骤和控制机制。至于各个计算步骤的细节，则在下一层面再进行细化描述。这样逐级细化的过程，一直要进行到所有的操作都转化为基本的 C 语言计算 / 控制语句为止。

描述过程自顶向下的层次性是通过函数的调用和定义来实现的。在对每一层的各个计算步骤进行描述时，如果一个计算步骤由于过于复杂而不能使用简单的 C 语句直接描述它的全部细节，我们就可以使用一种抽象的方式来描述它：用一个函数来表示这个计算步骤，然后在对这个函数具体定义时再详细描述计算步骤的操作细节。在使用函数表示一个计算步骤时，需要给它起一个名字来说明这个函数所要完成的任务，把这一计算步骤所需要的原始数据作为参数传递给这一函数，同时说明这一函数的返回值或者以其他方式返回的计算结果和对外部环境的影响。

在 C 语言中，一个程序的顶层函数是 main()。在 main() 函数内的语句层面上，应该只描述计算的基本步骤，包括对程序调用参数的检查和错误处理，以及对大的计算过程的控制。至于各个计算步骤的细节，则需要留待下面的层次去逐步展开。这样既可以清晰准确地使用程序设计语言描述计算的过程，也可以避免同时被过多的编码细节所困扰。下面我们看几个例子。

【例 1-1-3】N! 的质因子分解——程序编码

根据对问题的分析和方案设计，我们可以写出相应的数据结构定义和顶层代码：

```
#define MAX_N        60000                              // N的最大值
#define MAX_ITEM      MAX_N / 8                          // 表项的最大值
int primes[MAX_ITEM], f_num_tab[MAX_ITEM];               // 质数表和质数出现次数表，均初始化为0

int gen_primes(int n, int *prime);                       // 生成质数表
void gen_factors(int n, int m, int *prime_tab, int *num_tab);
                                                          // 分解质因数，填入质数出现次数表
void print(int m, int *num_tab, int *prime_tab);  // 打印结果
int main(int c, char **v)
{
```

```
    int m, n;

    if (c < 2) {                                    // 检查命令行参数的个数
        fprintf(stderr, "Usage: %s N\n", v[0]);
        return 1;
    }
    n = atoi(v[1]);
    if (n < 2 || n > MAX_N) {                        // 检查命令行参数的值
        fprintf(stderr, "N must be between 2 and %d\n", MAX_N);
        return 2;
    }
    m = gen_primes(n, primes);                       // 生成质数表
    gen_factors(n, m, primes, f_num_tab);           // 分解质因数，填入质数出现次数表
    print(m, f_num_tab, primes);                    // 打印结果
    return 0;
}
```

在这段 main() 函数的代码中，第 3 行到第 6 行检查本程序被调用时是否带有所需要的参数。如果用户在调用本程序时没有给出必要的参数，则程序向用户提出警示，说明程序的调用格式，然后结束运行，并返回 1 说明程序非正常结束。代码的第 7 行把用户所提供的参数 n 转换为内部的表示形式，然后再进一步检查这一参数的值是否在规定的范围内。上述这些步骤的每一个都是基本的操作，只涉及一两条基本的 C 语句。其中 fprintf() 和 atoi() 是在 <stdio.h> 和 <stdlib.h> 中说明、在标准函数库中提供的标准库函数，分别完成向指定文件输出信息和将由数字字符组成的字符串转换为整型数的工作。

这段 main() 函数代码的第 12 行到第 14 行是程序功能的主体部分。这部分描述了完成程序功能的 3 个步骤，即生成质数表，对 N! 进行质因数分解并记录各个质因数出现的次数，以及打印输出结果。这 3 个步骤都是比较复杂的步骤，因此在顶层描述中只使用函数对它们进行抽象的描述。

生成质数表时需要知道所要生成的最大质数的大小以及质数表的存储位置。因此质数表生成函数 gen_primes() 需要两个参数，一个是 n，说明所要求的是小于等于 n 的最大质数；另一个是整型数组 prime[]，用来保存所生成的质数表。函数 gen_primes() 返回一个整型数，表示所生成的质数表中表项的个数。

在对 N! 进行质因数分解并记录各个质因数出现的次数时，需要知道 N 的大小、所要使用的质数表的大小，以及质数表和质因数出现次数表的存储位置。因此函数 gen_factors() 需要 4 个参数，第 1 个是 n，表示 N 的大小；第 2 个是 m，说明所要使用的质数的个数；第 3 个是质数表 prime[]，按照递增的顺序保存所需要用到的质数；第 4 个是质因数出现次数表 f_num_tab[]，用来保存对 N! 的分解结果。函数 gen_factors() 只填写质因数出现次数表 f_num_tab[]，因此没有返回值。

输出结果的工作是由函数 print() 完成的。这个函数在工作时需要知道质数表、质因数出现次数表以及表中需要输出的有效表项，因此需要三个参数。

对照一下【算法 1-1-2】，可以看到关于质因数出现次数表的初始化，也就是算法中的步骤 2，没有对应的描述语句。实际上，对于质因数出现次数表的初始化是由编译系统隐含

实现的。质因数出现次数表 f_num_tab[] 被定义为一个全局变量，因此其初始值被编译系统自动设置为全 0。这样，在程序的代码中就不需要显式地描述对该数组的初始化。

在完成了第一层次的编码工作之后，产生了三个新的、等待实现的函数 gen_primes()、gen_factors() 和 print()。这几个函数的定义都很简单。下面是函数 gen_factors() 的定义：

```c
void gen_factors(int max, int p_no, int prime[], int f_tab[])
{
    int i, n;

    for (i = 0; i < p_no; i++) {
        for (n = prime[i]; n <= max; n *= prime[i]) {
            f_tab[i] += max / n;
        }
    }
}
```

这段函数就是【算法 1-1-2】中步骤 3 的直接翻译。一些初学编程的人往往会觉得，这么短的程序段是否有必要单独提出来组成一个独立的函数。实际上，这个程序的全部代码加在一起的长度也不过几十行。如果单纯从代码的长度来看，整个程序的全部代码完全可以放在一个 main() 函数中。这也是很多初学编程的人常常选择的方法，然而却是一种不好的方法。把全部或大量的代码放在一个函数中，会把大量不分层次、不分步骤的细节同时展现出来。这样做的最大问题是破坏了描述的层次结构和清晰程度。对于比较小的程序段，因为程序很短，分析和理解起来可能不会很困难。但是这往往会使初学者养成不良的程序设计习惯，当程序的段落比较大时，会给准确地把握程序结构和程序的执行过程带来较大的困难。特别是当程序需要进行后期维护时，大量不分层次的代码堆积在一起会带来很多不利的影响，有可能使得程序难于理解，难于调试，而且这种不利的影响会随着程序规模的增大而迅速显现和增强。

从心理学的理论和大量实际的编程经验来看，一般人所能迅速理解和把握的程序段的长度是有限的，越长的程序段理解起来越困难。当大量的代码不分层次地放在一起时，我们的注意力往往会不适当地被一些细节所吸引，程序中的关键内容，例如程序的基本求解思路和计算过程，往往会隐藏在大量无关的细节中，特别是当程序段落中有较多的条件判断和分支时。可以想象，要在一段长长的代码中理清程序执行过程的基本脉络，分析出程序中存在的问题，所面临的困难会远远大于分析一段短小的代码。

将程序按层次逐级分解，是分治思想在编码过程中的体现。它可以使我们在编码的每一阶段所需要关注的代码量迅速减少。通过自顶向下的层次描述，可以使我们首先在大的计算步骤上理解和把握程序的执行过程，保证程序在大的计算步骤上执行正确。在这个基础上，通过逐层细化的方法，就可以理解和把握程序执行的每一个步骤，保证每一个执行步骤的正确。

把程序逐级分解成较为短小的函数，不仅有助于对程序的理解，而且对于程序的调试和维护，以及代码的重用，也都很有帮助。在编写和调试一段代码时，往往需要关注与这段代码相关的前后文。一般情况下，一个合理定义的函数应该是一个相对独立的程序段，其与外部的交互只是通过函数的参数和返回值来完成的。因此在编辑和调试一段函数中的代码时，我们所需要关注的仅仅是这个函数中的代码。较短的函数可以使我们对函数的整体一目了然。在一些经典的程序，例如 Unix 操作系统的实现代码中，我们常常可以看到只有两三行代码的函数，有些函数的函数体甚至只有一行代码。这样做的目的就是为了增加程序的可读性和可维护性。

从实践经验来看，一般函数的长度最好不要超过显示器一屏所能显示的长度，也就是 20～30 行。当函数的长度超过这一长度时，就应该考虑是否进行适当的分段，把一些关系紧密、可以构成独立功能模块的语句集中在一起，构成新的函数。有些函数，主要是运算过程较为复杂的数值计算函数，由于计算流程的问题，代码较长，代码内部的耦合比较紧，比较难于分成较小的独立段落。当拆分成若干个函数时，往往会由于大量的参数传递和频繁的函数调用而显著地降低程序的效率。对于这类函数，可以作为特例处理。即使如此，也要注意在可能的情况下尽量控制函数的长度，在代码的效率与可理解和可维护性之间找到适当的平衡点，使一个独立函数的代码不至于过长。

在对算法进行编码时，不但要遵循算法的基本原理，也需要关注算法的具体执行过程和实施细节。有时，一些执行步骤的调整和实施细节的改动对于程序的效率会有较大的影响。下面我们看一个例子。

【例 1-9】硬币兑换　计算出 N 元人民币兑换成 1 分、2 分和 5 分的硬币，有多少种可能的组合。

这个问题可以有多种解法，其中最直观的就是枚举法。我们可以把三种硬币各种可能的组合逐一列出，然后检查其中哪些组合的硬币总值正好符合要求，并将其记录下来。至于如何枚举，则可以有不同的方法。例如，我们可以按照 1 分、2 分和 5 分的顺序进行枚举，即把这一枚举过程写成一个三重循环，对 1 分硬币的枚举在最外层，对 5 分硬币的枚举在最内层，在每一种硬币组合被枚举出来之后，计算其币值，判断其是否符合要求。这样，这一计算过程的计算复杂度应是 $O(N^3)$。如果我们调整一下循环的次序，首先对 5 分和 2 分进行枚举，只要这两种硬币的组合币值小于等于 N 元，总可以找到满足要求的 1 分硬币的数量，因此就没有必要再对 1 分硬币进行枚举了。这样，同样是枚举，这一计算过程的计算复杂度就降到了 $O(N^2)$，计算效率会有明显的改进。对于这一问题，计算复杂度为 $O(N^2)$ 仍然是较低的效率。仔细分析，可以找到 $O(N)$ 的枚举算法和 $O(1)$ 的非枚举算法。我们把这留做练习。

1.4.2　编码的质量

除了保持良好的程序结构之外，在编码过程中所需要注意的第二个要点就是代码描述的准确、完整和简洁。这些是代码质量的基本指标。所谓准确，就是说代码应该严格地根据求解步骤和算法的规定，完整地描述具体的计算过程。求解步骤和算法的每一步是否都在代码中得到正确的描述，各个计算步骤的前后顺序是否正确，条件判断的内容和位置是否恰当,这些都需要认真地检查和推敲。例如,在进行条件判断时变量 n 究竟应该是大于 0 还是大于等于 0,在 for 语句中循环继续的条件究竟应该是 i<n 还是 i<=n,抑或 i<=n+1,移位的次数究竟是 p 还是 p-1,等等,这些地方都是容易发生错误、影响程序编码准确性的地方,需要格外加以注意。在编码的准确性方面,另一个需要特别注意的地方是对程序处理数据的边界和特殊条件的判断。在这方面稍有不慎就有可能产生错误。下面我们来看一个例子。

【例 1-10】质数判断 编写一个判断一个正整数是否是质数的函数,其函数原型如下:

```
int is_prime(int n);
```

这个函数的直观算法就是从 2 开始依次用所有小于等于 n 的平方根的数来测试,看看是否可以整除 n。如果这其中任何一个数可以整除 n,则说明 n 不是质数,否则 n 就是一个质数。为了提高函数的计算速度,我们可以首先判断 n 是否是偶数,然后再依次使用所有小于等于 n 的平方根的奇数来测试,看看是否可以整除 n。这样可以写出如下的代码:

```
int is_prime(int n)
{
    int i;
    if (n % 2 == 0)
        return 0;
    for (i = 3; i <= sqrt(n); i += 2) {
        if (n % i == 0)
            return 0;
    }
    return 1;
}
```

这段代码看起来没有什么问题,但是实际上这里面有两个明显的错误:当输入的参数为 1 或 2 时,函数会给出错误的答案。根据定义,1 不是质数,但是由于 1 不能被除其自身之外的任何数整除,而程序中没有对 1 的专门判断,因此当参数 n 等于 1 时,函数只能返回 1,表示函数认为 1 是一个质数。2 是质数,但是由于 2 又是偶数,因此在遇到第一个判断语句时就符合条件,因此函数只能返回 0,表示函数认为 2 是合数。这个例子尽管简单,但是却典型地说明了在程序中关注边界条件和特例的重要性。

所谓简洁,就是说代码的描述应该避免冗余。对计算过程的描述应该直截了当,避免不必要的语句。例如,如果一个变量在计算过程中被用来保存中间结果,那么就没有必要对它进行初始化。又例如,在程序中如果有多处需要用到相同的计算过程,则应该通过使用函数定义的方式描述这一计算过程,在需要使用这一计算过程的地方对这一函数进行调用,而不应该在多处分散地重复实现。这样不仅可以使得描述简洁,而且可以增加程序的可维护性。在相关功能需要进行修改时,可以保持对相关功能描述的一致性,避免引起不必要的混乱,大大减少工作量,提高工作效率。此外,在编码过程中还需要注意,对语言的使用要准确,避免由于疏忽或对语言的误解而产生编码错误。

所谓完整,是指算法描述中的所有步骤以及相关的细节都需要在代码中有所体现,不可遗漏。当利用 C 语言的默认操作（例如对全局变量的初始化等）来隐含地实现算法中的某些步骤时，一定要保证 C 语言中的默认操作与算法中所需要的操作是一致的。对于初学者来说，最容易忽略的是对变量做必要的初始化。对于默认初始值不确定的局部变量来说，直接使用未经初始化的局部变量的值会引起程序运行时非确定性的错误。

1.4.3　代码的可维护性

在编码过程中所需要注意的第三个要点是程序代码的可维护性。所谓代码的可维护性是指代码应该容易阅读、理解和修改，并且在一定的范围内适应合理的需求变动。使用函数和宏，精心设计合理的程序结构是增加代码可维护性的重要方法。例如，在【例 1-1-3】的代码中，程序所允许的最大输入参数是由常数宏 MAX_N 来规定的，质数表和质数出现次数表的大小是由常数宏 MAX_ITEM 来规定的，而且常数宏 MAX_ITEM 是根据 MAX_N 计算得出的。这样，当需要改变程序所允许的最大输入参数时，只需要修改常数宏 MAX_N 的定义就可以了。在这段代码中，质数表的生成、质数出现次数表的生成以及结果的打印输出都是通过函数的定义来实现的。当需要面对不同的输出格式要求，或者发现了更有效的质数表生成算法时，就可以只针对相关函数进行必要的修改，而不必考虑程序的其他部分。

为增加代码的可维护性，应该使代码易读易懂。这就要求我们尽量使用简单准确的描述方法，避免为了过度追求程序的简练而使用不易理解的技巧和复杂的表达式、带有不易发觉的副作用的语句，以及容易引起误解的描述方式。一些教科书练习题中的表达式，例如 p=(i++)+(i++)+(i++);x=y++++++z;之类的语句，只有智力测验方面的意义，在编码当中应当避免。这些语句不但必须仔细思考才能理解其中的含义，而且往往带有歧义性。例如表达式 y++++++z 就可以有不同的解释。而且这个表达式在很多编译器上被认为在语法上是错误的。

代码的可维护性是一个比较复杂的问题，涉及多种程序设计技术，并且可能影响到程序的结构和风格。我们在第 8 章中关于程序设计风格的部分还会进一步讨论。

1.4.4　代码中的注释

在编码过程中所需要注意的第四个要点就是在代码中要加入必要的注释。注释的作用是为了帮助人们更好地理解程序，不论是对编程者自己还是对其他可能的程序阅读者。程序的编写是一个复杂的智力活动，程序是用编程语言编写、由计算机执行的运算过程。因此程序所表达的内容对于人来说并不是很直观的。对程序的理解随着时间的流逝而逐渐淡忘，对程序重新理解的难度随着程序规模的增加而增加。有些源代码，在经过几个月、几个星期甚至几天之后，连它的编写者都很难准确地说出每一个段落和每一个语句的含义，以及一些关键的数据结构和算法的选择理由，更不必说其他因为维护等目的而第一次接触这些代码的人了。因此，必要的注释对于理解代码、增加程序的可维护性具有非常重要的作用。

从实际经验来说，一个程序只要生存周期在一天以上，就有必要加以注释。在一个值得注释的程序中，即使代码再短，至少也应该有一处注释，那就是在代码文件的开头部分应当说明这个程序的目的和作用，程序编写所依据的文件，例如是哪本书上的哪道题，或者是哪个项目的需求和设计文档等，以及程序的使用方法，程序对运行环境和输入数据的要求和限制等。当然，最好再加上作者姓名和编写时间，以备检索。根据问题要求写出程序是一个复杂的过程，而在没有注释的情况下从程序代码倒推出问题要求则是一个更加困难的任务。除此之外，在程序中比较复杂、难于直观理解的地方，也需要加以注释说明，例如程序所采用的算法和数据结构，以及采用的理由，复杂代码段落的含义，等等。在注释中需要注意的是，注释内容应该与代码含义一致。在代码进行修改时，相应的注释也应该随之更新。否则，大量累积下来的程序代码就会变成一堆无法理解的天书，无法利用的废物，占用磁盘空间的垃圾。

1.4.5　代码的检查

在编码过程中，在每一个阶段性的编码工作完成后，需要做的第一件事情就是检查代码中是否有由于疏忽和键入错误而引起的语法错误。对代码的语法检查可以借助于编译系统，进行语法检查的代码段的大小可以根据每个人的经验和习惯。对于初学者，在一个复杂的函数或者一段较长的、具有相对完整功能的代码完成之后，就应该对代码进行一次编译，看看是否有什么语法错误。在积累了一定的经验之后，检查性编译的段落规模可以适当地扩大，但至少在一个独立的源文件阶段性地完成之后，需要对整个文件编译一次，然后再进行后续的工作。较小的编译段落有助于对错误的定位。大多数编译系统在发现了语法错误之后，都会给出比较详细的错误信息，例如错误所在的行号、错误的类型、错误的上下文以及错误的严重程度等。根据这些信息，往往可以很快找到和改正产生语法错误的地方。对某些错误，一些编译系统可能产生不准确的错误信息。例如，当括号或字符串界定符不匹配时，往往会影响编译系统对随后代码的正确分析。这时编译系统往往会产生一连串不正确的错误信息，报告一些实际上可能不存在的错误。遇到这种情况时，需要注意的是不要被大量的错误信息所迷惑。这时应该做的是改正编译系统报出的前几个可以确定的语法错误，然后再调用编译系统重新对代码进行编译，看看会产生什么结果。很可能在改正了一两处括号不匹配的错误之后，大量的错误信息就一起消失了。现代计算机的运行速度很快，对一个几百行的程序的编译只不过需要几秒的时间。充分利用计算机系统的功能和性能，对于提高工作效率是很有帮助的。

1.4.6　代码中常见的错误

代码中出现的错误五花八门，难以一一尽述。本节仅列举几个在初学者程序中最常见的错误及其可能出现的故障现象，供读者举一反三。

在代码中常见错误之一是对变量，特别是局部变量未赋值即引用。C 语言对于全局变量的默认初始值有明确的规定：在未赋值初值的情况下，全局变量的值为 0。对于局部变量的默认初始值，C 语言没有任何的规定。如果由于全局变量未赋正确的初值而引起程序执行的错误，那么这种错误是固定的，也比较好查找。但如果对于局部变量未赋值即引用，那么最容易引起的错误现象是程序的运行状态不稳定：可能程序在多次运行中偶尔出错，也可能程序在多次运行中偶尔正确；如果这一变量被用作数组下标，那就极有可能使程序崩溃。产生这种现象的原因是由于未被明确赋值的局部变量的初始值是不确定的，在多数情况下取决于这个局部变量所使用的存储空间在此之前的用途。这样初始值不确定的变量被用在程序中，自然会引起执行过程或计算结果的不确定。如果被用作数组下标，当其初始值超过了数组的范围，就会造成地址访问越界，并引起程序的崩溃。不同版本或不同操作系统平台上的编译系统对局部变量的初始值的处理也不尽相同。在有些编译系统中，当使用某些调试选项时，编译系统可能会给局部变量自动赋一个确定的数值，而当不使用这些选项时，编译系统就不会处理局部变量的初始值。这也可以解释为什么有时程序在一种平台（例如 Windows）上运行正确，而在另一种平台（例如 Linux）上运行不正确；在一种编译选项（例如 -Debug）下运行正确，而在另一种编译选项（例如 -Release）下运行不正确。下面是一个局部变量未初始化引起程序运行不稳定的例子：

```
for (i = 0; i < M; i++) {
    if (a[i] > max) {
        max = a[i];
        n = i;
    }
}
```

这段代码的功能是在数组 a[] 的 M 个元素中找出最大的元素，把它的值保存在变量 max 中，下标保存在变量 n 中。在这段代码中，因为变量 max 没有赋初值，所以在 for 语句的第一次循环时，它的值是一个随机确定的数。如果碰巧这个数小于数组 a[] 中最大的元素，则程序可以产生正确的结果；否则，不但变量 max 中保存的依然是那个随机确定的初始值，变量 n 中的结果也是一个没有意义的数。为使这段代码正确地执行，需要对变量 max 和 n 都赋初值：

```
for (i = n = 0, max = a[0]; i < M; i++) {
    if (a[i] > max) {
        max = a[i];
        n = i;
    }
}
```

大多数编译系统都可以对程序源代码中这类语义错误进行检查和报告。因为此类错误并不是语法错误，不影响目标码的生成，所以编译系统只在使用了必要的编译选项后才对这类错误产生告警信息，提醒编程人员注意这一程序中潜在的危险。例如，在 gcc 上，可以使用 -Wall 选项，使编译系统对源程序进行严格的检查，报告所有可能引起程序错误的地方。在其他集成化编程环境，如 MS VC++/IDE 中，也可以通过配置工具设定输出告警信息的级别。

在程序中另一个容易出现的错误与数组的使用有关。在 C 语言中，具有 n 个元素的数组的下标范围是从 0 到 n-1。超越这一下标范围对数组元素进行访问就会引起地址越界。例如，有人在对具有 n 个元素的数组进行遍历时将循环控制语句写为 for (i=0; i<=n; i++)...，并且使用变量 i 作为数组元素下标。这样，在循环语句中访问的最后一个数组元素就越出了数组的范围。在向字符数组中复制字符串时也有类似的问题。当复制字符串时，字符数组必须有足够的空间来保存被复制的字符串。这不但包括字符串中所有的字符，还必须包括字符串结束符（'\0'）。因此字符数组的长度必须大于字符串的长度。有些人忽视了这一点，只按照字符串长度分配了存储空间而没有给字符串结束符预留位置。例如，下面的代码

```c
char s[4];
strcpy(s, "test");
```

将字符串"test"复制到数组 s[] 中，其中 strcpy() 是一个字符串复制的标准库函数，其功能是将第二个参数指定的字符串复制到第一个参数指定的数组中。在这段代码中，字符串的正文部分已经占据了 4 个字节，因此字符串结束符只能写到从 s 的起始地址开始的第五个字节，也就是 s[4] 中。这样就越出了字符数组 s 的存储空间范围。这种地址越界所产生的后果取决于多种因素，因此是难以预料的。如果幸运的话，程序可能在多次运行中都不出现错误，但在更多的情况下，程序可能会产生莫名其妙的错误，甚至崩溃。为避免这类错误的出现，可以在编码时为字符数组多分配几个字节的存储空间，并使用可以指定字符串复制长度的函数来进行字符串的复制。下面是一段代码样例：

```c
char str[MAXLEN + 1];
......
strncpy(str, str_src, MAXLEN);
str[MAXLEN] = '\0';
```

其中函数 strncpy() 是一个功能与 strcpy() 相近的标准库函数，其第三个参数是一个整数，表示允许复制字符串的最大长度。在上面的代码中，当 str_src 的长度大于 MAXLEN 时，strncpy() 只复制其前 MAXLEN 个字符以避免地址越界，并确保在任何情况下 str[] 中保存的都是一个带有结束符的完整字符串。

运算符优先级和结合方式错误也是代码中经常出现的，并且不易发觉。例如，表达式 1≪a+b 等价于 1≪(a+b)，但是却经常会被误解为 (1≪a)+b。C 语言中的运算符很多，优先级和结合关系也比较复杂，不容易记忆准确。当出现这类问题时，往往会由于习惯性的错觉而对代码中的错误视而不见。与前面几种错误不同的是，这类错误是确定性的错误。如果错误存在，那么在每次测试中、在任何平台上，错误总会以相同的方式重复出现。为避免这类错误的出现，在表达式中应当避免过分依赖对运算符的优先级和结合方式的记忆，而应该多使用一些括号，以便准确地表达我们所需要的计算顺序。

1.5　测试和调试

在程序通过了语法检查，生成可执行文件之后，紧接着需要做的工作就是对程序整体

或其中的某些部分进行测试，看看它们是否能正确运行，是否能满足任务对程序功能和性能方面的要求，并调试和修改测试中发现的错误。在程序设计过程中，测试可以分为两个阶段：第一个阶段是在部分或全部编码初步完成后，目的是检验程序各个部分的代码是否可以正常运行，并大致观察程序是否可以输出基本正确的结果。第二阶段是在代码基本调试完毕、程序的各个部分运行基本正常之后，这时的测试目的是确保程序在设计和实现的各个阶段工作正确，程序的功能和性能都可以满足问题和任务中提出的各项要求。其中第一阶段的测试与对程序的调试紧密地耦合在一起，从测试的范围、深度、方法和手段来看也相对简单，因此往往与调试划在一起。第二阶段的测试在测试的范围、深度、方法和手段方面都和第一阶段有很大的不同，在工作流程上也是一个相对独立的阶段。测试和调试单元的大小既取决于程序的性质和规模，也取决于编程人员的经验和工作习惯。一般来说，对于规模较大的程序，应该首先对程序的各个部分分别进行测试和调试。初学者可以选择小一些的程序单元，例如单个或一组较短的函数开始测试。对于较短的程序，例如两三百行以内的程序，也可以一次性地对整个程序进行测试和调试。

对程序的测试可以分为"黑盒测试"和"白盒测试"。所谓黑盒测试是假设对程序内部的结构和执行机制没有任何的了解，只是根据任务对程序的要求生成测试数据，检查程序是否能产生预期的结果。白盒测试是根据对程序的结构和实现机制的了解，有针对性地生成测试数据，对程序结构的各个部分进行测试，检查程序各部分代码是否运行正确。在编程人员对程序的测试中，往往是交替使用这两种方法。在程序完成后，首先根据在问题分析时确定的原则和生成的测试数据，对程序进行黑盒测试。然后，根据测试中发现的问题以及对程序结构的理解，再有针对性地对程序中特定的部分进行白盒测试。

1.5.1　调试的基本方法

除了少数极其简单的程序外，几乎没有什么程序可以不经过调试而交付使用的。即使是已经交付使用的程序，也经常会在使用中发现程序中存在的错误和问题，需要通过调试的手段来定位故障，改正错误。看看各种软件工具和产品的版本号及其维护说明，就可以明白这一点。有些人宣称，他们写的程序不需要调试即可正确运行，并交付使用。这样的人即使有，也是凤毛麟角，大多数人是很难望其项背的。因此，至少对大多数人来说，调试工作是程序设计中的一个必不可少的步骤。

程序调试的大致过程是，首先确定故障现象，然后确定程序在产生故障或表现出故障前的执行路线，以及一些关键变量的值，然后再着手对故障进行分析和定位。在确定了故障的原因和引起故障的代码后，再着手排除。在故障调试中，重要的是发现和确认引起故障的代码段，也就是故障点，及其错误的原因。在弄清了这些问题之后，一般情况下对代码错误的修改是比较容易的。

故障现象是观察程序出错过程的第一个窗口。故障现象包括：程序是在什么环境和条件下、在处理什么样的输入数据或操作命令时产生的错误，是所有的测试数据都出错还是只有部分测试数据出错，以及程序执行的过程是否正常结束，产生的错误结果的具体内容，产生错误结果前程序运行的时间，程序输出的提示信息，操作系统输出的错误信息，错误是固定出现还是随机出现，每次出现的错误是否一样，在同样的输入数据和运行条件下程序的错误是否可以重现，等等。这些故障现象为故障的判断和定位提供了初步的线索。例如，一个无法终止的程序很可能是由某个循环语句中没有终止条件，或者给定的循环终止条件错误，使得终止条件无法达到所引起的；错误的输出结果很可能是由相关的计算公式或编码实现的错误引起的；不确定性的错误以及引起程序崩溃的错误原因很可能是指针使用错误或数组访问时的地址越界以及某些变量未初始化所引起的；等等。在对故障现象确认完毕后，应当适当地记录，以备在排除故障的过程中参考和在排除故障之后复查。必须认识到，准确全面地认定和描述程序运行时出现的故障现象，是迅速有效地排除故障的最重要的先决条件。

调试的第二步是对已发现的故障进行分析，根据程序的结构和故障现象，判断故障产生的原因和位置，并对分析的结果进行检验和确认。对故障的分析至少应该包括下列几项：故障的性质是什么，故障可能发生的位置在哪里，产生故障时程序的执行路线是什么，与故障相关的变量有哪些，与这些变量相关的操作有哪些，这些相关变量在各个关键点的值应该是什么。在得到对故障现象的初步分析结论之后，需要对这些结论进行检验和确认，以保证在对故障进行调试时有一个可靠的基础。

调试工作的第三步是确定程序产生错误时的执行路线，确认错误产生的位置或区间，然后再在故障产生的区间进行深入的检查和分析。在一个程序中往往有多个分支，一个结果的产生往往要经过很多的条件判断，在不同的条件下执行不同的语句。在着手改正程序中存在的错误之前，必须先弄清程序的执行路线，也就是到底是哪一组语句的执行在给定的运行条件下产生了错误，否则有可能把大量的时间和精力花在检查和分析与错误无关的代码上。

在上面这些工作完成后，我们就会对程序错误的产生原因有一个基本的判断。在此基础上使用调试工具，或者在程序中插入必要的调试代码，就可以逐步地判断故障产生的位置和原因，形成对错误进行修改的初步方案，并依据这一判断和方案来修改相应的代码。至于这一判断和方案是否正确，只能在修改完成之后通过进一步的测试来检验。对于比较复杂的程序，对程序中错误的彻底改正往往不是一轮调试工作所能完成的。这时需要按部就班地重复上述调试过程，并将调试过程，包括使用的数据、修改的位置、产生的效果等一一记录下来，进行仔细的分析，以便一步步地接近产生错误的实际位置，发现产生错误的真正原因。这时切忌无目的地随意修改代码，以免引入新的错误。

1.5.2　故障的检查、确认和修改

常用的故障检查和确认方法有两种：一种是阅读和检查代码中相关的部分，分析可能产生错误的原因；另一种是观察程序的执行路径以及相关变量值的变化，并由此推断出错误的原因。对于规模比较小的简单程序，一般采用第一种方法。例如，如果一个程序在执行过程中进入了死循环，而这段程序中只有一个循环语句，我们这时首先应该做的就是检

查这段代码。假设这段代码是这样的：

```
for (i = n; i >= 0; i++) {
    ......
}
```

仔细阅读，我们会发现，在 for 语句中，循环控制变量的修改方向错了。一般情况下，循环变量的值是从 0 开始向 n 遍历的。而这段代码由于计算的要求，循环变量的值是从 n 开始向 0 遍历的，因此循环变量 i 的值应该是递减的。编程者可能由于习惯性的原因把 i-- 顺手写成了 i++，并因此导致了程序长期在这段代码中执行而无法结束。

当然，并不是所有的故障原因都是这么简单，仅仅通过仔细阅读代码就可以很容易地发现和确认。对于不能通过阅读代码发现和确认的故障，需要进一步观察相关变量的值，并根据这些值与预期值之间的差异做出进一步的分析和判断。

对变量值的观察可以通过在适当的位置设置临时的打印语句来完成。在使用调试工具时，特别是在使用具有图形界面的集成调试工具时，也可以在适当的位置设置断点，使程序暂停运行，以便直接检查相关变量的值。需要注意的是，在观察程序变量的值之前，需要对变量的正确值有一个准确的估计。这样才能在得到变量的实际值时做出判断和分析。

【例 1-11】使用浮点数作为循环控制变量引起的错误

假设在程序中引起死循环的是下面这段循环语句：

```
for (i = 0.0; i != 1.0; i += 0.1) {
    ......
}
```

仔细阅读这段代码，似乎看不出有什么问题：循环变量 i 从初始值 0.0 开始，在每次循环之后增加 0.1，在 10 次循环之后，i 就等于 1.0，于是循环条件就不满足，循环就应该停止了。为了进一步考察程序死循环的原因，我们可以检查循环变量 i 的值在每次循环中的变化。为此，可以在循环中加上一条打印语句：

```
for (i = 0.0; i != 1.0; i += 0.1) {
    ......
    printf("i = %f\n", i);
}
```

或者使用调试工具在循环语句中设置断点，在每次循环中检查变量 i 的值。当我们使用打印语句时，会在屏幕上看到如下的输出结果：

```
i = 0.0
i = 0.1
i = 0.2
i = 0.3
......
i = 0.9
i = 1.0
i = 1.1
......
```

从变量的输出结果看，可以得到两点结论：

1）循环变量 i 确实是按照我们的设想，以每次 0.1 的增量从 0.0 变到 1.0，然后再继续增长。

2）当循环变量 i 等于 1.0 时，循环依然没有终止。这说明循环条件依然满足，也就是说 i != 1.0 这一条件在我们看到 i 等于 1.0 时依然成立。可能我们一时还弄不清这其中的原因，但至少知道程序是在这一点上出了问题。在没有准确地理解产生这一现象的原因之前，我们至少可以想些办法，试试绕开这一现象。例如，我们可以把循环条件由 i != 1.0 改为 i<1.0，看看会产生什么结果。

在检查和确认了产生错误的原因之后，经过分析和思考，找出排除故障的方案，就可以着手修改代码了。在修改代码时需要注意的有两点：第一，当程序有多处错误时，一般一次只修改一处错误，除非有其他的错误与这一错误紧密地耦合在一起；第二，在修改代码时，需要保留原来代码的副本，以备在判断和修改方案不正确时恢复程序的原状。保留代码副本的方法有多种。对于局部的少量错误，一般不直接在原来的代码行上修改，而是采用对需要修改的代码用注释或条件编译加以屏蔽的方式，并用修改后的代码取代原有代码的位置。对于一个错误涉及程序中多处或大段代码的情况，可以采用保留原文件副本的方式。这样，一旦对故障定位不准，修改发生错误，就可以很方便地恢复程序的原状，并重新开始对故障的定位和修改。在对故障修改完毕后，首先要针对修改的部分进行测试，以保证已经发现的故障已被正确地修改，同时还需要重新进行完整的测试，以确认在修改故障的过程中没有引入新的错误。

1.5.3 常见的故障类型和调试方法

程序调试中常见的故障一般可分为三大类。第一类是程序可以正常结束，但是什么结果都不出，或者产生错误的计算结果。第二类是程序在运行了或长或短的一段时间后发生了崩溃，引起程序的非正常结束。第三类是程序在运行了很长一段时间后既没有正常结束，也没有崩溃，同时也不产生任何预期的输出结果。尽管对程序调试的基本策略和步骤是相同的，但是不同故障类型程序的故障表现形式不同，对它们的调试方法既有相同点，也有不同之处。

1. 正常结束但产生错误结果的程序

对于计算结果的错误，首先需要进行充分的测试，分析和发现错误产生的规律，例如，错误是固定的还是随机的，是对所有的输入数据都产生还是只对部分输入数据产生，是在大规模数据的情况下产生还是在小规模数据的情况下产生，等等，以便初步判断错误的性质。例如，随机产生的错误往往与变量未初始化或数组访问时的地址越界有关，固定的错误往往是由于计算代码写错引起的；在输入数据空间的边界产生的错误往往是由于对边界条件的判断和处理不正确引起的；部分结果的固定性错误可能是程序中的某些分支中存在错误，而所有数据都出错则是与所有数据的计算相关的公共部分出现了错误。有了这些对错误性质的初步判断之后，就可以进一步分析计算结果的生成过程，以及相关的原始数据、中间变量和最终结果之间的关系。然后，需要准备一些有针对性的测试数据，按照从原始数据、中间结果到最终结果的顺序，确定关键变量在一些关键点上预期的值，并在所要检查的关键位置上设置断点或打印语句。在完成了这些工作之后，就可以运行程序来检查这些变量的值，分析它们与预期值之间的差异以及产生的原因，确定后续调试工作的方向。需要注意的是，对程序故障的定位和修改是一个渐进的过程，上述操作步骤往往需要经过多次循环，才能最终准确地定位和改正程序中的故障。

2. 无法结束运行的程序

这类程序往往在运行中进入了死循环而无法退出。产生这类错误的原因包括循环控制条件错误和对循环控制变量的修改错误。对于这类故障，首先需要确定程序在执行过程中经过了哪条路线，陷在哪个循环中无法退出。判断程序执行路线最基本的方法是在程序可能执行的各条路径的关键点上设置断点或打印语句。使用程序调试工具设置的断点可以使程序在执行断点所在的语句时暂停下来，以便于进一步观察程序的内部状态。通过打印语句输出适当的信息，可以清楚地看到程序运行的轨迹以及一些关键的变量的值。对于规模比较大的复杂程序，由于可能的路径比较多，往往难以通过一次性的断点设置或信息打印而确定程序执行的确切路线。这时可以采取自顶向下、分层处理的方式，首先在程序执行的顶层描述中设置断点或信息打印语句，确定程序执行的基本过程和错误所在的区间；然后再根据需要，在已确定的大的执行步骤中逐步细化，确定程序的执行路线。在设置断点或打印语句时，要注意位置的合理分布，充分利用每个断点或打印语句，使之提供尽量多的信息，发挥最大的作用。对代码区间的二分法搜索是常用的有效方法。例如，在程序的中间点设置一个断点或打印语句，就可以判断问题到底是出现在程序的前一半还是后一半，从而把问题可能发生的搜索区间缩小了一半。而如果同时在程序的 1/4、1/2 和 3/4 处各设置一个断点或打印语句，则一次运行就可以把需要进一步检查的区间限定在整个程序的 1/4 之内。连续运用这种策略，即使是功能较复杂、代码规模较大的程序，也可以很快地把问题产生的位置限定在一个很小的区间内。如果程序中的循环语句不多，也可以直接在每个循环语句的前后各设置一条打印语句，检查一下程序在进入哪一条循环语句后不能正常退出。

3. 运行崩溃的程序

对于引起程序崩溃的错误，查找方法与查找无法结束运行的错误的方法类似，也需要首先确定程序的执行路线，以判断哪条语句引起了程序的崩溃。这类错误多是由地址越界、数组下标和指针变量未初始化等地址访问错误引起的。因为这类错误可能会破坏程序的正常工作状态，并引起操作系统的干预，所以如果使用打印语句来跟踪程序执行的路径，定位出错的语句，则有可能由于程序的崩溃而使得打印语句的输出信息无法显示在输出设备上。例如，一个简单的数组下标未初始化的错误就有可能使得放置在程序起始位置的打印语句无法输出信息。此时比较有效的故障定位方法是使用调试工具或使用排除法。例如，我们可以首先在程序的中间位置设置断点，或者将程序的后一半注释掉，以判断故障点是在程序的哪一半，然后再对故障区间依次折半排除。这样，即使对于比较长的程序，也可以很快找到故障点。

1.5.4 调试数据的设计和使用

调试用的数据与测试用的数据是不同的。测试数据一般是根据对任务的需求分析和黑盒测试方法设计的，目的是全面检查程序是否符合任务在功能和性能方面的要求。而调试数据则是根据对程序结构的了解，针对所要测试的执行路径和故障点，一般采用白盒测试方法设计。因此测试数据往往覆盖全面，数据规模较大，所涉及的计算过程也比较复杂。而调试数据往往针对程序中的某些局部，程序的执行步骤比较简单，以求确认或排除程序中可能引发故障的疑点，因此数据的规模，至少在调试的开始阶段是比较小的。随着调试工作的进展，调试数据的规模和复杂程度也有可能逐步增加。例如，假设我们设计和实现了一个走迷宫的程序，但是这个程序的运行不正确，无法从测试数据中给出的入口位置找到出口。那么，我们可以首先使用调试数据把搜索的起点放到迷宫的出口，看看程序是否能够正确地判断已经找到了迷宫的出口。如果程序在这样的数据下执行仍然不正确，那么我们可能需要检查程序启动时的初始化部分，以及输入数据的读入部分，看看相关的数据结构中是否保存了正确的数据。如果程序的这些部分执行正常，那么可能需要进一步检查程序中对当前位置的计算、对结束条件的判断以及对结果输出部分的代码了。在程序能够正确地判断其所在的出口位置之后，就可以再设计一些数据，使得入口的起点与出口只有一步之遥，看看程序能否正确地完成任务。在这些调试数据中，应该包括不同的迷宫规模、出口位置以及入口与出口的相对位置。如果程序在这一步上执行不正确，那么错误可能发生在与搜索位置的移动相关的代码上。如果程序可以正确地完成这一步的任务，那么我们就可以进一步扩大数据的规模和复杂程度，使入口与出口的距离不断增加，行走的路线逐渐复杂，直至发现一个程序不能正确求解的数据为止。这时，仔细分析这一数据与此前可以正常求解的数据之间的差异，以及程序在求解不同数据时所执行的代码路径，就可以大致判断产生故障的代码范围。采用变量跟踪技术，就可以进一步确认故障原因和故障点了。

在设计调试数据时，需要注意数据的针对性、简洁性以及数据规模增长的循序渐进。所谓调试数据的针对性是指在设计数据时应当明确地知道每个调试数据的使用前提，以及数据所检查的是程序代码中的哪一部分，其对应的正确结果是什么，如果程序运行结果正确可以说明什么，如果程序运行不正确需要进一步检查程序的哪些部分，等等。所谓简洁性，是指调试数据应当尽量简单、明了，其规模应是满足对程序进行分析判断的最小数据。所谓数据规模在增长时要循序渐进，是指调试数据规模的增加需要建立在前一步调试数据运行正确的基础之上，并且新的调试数据所引起的程序行为的变化与前一步之间不应有太大的差距。这样，一旦程序运行中出现了问题，就可以很快地把故障可能发生的位置定位在一个比较小的范围之内。

1.5.5 调试数据和标准输入 / 输出的重新定向

很多程序不是从指定的文件中直接读入数据，也不是把计算结果写入到指定的文件中，而是从标准输入中读入数据，把计算结果写入到标准输出上。在默认情况下，标准输入 / 输出分别对应着计算机的终端键盘和显示器。这样，在对程序进行调试时，就需要反复地从键盘上输入数据，并且在显示器的屏幕上仔细捕捉可能一闪而过的错误信息。为了避免这种调试中的困难，提高对这类程序调试工作的效率，我们可以对标准输入 / 输出文件重新定向，在不对程序中输入 / 输出语句进行任何改动的情况下使程序从指定的文件中读入调试数据，并向指定的文件中写入计算结果。

标准输入 / 输出文件的重新定向是操作系统提供的一种基本功能。使用重新定向，可以把通过这两个标准文件进行读写的数据的实际输入来源和输出目的分别映射到其他设备或磁盘文件上。但是这种标准文件的重新定向在 C 程序内部没有任何影响，一个普通的程序也无法得知和判断标准文件是否被重新定向，以及被定向到了什么文件中。使用标准输入和标准输出的重新定向功能，在程序中就不必直接打开某个指定的文件，而可以使用标准输入和标准输出进行数据的输入 / 输出操作，让操作系统执行打开和读写特定文件的操作。在对使用标准输入 / 输出进行数据输入 / 输出操作的程序进行调试时，我们可以将输入数据预先写入文件中，在程序运行时通过标准输入的重新定向将其提供给程序。这就避免了重复地在键盘上键入输入数据的麻烦。如果程序的输出数据过多，不便于在终端屏幕上直接阅读，我们也可以先将其定向到指定的文件中，然后再使用适当的工具仔细阅读。

在 Unix/Linux 系统上，标准输入和标准输出的重新定向操作符分别是 '<' 和 '>'。在调用程序可执行文件的命令以及必要的命令行选项之后使用重新定向操作符，并在其后跟随文件名，就可以把程序的标准输入和标准输出重新定向到指定的文件中。例如，命令 ls -l 列出当前目录下的所有文件的文件名和长度等信息，并将其显示在标准输出上。使用下面的命令：

```
ls -l > tmp
```

就可以将这一命令的输出内容直接写入文件 tmp 中。又例如，假设程序 prog_1 需要从标准输入上读入数据。使用下面的命令：

```
prog_1 < data.in
```

程序 prog_1 就可以将 data.in 中的数据作为从标准输入设备上输入的数据读入。

标准输入 / 输出文件的重新定向是一种很有用的功能，因此 MS Windows 也采用了 Unix/Linux 系统的规范，以操作符 '<' 和 '>' 描述对标准输入和标准输出的重新定向。MS VC++ 的集成开发环境（IDE）MS Visual Studio（MSVS）也支持这种对标准输入和标准输出的重新定向。在 MSVS 上，在 Project 选单的 Settings 项中选择 Debug 页面，在标签字符串 Program arguments 下的输入框中可以直接使用操作符 '<' 和 '>' 描述对标准输入 / 输出的重新定向。例如，在该输入框中键入

```
<file.in > file.out
```

就可以使正在被调试运行的程序把 file.in 作为标准输入文件，把 file.out 作为标准输出文件。

1.5.6 调试工具

在Unix/Linux操作系统上，常用的源代码级的调试工具有SDB和GDB，在此基础上的具有图形界面的调试工具有xxgdb、ddd等。大多数集成编程环境，如Linux上的KDeveloper、Windows上的VC++等，也都集成了相应的基于图形界面的调试工具。各种调试工具，尽管使用方法和调试命令不尽相同，但是主要的功能都是一样的。各种调试工具中常用的基本功能可以分为下列几类：

1）设置和清除程序运行中的断点。中断程序运行的目的是检查程序在运行过程中的中间状态，例如函数的嵌套调用关系、函数调用时的参数、函数中局部变量的值和全局变量的值等。程序的中断是通过在程序的代码中设置断点的方式来实现的，在一个程序中可以设置多处断点。当程序运行到断点时会暂停，等待接受其他的调试命令。

2）显示函数的调用关系及参数。当程序处于暂停状态时，可以显示从函数main()到当前断点所处的函数的嵌套调用关系，以及在每次调用时所使用的参数。这对于了解程序的执行过程很有帮助。有时通过函数的嵌套调用关系以及调用时所传递的参数就可能发现程序产生错误的原因。

3）显示变量和表达式的值。当程序处于暂停状态时，可以按照指定的格式，例如十进制或十六进制，显示给定变量的值。被显示的变量必须是在程序当前断点上可见的变量。在多数调试工具上，这类命令也可以被用来显示表达式的值。表达式中不但可以包含变量名，也可以包含各种合法的运算符。

4）程序执行过程的控制和跟踪。当程序暂停在某个断点时，可以使用“继续运行”功能使程序继续运行，直至程序正常或非正常结束，或者遇到下一个断点时为止。此外，也可以通过其他命令使程序顺序执行下一条语句；或者进入正要被调用的函数内部，停在该函数中第一条可执行语句上；或者跳出当前断点所在的函数，停在函数调用语句的后面；或者执行后续的语句，直至到达某个指定的函数或语句，并暂停在那里。使用这些功能，可以很方便地跟踪程序运行的轨迹。与显示变量值的命令配合，就可以清楚地了解程序的执行过程，以及内部数据结构的变化。

5）其他辅助功能。包括设置和显示调试工具工作状态、设置和显示输出信息的格式、对源文件进行编辑修改、根据源程序的修改更新可执行文件、打印指定的信息、结束调试工具的运行等。

对于基于字符终端的调试工具，如sdb、gdb等，上述这些功能都是通过调试命令的方式提供的。对于基于图形界面的调试系统，各种调试功能是通过命令选单或命令按钮的方式提供的。对于初学者来说，通过图形界面使用调试工具更加直观和易于操作。关于这些命令的使用，需要进一步阅读相关的使用手册。在Unix/Linux系统上，有些调试器要求被调试的程序在编译时使用编译选项 -g。在MS VC++环境下，被调试的程序必须被编译为调试（Debug）模式才可以使用调试工具进行调试。

1.5.7 测试和调试中常见的问题

程序的测试和调试是编程工作的一个重要组成部分，是保证程序运行正常、能够满足任务规定的各项要求的重要步骤，也是极富挑战性的一项工作。对初学者来说，良好的程序测试和调试能力需要经验的积累，也需要对一些常见错误的防范意识。

在程序的测试过程中，一个经常容易出现的问题是测试简单。编程人员往往只按自己的设计思路进行测试。这种测试实际上是重复自己的思路，而不是检查和质疑自己的思路，因此难以发现程序中的错误。经过这样测试的程序在实际使用中会产生不少编程人员意想不到的错误。初学者经常会问"我的程序没错，为什么结果不对？"就反映了这种潜意识。从理论上讲，涉及程序运行的各个环节，从硬件平台、操作系统、编译系统，到用户程序，都有可能出错，并引起程序运行结果出错。但是与用户程序相比，计算机的硬件平台和各种系统软件经历了更严格的测试和长时间广泛应用的考验，自然要比刚刚写出来的程序更加可靠。特别是在运行初学者规模很小的程序时，这些软硬件出错的可能性几乎为零。为了避免在程序测试和调试中这种下意识地证明自己程序正确的倾向，编程人员必须在对任务分析完毕后，在开始设计和编码之前就完成测试数据的设计。当在测试阶段发现程序运行结果与预期不符时，可能需要再回过头来检查一下测试数据，看看它们是否完全符合要求。在排除了测试数据中可能存在的错误之后，剩下的工作就是对程序本身的分析和调试了。

另一个经常容易出现的问题是对故障现象没有明确的认定、记录和分析。调试者除了知道程序的运行结果不正确外，往往说不出故障的其他特征。这样很容易导致在调试过程中无的放矢。其次，有些人在确认了故障现象之后，对问题产生的原因分析不够仔细，急于修改代码，试图通过近似随机的代码修改来发现和排除程序中的错误。但是，这种修改不是建立在对故障现象和程序运行过程的分析之上的，往往很难取得预期的效果。而且盲目地修改代码，有时甚至会把原本正确的部分也改错了，以致引入新的错误。为了避免此类错误，最重要的是养成良好的思维习惯和工作方法。这其中最重要的一点是，在动手修改代码前对程序的测试一定要充分，要对程序各个方面的功能和性能进行尽量完整的测试，以便对程序运行的各个侧面都有较详细的了解。在此基础上再进行由表及里、逐步深入的分析，才有可能对故障产生的原因有一个基本准确的判断。切忌只看到程序运行中的一两个故障现象就急于修改代码。

第三个容易出现的问题是在代码修改之后没有进行完整的回归测试，而只针对原来发现和修改的问题进行了测试。这样做的结果很有可能在修改了旧的错误的同时引入新的问题而未能及时发现。程序所描述的是复杂的计算过程，除了少数情况外，对一处代码的修改往往会影响到其他相关的计算过程。这些关联有时是在程序中显式地描述的，有时则是通过隐蔽的方式，例如变量的耦合、函数的副作用等建立的。在修改代码时有可能没有充分注意到这些隐蔽的对程序其他部分的影响，很难保证所进行的修改只在预期的范围内发生作用。因此在完成了对程序错误的修改之后，一定要重新对程序进行完整全面的测试，以保证程序修改工作的正确。

此外，一些掌握了调试工具使用的初学者在调试过程中常犯的一个错误是，过早地使用调试工具跟踪代码的执行过程，检查程序执行的中间结果，但却不知道这些执行过程和中间结果是否正确。这种漫无目的的跟踪和检查，不仅工作效率很低，而且会使人养成忽视分析和思考、盲目跟踪代码的运行、过分依赖调试工具的不良习惯，对今后编程和调试水平的提高十分不利。程序设计是一项复杂的智力活动，程序调试更是其中很具有挑战性的工作。"谋定而后动"是程序设计各个阶段都应遵循的指导原则，在调试环节尤为重要。调试工具应该是在对问题分析的基础上围绕可能的故障点使用的，而跟踪代码的执行过程，特别是步进式的跟踪，应该是在小范围内进行的，而且是作为最后的手段而采用的。在决定采用步进式跟踪前应该问问自己，这样步进式跟踪程序的目的是什么，是否还有其他更有效的方法。

1.6 手册的使用

手册是一个软件系统的重要组成部分，是对相关系统最权威、最准确、最全面的描述，具有任何教科书或其他间接文献资料无法替代的作用。即使是经验丰富的编程人员，在工作中也经常需要翻阅手册，以详细准确地了解系统各方面的细节。与教科书相比，手册的叙述更加严格、准确、规范，因此篇幅巨大，对初学者来说可能会显得有些艰涩。不少初学者往往不习惯查阅手册。而实际上，熟练地掌握手册的使用方法，养成查阅手册的习惯，对于全面准确地了解编程语言和所使用的编程环境，提高编程能力具有重要的作用。

本书内容所涉及的手册，主要是 C 语言及其标准库函数的联机使用手册，以及由操作系统和编程环境提供的相关操作系统命令和编程工具的联机使用手册。手册是一种工具书，与字典相类似。对手册的主要使用方式是查阅，而不是从头到尾的阅读。为了有效地使用手册，需要首先概览手册的主要结构和内容，掌握手册的检索和查阅方式。例如，在 Unix/Linux 系统上，联机手册的查阅命令是 man，手册的内容分为 8 章，操作系统在字符终端下的交互命令（包括 cc/gcc 等）在第 1 章，系统调用和标准库函数分别在第 2 章和第 3 章。对各章内容的概述可以使用命令 man N intro，其中 N 是章号。关于联机手册本身的解释可以使用命令 man man。MS VC++/IDE 的联机手册可以通过命令选单调用，也可以使用相关的按钮启动。联机手册中提供了按目录查找、按名称索引和按主题搜索三种检索方式。在查阅手册时，除了阅读所要查询条目的内容外，还需要注意条目中的"参见（see also）"内容。

因为手册的文字表达比较艰深，而且大多数手册都是以英文编写的，所以对初学者来说理解起来会有一定的难度。对有些较复杂的条目，手册中会给出一些例子。但是限于篇幅，这些例子数量有限，而且多数也比较简单。为了正确理解手册的内容，在阅读手册时，对于不太有把握的地方需要自己编写程序加以试验，以便检验和加深对手册内容的理解。熟练地阅读和使用手册是计算机专业人员的一项重要的基本功。花一些时间掌握手册的使用方法是很有必要的。

第 2 章　Chapter 2

数值的表示和计算

对于数值计算，C 语言提供了两大类基本数据类型：整型（定点型）和浮点型，以及相应的算术运算符和表达式。尽管 C 语言中的算术表达式在形式上与日常的算术表达式是一样的，但是二者的计算规则却有着很大的差别，并且在很多时候导致 C 语言中的算术运算与常规的算术运算产生不同的结果。为了理解这些差别，需要进一步了解不同类型的数值在 C 语言中的表示方法，以及算术表达式的计算过程。

2.1　整型数据类型

在 ANSI C 中，整型数据包括 long、int、short 和 char，分别代表长整数、整数、短整数和字符。有些 C 语言编译器，如 GCC 和 MS VC++，还支持双长整数（long long 或 __int64）。各种类型的整型数据前都可以增加限制符 signed 或 unsigned，分别代表有符号类型和无符号类型。当无限制符时，除 char 之外，所有其他整型数据的缺省类型是有符号类型的。在计算机内部的二进制数据表示中，所有整型数据的小数点都紧接在最低有效位之后。因此整型数据有时也被称为定点类型数据，以相对于小数点位置不确定的浮点类型。

在 C 语言中，对于各种整型的数据长度没有明确的规定。各种数据的长度取决于运行平台，但 C 语言可以保证的是 sizeof(long)>=sizeof(int)>=sizeof(short)>=sizeof(char)，以及 sizeof(short)>=2 字节，sizeof(int)>=2 字节，sizeof(long)>=4 字节。其中每个字节含 8 个二进制位。对于大多数常见的 32 位计算平台，包括各种基于 IA32 结构的计算机，char 占 1 个字节，short 占 2 个字节，int 和 long 都各占 4 个字节。标准 C 函数库的头文件 <limits.h> 中定义了一组常数，来说明其所在的计算机上各类整型数据的表示范围。下面是 IA32 结构 Linux 平台上 <limits.h> 中这些常数的值：

```
#define SCHAR_MIN    (-128)              /* minimum signed char value */
#define SCHAR_MAX    127                 /* maximum signed char value */
#define UCHAR_MAX    0xff                /* maximum unsigned char value */

#ifndef _CHAR_UNSIGNED
#define CHAR_MIN     SCHAR_MIN           /* mimimum char value */
#define CHAR_MAX     SCHAR_MAX           /* maximum char value */
#else
#define CHAR_MIN     0
#define CHAR_MAX     UCHAR_MAX
#endif                                   /* _CHAR_UNSIGNED */

#define SHRT_MIN     (-32768)            /* minimum (signed) short value */
#define SHRT_MAX     32767               /* maximum (signed) short value */
#define USHRT_MAX    0xffff              /* maximum unsigned short value */
#define INT_MIN      (-2147483647 - 1)   /* minimum (signed) int value */
#define INT_MAX      2147483647          /* maximum (signed) int value */
#define UINT_MAX     0xffffffff          /* maximum unsigned int value */
#define LONG_MIN     (-2147483647L - 1)  /* minimum (signed) long value */
#define LONG_MAX     2147483647L         /* maximum (signed) long value */
#define ULONG_MAX    0xffffffffUL        /* maximum unsigned long value */
```

2.1.1 有符号数和无符号数

在计算机中，有符号数和无符号数都以二进制的形式表示。这两种数据类型的不同之处仅在于对最高位的解释。有符号数将该二进制数的最高位解释为符号位，0 代表正数，1 代表负数；而无符号数则将该位看作具有最高权重的普通二进制位。对于同一个二进制数，当其最高位为 0 时，无论它是有符号数还是无符号数，其所代表的十进制的值都是一样的。只有当最高位为 1 时，有符号数与无符号数所代表的数值才不相同。例如，对于占两个字节长度的短整数，0011000000111001（0x3039）由于其最高位为 0，因此不论其是有符号的还是无符号的，其所代表的十进制值均为 12 345。二进制数 1100111111000111（0xCFC7）由于其最高位为 1，当作为无符号短整数时，它所代表的十进制值是 53 191；当作为有符号短整数时，其所代表的十进制值就成为 -12 345。

有符号数和无符号数的表示范围不同，因此当有符号数与无符号数之间进行转换时，其所代表的值可能会发生变化。一个较大的无符号数在被转换为有符号数时可能会变成负数，而一个负数被转换成无符号数时会变成一个正数。需要强调的是，在有符号数与无符号数之间进行转换时，改变的仅仅是对数据最高位的解释方式，所有组成该数的二进制位并不发生改变。下面是一个在 IA32 结构平台上实际运行的例子：

```
int si;
unsigned ui;

si = -1;
ui = (unsigned) INT_MAX + 1;
printf("%#x = signed %d = unsigned %u\n", si, si, si);
printf("%#x = signed %d = unsigned %u\n", ui, ui, ui);
```

这段代码的输出结果如下：

```
0xffffffff =  signed -1 = unsigned 4294967295
0x80000000 == signed -2147483648 == unsigned 2147483648
```

当有符号数和无符号数同时出现在一个表达式中时，C 语言会隐含地将有符号数强制转换为无符号数，然后进行计算。这是由于在 C 语言中，当在同一个表达式中使用不同类型的数据进行计算时，缺省的规则是将数值表示范围小的类型，也就是所谓"窄"的类型，转换为表示范围大的类型，也就是所谓"宽"的类型。因为无符号数所能表示的数值的最大值大于有符号数，所以被认为"宽"于有符号数。对于算术运算，这种转换不会产生什么特殊的影响。只要运算中不产生溢出，运算的结果就是正确的。但是，在逻辑运算中，这种转换会产生我们意想不到的结果。例如：

```
unsigned short ui = 5;
short si = -5;
printf("%d\n", ui >si);
```

从直观的感觉上看，由于 ui 等于 5，si 等于 –5，逻辑表达式 ui>si 成立，因此这一比较结果应为 1。但实际上，程序的输出却是 0。这是因为，当 –5 转换为无符号数时，会变成一个很大的正数。例如，当 short 为 16 位时，$-5_{(有符号)} == 0xfffb == 65531_{(无符号)}$，这个数显然大于 5，因此我们直观上认为应当成立的上述逻辑表达式自然就不成立了。

C 语言隐含地将有符号数强制转换为无符号数，这有可能导致一些与我们的直觉不同的结果，并因此可能引发一些不易察觉的错误。除了有符号数与无符号数的比较可能产生与直觉不同的结果外，无符号数之间的比较也可能产生与有符号整型数不同的结果。在有符号数的运算中，如果 a 大于 b，那么，a-b 必然大于 0，而 b-a 必然小于 0。因此在比较两个数数值之间的大小时，x>y 等价于 x-y>0。但是，在无符号数的比较中，上述等价关系就不成立了：因为无符号数相减的结果仍然是无符号数，所以结果总是大于或等于 0 的值。因此无符号数 x-y>0 并不意味着 x>y。下面是一个无符号数之间进行比较的例子：

```
unsigned int x = 57, y = 663;
printf("x > y:%d, y > x:%d, x - y > 0:%d, y - x > 0:%d\n",
    x > y, y > x, x - y > 0, y - x > 0);
```

这段代码的输出结果如下：

```
x > y:0, y > x:1, x - y > 0:1, y - x > 0:1
```

可以看出，对于无符号数来说，x 无论是大于 y 还是小于 y，x-y>0 总是成立的。

为尽量减少在程序中引入错误的机会，在程序中需要正确使用有符号数和无符号数。在进行数值计算时，即使所有的运算对象和中间结果都是非负的整数，也应该尽量使用有符号整数。事实上，很多程序设计语言都仅提供有符号整数而不提供无符号整数。在表示非负整数时，无符号整数没有符号位，因此其所能表示的最大值是有符号数的 2 倍加 1。但是，这一小小的优点并不足以抵消可能带来的潜在的错误。当我们需要表示更大范围的整数时，可以使用具有更长位数的数据类型。例如，当 short 所表达的范围不够时，我们可以使用 int 或 long。当 int 和 long 所表达的范围不够时，在 gcc 中我们可以使用 long long，在 MS VC++ 中，我们可以使用 __int64，或者改用浮点数。保持这样的习惯，可以避免隐含的数据类型向无符号数的转换，以及可能由此引出的难以察觉和改正的错误。

有些时候，在程序中难以避免对无符号数的使用，以及在有符号数和无符号数之间进行的类型转换。这时就需要格外仔细，注意采用正确的处理方法和转换方式，以避免可能出现的由于类型转换而引起的错误。例如，在使用排序函数 qsort() 对数组元素排序时，需要自定义一个比较函数，根据参与比较的两个元素的大小返回负整数、0 和正整数，分别表示第一个元素小于、等于和大于第二个元素。如果被排序的是有符号整数数组，则该比较函数可以直接返回第一个元素减第二个元素的差。但是如果被排序的是无符号整数数组，则这种方式就可能产生错误的结果。

2.1.2　无符号数和标志位

无符号整数的适用领域是作为位的集合，表示一些与数值计算无关的数据；或是作为标志位，表示系统的某些状态或一些对象的属性。例如数据掩码、计算机网络中的 IP 地址等都是用无符号数表示的。又例如，在 Unix/Linux 系统中，文件系统的类型和状态是用由 16 个标志位组成的无符号短整数表示的。这个无符号短整数的高 4 位二进制位表示文件的类型。在相关的系统头文件（<sys/stat.h>）中有如下的定义：

```
#define __S_IFMT     0170000 /* These bits determine file type. */

#define __S_IFDIR    0040000 /* Directory. */
#define __S_IFCHR    0020000 /* Character device. */
#define __S_IFBLK    0060000 /* Block device. */
#define __S_IFREG    0100000 /* Regular file. */
#define __S_IFIFO    0010000 /* FIFO. */
#define __S_IFLNK    0120000 /* Symbolic link. */
#define __S_IFSOCK   0140000 /* Socket. */
```

根据这些标志，就可以判断一个文件的类型。例如，假设一个文件的类型和状态保存在变量 mode 中，我们可以用下面的语句判断这个文件是不是目录文件：

```
if ((mode & __S_IFMT) == __S_IFDIR) ......
```

其中 '&' 是"按位与"运算符，它对两个操作数中的二进制位分别进行"与"操作，只有两个操作数中某一二进制位都是 1 时，结果中该二进制位才等于 1。这样，__S_IFMT 可以看成是一个取出变量 mode 中第 12～15 位二进制位的掩码。在取出这 4 位表示文件类型的二进制位后，就可以与已知的文件类型标志位进行比较，判断文件的类型了。2.4 节将详细讨论"按位与"和其他按位操作。

2.1.3　整型的截断与扩展

当整型数据向不同长度的整型变量中赋值时，如果被赋值的变量的长度小于数据的长度，在赋值时会对数值进行截断；如果被赋值的变量的长度大于数据的长度，则会对数值进行扩展。下面是一个数据被截断的例子：

```
int n;
short s;

n = 0x12345678;
s = n;
printf("n: %d (%#x), s: %d (%#x)\n", n, n, s, s);
```

这段代码执行所产生的结果是：

```
n: 305419896 (0x12345678), s: 22136 (0x5678)
```

可以看出，超过目标变量所能存储的高位字节被抛弃，只剩下了低位字节。需要注意的是，对于有符号数，当截断发生时，不仅可能改变数据的值，也有可能改变数据的符号。在上面的例子中，如果 n 被赋值为 0x1234abcd，即十进制的 305441741，则该段代码所产生的结果是：

```
n: 305441741 (0x1234abcd), s: -21555 (0xabcd)
```

当数据扩展时，因为被赋值变量的长度大于数据的长度，所以无论是有符号数还是无符号数，数据的值在扩展后均保持不变。对无符号数据扩展的情况比较简单：无符号数只表示非负的整数，因此在扩展时只需向高端字节中填 0 即可。在对有符号数据进行扩展时，计算机不能简单地向高端字节中填 0，而是对数据的符号位进行扩展，使符号充满高端字节的所有位，以保证扩展后数值的正确。下面是一个例子：

```
short ps = 12345, ns = -12345;
unsigned short pus = (unsigned short) ps, nus = (unsigned short) ns;
int pi, ni;
unsigned int pui, nui, ui;

pi = ps;
ni = ns;
pui = pus;
nui = nus;
printf("pi = %d (%#x), ni = %d (%#x)\n", pi, pi, ni, ni);
printf("pui = %d (%#x), nui = %d (%#x)\n", pui, pui, nui, nui);
```

程序运行的结果如下：

```
pi = 12345 (0x3039), ni = -12345 (0xffffcfc7)
pui = 12345 (0x3039), nui = 53191 (0xcfc7)
```

在这里可以清楚地看到，同样是 0xcfc7，当作为有符号数（变量 ns）进行扩展时，在被扩展的高位补 1，变量 ni 中的结果是负数。而当它作为无符号数（变量 nus）进行扩展时，在被扩展的高位补 0，变量 nui 中的结果是正数。

当不同长度、不同符号类型的变量互相赋值时，数据首先进行截断或扩展，然后再进行赋值，并在赋值时进行必要的类型转换。例如，在有符号的短整数赋值给无符号的整数时，有符号短整数首先扩展成为有符号整数，因此符号位向高位扩展。在无符号的短整数赋值给有符号的整数时，无符号短整数首先扩展成为无符号整数，因此高位填 0。下面的例子显示了这一过程的执行结果：

```
ui = ns;
si = nus;
printf("ui = %u (%#x), si = %d (%#x)\n", ui, ui, si, si);
```

程序运行的结果如下：

```
ui = 4294954951 (0x0xffffcfc7), si = 53191 (0xcfc7)
```

2.1.4　整型计算的溢出和判断

在 C 语言中，尽管整型计算在表达的形式上与日常的算术表达式是一样的，但是其计算所产生的结果却有可能不同。例如，在日常的算术计算中，正数相加或相乘的结果总是正数。但是在 C 语言中，两个足够大的正数相加或相乘，有可能得出负数，或者其他不正确的结果。出现这种现象的原因是，整型数据的有限长度使得它所能表示的数值范围有限。当数据的运算结果超出了整型数据所能表示的范围，也就是产生了溢出时，就会发生对结果数据的截断现象：数据的高位部分被抛弃而只保留数据的低位部分。这时不但计算结果是错误的，而且加法和乘法都不满足单调性的要求，即当 a>b 且 c>=0 时，不能保证 a+c>b+c 和 a*c>b*c。下面是一个 32 位的 int 类型的例子：

```
int a = 12, b = 8388608, c = 1024;
printf("a * c = %d, b * c = %d\n", a * c, b * c);
```

这段代码的输出结果是：

```
a * c = 12288, b * c = 0
```

其中 b*c=0 是由于计算溢出而产生的错误结果。当产生溢出时，计算结果到底是正数还是负数取决于数据截断后保留在符号位上的是 0 还是 1。即使是两个正整数相加或相乘，如果截断后的数值在符号位上的值为 1，则所产生的结果也就会成为负数。

因为整型运算有可能产生溢出，造成计算结果的错误，所以在可能产生溢出的运算表达式后应当进行必要的判断。整型运算的溢出可能出现在三种情况下：第一是两个符号相同的数值相加；第二是两个符号相异的数值相减；第三是两个数值相乘。其中第二种情况可以归入第一种情况讨论。

两个符号相异的数值相加时不可能产生溢出。如果两个符号相同的数值相加时出现了溢出，则结果的符号必然与加数和被加数的符号相异。因此可以根据加数、被加数与"和"的符号的异同来判断加法结果是否溢出，如下面的例子所示：

```
int a, b, c;
......
c = a + b;
if ((a >= 0) == (b >= 0) && (a >= 0) != (c >= 0)) {
    ......// overflow
}
```

两个数相乘时溢出的判断比加法溢出时的判断要简单一些。乘法运算产生溢出的条件与乘数和被乘数的符号无关，而只与它们的绝对值有关。当乘法运算产生溢出时，乘积除以一个因子不等于另一个因子。下面的代码是一个对乘法运算溢出进行判断的例子：

```
int x, y, z;
......
z = x * y;
if (x != z / y) {
    ......   // overflow
}
```

在整型数据的计算中，计算结果是否正确不仅取决于参与运算的数值及其结果的大小，而且也取决于运算的中间结果是否有可能产生溢出。因此适当的计算顺序对于避免在计算过程中产生溢出，保证计算结果的正确是很重要的。下面是一个例子：

【例 2-1】计算 *n* 个整数的平均值　在数组中给定 *n* 个整数，计算其平均值的整数部分。

假设 x 是一个 int 类型的数组，下面的代码可以用来计算其前 n 个元素平均值的整数部分：

```
int i, n, avg, sum, x[MAX_NUM];
......
for (sum = i = 0; i < n; i++)
    sum += x[i];
avg = n > 0 ? sum / n : 0;
```

这段代码首先将数组 x[] 中的前 n 个元素累加在变量 sum 中，然后再将 sum 的值除以元素的个数 n。从算术的角度看，这个计算过程是正确的。但是从程序的角度看，这段代码存在一个不容忽视的问题，就是计算过程中可能产生的中间结果的溢出。因为数组 x 中的每一个元素的值都小于等于 int 类型所能表示的最大值，所以所有元素的平均值也必然是 int 类型所能表达的值，因此计算的结果不应产生溢出。但是在这段代码中，所有元素的值首先被累加，在这个过程中，只要这 n 个元素的代数和大于 int 类型所能表示的极限，中间结果的计算就会产生溢出，并导致整个计算的错误。可以很容易地算出，使用这段代码，只要这 n 个元素的实际平均值 avg_n 满足 avg_n>INT_MAX/n 或者 avg_n<INT_MIN/n，中间结果就会溢出。即使元素的平均值在上述条件的范围内，中间结果也可能由于元素数值的分布而产生溢出。

为了尽量避免在计算过程中产生溢出，我们可以将代码进行适当的修改：

```
for (rem_sum = avg = i = 0; i < n; i++) {
    avg += x[i] / n;
    rem_sum += x[i] % n;
}
if (n > 0)
    avg += rem_sum / n;
```

这段代码对于 x[] 中的每个元素的处理分为两步：首先，在 for 循环中将 x[i]/n 的整数部分累加到变量 avg 中，将 x[i]/n 的余数累加在新定义的 int 类型变量 rem_sum 中。然后，

将变量 rem_sum 中的余数累加值除以 n，再加到变量 avg 中。这种计算方法与第一段代码
在算术上是等价的，但是却避免了大多数可能出现的中间结果溢出的情形：因为 x[] 中的
每个元素的值都在 int 类型的表示范围之内，所以平均值也必定在 int 类型所能表示的范围
之内，因此在循环语句中变量 avg 的累加值永远不会超过 int 类型所能表示的范围。唯一可
能产生溢出的环节是在变量 rem_sum 的累加过程。我们可以估计一下在极端的情况下 rem_
sum 的值产生溢出的条件。因为 rem_sum 每次累加的是元素 x[i] 对 n 取余的值，所以每次
累加的绝对值最大不会超过 n-1。这样，在极端的情况下，也就是当数组 x 中所有的元素
的符号都相同，而且每个元素对 n 取余都等于 n-1 时，rem_sum 的绝对值是 (n-1)*n。只要
(n-1)*n 的绝对值不大于 INT_MAX，代码在计算过程中就肯定不会产生中间结果的溢出，
因此也不会产生计算结果的错误。

2.1.5　整除所引起的误差

　　在日常的算术计算中，不同计算顺序的等价表达式所产生的计算结果是相同的。而在
C 语言中，整数计算中不同顺序的等价表达式所产生的计算结果可能是不同的。例如，设
x、y、z 均为 int 类型变量，且已被赋了初值。表达式 x*y/z 所产生的结果与表达式 x*(y/
z) 可能就不一样。两者的计算结果是否相同，取决于变量 x、y 和 z 的值。例如，当 x=57，
y=23，z=5 时，x*y/z 的值是 262，而 x*(y/z) 的值是 228。将 x、y 和 z 设置为其他的值时，
两个表达式可能相等，也可能有或大或小的差异。这里的关键是 z 能否整除 y，以及 x*y 是
否会产生溢出。如果 z 能够整除 y 并且 x*y 不产生溢出，那么这两个表达式的求值结果就
是相同的；否则，在 x*y 不产生溢出但 z 不能整除 y 时，由于 y/z 的小数部分在整数运算中
被舍弃，表达式 x*(y/z) 的绝对值必然小于 x*y/z 的绝对值。而当 x*y 产生溢出的情况下，
第一个表达式肯定会产生错误的结果，这两个表达式就更不会相等了。

　　在计算包含除法的表达式时，除了上述两种情况外，运算过程中舍入误差的累积也有
可能产生明显的影响。下面我们看一个在实际程序中可能出现的例子。

　　【例 2-2】图形界面窗口的等分　将一个图形界面的窗口沿 x 方向均分为 n 等份，计算
窗口中间各个等分点的 x 坐标。假设窗口的宽度保存在整型变量 win_w 中，窗口的起始 x
坐标保存在整型变量 win_x 中，计算结果保存在数组 p_x[] 中。

　　下面的代码显示了一种初学者可能使用的计算顺序。为了便于检查计算的结果，我们
设 win_x 等于 0，并加上了打印语句，输出每一个点的值。

```
for (i = 1; i < n; i++) {
    p_x[i] = i / n * win_w + win_x;
    printf("%d\t", p_x[i]);
}
putchar('\n');
```

设 win_w 等于 100，n=10，下面是程序输出的结果：

```
0   0   0   0   0   0   0   0   0
```

计算的结果可能会使有些人感到意外：所有的值都是 0! 产生这一结果的原因是，在使用整型进行计算，并且先计算 i/n 时，由于 i<n，这一整除的结果就是 0，因此后面的乘法结果自然也是 0。

下面的程序段显示了另一种可能的计算顺序。这段程序首先计算每一等份的宽度，并保存在整型变量 w 中，以避免每一次循环时都要进行除法，并且也避免了所有结果为 0 的情况。

```
w = win_w / n;
for (i = 1; i < n; i++) {
    p_x[i] = w * i + win_x;
    printf("%d\t", p_x[i]);
}
putchar('\n');
```

当 win_w 等于 100，n = 10 时，我们得到如下的结果：

```
10   20   30   40   50   60   70   80   90
```

看起来这样的计算顺序没有什么问题：计算的结果不再是 0，而且各个等分点的值是准确的，相邻等分点之间的距离都是 10。但是实际上，这只是一个特例。各个窗口的宽度相等是由于 n 恰好可以整除 win_w。当窗口的宽度 win_w 的值略有变化使得 n 不能整除 win_w 时，结果就不同了。例如，当 win_w 等于 99 时，我们得到下列结果：

```
9   18   27   36   45   54   63   72   81
```

我们看到，前面的 9 个切分点之间的距离都是 9，而最后一个切分点 81 与窗口的右边界（99）的距离是 18，两倍于其余的区间宽度。造成这种结果的原因是由于 n 不能整除 win_w，而整型变量和整型计算不能产生和保存商的小数部分，使得商的小数部分被舍弃。尽管在每次计算时被舍弃的小数部分都显得微不足道，但当这些小数被累积起来并加到最后一个窗口时，就会产生明显的差异，因此最后一个分段的宽度就远远大于其余各个分段。为避免这种误差累积，在使用整型变量的条件下需要改变计算顺序：

```
for (i = 1; i < n; i++) {
    p_x[i] = win_w * i / n + win_x;
    printf("%d\t", p_x[i]);
}
putchar('\n');
```

这段代码产生的结果如下：

```
9   19   29   39   49   59   69   79   89
```

这时，除了第一个区间的宽度是 9 之外，其余所有区间的宽度均为 10，因此窗口的各个区间基本上是等分的。

从上面的几个例子中可以看出，在 C 程序中不能简单地把整型算术运算表达式直接复制成相应的 C 语句。在使用 C 语言描述整型算术运算表达式时，需要对运算中间结果的取值范围以及运算过程中的舍入误差进行认真的估计，并在此基础上选择正确的计算顺序，以避免由于中间结果的溢出或舍入误差过大而造成计算结果的错误。

除了选择正确的计算顺序之外，避免出现重大计算误差的另一种方法是采用表示范围更大的数据类型，例如浮点数据类型。采用浮点计算所带来的主要缺点是计算速度较慢，特别是当计算平台上缺少浮点运算部件的支持时。对于一次性的或少量的计算来说，浮点运算的效率不是特别值得关注的问题，但是当进行大量计算时，浮点运算的效率对于程序整体效率的影响可能是显著的。此外，在特定的情况下，采用浮点运算也会产生另一种类型的计算误差，使得数值间的比较判断变得复杂一些。因此在可以有效地控制整数运算结果的数值范围的情况下，很多编程人员还是优先选择使用整型数据。

2.1.6 整型数据的字节序和尾端

现代计算机的存储空间是按字节寻址的。多字节的数据在存储空间上是连续的，其数据对象的地址等同于其最低位字节的地址。例如，在一个 int 类型变量占 4 个字节的计算平台上，假设某变量的地址是 0x1000，则这个变量的四个字节分别被存储在地址为 0x1000、0x1001、0x1002、0x1003 的位置。至于哪个字节存储在哪个位置，不同的 CPU 的存储顺序是不一样的。有的 CPU，如 Motorola 的 M68K 系列、Sun 的 Sparc 系列等，将高位字节放在低端地址，而将低位字节放在高端地址。有的 CPU，如 IA32 结构的 Intel X86 系列，则正好相反，将高位字节放在高端地址，而将低位字节放在低端地址。

对于多字节数据存储的字节序，有一个专用术语，叫作尾端（endian）。将高位字节放在低端地址、低位字节放在高端地址的存储方式，因为数据的尾部在高端地址，所以被称为大尾端（big endian）。而将高位字节放在高端地址、低位字节放在低端地址的存储方式，因为数据的尾部在低端地址，所以被称为小尾端（little endian）。下面是一个不同尾端方式下整型数据存储的例子。假设我们将一个 32 位的整数 0x12345678 存储在偏移量为 0 的存储空间，对于大尾端和小尾端，其存储方式如图 2-1 所示。

存储地址偏移量	0	1	2	3
大尾端	0x12	0x34	0x56	0x78
小尾端	0x78	0x56	0x34	0x12

图 2-1 大尾端和小尾端的数据存储方式

在使用大尾端方式时，数据存储的字节序与我们的阅读习惯一致。下面的例子可以更清楚地说明这个问题：

```
union {
    char byte[4];
    unsigned short usi[2];
    unsigned int u_int;
} data;
......
```

```
int i;
data.byte[0] = 'a', data.byte[1] = 'b';
data.byte[2] = 'c', data.byte[3] = 'd';
for (i = 0; i < 4; i++) {
    putchar(data.byte[i]);
    putchar(' ');
}
putchar('\n');
printf("%x (%d) %x (%d)\n", data.usi[0], data.usi[0], data.usi[1], data.usi[1]);
printf("%x (%d)\n", data.u_int, data.u_int);
```

在这段代码中，变量 data 的类型是一个联合 (union) 类型。union 是 C 语言中的一种数据结构类型，它可以使编程人员根据需要在同一块存储区中放入不同类型的数据。换言之，也可以说 union 允许编程人员对同一块数据存储区作不同的解释。在关键字 union 之后的大括号中的各个不同类型的变量名称为该 union 的成员，说明该存储区可以存储的数据类型，也就是对该存储区可能的解释方式。用 union 类型定义的数据长度等于该 union 中最长成员的长度。上面例子中的 union 包含有三个成员：一个是含有 4 个元素的字符数组，一个是含有两个元素的无符号短整数数组，一个是无符号整数。这三个数据结构的存储长度都是 4 个字节，因此它们共享完全相同的、长度为 4 个字节的存储空间。引用 union 中的不同成员所访问的是完全相同的一组数据，只是对这些数据的解释随着成员类型的不同而变化。例如，引用 union 中的成员 u_int，表示把变量 data 所保存的 4 个字节当作一个 32 位的无符号整数解释，而引用成员 usi，则表示把同样 4 个字节看作两个 16 位的无符号的短整数。图 2-2 表示了大尾端方式下变量 data 中的数据以及它们的解释方式。

data 存储地址偏移量	0	1	2	3
data 中的数据	'a'	'b'	'c'	'd'
data.byte	byte[0]	byte[1]	byte[2]	byte[3]
data.usi	data.usi[0]		data.usi[1]	
data.u_int	data.u_int			

图 2-2　大尾端下变量 data 中的数据以及不同成员对它们的解释方式

字符 a、b、c、d 按顺序被分别赋值在变量 data 的 4 个字节中，它们的 ASCII 编码分别是 0x61、0x62、0x63、0x64。无论是在大尾端的机器上还是在小尾端的机器上，当按照字符数组的方式访问这些数据时，计算机对数据的解释是相同的，因此输出的结果也是一样的。但是，当按照整数或短整数的方式访问这些数据时，同样的数据所代表的数值是不一样的。在大尾端计算机上，这段程序的输出结果如下：

```
a b c d
0x6162 (24930) 0x6364 (25444)
0x61626364 (1633837924)
```

而在小尾端计算机上，这段程序的输出结果如下：

```
a b c d
0x6261 (25185) 0x6463 (25699)
0x64636261 (1684234849)
```

从这个例子可以清楚地看出，不同尾端对于同一个数值的表示方式是不同的。从另一个角度看，也可以说不同尾端对于同一个数据的解释方式是不同的。

数据在各种 CPU 的寄存器中都是以大尾端的方式存储的。也就是说，在寄存器中，位于左边的二进制位的权值高于右边的二进制位。因此数据在各种尾端的 CPU 中的操作方式是相同的。例如，在数据左移时都会首先将数据的高位二进制位移出寄存器，而在数据右移时，都会首先将低位二进制位移出寄存器。只有在数据保存到存储器时，才会根据尾端的不同而采取不同的字节序。CPU 与存储器之间的数据传输以及必要的字节序的转换都是由 CPU 来完成的，因此一般的编程人员不必对此进行任何处理。早期的 CPU 芯片一般只支持一种尾端方式，而现在很多 CPU 芯片，如 PowerPC 等则可以支持两种尾端方式。当然，即使是可以支持两种尾端方式的 CPU 芯片，在运行时也只能选择其中的一种。对于大多数应用程序的设计人员来说，计算机采用大尾端还是采用小尾端是无关紧要的。同一个计算表达式在采用不同尾端的计算机上进行计算，只要数据长度是相同的，就会得到相同的结果。但是，对于复杂的程序，特别是系统程序设计，以及对一些涉及复杂数据处理（特别是包含位域操作）的程序进行移植时，尾端方式常常是一个不可回避的问题。在不同的计算机系统之间进行数据交换也需要考虑尾端的问题。

最常见的需要进行尾端处理的情况是在不同尾端方式的计算机之间通过网络或其他数据通路传送数据。数据在网络上是按照发送方的字节序传送的，而接收方则按照自己的字节序对所收到的数据进行解释和存储。因此，如果发送方和接收方主机的尾端方式不同，就会产生对数据的错误解释。为了避免这类问题的出现，在不同的计算机之间通过网络进行数据传输时，不论双方的尾端方式是否相同，发送方都需要首先将数据转换为网络规定的字节序，然后再通过网络进行传送。接收方在收到通过网络传来的数据后，需要首先将网络字节序的数据转换为本主机的字节序，然后再进行存储。为此，C 语言的函数库提供了标准的转换函数。函数 htonl 和 htons 分别将 32 位和 16 位整数由主机字节序转换为网络字节序，而函数 ntohl 和 ntohs 则分别将 32 位和 16 位整数由网络字节序转换为主机字节序。这 4 个函数的原型如下：

```
uint32_t htonl(uint32_t hostlong);
uint16_t htons(uint16_t hostshort);
uint32_t ntohl(uint32_t netlong);
uint16_t ntohs(uint16_t netshort);
```

其中数据类型 uint32_t 和 uint16_t 分别表示无符号的 32 位整数和 16 位整数。TCP/IP 将大尾端定义为标准网络传输字节序，因此在大尾端的系统上，这 4 个函数是不对数据进行实质性操作的。

当程序需要将数据以二进制的方式保存在磁盘文件中，然后再由其他程序读入时，也会出现类似的问题。当数据以二进制的方式写入文件中时，是按照其在内存中的字节序进行的。例如，设一个 32 位的 int 类型的变量 m 的值是 0x1234，在小尾端的计算机上，这个值在内存中按照字节地址顺序保存为 0x34120000。当按二进制方式将这个值写入文件中时，文件中的内容也是 0x34120000。如果在另一个程序中以二进制的方式将这个数值从这个文件中读入到 int 类型变量 n 中，从变量 n 的地址开始的连续 4 个字节的内容依然是 0x34120000。如果读入这个数据的程序同样运行在小尾端的计算机上，则变量 n 中的数值仍然被解释为 0x1234。而在大尾端的机器上，变量 n 中的数值就被解释成了 0x34120000。而这与被写入的数值就完全不同了。为了保证在不同尾端的平台上运行的程序之间数据交换的正确性，可以仿照网络传输时的方法：在将数据写入文件时首先将其转换成统一的存储格式；在从文件中读出数据后，再将其从统一的存储格式转换成本机的标准格式。如果数据量不大，也可以将数据以字符串的方式保存在文件中，这样就避免了对不同尾端数据的处理。

　　除了上面讨论的这两种情况之外，在程序的移植，特别是系统程序的移植，以及使用二进制方式阅读表示数据的字节序列时，例如在进行程序的调试中利用反汇编方式阅读程序代码和内存中的数据内容时，也需要我们能够正确地理解和处理在不同尾端机器上的字节序。

2.2　浮点数据类型

　　浮点类型是实数在计算机上的近似实现。当需要对数据的小数部分进行计算时，或者数据的绝对值非常大，以至超过整型数据的表示范围时，就需要使用浮点数。

2.2.1　浮点数据的表示方法

　　浮点类型数据的表示方法不同于整型。在浮点数的表示中，二进制位被分成不同的域，以分别表示浮点数的符号，数值的有效位，以及小数点的位置。目前所有常见的计算机系统都采用 IEEE 关于浮点数的标准 IEEE-754 来表示浮点数和进行浮点运算。

　　根据 IEEE-754，一个浮点数被表示成 $V=(-1)^s \times M \times 2^E$ 的形式，其中 s 表示符号，占一位二进制位。当 s 为 0 时数值是正数，s 为 1 时数值是负数。M 表示尾数，也就是浮点数的有效数字，是一个介于 0 和 1 之间的二进制小数。E 表示指数，可以是正数，也可以是负数，用以确定尾数的权值，也就是规定小数点所在的位置。对于单精度浮点类型（float），尾数占 23 位，指数占 8 位。对于双精度浮点类型（double），尾数占 52 位，指数占 11 位。单精度浮点数和双精度浮点数在计算机中的表示如图 2-3 所示。

31	30　　　　　　　　　　23	22　　　　　　　　　　　　　　　　0
符号	指数（8位）	尾数（23位）

a）单精度浮点数（float）

63	62　　　　　　　　　　52	51　　　　　　　　　　　　　　　　0
s符号	指数（11位）	尾数（52位）

b）双精度浮点数（double）

图 2-3　浮点数的表示

浮点数可以分为规格化的浮点数和非规格化的浮点数。当一个浮点数指数部分的各位既不是全 0 也不是全 1 时，这个浮点数就是一个规格化的浮点数。这时，浮点数指数部分的值等于指数部分按照无符号数解释，然后再减去偏移量。单精度浮点数的偏移量是 127，双精度浮点数的偏移量是 1023，因此 float 的指数取值范围是 −126～127，而 double 的指数取值范围是 −1022～1023。当一个浮点数指数部分的各位是全 0 时，这个数就是一个非规格化的浮点数。在非规格化的情况下，浮点数指数的值等于 1 减去偏移量。此外，在规格化的表示方式下，在尾数 M 的左端隐含有一个整数 1，因此浮点数尾数部分的值实际上等于 1.M。而在非规格化的表示方式下，在尾数 M 的左端没有隐含的整数 1，因此浮点数尾数部分的值等于 0.M。这样，规格化的浮点数尾数的精度就比非规格化的浮点数多了一位二进制位。非规格化数的用处有二：一是表示 0.0；二是表示非常接近于 0.0 的数。因为在规格化的浮点数的尾数的左端隐含有一个整数 1，所以无法表示尾数全为 0 的数。而非规格化浮点数因为没有这个隐含的整数 1，所以可以表示尾数全为 0 的数。浮点数中的 0.0 有两种：一种是 +0.0，另一种是 −0.0。+0.0 的所有二进制位均为 0，−0.0 的符号位为 1，其余的所有二进制位均为 0。当一个浮点数的指数部分是全 1 并且小数部分是全 0 时，这个浮点数表示无穷大。无穷大的符号由符号位决定。当一个浮点数的指数部分的二进制位是全 1 并且小数部分不为全 0 时，这个浮点数表示一个被称为 NaN 的特殊值。NaN 表示"不是一个数"（Not a Number）。当一些计算的结果既不是实数也不是正负无穷时，就会产生这个值。

采用 IEEE-754 标准表示浮点数有一个重要的优点，即对浮点数大小的比较可以直接采用整数比较的方式进行。首先，符号位处于最高位，与整数中符号所在的位置一样。其次，指数部分安排在尾数部分的左侧，具有更高的权重，符合浮点数中指数对绝对值的大小影响更大的事实。最后，指数部分使用偏移量，使得这部分被表示为永远大于等于 0 的无符号数，因此在按整数二进制位解释的情况下也能够正确地区分不同数值的大小。这样，除了当参与比较的浮点数中有 NaN 的情形外，采用整数比较的方式对浮点数进行比较的结果也是正确的。规格化和非规格化浮点数的表示范围如表 2-1 所示：

表 2-1 浮点数的表示范围

	非规格化	规格化	十进制近似值	十进制有效数字
单精度	$\pm 2^{-149} \sim (1-2^{-23}) \times 2^{-126}$	$\pm 2^{-126} \sim (2-2^{-23}) \times 2^{127}$	$\pm \sim 10^{-44.85} \sim 10^{38.53}$	～7 位
双精度	$\pm 2^{-1074} \sim (1-2^{-52}) \times 2^{-1022}$	$\pm 2^{-1022} \sim (2-2^{-52}) \times 2^{1023}$	$\pm \sim 10^{-323.3} \sim 10^{308.3}$	～16 位

尽管浮点数所表示的数值范围很大，但是由于尾数的位数有限，其所能表示的数值精度是有限的。对于 float 类型，其 23 位二进制尾数大约相当于 7 位十进制的有效数字；double 类型的 52 位二进制尾数大约相当于 16 位十进制的有效数字。因此对于绝大多数实数来说，C 语言的浮点表示只是一种近似的表示。对于不带小数部分的有理数，只要其有效数字的位数不超过尾数的位数，就都是可以准确表达的。对于带有小数部分的有理数，C 语言浮点数所能精确表示的只是那些能够在浮点数各字段有效数字范围内表示成整数与 2 的整数次幂乘积的有理数，即能够表示成 $X*2^y$ 形式的数。其中 X 是能够在尾数有效数字位

数的范围内准确表达的整数，y 是在指数范围内所能准确表示的整数。例如，1.5、0.625 等都是可以准确表示的浮点数，因为 $1.5 = 3 * 2^{-1}$，$0.625 = 5 * 2^{-3}$。0.1 是不能被准确表示的浮点数，这是由于 0.1=1/10，而 10 不能表示成为 2 的整数次幂，因此没有任何正整数 y 能使得 $0.1 = 1 * 2^{-y}$ 成立。

2.2.2　有效数字和最低位当量

单精度浮点数所能表示的最小绝对值约为 10^{-44}，双精度浮点数所能表示的最小绝对值约为 10^{-323}。但这并不是说一个单精度或双精度浮点数在任何时候都可以准确表示出位于小数点后 44 位或 323 位的有效数字。单精度浮点数和双精度浮点数分别只有大约 7 位和 16 位十进制有效数字，其最低位有效数字所表示数值的大小取决于浮点数本身的绝对值。例如，对于一个大于 10^{16} 的浮点数，其小数部分所有的数字都是不准确的。

C 语言浮点数的表示精度有限，对于在其尾数的有效位数内所不能精确表示的数据会产生一定的舍入误差。当然，这些初始的舍入误差只发生在浮点数二进制尾数部分的最低位。在一次转换或计算中所产生的误差最大不超过最低有效位单位当量的 1/2。对于 float 型的数，最低有效位单位当量只相当于尾数所能表示的最大值的 2^{-23}，即约相对于数据大小的 800 万分之一。对于 double 型的数据，初始误差只相当于尾数所能表示的最大值的 2^{-52}，这就更微不足道，完全可以满足一般数值计算精度的要求。

尽管对于一般的数值计算来说，C 语言浮点数的精度已经足够了，但是对于复杂的计算，如果没有正确处理计算的精度，使得误差累积或者扩散，也会产生难以预期的结果。在浮点计算中经常会遇到的一个问题就是，计算所产生的结果有可能与预期不同：我们认为等价的计算会得出不同的结果，我们认为相同的数值却不相等，而这也常常是由于计算精度有限所造成的误差引起的。因此在描述浮点数计算时，必须深入理解浮点计算的特殊性，并根据程序的需要进行必要的处理。忽视了程序中浮点计算的这些特殊性，对于一般的程序运行看起来影响似乎不大，但是对于关键性的应用来说，则有可能产生不可预期的，甚至是灾难性的后果。一个被经常引用的例子是，在 1991 年海湾战争期间，美军的一枚爱国者导弹由于控制计算机中一个数据计算误差的累积，导致发射失败，击中了美军自己的兵营，击毙了近 30 名美军士兵。

从理论上讲，C 语言浮点数对实数的近似表示使得 C 语言中的浮点计算不具有实数计算的一些基本性质。在运算结果不出现无穷大的情况下，浮点数的加法和乘法运算满足单调性的要求，即当 a>b 且 c>=0 时，浮点运算可以保证 a+c>b+c 和 a*c>b*c。浮点数的加法和乘法运算也满足交换性，即 a+b 等于 b+a，以及 a*b 等于 b*a。但是，C 语言的浮点加法运算不具有可结合性，也就是说，在 C 语言的浮点计算中，不能保证 (a+b)+c 等于 a+(b+c)。例如，(1.23+1e16)-1e16 就不等于 1.23+(1e16-1e16)。前者的结果为 2.0，而后者的结果为 1.23。类似地，(1.23+1e17)-1e17 的结果为 0.0，而 1.23+(1e17-1e17) 的结果仍然为 1.23。这是因为表达式的不同的结合方式改变了运算的顺序，因而也有可能改变舍入误差，并最终影响表达式的求值。当首先将 1.23 与 1e16 或 1e17 相加时，由于 1.23 接近或小于 1e16 或 1e17 中最低有效位的数值当量，因此计算中产生了较大的误差，或者干脆就导致了 1.23 被忽略。而当首先计算 1e16 或 1e17 相减时，因为减数与被减数相等，结果等于 0，所以 1.23 再与这个结果相加时，可以得到完整的表达，不会在计算过程中损失精度，因此计算的结果是准确的。

除了计算顺序的不同可能会产生不同的计算结果外，在算术上等价，但表示方法不同的计算表达式也有可能产生不同的结果。下面就是一个这样的例子。

【例 2-3】表示方法不同的等价浮点表达式产生不相等的计算结果

```
t = 1.234;
x = t * 2.01;
y = t + t + t / 100.0;
if (x == y)
    printf("X (%.10f) == Y (%.10f)\n", x, y);
else
    printf("X (%.10f) != Y (%.10f)\n", x, y);
```

这段代码的执行结果如下：

```
X (2.4803400000) != Y (2.480340000)
```

从表面上看，这一结果不仅出乎意料，而且难以理解：两个等价的运算过程应该产生两个相等的结果，从显示出来的数值看，结果也明明是一样的，但比较结果却说它们不相等！这一示例典型地说明了 C 语言中浮点运算的特点：等价的表达式所得出的结果不一定相等。之所以会产生这样的结果，是由于在不同的运算过程中，不同的计算步骤所带来的舍入过程是不一样的，舍入误差的累积也可能是不同的，因而导致了最终结果的不相等。把这两个数放大一些，就可以更清楚地看到这一点。为此可以改变 t 的初始赋值：

```
t = 1.234e16;
```

变量 t 的值被放大了 10^{16} 倍，因此 x 和 y 的值也相应地放大了 10^{16} 倍。这时程序的执行结果如下：

```
X (24803399999999996.0000000000) != Y (24803400000000000.0000000000)
```

可以清楚地看出，x 和 y 之间的误差为 4，也就是 2^2，因此这两个数不相等就是很显然的了。因为准确表达 x 和 y 这两个整数需要 55 位二进制位，超过了 C 语言中 double 类型的 53 位尾数长度，所以 x 和 y 的最低有效位的单位当量是 2^2。这说明这两个等价但运算方式不同的表达式之间的差异产生在最低有效位上：一个结果的最低有效位是 0，而另一个是 1。因为最低有效位的单位当量是整数 4，所以在这一位上的差异在打印输出时可以显示出来。而当数值的绝对值较小时，其最低有效位的单位当量也很小，在精度有限的打印转换过程中，这一差异无法表现出来，因此就产生了前面看似难以理解的结果。下面我们再看一个由有效数字引起程序错误的例子。

【例 2-4】以 float 类型变量作为循环控制变量引起无限循环

```
float a, n;
......
```

```
for (a = 0.0; a < (float) n; a += 1.0) {
    ......
}
```

上面的代码是一个简单的 for 循环语句，如果在循环体中没有 break 和 goto 之类的跳转语句，我们预期程序在执行完 n 次循环之后会结束对 for 语句的执行。但是实际上，这一预期只有在 n 是一个比较小的数值时才是正确的。当 n 大于 16 777 216，也就是 2^{24} 时，这一语句会无限循环地执行下去。检查一下变量 a 的值就会发现，尽管 float 类型的数据可以表示的最大值大于 10^{38}，但是变量 a 的值在增加到 16 777 216.0 之后就不再增加了，因此循环的条件永远满足，循环也就无限地进行下去。变量 a 的值之所以停止在 16 777 216，是因为 a 的尾数最低位当量随 a 中值的增加而增加。当 a 的值增加到了 2^{24} 之后，对于尾数只有 23 位的 float 类型来说，在表示这一数值时其尾数的最低位当量等于 2，这时 a+=1.0 对 a 的增加值不大于其尾数最低位当量的 1/2，因此不会改变数据原有的值，a 的值也就不再增加了。

浮点数据尾数有效数字较少还有可能带来计算误差和其他不易察觉的问题。例如，级数 $\sum_{i=1}^{n} \frac{1}{i}$ 是一个发散的级数，当 n 趋于 ∞ 时，它的值也趋于 ∞。但是当编写程序来计算这个无穷级数时，计算结果却停留在一个固定的极限上，而且这个极限取决于计算时所使用的浮点数据类型。当使用 double 类型进行计算时，这个极限大约不到 35，而当使用 float 类型时，这个极限约等于 15.403 683。导致计算出现这种结果的原因也很简单：因为 C 语言浮点数的精度有限，所以其所能表示的最小值也是有限的，无穷级数中小于这一限度的项就一律被表示成 0.0，这样，对无穷级数的求和就变成了对有穷级数的计算。因为 float 类型的精度低于 double 类型，其所能表示的最小值大于 double 类型，所以在使用 float 类型进行计算时，级数中的有效项要远远少于使用 double 类型时，所以求和的过程更早地收敛，结果也自然要小于使用 double 类型了。不仅如此，计算的顺序也同样会影响计算的结果。例如，使用 float 类型时的极限 15.403 683 是按照对 i 的升序计算 1/i 得到的，而当对 i 按降序计算时，如果从 $i=2^{27}$ 开始计算，则这个极限约等于 18.807 918 5。这是因为在按照升序计算 1/i 时，首先被累加的是数值较大的项。这些项的累加结果迅速增加，使得数据的最低位当量也随之增大，因此其后面数值较小的项就会较早地被抛弃。而当采用逆向顺序计算时，累加从数值较小的项开始。因为这时数据的累加结果较小，float 类型有较高的精度来表示这些数值较小的项的值，所以这些数值较小的项的值，或者至少它们的一部分会被计入最终的累加结果中。

浮点计算的结果除了受到数值表示精度和计算方式的影响外，也有可能受到硬件及编译系统的影响。例如，下面的代码在 IA32 平台上，由不同的编译系统产生的可执行文件的执行结果是不同的：

```
double t = 1.0, x = 10.0;
printf("%d\n", 1.0 / 10.0 == t / x);
```

当使用 Linux/GCC 3.2.2 时，程序打印出 0；而当使用 Windows/VC++ 6.0 时，程序打印出 1。

从上面这些例子中可以看出，因为 C 语言中浮点数是一种对实数的近似，所以其计算过程具有一些与普通算术运算不同的性质，会产生各种与普通算术运算不同的结果。因此，在处理浮点数时应当充分考虑到计算精度对计算结果的影响。当这种影响大到足以改变结果的正确性时，就需要采取必要的措施。可能采取的措施包括采用更高精度的数据类型，调整计算的次序，修改算法等，以保证计算结果的误差在可以接受的范围之内。

2.2.3 浮点数的比较

从上面的例子中可以看出，在 C 语言中不同的计算顺序和不同的等价表达式可能产生不同的结果。尽管这些结果之间的误差可能很小，但是有时仍有可能对后续的计算产生较大的影响，特别是对于数值之间是否相等的逻辑判断。因此，对于浮点数的比较既不同于一般算术中实数之间的比较，也不同于程序中整数之间的比较。这是因为，无论是算术中实数之间的比较，还是程序中整数之间的比较，都是可以精确表达的数值之间的比较，而浮点数之间的比较是不一定能够精确表达的数值之间的比较。在进行浮点数的比较时，必须要考虑到数值表示的精确程度，以及在计算过程中可能引入的舍入误差及其积累，并对这些误差进行妥善的处理。这就要求我们根据计算任务的精度要求，在容许的误差范围之内，适当地选择比较的方法，控制比较的过程。下面我们再看一个浮点数比较的例子。

【例 2-5】循环语句中使用浮点数比较　按照 0.1 的步长打印出从 0.0 到 0.9 的数值。

下面这段代码使用 double 类型的 i 作为循环控制变量，将其初始化为 0.0，利用打印语句输出 i 的值，在每次输出后将 i 的值增加 0.1。只要 i 不等于 1.0，循环就一直进行下去。10 个 0.1 相加等于 1.0，因此我们似乎有理由期望程序在输出 10 个数之后结束循环。

```
double i;
for (i = 0.0; i != 1.0; i += 0.1)
    printf("%.2f\n", i);
```

但实际情况却不是这样。代码的执行结果是，大量的数据在屏幕上不断地滚过，程序进入无限循环而无法停止。如果有办法让程序输出的速度慢一些的话，我们可以看到，程序的输出从 0.00 开始，然后是 0.10、0.20、……，一路增长上去，在输出了 0.90 之后，程序并没有停住，而是继续输出了 1.00。此后，程序继续不断地按每次 0.1 的增幅输出新的数值。由此可知，循环的持续条件是一直被满足的。也就是说，即使程序在屏幕上输出了 1.00，i 的值依然不等于双长浮点数 1.0。造成这一结果的原因是，由于误差的累积，10 个 0.1 相加并不严格等于 1.0。这两个值之间有着微小的差异，因此条件 i != 1.0 依然成立。在此之后，i 的值继续累加，就更不可能等于 1.0 了，因此循环的条件永远满足，程序就进入了无限循环。

既然 == 和 != 不能满足对浮点数的比较的要求，可能的解决方法是使用 < 和 > 来进行浮点数的比较。在上面的例子中，我们可以把 for 语句中的循环条件改为 i<1.0：

```
for (i = 0.0; i < 1.0; i += 0.1)
    printf("%.2f\n", i);
```

对于浮点数的比较来说，使用 < 和 > 确实要比使用 == 和 != 好得多。但是这仍然没有从根本上解决浮点数中微小误差对比较结果产生影响的问题。例如，上面这段代码的运行结果是：

```
0.00
0.10
......
0.90
1.00
```

这说明变量 i 每次递增 0.1 所产生的误差是舍弃误差，因此 10 个 0.1 相加的结果依然小于 1.0，只有在加上第 11 个 0.1 后，循环条件才不再满足。但是，如果在这个例子中使用其他一些数，例如 0.5、0.25 这样能够使用浮点数精确表达的数值，或者使用能够产生正向累计误差的数值，这段代码的运行结果就是正确的了。这样，这类代码的执行结果是否正确，在很大程度上要取决于参与计算的具体数据，因此使得程序具有很大的不确定性，而这种情况在程序设计中是绝对应该避免的。除了浮点数之间的直接比较外，涉及返回浮点数值的函数的比较也存在相同的问题。

在进行浮点数的比较时一个最重要的原则是，应尽量避免两个浮点数之间的直接比较，特别是在判断两个浮点数是否相等或不相等时。也就是说，在判断两个浮点数是否相等时，不应直接使用运算符 ==；在判断两个浮点数是否不相等时，也不应直接使用运算符 !=。当判断两个浮点数 a 和 b 是否相等时，正确的方法应当是使用语句 if(a-b<ESP && a-b>-ESP) 或者 if(fabs(a-b)<ESP)。类似地，对于判断一个浮点数是否等于 0，也不应当使用 if(x==0.0)，而应当使用 if(x<ESP && x>-ESP)，或者 if(fabs(x)<ESP)。在上面各个语句中，ESP 是一个在程序中自行定义的正浮点数常量，用作比较误差的控制值，函数 fabs() 是一个标准库函数，其功能是返回浮点数的绝对值。ESP 的值取决于参与比较的数值的绝对值的大小和对计算精度的要求。ESP 应该大于该数在计算中正常的舍入误差，因此任何由于浮点数的基本计算误差引起的数值变化都不会影响比较的结果；同时，ESP 也应该足够小，以便任何由浮点数的基本计算误差之外的其他因素所产生的数值变化都不会被掩盖。需要注意的是，在一个程序里，不同的浮点数计算过程中参与计算的数值范围和对计算精度的要求不一定相同，因此可能需要不同的比较误差控制常数。

为了便于计算 ESP 的值，C 编译器在头文件 <float.h> 中定义了两个常数宏，一个是 FLT_EPSILON，另一个是 DBL_EPSILON，分别表示对于 float 类型和 double 类型的浮点数，1.0+x 不等于 1.0 的最小值。在 IA32 结构下的 gcc 中，这两个常数定义如下：

```
#define FLT_EPSILON 1.19209290e-07F
#define DBL_EPSILON 2.2204460492503131e-16
```

它们分别是当数值为 1.0 时相应类型的浮点数尾数的最低有效位所代表的数值。参照这两个数值，结合程序中进行比较的数值范围和对计算精度的要求，就可以较好地选择比较误差控制常数 ESP 的值了。类似地，在需要准确地进行大于和小于的比较时，也应留出足够的误差余量，以保证比较结果的正确性。

一般地说，在循环控制语句中，特别是当对循环次数进行控制时，应当尽量避免使用浮点数作为循环控制变量和条件，而应该使用可以精确表达的 int 类型数据。例如，在【例 2-5】中，我们可以把代码改成下面的形式：

```
int i;
for (i = 0; i < 10; i++)
        printf("%.2f\n", i/10.0);
```

这样就把不精确的浮点数比较转换为精确的整型数比较，从根本上避免了浮点数比较可能引起的错误。

2.2.4 浮点数值计算中的上溢和下溢

在数值计算中，数据的类型和计算方法往往取决于所要计算的数值的范围以及对计算精度的要求。因为任何数据类型的精度都是有限的，所以对于有效数字较多的数据，就可能会损失精度。这种情况往往出现在绝对值很大的数据和绝对值很小的数据同时参加运算的时候。虽然对于大量的常规计算，double 类型的浮点数的数值表示区间和精度一般都可以满足任务对计算精度的要求，其所产生的误差都在可以允许的范围之内。但是仍然有不少实际的计算任务，在其计算过程中，运算的中间结果会超越 double 类型的数值表示区间或精度的允许范围，造成上溢或下溢，导致最终计算结果的错误。下面我们看一个例子。

【例 2-6】泊松（Poisson）分布的概率计算　泊松分布是一种常用的离散型概率分布，数学期望为 m 的泊松分布的分布函数定义如下：

$$P(m, k)=m^k \times e^{-m}/k! \ (k=0, 1, 2, 3, \cdots)$$

设计一个函数，对于给定的 m 和 $k(0<m<2000, 0\leqslant k\leqslant 2500)$，计算其概率。

因为 m 是实数，k 是整数，概率是一个介于 0 和 1 之间的实数，所以函数的原型可以定义如下：

```
double poisson(double m, int k);
```

根据概率的分布函数，可以直接写出函数的定义如下：

```
#include <math.h>
double factorial(int n)
{
    int i;
    double f = 1.0;

    for (i = 1; i <= n; i++)
            f *= (double) i;
    return f;
}


double p_1(double m, int k)
{
    //  P(m, k) = m ^ k / k! * e ^ -m
```

```
    return pow(m, k) * exp(-m) / factorial(k);
}
```

在这段代码中，pow() 和 exp() 是在 <math.h> 中说明的标准数值计算函数。pow(m, k) 返回 m^k，exp(-m) 返回 e^{-m}。这段代码是对服从泊松分布随机概率的直接描述，在表达形式上是正确的，对于较小的参数也可以进行计算，但是却不能满足对计算范围的要求。这是因为尽管函数的计算结果是一个介于 0 和 1 之间的实数，位于 double 类型所能够正确表示的数值区间，但是计算过程的中间结果却可能产生溢出。无论是 m^k 还是 $k!$，远在 m 和 k 达到 2000 之前就会由于数值过大而产生向上的溢出。例如，尽管在函数 factorial() 的计算过程中采用了 double 类型，函数也只能计算到 170!。因此等不到 k 等于 2500 时，函数 factorial() 就只能将结果表示成无穷大（INF），使得后续的计算无法进行。同时，因为 double 类型的指数部分只有 11 位，只能表示到 $2^{\pm 1024}$，所以 e^{-m} 远在 m 达到 2000 之前就会由于数值过小而变成 0.0，使得所有后续计算的结果都等于 0。即使 m 和 k 的值小于上述两个极端的限制，m^k 仍有可能在计算中产生溢出。例如，当 m 等于 100，k 等于 160 时，$m^k=100^{160}=10^{320}$，已经超过了 double 所能表示的 10^{308}。为了能够正确地在给定范围内计算泊松分布的概率，需要对计算过程的描述进行修改，在符合计算公式要求的条件下调整计算的顺序，以避免在计算过程中产生中间结果的上溢和下溢。

观察泊松分布的定义可以看出，尽管公式中的每一项在参数值较大时都可能引起中间结果的上溢或下溢，但是它们的增长却是互相抵消的，因此最终的结果是一个介于 0 和 1 之间的实数，完全在 double 类型的表示范围之内。因此我们可以把公式中对各个项的独立计算改为各项之间交叉计算，使得各项的增加互相抵消，把中间结果控制在适当的范围之内。因此可以首先把泊松分布公式改写为 $P(m, k)=m^k/(k! \cdot e^m)$，并据此写出如下的代码：

```
double p_2(double m, int k)
{
    double x = 1.0;
    int i;

    if (m > k) {
        for (i = 0; i < k; i++)
            x *= m / M_E / (k - i);
        for (; i < m; i++)
            x /= M_E;
        return x;
    }
    for (i = 0; i < m; i++)
        x *= m / M_E / (k - i);
    for (; i < k; i++)
        x *= (double) m / (k - i);
    return x;
}
```

这段代码中的 M_E 是定义在 <math. h> 中的符号常量，表示 e 的近似值。代码首先计算 $m^n/(n! \cdot e^n)$，其中 n 是 m 和 k 中的最小值。然后再根据 m 是否大于 k 来决定如何计算公式

$m^k/(k! \cdot e^m)$ 与 $m^n/(n! \cdot e^n)$ 的差值部分。采用这种方法，把对 m^k、$k!$ 以及 e^m 的计算分散在循环的每一步中，使得分布在分子和分母上的乘积互相抵消，就可以避免直接计算这些函数所可能引起的中间结果溢出问题。但是这样的方式在 m 和 k 都比较大或者两者的差值比较大时，在计算 $m^n/(n! \cdot e^n)$ 的过程中仍然有可能产生上溢或者下溢。例如，当 m 等于 2000 而 k 等于 1000 时，函数 p_2() 的 if 语句中的第一个 for 语句执行完毕后，x 中的值是实际结果的 e^{1000} 倍，已经远远超出了 double 类型的表示范围。即使计算的中间结果没有产生溢出，由于其接近于 double 类型表示范围的边界，也会引起较大的计算误差，使得计算结果完全错误。例如，当 m 等于 2000 而 k 等于 2100 时，正确的结果应为 7.442234e-04，而使用上面的代码计算得出的结果是 7.322822e+17。为避免计算中的错误，可以进一步调整代码，以便把中间结果控制在 double 类型数据的表示范围之中。代码调整的方法有多种，下面是一种比较简单的方法：

```
double poisson(double m, int k)
{
    double x = 1.0;
    int em, mk, nk;

    em = mk = nk = 0;
    while (em < m || mk < k || nk < k) {
        while (mk < k && x < MAX_INTER) {
            x *= m;
            mk++;
        }
        if (x < MIN_INTER)
            return 0.0;
        while (nk < k && x > MIN_INTER) {
            nk++;
            x /= nk;
        }
        while (em < m && x > MIN_INTER) {
            x /= M_E;
            em++;
        }
    }
    return x;
}
```

在这段代码中，符号常量 MAX_INTER 和 MIN_INTER 是中间结果的控制值，可以分别定义为远离 double 类型表示范围极限的值，如 1e280 和 1e-280。经过这样调整的代码，可以将中间结果的值控制在适当的范围，减少计算过程中的误差。代码中的 if 语句是为了避免当最终结果小于 MIN_INTER 时函数进入无限循环。除了上述这种方法之外，更简便的改进方法是使用对数计算来代替对公式的直接计算。使用对数可以把乘除运算转换为加减运算，把乘方运算转换为乘法运算，不但可以确保中间结果不会产生上溢或下溢，而且可以简化函数的代码。我们把这一改进作为练习留给读者。从这个例子可以看出，对数值计算的描述，即使使用浮点数，也不总是一个简单的把计算公式直接转换成 C 语言的过程。在对计算过程进行描述时，需要对计算过程的中间结果进行分析，并根据分析的结果对计算过程的描述加以调整，以保证在各种条件下计算过程中所产生的中间结果都处在合理的范围之内，避免最终结果的错误。

2.3　数值计算中的类型转换

计算对象的类型转换是 C 程序中常见的操作，它往往出现在运算表达式的计算、变量的赋值以及函数调用时参数的传递等场合。类型转换的基本作用是使运算符两端的运算对象类型一致，满足函数参数类型的要求，保证计算正确地进行和计算结果的准确。此外，类型的自动转换机制也有助于简化程序的描述。

2.3.1　基本类型转换和数据宽度

在程序中不同类型的数据常常需要混合在一起进行运算。短整数和长整数之间的运算、整型数和浮点数之间的运算，以及表达式向类型不同的变量赋值等都是经常出现的。当不同类型的数据进行混合运算时，为保证计算能够正确进行，在计算开始前必须进行数据类型的转换。这是因为不同类型的数据在计算机中的表示方式是不同的，进行计算时的操作过程和所涉及的运算部件也不尽相同。为了使得计算能够进行，就必须在保证数值不变的前提下，把运算符两端的数据转换成同一种类型。即使是同一种数据之间的运算，为了符合计算平台对运算对象类型的要求，在进行计算时也可能需要进行类型转换。

在计算过程中的类型转换有三种情况：第一种是基本转换；第二种是自动转换；第三种是强制转换。在 C 程序的运算表达式中，char 和 short 类型的数据在运算前都被转换为 int 类型，然后再进行计算；float 类型的数据在运算前都被转换为 double 类型，然后再进行计算；这就是 C 语言计算表达式中的基本类型转换。在进行了运算对象的基本类型转换后，如果运算符两端的运算对象的类型仍然不一致时，编译系统就会对这些运算对象进行自动类型转换。自动类型转换的规则是，根据数据类型的宽度，也就是其数值表示范围，将较窄的类型转换为较宽的类型，以保证数据的表示范围，避免数据的丢失。对于 long 和 int 这些整型数据，同一基本类型的无符号数据的宽度被规定为大于有符号数据的宽度。根据这一排序和相关的转换规则，我们就可以知道一个表达式的类型。例如，在下面的代码中：

```
short sa;
float fb;
int x;
......
x = sa + fb;
```

在进行表达式 sa+fb 的计算时，根据基本类型转换规则，变量 sa 需要被转换成 int 类型，而变量 fb 需要被转换成 double 类型。这样，运算符 "+" 的一端是 int 类型，而另一端是 double 类型。根据自动转换规则，int 类型的数据需要被转换成 double 类型的数据，然后再进行计算。因此表达式 sa+fb 的最终类型是 double。当表达式向变量赋值时，如果表达式的类型与被赋值的变量的类型不相符，编译系统会将表达式的类型自动转换成被赋值的变量的类型。在上面的例子中，因为变量 x 的类型是 int，所以表达式 sa+fb 的值在被赋给 x 之前会被自动地转换成 int 类型。又例如，在下面的代码中：

```
float x;
double y;
......
y = x;
```

float 类型的变量 x 的值在被赋给变量 y 之前会自动地转换成 double 类型。

对于赋值语句，如果被赋值变量的类型在表示范围和精度方面大于表达式的类型，这自然没有什么问题。但是，如果被赋值的变量的类型在数据表示范围和精度方面小于表达式的类型，则有可能造成数据精度的降低，或者由于表示范围的不足而引起溢出，从而造成数据的错误。例如，在上面的例子中，语句 x=sa+fb; 把一个浮点数赋值到一个整型的变量中。这时浮点数中的小数部分就会丢失。当一个绝对值超过 2^{32} 的 double 类型的数据被赋值到一个 32 位的 int 类型的变量中时，由于数值过大超过了 int 类型的表示范围，因此必然会产生截断。这就使得赋值的结果变得毫无意义。尽管在编译时无法确定程序在运行时会发生怎样的情况，但是编译系统会发出告警信息，提示用户在这种自动的类型转换中有可能产生精度降低和数据丢失之类的错误。编程人员可以根据对实际计算中数值范围和精度的了解来判断这种类型转换是否正确。

在转换过程中，即使是窄类型向宽类型转换，如果宽类型的有效数字的位数较少，也有可能造成数据精度的丢失。例如，当 32 位的 int 类型数据向 float 类型转换时，尽管 float 所能表示的数据范围大于 int，但是其尾数的位数少于 int 的位数，因此有效数字多于 float 尾数长度（23 位）的 int 类型数据在转换过程中就会因为 float 尾数部分的舍入而发生改变，成为舍入后的近似值。下面这段代码将一个整数从 int 类型的变量中赋值给一个 float 类型的变量，然后再把两个变量的值分别打印出来，可以看到两个数值是不同的：

```
int x, y, i;
float f;

x = 0x7000003f;
for (i = 0; i <3; i++, x++) {
    f = x;
    y = f;
    printf("x = %d (%#x), f =%.1f, (%#x), diff: %d (%#x)\n", x, x, f, y, x - y, x - y);
}
```

在这段代码的 for 循环中，int 类型的变量 x 的值首先赋给了 float 类型的变量 f，这就产生了一次数据由 int 类型向 float 类型的转换。然后，变量 f 的值又经过一次类型转换赋给了 int 类型的变量 y。因为变量 x 是 int 类型的，所以在两次类型转换中不会由于数据的小数部分而产生转换误差。这段代码的输出结果如下：

```
x = 1879048255 (0x7000003f), f = 1879048192.0 (0x70000000), diff: 63 (0x3f)
x = 1879048256 (0x70000040), f = 1879048192.0 (0x70000000), diff: 64 (0x40)
x = 1879048257 (0x70000041), f = 1879048320.0 (0x70000080), diff: -63 (0xffffffc1)
```

之所以产生这样的结果，是由于 float 类型的数据的尾数有效数字较少，在保存具有较多有效数字的整数时，只能通过增加指数部分的值来增大最低有效位的单位当量，并采用舍入的方法，生成与原来整数最接近的近似值。在这个例子中，x 的绝对值需要 31 位有效数字来表示，而 float 类型变量 f 的尾数只有 23 位有效数字，因此当表示 x 的值时，其最低有效位的单位当量为 $2^7=128$，即 0x80。当 x 向 f 赋值时，舍入机制使得其舍入误差的最大绝对值为最低有效位单位当量的 1/2，所以在表达近似的整数时最大的误差可达 $2^6=64$。也就是说，x 后 6 位的变化在其向 f 赋值时不发生作用。而在 int 向 double 转换时，因为 double 的尾数位数多于 int 的位数，而且 int 没有小数部分，所以在转换的过程中不会产生任何表示精度上的损失。

在函数调用中的参数传递过程类似于变量的赋值，因此其类型的自动转换规则也与赋值过程相同。需要注意的是，只有在函数被调用前已经通过函数原型的声明或者函数定义的方式声明了函数各个参数类型的情况下，编译系统才能正确地进行类型转换。否则，被传递的参数依然会按照其自身的类型被传递给函数，而这也可能造成程序运行的错误。为了与早期的 C 语言规范相兼容，一些编译系统并不强制性地要求在函数被调用时必须知道函数的原型，在函数未被声明时调用函数只会引起编译系统的告警。这时应该认真检查调用函数时所使用的参数在数量上和类型上是否与函数原型的要求一致，以免程序在运行时产生不易定位的错误。当然，最好的办法还是在程序中函数被调用前的适当位置，例如源程序文件的开始处或源程序文件所包含的适当的 .h 文件中，加上对函数原型的声明，以消除编译系统的告警信息。

2.3.2　强制类型转换

如果在不同类型数据的混合计算中不希望使用自动转换规则，而是遵循其他的类型转换方式，就需要使用强制类型转换。强制类型转换需要由程序员显式地指定，并使用下面的描述语法：

(<类型名>) <表达式>

其中 <类型名> 可以是 C 语言中任何一个合法的类型，如 int、double 等基本类型，或者是其他派生类型和复合类型。使用这种描述方式，可以把表达式的类型强制转换为其前面括号中声明的类型，而不管根据默认规则表达式的类型应当如何转换。强制类型转换的优先级高于自动转换。例如，下面的代码把一个 float 类型的数据与一个 int 类型的数据相加，并且只保留和的整数部分：

```
int a, b;
float f;
......
a = b + f;
```

根据类型的自动转换规则，变量 b 和 f 都需要转换成 double 类型，然后再进行计算，而计算结果又需要从 double 再转换为 int 后才能赋值给变量 a。因为我们只需要计算结果的整数部分，所以可以使用强制类型转换，把表达式改写为下面的形式：

```
a = b + (int) f;
```

因为变量 f 首先被强制地转换为 int 类型，所以在加法运算符两端的数据就都是 int 类型的了。这样，表达式就可以按照 int 的方式进行计算，产生 int 类型的结果，并把结果直接赋值给具有相同类型的变量 a 了。

除了改变混合类型数据计算的默认类型转换规则外，强制类型转换的另一个常见的用途就是抑制编译系统对较宽类型数据向较窄类型变量赋值所产生的告警信息。例如，当我们把一个 double 类型的表达式赋值给一个整型变量时，编译系统会发出告警信息，提示可能产生精度的损失和数据高位的丢失。如果我们确实需要进行这样的类型转换，并且确定在这种转换的过程中不会产生错误，就可以使用强制类型转换的方式告诉编译系统，这确实是我们所需要的，因此不必产生告警信息：

```
int x;
double d1, d2;
......
x = (int) (d1 * d2);
```

但是在没有确切的把握时，则应该坚决避免这类可能引起潜在错误的类型转换。在这方面一个著名的教训是 1996 年 6 月 4 日法国阿丽亚娜 5 型火箭发射的失败。造成这一失败的原因是控制软件中将一个浮点数赋值给一个 16 位的整型变量时数据溢出所引起的计算错误。该软件在阿丽亚娜 4 型火箭的发射中曾经成功地使用过。但是阿丽亚娜 5 型火箭的参数与阿丽亚娜 4 型不同，一个未经检验的强制类型转换造成了巨额的损失。

需要注意的是，强制类型转换的优先级高于各种算术运算符，因此当对一个计算表达式进行强制类型转换时，需要使用括号将整个需要转换的表达式括起来，如上面的例子所示。否则，强制类型转换只对紧随其后的运算对象发生作用。例如，如果上面例子中的赋值语句写成下面的形式：

```
x = (int) d1 * d2;
```

则表示只对变量 d1 进行强制类型转换。因为 d2 仍然是 double 类型，所以 d1 仍然需要以 double 类型参与运算，因此表达式产生 double 类型的值并赋给 int 类型的变量 x。这样，不仅对 d1 的强制类型转换是多余的，而且编译系统依然会产生告警信息。

在算术运算中，强制类型转换也常用来进行浮点数的整数和小数部分的分离。下面的代码分别获取一个浮点数的整数部分和小数部分：

```
int int_part;
float x, decimal_part;
......
int_part = (int) x;            // 获取x的整数部分
decimal_part = x - (int) x;    // 获取x的小数部分
```

在 C 程序中，强制类型转换不仅适用于算术运算中的基本数据类型，而且适用于各种复杂的指针类型。关于指针类型以及各种指针类型之间的强制类型转换，将在下一章中讨论。

2.3.3　char 的符号类型

C 语言没有规定 char 类型数据到底是有符号的还是无符号的，因此不同的计算平台上的规定不尽相同。有些系统规定 char 类型数据是有符号的，有些系统则规定其为无符号的。当使用 char 类型数据作为运算对象时，根据运算规则，需要将 char 类型数据转换为 int 类型，而这时的转换规则就是根据 char 类型数据到底是有符号的还是无符号的而确定的。对于有符号类型，需要对符号位进行扩展，而对于无符号类型，则需要向高位部分填 0。我们看下面的例子：

```
char cc = 0xc1;
int i = cc;
printf("%d (%#x)\n", i, i);
```

如果我们使用的编译系统规定 char 是有符号类型的，即 char 等价于 signed char，则 cc 的最高位在 cc 赋值给 i 时扩展，因此输出结果为：

```
-63 (0xffffffc1)
```

如果我们使用的编译系统规定 char 是无符号类型的，即 char 等价于 unsigned char，则 cc 的最高位在 cc 赋值给 i 时不扩展，因此输出结果为：

```
193 (0xc1)
```

当使用 char 类型数据进行算术运算时，首先需要将数据转换成 int 类型，这时就会出现与上面例子类似的情况，即计算的结果取决于编译系统的规定。这就有可能使得程序产生与编程人员的预期不同的结果，或者在不同的系统上产生不同的结果。当仅仅使用 char 类型数据表示可打印字符时，这些不同的规定不会引起什么问题，因为在 ASCII 字符集中，所有的可打印字符的最高位都是 0。当使用 char 类型变量保存非 ASCII 码的数据，在不同的系统上就有可能产生不同的效果。在实际的应用程序中，使用 char 类型变量保存非 ASCII 码数据的情况是常有的。例如，对于 24 位或 32 位真彩图像，其各个基色分量都是使用 8 个二进制位，也就是一个字节来保存的。在进行图像处理时，经常需要对这些基色分量进行算术运算，因此必然会导致 char 类型数据向 int 类型的转换。

为了避免可能出现的错误，增加程序的可移植性，在程序中应该尽量避免使用 char 类型数据进行算术运算，以及由 char 类型数据向 int 类型数据的赋值。当 char 类型数据有可能参与数值运算时，最好根据需要将其明确地定义为 signed char 或 unsigned char。当必须使用 char 类型数据进行计算或者向 int 类型变量赋值时，则应该首先将 char 类型数据显式地强制转换成所期望的符号类型，以避免由于隐含的自动类型转换所引起的差错。例如，在上面的赋值语句中，可以根据需要将赋值语句写成

```
unsigned int ui = (unsigned char) cc;
```

或者

```
int i = (signed char) cc;
```

需要注意的是，在这里必须将字符变量 cc 强制转换成有符号或无符号的 char 类型，而不能转换成 int 类型。否则，字符变量的值会首先根据自己的符号类型进行扩展，然后再进行其他的类型转换。例如，假设 char 类型数据是有符号的，变量 ui 的类型是 unsigned int，代码 ui = (unsigned int) cc; 所产生的动作是首先将 cc 中的值按照有符号数扩展，然后再转换成无符号整数并赋值给变量 ui。如果 cc 中的值是 0xc1，则 ui 中的值就依然是 0xffffffc1，而不是我们所期望的 0x000000c1 了。

2.3.4 变量符号类型的判断

无符号整数的特点是，在任何情况下，其所保存的数值都不会是负数。因此，将一个负数赋给一个变量，再判断这个数是否大于 0，即可知道这个变量的符号类型：大于 0 的是无符号类型，否则就是有符号类型。我们也可以定义下面这样一个宏，直接把测试结果打印出来。

```
#define TEST_UNSIGN(n) n = -1; if (n > 0) printf(#n " is unsigned\n");\
    else printf(#n " is signed\n");
```

需要注意的是，在这里只能使用宏而不能使用函数，因为函数的参数在传递时自动进行了类型转换，因此测试的结果反映的是函数中形式参数的类型而不是待测变量的类型；而宏是在预编译时展开的，因此变量的类型在进行测试时没有被改变。此外，在这个宏定义中第一行末尾的反斜线是为了对行尾的换行符进行转义，以便使宏定义中一行写不下的内容可以接着写在下一行。

2.4 按位操作

按位操作是计算机硬件所支持的基本操作，它提供了对数据内部细节的访问控制能力，是低级编程工具，如机器指令、汇编语言等所必须提供的。普通的应用程序一般不需要这种对数据内部细节的访问控制能力，因此有些高级语言，特别是面向应用的高级语言不提供这种能力。但是在系统软件的设计和实现中，这种对数据内部细节的访问控制能力是必不可少的。此外，应用广泛的数据压缩，以及文件的加密和解密算法的实现也都离不开对数据的按位操作。即使在一般的应用程序中，合理地访问和控制数据内部的细节也往往可以使程序更加简练和高效。

按位操作把数据看作二进制位序列，对其中的各个二进制位分别进行独立的操作。C语言中可用于按位操作的运算符及其语义见表 2-2。这些运算符只能作用于整型数据，如char、short、int 和 long。在这些运算符中，除了"按位求反"是一元运算符外，其余都是二元运算符。"按位与""按位或"和"按位异或"对运算符两端被操作数的对应位进行

"与""或"和"异或"操作，操作数的每一位只影响结果的对应位，不会对结果的其他位产生影响。

表 2-2　按位操作的运算符

运算符	名称	语义	示例	备注
&	按位与（AND）	1&1=1，其余三种组合均为 0	7&5=3	
|	按位或（OR）	0|0=0，其余三种组合均为 1	7|5=5	
^	按位异或（XOR）	0^0=0，1^1=0，其余两种组合均为 1	7^5=2	
～	按位取反	～1=0，～0=1	～5=-6	一元运算符
≪	向左移位	所有二进制位左移指定的位数，右端补 0	7≪2=28	
≫	向右移位	所有二进制位右移指定的位数	7≫2=1	左端补位情况参见第 2.4.1 节

2.4.1　移位操作

移位运算符的左侧是被移位的数据，右侧是移位次数。无论是左移还是右移，移位的次数必须为正整数。一般而言，向左移 n 位等价于将该数乘以 2^n，向右移 n 位等价于将该数除以 2^n。例如，一个数左移 3 位等于将该数乘以 8，即 2^3；一个数右移 2 位等于将该数除以 4，即 2^2。移位操作的执行速度比乘法和除法快得多，因此在有些追求计算速度的程序中常常以移位操作代替以 2 的整数次幂作为乘数或除数的乘除运算，一些编译系统也把以 2 的整数次幂作为乘数或除数的乘除法操作优化成移位操作。

在不产生溢出的情况下，从十进制的显示结果来看，移位的效果对于有符号数和无符号数都是一样的。但实际上，移位操作对有符号数和无符号数所产生的动作不尽相同。在进行左移时，有符号数和无符号数的移位规则是相同的，而在进行右移时，有符号数和无符号数的移位规则是不同的。当进行左移时，无论是有符号数还是无符号数，其移位动作都是将被操作数各位的数据根据移位的位数向左移动，由移位而空出来的最右侧各位则一律补 0。下面是有符号数和无符号数左移的例子。为了看清楚移位操作的效果，数值以十六进制的方式表示，并在括号中说明其所对应的十进制数的值：

```
int psi = 800000000, nsi = -12345;
unsigned pui = 12345, nui = (unsigned) -12345;
printf("Signed Shift Left:\n");
printf("%#x (%d) << 4 = %#x (%d)\n%#x (%d) << 4 = %#x (%d)\n",
        psi, psi, psi << 4, psi << 4, nsi, nsi, nsi << 4, nsi << 4);
printf("Unsigned Shift Left:\n %#x (%u) << 4 = %#x (%u)\n%#x (%u) << 4 = %#x (%u)\n",
        pui, pui, pui << 4, pui << 4, nui, nui, nui << 4, nui << 4);
```

这段代码产生的输出结果如下：

```
Signed Shift Left:
0x2faf0800 (800000000) << 4 = 0xfaf08000 (-84901888)
```

```
0xffffcfc7 (-12345) << 4 = 0xfffcfc70 (-197520)
Unsigned Shift Left:
0x3039 (12345) << 4 = 0x30390 (197520)
0xffffcfc7 (4294954951) << 4 = 0xfffcfc70 (4294769776)
```

无论是有符号数还是无符号数，数据的左移都有可能引起结果的溢出。从上面的例子可以看出，当进行左移而产生溢出时，移位的结果就不再等于原来的数值乘以 2 的移位位数次幂。对于有符号数，如果左移改变了数据原来的符号位，还会引起数值正负号的改变。

当对无符号数进行右移时，在被操作数左端由移动而空出的各位一律补 0；对于有符号数，在被操作数左端空出的各位则是按照操作数原来的最高位，即符号位，进行补位的。也就是说，对于有符号数是根据它是正数还是负数而在移动后空出的高位分别补 0 或补 1 的。下面是有符号数和无符号数右移的例子：

```
int psi = 12345, nsi = -12345;
unsigned pui = 12345, nui = (unsigned) -12345;
printf("Signed Shift Right:\n");
printf("%#x (%d) >> 4 = %#x (%d)\n%#x (%d) >> 4 = %#x (%d)\n",
        psi, psi, psi >> 4, psi >> 4, nsi, nsi, nsi >> 4, nsi >> 4);
printf("Unsigned Shift Right:\n ");
printf("%#x (%u) >> 4 = %#x (%u)\n%#x (%u) >> 4 = %#x (%u)\n",
        pui, pui, pui >> 4, pui >> 4, nui, nui, nui >> 4, nui >> 4);
```

这段代码产生的输出结果如下：

```
Signed Shift Right:
0x3039 (12345) >> 4 = 0x303 (771)
0xffffcfc7 (-12345) >> 4 = 0xffffffcfc (-772)
Unsigned Shift Right:
0x3039 (12345) >> 4 = 0x303 (771)
0xffffcfc7 (4294954951) >> 4 = 0xfffffcfc (268434684)
```

当有符号数右移时还需要注意的是，如果对一个负数 s 右移 n 次，并且 $2^n > | s |$，则移位的结果不是 0，而是 -1。例如，$-5 >> 16 = -1$。这是因为，这时数据中所有原来为 0 的二进制位都被移出了数据的最右端，数据中所有的二进制位均为 1，表示十进制的 -1。

2.4.2 标志位的设置、检测和清除

按位操作经常用在对各种状态的记录和修改上。在程序中经常需要设置一些标志，以便记录诸如某些设备是否存在、某些文件是否打开、一些初始化过程是否完成、一些计算对象是否具有某种属性等情况。这些标志多数是二值的，可以使用一位二进制位记录。当然，这些属性状态也可以使用普通的变量来记录，但是使用具有 8 位、16 位甚至 32 位二进制位的变量来记录只需要一位二进制位就可以记录的状态，不仅是对内存空间的浪费，而且会使程序的描述更加复杂和冗长，程序的效率也会受到影响。例如，假设某个被操作的对象具有 32 个独立的二值属性。如果把每个属性的状态都用一个二进制位来表示，则这些属性的状态可以保存在一个 32 位长的整型数中。判断这些属性的状态是否处于某一种特定的状态可能只需要进行一次整型数的比较。而当使用一个普通变量来表示一个属性的状态时，就需要 32 个

独立的变量来记录这些属性的状态。判断这些属性是否处于某一种特定的状态可能需要对 32 个变量分别进行访问和比较，因此效率只有使用位标志时的 1/32。由于这些原因，在操作系统、编译系统、图形界面系统等各类系统软件的编写中多采用二进制位作为描述运算对象属性状态的标志位，把所有的标志位保存在一个无符号的整型变量中，构成描述该运算对象属性的状态字。对这些标志位进行的操作包括将指定的标志位设置为 1（置位操作）、清除为 0（复位操作），以及对各个标志位的检测等。对状态字的这些操作都需要使用按位操作。

当使用二进制位作为标志位时，通常使用符号常量表示各种标志位，以增加程序的可读性和可维护性。每个符号常量被定义为只有一位为 1，其余各位都为 0 的整型数。当在标志变量中设置一组标志位时，需要使用"按位或"操作把这些标志位对应的符号常量组合起来。例如我们经常可以在图形界面的编程中见到类似下面这样的代码：

```
style = WIN_BORDER | WIN_CAPTION | WIN_CHILD | WIN_VSCROLL | WIN_HSCROLL;
```

这里 WIN_BORDER 等是表示各种属性的符号常量，往往会被定义为类似如下的形式：

```
#define WIN_BORDER      0x0001
#define WIN_CAPTION     0x0002
#define WIN_CHILD       0x0004
#define WIN_MENU        0x0008
#define WIN_HSCROLL     0x0010
#define WIN_VSCROLL     0x0020
#define WIN_THINFM      0x0040
#define WIN_THICKFM     0x0080
......
```

当通过"按位或"操作将它们组织在一起时，这些标志所对应的二进制位就被置为 1，其余的位则不变。例如，在上面的赋值语句设置了标志位 WIN_BORDER、WIN_CAPTION、WIN_CHILD、WIN_VSCROLL 和 WIN_HSCROLL。在这条语句执行完毕后，变量 style 中的值就是 0x0037。当需要在已经设置了内容的变量中再设置其他的标志位时，依然需要使用"按位或"运算。例如，下面的语句

```
style |= WIN_THICKFM;
```

就在标志变量中又设置了标志位 WIN_THICKFM，使得变量 style 的值变为了 0x00b7。

在对标志位进行检测时，需要将被检测的数据与所要检测的标志位"按位与"。如果结果等于 0，就表示相应的标志位在被检测数据中没有被设置，否则就说明相应的标志位在被检测数据中已经被设置了。例如，如果我们需要检测在变量 style 中标志位 WIN_HSCROLL 是否被设置了，并根据检测结果决定执行什么样的操作，就可以使用下面的语句：

```
if ((style & WIN_HSCROLL) != 0) {
    ......        // 设置了WIN_HSCROLL标志
}
else {
    ......        // 未设置WIN_HSCROLL标志
}
```

如果我们只需要检测变量 style 中是否设置了任何标志位，则可以简单地写为：

```
if (style != 0) {
    ......
}
```

而不需要一位一位地检测每一个标志位。

对标志位的清除比对标志位的设置和检测要稍微复杂一些。为了清除状态数据中的某一位，必须使用一个在该位上的 0 和该位相"与"。按位操作是对整个数据进行的，而不是仅仅对其中某一特定位进行。为了不影响状态数据中的其他位，就必须使得与状态数据相"与"的数据的其他位都是 1。这样就首先需要根据被清除的位所在的位置，生成一个该位是 0、其他位都是 1 的掩码数据，然后再把这个掩码和状态数据相"与"，生成的结果就是指定的标志位被清除之后的状态数据了。一个在指定标志位上是 0、在其他位置上都是 1 的掩码可以通过对该标志位直接取反得到。例如，假设我们需要在状态数据 style 中清除掉标志位 WIN_CAPTION，就可以使用如下的操作：

```
style &= ~ WIN_CAPTION;
```

2.4.3 常用的位操作模式

除了上述对状态位的置位、复位和检测操作外，按位操作在程序设计中还有多方面的用途，特别是在构造各种形式的掩码和对二进制位或字段进行处理时。当然，随着计算机硬件技术的发展，对于一般的应用程序来说，内存空间不再那么紧张，对程序运行效率的要求也不再那么苛刻。这就使得按位操作在一般应用程序编程中的使用逐渐减少。但是在系统程序编程中，位操作仍然被广泛使用。即使在应用程序编程中，在需要与操作系统或窗口系统打交道时，在需要对数据进行压缩和加 / 解密时，位操作也往往是必不可少的，因此了解和掌握一些按位操作的使用方法是必要的。这不仅可以使程序在不必付出更多代价的情况下写得更加精练和有效，也便于正确地理解和使用各种程序运行环境所提供的各种功能。下面是一些常用的位操作模式，学过数字逻辑的读者可能对这些位操作更容易理解。

（1）两个存储单元不借用第三个存储单元进行数据交换

设有两个类型相同的整型变量 x 和 y，在不借用第三个变量的情况下进行两个变量间的数据交换可以有若干种方法，其中最常用的是使用"异或"操作：

```
x ^= y;
y ^= x;
x ^= y;
```

在这三行语句执行完毕后，变量 x 和 y 中的内容就进行了交换。

（2）生成最右侧 n 位为全 1 其余各位为全 0 的掩码

一种比较简便直观的方式是首先生成从右数第 n+1 位为 1，其余各位都为 0 的掩码，然后再从这个掩码中减 1，即可得到所要的掩码：

```
x = (1 << n) - 1;
```

（3）生成最右侧 n 位为全 0 其余各位为全 1 的掩码

首先生成最右侧 n 位为全 1 其余各位为全 0 的掩码，再对其取反即可：

```
x = ~((1 << n) - 1);
```

（4）将一个整数最右侧的 1 变为 0

利用二进制编码的特性和按位操作，不需要知道一个整数的二进制表示方法中最右侧的 1 到底在哪一位，就可以直接把它变为 0：

```
x &= x - 1;
```

这是因为当一个整数减 1 时，其最右侧的 1 以及其右侧的 0 全部变反，最右侧左边的各位均保持不变。这样，这个数与原来的整数"按位与"就使得其最右侧的 1 以下的所有二进制位都变成了 0。例如，设 x 等于 10101100，x-1 等于 10101011。这两个数"按位与"的结果就是 10101000。

（5）分离出一个整数最右侧的 1

下面的操作使得一个整数中只有原来最右侧的 1 依然保持为 1，其余各位都变成 0：

```
x &= -x;
```

在二进制的补码编码中，-x 的生成方法是 x 各位变反再在最后一位加 1，这一过程使得 x 从最右侧的 1 以下保持不变，其左侧的各位变反。这样，两个数"按位与"之后，结果中就只有原来最右侧的 1 保持不变了。例如，设 x 等于 10101100，-x 等于 01010100。这两个数"按位与"的结果就是 00000100。

（6）分离出一个整数最右侧的 0

下面的操作使得一个整数中只有原来最右侧的 0 变为 1，其余各位都变成 0：

```
x = ~x & (x + 1);
```

对 x 取反使得 x 中原有各位的 1 变成 0，0 变成 1；x+1 使得 x 最右端的 0 变成 1，其右侧连续的 1 变成连续的 0，而其余各位保持不变。这样，两个数"按位与"之后，结果中就只有原来最右侧的 0 变成 1，其余各位都变成 0 了。例如，设 x 等于 10101111，~x 等于 01010000，x+1 等于 10110000。这两个数"按位与"的结果就是 00010000。

（7）构造与一个整数最右侧连续的 0 相对应的掩码

下面的操作使得一个整数中最右侧连续的 0 变为连续的 1，其余各位都变成 0：

```
x = ~x & (x - 1);
```

x-1 使得 x 最右端的 1 变成 0，其右侧连续的 0 变成连续的 1，而其余各位保持不变。这个数与~x "按位与"之后，就生成了这个整数最右侧连续的 0 的掩码。例如，设 x 等于 10110000，~x 等于 01001111，x-1 等于 10101111。这两个数"按位与"的结果就是 00001111。

灵活运用上述这些操作模式并举一反三，就可以生成程序中所需的各种二进制掩码了。

2.4.4　位操作应用举例

在一般的应用程序中，适当地使用按位操作也会使程序简练高效。下面我们看一个例子。

【例 2-7】判断获奖人员 A、B、C、D、E、F 共 6 人参加程序竞赛。已知 A 和 B 中至少一人获奖；A、C、D 中至少二人获奖；A 和 E 中至多一人获奖；B 和 F 或者同时获奖，或者都未获奖；C 和 E 的获奖情况也相同；如果 E 未获奖，则 F 也不可能获奖；并且 C、D、E、F 中至多 3 人获奖。问哪些人获了奖。

这里给出了关于 A~F 这 6 个人获奖信息的 7 个复合命题。这些复合命题是由 A~F 这 6 个人分别是否获奖的简单命题构成的。求解此问题，就是要找出各个简单命题各取什么值时 7 个复合命题均为真。我们可以用 6 个变量 a~f 来表示 A~F 分别获奖这 6 个简单命题，变量的值为 1 表示所对应人员获奖的命题为真，0 表示该命题为假。这是一个可以使用枚举方法求解的问题。在问题中有 6 个人，常规的编程方法是使用 6 重循环，一一列举出 A~F 中各人获奖的所有可能，以产生所有可能的获奖状态组合，从中找出符合限制条件的正确答案。但是这样的程序冗长臃肿。因为每个人是否获奖只有两种状态，是一个二值变量，所以可以考虑采用一位二进制位来表示。这样，6 个人的获奖状态只需要 6 位二进制位即可，其组合的遍历就等于这 6 位二进制位所表示的整数从 0 按每次加 1 的方式增加到 2^6-1。根据这一思路，可以写出程序代码如下：

```c
enum {A = 0, B, C, D, E, F, NUM};
#define a status[A]
#define b status[B]
#define c status[C]
#define d status[D]
#define e status[E]
#define f status[F]
int status[NUM];
char info[][32] = {{"has no medal"}, {"has a medal"}};

void get_status(int n)
{
    a = ((n >> A) & 0x1);
    b = ((n >> B) & 0x1);
    c = ((n >> C) & 0x1);
    d = ((n >> D) & 0x1);
    e = ((n >> E) & 0x1);
    f = ((n >> F) & 0x1);
}

int main()
{
    int i, j, c1, c2, c3, c4, c5, c6, c7;
    for (i = 0; i < (1 << NUM); i++) {
        get_status(i);
        c1 = a || b;
        c2 = (a && c) || (a && d) || (c && d);
        c3 = !a || !e;
        c4 = b == f;
        c5 = c == e;
        c6 = e || !f;
        c7 = c + d + e + f <= 3;
        if (c1 && c2 && c3 && c4 && c5 && c6 && c7) {
            for (j = 0; j < NUM; j++)
```

```
                printf("%c %s\n", j + 'A', info[status[j]]);
        }
    }
    return 0;
}
```

在上面的代码中，数组 status[NUM] 的 6 个元素分别对应命题 A~F 的取值。使用数组而不使用独立的变量是为了便于使用循环语句遍历各个命题，取出它们的值。函数 get_status(i) 的作用是把参数 i 中的各个二进制位依次取出来，并分别保存到数组 status[] 的元素中，也就是把整数 i 映射为选手的获奖状态。

上面的代码可以找出所有符合条件要求的获奖状态组合。在代码中使用了枚举常量、整型数组和字符串数组，并且通过宏定义把命题 A~F 的取值表示为符号 a~f。所有这些对于程序描述的实质没有什么影响，但是可以使代码显得更加清晰，也便于维护和修改。如果我们只需要获得一个满足条件的状态组合，也可以在条件语句中的 for 循环后面加上一个 break 语句，结束外层的 for 循环。实际上，按照这里给定的条件，只有一个状态组合满足要求。当修改或删除 c1~c7 中的某个条件后，可能会有更多的状态组合满足要求。

下面我们看一个稍微复杂一点的对数据进行拼装的示例。求解这个问题需要综合运用各种按位操作。

【例 2-8】字段拼装　设计一个函数 setbits(x, p, n, y)，对 x 从右数第 p 位开始，向左连续 n 位（含第 p 位）置为 y 的最右边 n 位的值，其余各位保持不变。

这道题是 Kernighan & Ritchie 的著作《The C Programming Language》第 2 章中的一道练习，其解题过程大致可以分为以下三步：首先取出 y 中最右边 n 位的值，然后将其左移 p-1 位，最后再用左移过的内容取代 x 从右数第 p 位开始向左连续的 n 位。这三步中的第二步就是一个简单的左移 p-1 位的移位操作，第一步和第三步稍微复杂一些，需要进一步细化。

取出一个数据中指定字段的值的方法是使用在该字段的各个位上为 1，其余各位为 0 的掩码和该数据"按位与"。为取出 y 最右边 n 位值，首先需要生成最右 n 位为全 1 其余为全 0 的掩码：

```
mask = (1 << n) - 1;
```

使用这个掩码和 y 进行"按位与"，就取出了 y 中最右边 n 位的值。再使用左移操作就完成了第一步和第二步的任务。

```
t = (y & mask) << (p-1);
```

取代 x 从右数第 p 位开始向左连续的 n 位可以进一步分解为两步：首先将 x 从右数第 p 位开始的向左连续 n 位清 0，然后再将上述结果和被取出并移位后的 y 的最右边 n 位值通过"按位或"拼装在一起。将一个数据中的某些位清为 0 需要使用在这些位为 0 其余位为 1 的掩码和这个数据"按位与"。这个掩码可以通过对前面生成并保存在变量 mask 中的掩码左移并取反得到。因此将 x 从右数第 p 位开始的向左连续 n 位清 0 的操作如下（为了便于描述，我们把这个中间结果保存在一个变量 tmp 中）：

```
tmp = x & ~(mask << (p - 1));
```

注意，这里需要首先对 mask 中的掩码左移，然后再取反（想想为什么）。在完成了上述各个步骤之后，字段的拼装就很简单了。下面是这个函数的完整代码：

```
int setbits(int x, int p, int n, int y)
{
    unsigned int tmp, mask;

    mask = (1 << n) - 1;
    tmp = x & ~(mask << (p - 1));
    return tmp | ((y & mask) << (p - 1));
}
```

2.5 数值计算的速度

尽管计算机的计算性能已经非常可观，而且这一性能仍然以很快的速度不断增长，但是对于一些关键的、需要大量运算的问题来说，这一性能仍然显得不够。这也是为什么人们仍然在追求性能更高的计算机的原因。程序的运行速度受到多种因素的影响：从底层的硬件系统，包括 CPU 和存储系统；到系统软件，包括操作系统和编译系统；以及应用软件的计算性质。对现代计算系统来说，评测一个系统性能的优劣是一个非常复杂的事情。一些表面上看起来技术指标相同或相近的系统在运行同一个程序时速度可能有很大的差别。为了对计算平台在运行不同类型的程序时的表现进行评估，人们往往采用基准测试的方法，运行一组有针对性地设计的应用程序，以此来评价各种计算平台的性能指标。这种基准测试的数量很多，其中比较有影响的是 SPEC 和 TCP。例如，SPEC INT 和 SPEC FLOAT 分别是测试计算平台在面向整型和浮点型计算时的基准测试。TCP 则用于测试计算平台在事务处理类型计算时的表现。

从程序设计的角度来看，我们更关心的是如何在现有的平台上通过正确使用编程语言提供的基本计算功能，合理有效地使用计算机的计算能力，更有效地完成计算任务。对于一些关键性的大运算量的计算来说，计算性能的改进具有非常重要的意义。而除了使用性能更高的计算机硬件，研究和采用更有效的算法之外，合理有效地使用计算机的计算功能，充分发挥计算机的性能，也会产生明显的效果。因此有必要考察计算机进行不同类型算术运算的速度，以便在相同的计算环境和相同算法的条件下，通过在编程中选择适当的数据类型和运算方式，合理地使用计算机的运算功能，获得更高的计算效率。

整数是 C 语言中的基本数据类型，也是 CPU 直接支持的运算对象。加法是最简单、最基本的运算。因此整数加法的运算速度是各种算术运算中最快的。整数乘除法的运算速度取决于 CPU 对这两种计算的硬件支持程度。对 double 型浮点数进行各种计算的速度同样取决于 CPU 的硬件，取决于 CPU 是否配备有浮点处理部件，以及浮点处理部件的结构。因此，不同的 CPU 在执行各种计算指令时的运算速度是不同的。可以这样认为，int 类型加法的执行速度主要取决于 CPU 的时钟频率，而 int 类型乘除法的速度以及 double 类型算术运算的速度与整数加法速度的比值则更多地取决于 CPU 的结构。一般而言，浮点运算的速度要低于整型数值的运算，特别是在计算机没有提供浮点运算部件的情况下，浮点运算和整型运算的速度差异更是显著。而且无论是 int 类型还是 double 类型，乘除法运算的速度一般比同类型的加减法运算速度要低。此外，在 32 位的计算平台进行非标准的 64 位整数运算时，其运算速度与 32 位数据的同类运算速度相比，也有 3~5 倍的差异。

对于现代计算机硬件，准确地测量其执行某一类操作的速度并不容易。首先，计算机执行一个操作的速度并不仅仅取决于 CPU 的主频，还取决于计算机中执行该类操作的部件的速度、程序运行时对这些部件的利用率、程序运行时由于各种原因而造成的 CPU 的等待，等等。其次，对这些操作计时的准确性取决于计算平台所能提供的时钟分辨率和计时精度。现代 CPU 的主频远远高于时钟的计时频率，因此每条指令的执行时间远远小于计时时钟的最小时间间隔，而计时功能又受到 CPU 运行状态的切换以及操作系统等的影响，会产生可观的误差。因此对各种运算操作的计时一般多采用一些间接的方法，通过大量重复地执行一些相同的和不同的操作，比较其运行时间，得出近似的结果。下面我们看一个例子。

【例 2-9】循环加法运算的运行时间测试

使用下面的函数可以测出循环执行 M 次整数加法的运行时间：

```c
void int_add(int m)
{
    int i, n = 0;
    clock_t t1, t2;

    t1 = clock();
    for (i = 0; i < m; i++)
        n += i;
    t2 = clock();
    printf("%2.1f ms\n", (t2 - t1) * 1e3 / CLOCKS_PER_SEC);
}
```

在这段代码中，clock() 是标准库函数，其返回值是程序当前使用的 CPU 时间，以内部时钟"滴答"为单位，一秒包含 CLOCKS_PER_SEC 个内部时钟"滴答"。在 Intel Pentium 4/2.80GHz 的 Linux 平台上，当 M 等于 10^8 时，这个循环耗时 250ms。当把 n 的类型从 int 改变为 64 位的 long long 和 double 时，这个循环分别耗时 800ms 和 960ms。因为上述计时结果包含循环控制部分的耗时，所以 long long 和 double 的加法操作时间与 int 类型加法操作时间的比值要大于上述循环计时之间的比值。

除了在程序中直接使用计时函数外，各种计算平台和编程环境中也提供了对程序运行速度进行测试的手段。在第 7 章中我们将结合对程序性能的优化讨论这些手段的使用方法。

指针、数组、结构和类型

指针是 C 语言中一种重要的构造类型，是 C 语言中功能最强的机制，是使用起来最复杂的机制，对初学者来说，也是在使用时最容易出错的机制。指针在 C 程序中应用广泛，从基本的数据结构，如链表和树，到大型程序中常用的数据索引和复杂数据结构的组织，都离不开对指针的使用。说指针是 C 语言中功能最强的机制，是因为指针机制使得程序员可以按地址直接访问指定的存储空间，可以在权限许可的范围内对存储空间的数据进行任意的解释和操作。例如，程序员不仅可以在数据区中的任意位置任意写入数据，而且可以任意指定一段数据，要求计算机系统将其作为由机器指令序列组成的程序段加以执行。这种技术在编写操作系统、嵌入式系统以及黑客攻击程序时会经常用到。正是由于指针机制提供了如此灵活的数据访问能力，C 语言才被如此广泛地应用于需要对存储空间进行非常规访问的领域，例如操作系统、嵌入式系统以及其他系统软件的编程。说指针是 C 语言中使用起来最复杂的机制，是因为在使用指针时需要对指针有明确的概念：不仅需要在语言层面上了解指针的语法和语义，而且需要知道指针在计算机内部的确切含义、表达方式和处理机制，才能真正掌握指针的使用方法。说指针是 C 语言中最容易出错的机制，是因为指针是一种对数据间接访问的手段，C 语言中对指针间接的重数没有语法上的限制。同时，指针的使用往往是与复杂的类型以及不同类型间的转换联系在一起的。在复杂的被操作对象类型以及没有限制的多重间接访问所带来的复杂的指针类型面前，即使是富有经验的编程人员也会踌躇再三，也会由于一时的疏忽而在指针问题上出错。相当大部分难以查找和排除的不确定性故障，特别是引起程序崩溃的故障，都是由于对指针的处理和使用不当而造成指向数据错误、地址越界或无效指针等错误所引发的。凡此种种，使得指针成为一个在 C 语言中需要重点学习和掌握的内容。

3.1　指针变量

顾名思义，指针是一种指向其他数据对象的数据类型，它通过保存其他数据对象的存储地址，可以指向任意类型的数据。在多数情况下，被用作直接计算对象的是指针所指向的数据对象而不是指针自身。在 C 程序中，在系统限定的访问权限内，几乎所有的被操作对象都直接暴露在使用者的面前，其地址都可以通过合法的手段获得，成为指针操作的对象。例如在程序中，数据和程序的指令代码都是保存在内存中的，函数名所对应的值就是函数代码段的起始地址。函数代码段的起始地址同样可以被保存在具有适当类型的指针变量里，因此也可以成为指针所指向和操作的目标。这既是 C 语言中指针功能强大、使用灵活的原因，也是可能造成指针滥用和误用，引起程序出现难以发现和改正的错误的原因。

3.1.1　指针变量的定义

有人说，指针就是内存单元的地址。这话不错，但是不准确。应该说，指针是特定类型存储单元的地址，它不是指向一个抽象的存储地址，而是指向具有明确类型的存储单元。为了便于正确地描述指针的操作，限制指针的滥用和误用，以及便于编译系统正确地处理涉及指针的操作，C 语言中每一个指针都必须具有特定的类型，并指向与其类型相符的数据对象。下面是指针变量的定义语法：

```
<类型> *<变量名>;
```

例如，下面的语句

```
int *pi;
double *pd1, *pd2;
```

分别定义了指向 int 类型数据的指针 pi 和指向 double 类型数据的指针 pd1 和 pd2。注意，这里的 * 是一元运算符，表示其右侧的变量是一个指针。它与表示两个数相乘的二元运算符使用的符号相同，但含义完全不一样。

指针变量中直接保存的不是参与计算的数据，而是数据的存储地址。因此，对指针变量的赋值往往与取地址的一元运算符 & 同时使用：

```
int i, j, *pi;
......
pi = &i;
```

语句 pi=&i 把整型变量 i 的地址赋给了指针变量 pi。这样，pi 就指向了变量 i。假设变量 pi 的地址是 0x1234，变量 i 的地址是 0x2234，则 pi 的值也是 0x2234，如图 3-1 所示。

在通过指针访问数据时，必须使用一元运算符 * 来表示所需要访问的是指针所指向的数据，而非指针变量本身所保存的内容。例如，语句 j=*pi 的含义是将 pi 所指向的内容，也就是地址等于 pi 的值的存储单元中的内容赋给变量 j。在语句 pi=&i 执行之后，语句 j=*pi 就等价于 j=i。

变量名	地址	内容
pi	0x1234	0x2234
...	...	...
i	0x2234	...

a）变量的地址与内容

pi → i

b）变量之间的关系

图 3-1　指针变量与其所指对象的例子

指针提供的是一种对数据的间接访问机制，这一机制通过变量的地址而不是变量名对数据进行访问。在 C 语言中对间接访问的重数没有限制。只要语法正确，任意多重的间接访问都是合法的。多重间接访问是通过多重指针来实现的。多重指针是通过在变量名左侧使用多个一元运算符 * 定义的，多重指针的重数就是变量名左侧 * 的个数。根据一元运算符 * 与其操作对象的关系可知，二重指针所保存的数据类型是一重指针的地址，三重指针保存的是二重指针的地址，依此类推。下面是一个三重指针的例子。

设变量 m 的值是 5，地址是 0x1234。p1、p2、p3 的地址分别是 0x1238、0x123C 和 0x1240。在下面这组语句执行完毕后，这些变量的内容和相互关系如图 3-2 所示。

```
int m = 5, *p1, **p2, ***p3;
p1 = &m;
p2 = &p1;
p3 = &p2;
```

变量名	地址	内容
m	0x1234	5
p1	0x1238	0x1234
p2	0x123C	0x1238
p3	0x1240	0x123C

a）变量的地址与内容

p3→p2→p1→m
m：5

b）变量之间的关系

图 3-2　多重指针之间的关系的例子

通过这些指针访问变量 m 的语句示例如下：

```
i = *p1;
j = **p2;
k = ***p3;
```

在这组语句执行完毕后，变量 i、j、k 中保存的都是 m 的值，即 5。

尽管在 C 语言中允许任意多重的间接访问，但是从数据结构的清晰程度和程序的可读性方面来看，应当尽量避免直接使用重数过多的指针。在大多数程序中，三重以上的指针就很少使用了。如果在程序中使用了三重以上的指针，那可能就需要想一想，这样做是否正确，是否真有必要。在确实必要的情况下也需要考虑一下是否需要修改数据结构的定义和程序代码，以使描述清晰，避免引起不必要的混乱和可能的错误。

3.1.2　指针的类型

尽管各种指针变量所保存的值都是内存中的地址，但不同类型的指针所表示的含义是不同的，在一般情况下既不能互相转换，也不能互相赋值。例如，下面的语句定义了两个指针：

```
int *ip, i;
short *sp, s;
```

变量 ip 和 sp 都是指针，但却是两个不同类型的指针。ip 是指向 int 类型数据的指针，而 sp 是指向 short 类型数据的指针。因此对它们的赋值必须符合类型的规定。下面的两个赋值语句是合法的：

```
ip = &i;
sp = &s;
```

而下面的两个赋值语句是不合法的，因为赋给它们地址指针的类型不匹配：

```
ip = &s;
sp = &i;
```

指针类型的作用有两个。对于编程人员来说，它是一种检验手段。通过规定指针的类型，编程人员说明他打算使用这个指针对什么样的数据进行操作。当对指针变量的赋值类型不匹配时，就意味着在程序描述中有可能出现了不符合编程人员意图的错误。对于编译系统来说，指针类型的主要作用是用来获取指针所指数据类型的长度，并以此确定指针单位增量的长度，以便在对指针的内容进行增减时得出正确的结果。当在程序中对指针进行增减运算时，我们的实际意图是使指针指向保存在同一片存储区域中具有相同类型的其他存储单元的地址，而不是存储单元中间的某个任意的地址。这就要求指针内容的实际改变量以其所指向的对象的长度为单位。在 IA32 平台上，一个 short 类型的整数占 2 个字节，一个 int 类型的整数占 4 个字节。同样的指针加减操作对这两种指针内容的改变是不一样的。下面我们看几个例子。

【例 3-1】指针的加减运算和单位增量　在下面这些例子中，设 sizeof(int) 等于 4，sizeof(short) 等于 2：

```
int *pi, a[MAX_LEN];
short s[MAX_LEN], *ps;

pi = a;   // pi指向a[0]
ps = s;   // ps指向s[0]
printf("pi: %p, a: %p, ps: %p, s: %p\n", pi, a, ps, s);

pi++;     // pi指向a[1]（p的值增加4）
ps++;     // ps指向s[1]（p的值增加2）
printf("pi: %p, ps: %p\n", pi, ps);
```

```
pi += 5;  // pi指向a[6] （p的值增加20）
ps += 5;  // ps指向s[6] （p的值增加10）
printf("pi: %p, ps: %p\n", pi, ps);
pi -= 2;  // p指向a[5] （p的值减少8）
ps -= 2;  // p指向a[5] （p的值减少4）
printf("pi: %p, ps: %p\n", pi, ps);
```

在 Linux 平台上，这段代码的执行结果如下：

```
pi: 0xbfffd890, a: 0xbfffd890, ps: 0xbfffd490, s: 0xbfffd490
pi: 0xbfffd894, ps: 0xbfffd492
pi: 0xbfffd8a8, ps: 0xbfffd49c
pi: 0xbfffd8a0, ps: 0xbfffd498
```

从上面的输出结果可以看出，尽管都是对指针进行数值相同的加减操作，但不同类型指针值的改变量是不同的。这是因为指针的单位增量长度等于其所指向数据类型的长度，指针值的改变量等于其单位增量乘以指针的增量，以便使其正确地指向同类数据。例如，int 类型数据的长度是 4，因此 ip++ 使 ip 的值增加了 4；而 short 类型数据的长度是 2，因此 ps++ 只使 ps 的值增加了 2。

3.1.3　指针运算

对指针的合法运算包括下列各项：相同类型指针的赋值，指针值的整数增减，指向同一数组中元素的指针相减，指针的比较，强制类型转换，以及经过合法强制类型转换的指针赋值。

相同类型指针的赋值是最基本的合法操作，其作用是将一个指针的值保存在另一个变量之中。对指针的整数增减的作用是使指针指向同一数组中的其他元素。在进行指针的整数增减时需要注意的是，在运算完毕之后，应保证指针仍然指向同一数组中的元素。也就是说，指针的内容不能小于数组中第一个元素的地址，也不能大于最后一个元素的地址。只有这样，这一操作的结果才有意义。过量的增减使得指针所指的地址超出了数组所占的存储空间，形成了地址越界，而这有可能会引起无法预期的结果，因为我们不知道在这个数组前后的存储空间被分配作了什么用，对它们的访问会带来什么样的后果。如果编译系统没有把我们越界访问的存储空间分配给任何其他对象，那么我们的程序有可能正常结束，只是计算结果有可能是错误的。如果我们的越界访问只是侵犯了另一个变量的数据存储区，那么程序有可能出现很难查找的错误。而如果我们修改了一个函数的返回地址，或者某些其他的关键数据，那就有可能引起程序运行时的崩溃。

指向同一数组中元素的指针之间相减得到的结果是一个 int 型的整数，表示这两个元素首地址之间相隔的元素个数。C 语言对指向同一数组中元素的指针之间相减的计算方法是把两个指针内容之差除以元素类型的长度。下面是两个指向同一数组中元素的指针相减的例子。

【例 3-2】指针相减

```
int *low, *hi, a[MAX], n;
......
```

```
low = a;
hi = &a[8];
n = hi - low;
printf("hi: %#x, low: %#x, n: %d\n", hi, low, n);
```

在 Windows 平台上，执行完这段代码之后得到的输出结果如下：

```
hi: 0x12ff64, low: 0x12ff44, n: 8
```

可以看到，hi 和 low 的实际数值的差等于 0x20，也就是十进制的 32。变量 n 的值是指针相减的结果，它不等于 32，而是等于 8，表示 hi 和 low 所指向的地址之间相隔 8 个数组元素。

在进行运算时将指针相减限制在指向同一数组中元素的指针之间的原因是，只有在连续分配的同一类型的数据区里，地址之间的差值才与元素的个数有关。指向两个不同数组的指针，即使它们的类型相同，其相减的结果除了说明这两个数组在内存中所分配的地址的前后位置关系外，不能说明其他任何问题。这两个数组的存储空间之间可能有分配给其他数据的存储空间，也可能是被弃置不用的空洞。这不仅取决于我们的程序，也取决于编译系统。即使是同一个编译系统，在不同的工作状态和优化选项下对内存的分配策略和方式也不一定相同。因此对一般的应用程序来说，两个指向不同数组的指针相减所得到的值没有任何实际应用价值。

常用的指针之间的比较有两种：第一种是指向同一数组中元素的指针的比较；第二种是指针与 0 的比较。在对指向同一数组中元素的指针比较中，常用的比较运算是判断两个指针是否相等。有时也会判断两个指针的差是大于 0 还是小于 0，以判断两个元素在数组中的前后顺序。指针与 0 的比较是编程中常用的一种比较，它多与对指针的赋 0 值一起，用于对指针进行标记和判断指针是否有效。在指针未指向任何实际的存储单元时，或指针所指向的存储单元已经不存在时，需要将其标记为无效指针。按照 C 语言程序设计的惯例，一般将无效指针赋值为 0。例如，在 C 语言的标准库函数中几乎所有需要返回某种类型指针的函数在遇到异常情况或运行错误而无法实现其正常功能时，都会返回一个与 0 等价的符号常量 NULL。这样，在通过指针对一个存储区进行访问之前，就可以通过判断指针的值是否等于 0 来判断指针是否有效。具体的例子我们在后面的数据的输入 / 输出、内存的动态分配等章节中还会看到。

3.1.4 指针的强制类型转换

不同类型的指针尽管所指向的数据类型不同，但是也都有其共同点，那就是指针所保存的值都是内存中的某一个地址。不同的类型只是规定了对地址的不同的解释方法和相应的运算规则，以保证指针总是指向正确的地址。强制类型转换实质上就是要求编译系统对同一个地址按照不同的方法进行解释，以不同的规则进行计算。下面是一个类型转换对指针运算影响的例子。

【例 3-3】类型转换对指针运算的影响

```
int n, *np;

np = &n;
```

```
printf("NP: %x\nNP + 1\nchar: %x\nshort: %x\nint: %x\nvoid: %x\n",
       np, (char *) np + 1,(short *) np + 1,np + 1,(void *) np + 1);
```

在 Linux 平台上，这段代码的执行结果如下：

```
NP:        80000010
NP + 1
char:      80000011
short:     80000012
int:       80000014
void:      80000011
```

不同类型的指针变量之间的赋值，在语法上是错误的，而经过适当的强制类型转换，将源指针的值赋给目标指针变量则在语法上是合法的。至于这样做在语义上是否正确，则完全需要由编程人员作出判断。当编程人员对一个指针进行强制类型转换时，他应该明确地知道，在程序中需要按照目标指针变量的类型来解释源指针，并且这样的解释不会引起程序运行的错误，因此可以进行这样的赋值。例如，下面的语句就把一个指向 int 的指针的值赋给一个指向 short 的指针：

```
int a, *ip;
short *sip;
ip = &a;
......
sip = (short *) ip;
```

在大尾端的计算平台上，这一赋值使指针 sip 指向了一个 int 类型数据高端的两个字节，而在小尾端的计算平台上，这一赋值使指针 sip 指向了一个 int 类型数据低端的两个字节。例如，设变量 a 中的值为 0x12345678，在大尾端的计算平台上，*sip 等于 0x1234，而在小尾端的计算平台上，*sip 等于 0x5678。至于这样的赋值是否有意义，以及是否正确，取决于编程人员的目的。

允许不同类型的指针通过强制类型转换而互相赋值为编程人员提供了一种绕过 C 语言中类型限制的手段。这种手段在 C 程序中是常用的，特别是在进行系统软件等的编程时。在程序中不同类型的指针相互赋值的实际含义是允许程序的不同部分在不同的阶段对同一块存储空间进行不同的解释。例如，在程序中一个 double 类型的数组是一组连续排列、可以通过下标引用的 double 类型的数据。而当把这一数组中的数据以二进制方式保存在磁盘文件上时，执行数据写入功能的标准库函数 fwrite() 把这一数组看成是一片连续的字节。这种对数据类型进行强制转换的能力充分体现了 C 语言中指针使用的复杂性和灵活性。当然，这种复杂性和灵活性也带来了潜在的出错的可能，因此在使用中应该格外小心。

如果需要在不同类型的指针间赋值，也需要进行必要的强制类型转换。在这中间只有一个特例，那就是指向 void 类型的指针，即通用类型指针。指向 void 类型的指针可以和任何其他类型的指针互相赋值而不需要显式的强制类型转换。在 C 程序中，经常有一些数据，其类型在编译时尚不能确定，需要由使用它的程序段在运行时确定。也有一些程序对于指针所指向的存储空间的类型并不关心，可以自由地接受和处理各种类型的指针。在这种情况下使用通用类型指针，可以减少不必要的强制类型转换，使程序的代码显得更加简洁。这种情况在标准库函数中很常见。我们将在 3.2.2 节中看到的动态内存分配和释放标准库函数，以及 3.2.3 节中看到的用于数据复制的标准库函数 memcpy() 等都是利用了指向 void 类型指针这一特性的典型例子。

3.1.5 不合法的指针运算

简单地说，除了合法的指针运算外，其他任何对指针的运算都是不合法的。初学者最有可能写出的对指针的非法运算有指针间的加、乘、除，指针加减浮点数，指针移位操作，指针的位运算，以及不同类型指针间的直接赋值。这些对指针的运算之所以不合法，是因为这些运算没有可以合理解释的意义。例如，两个指针相加的含义是什么呢？指针是特定类型存储单元的地址，一个地址与另一个地址相加从逻辑上讲不会产生任何可以合理解释的结果。从实际运算的角度讲，用户空间存储单元的地址是一个很大的无符号整数。即使把两个地址都当成普通的无符号整数来看待，两个地址相加也可能会产生溢出，无法得出任何有用的数据。因此，当通过指针来计算两个数组元素中间的单元地址时，一定不能套用整数计算的方式。例如，假设我们有下列的变量定义和赋值语句：

```
int a[N], hi_index, mid_index, lo_index, *hi_p, *mid_p, *lo_p;
hi_index = N - 1;
lo_index = 0;
hi_p = &a[0];
lo_p = &a[N - 1];
```

这时，lo_index 和 hi_index 分别是数组低端元素和高端元素的下标，lo_p 和 hi_p 分别指向数组中的低端元素和高端元素。当计算位于数组低端元素和高端元素中间的元素位置时，对于下标和指针需要分别采用不同的计算方式。因为下标是整型数值，所以可以直接用下面的语句来计算中间元素的下标：

```
mid_index = (lo_index + hi_index) / 2;
```

指针不能直接相加，因此不能直接套用下标的计算方式，而只能首先计算高端元素和低端元素之间元素的个数，然后再在指向低端元素的指针上加上这些元素个数的 1/2：

```
mid_p = lo_p + (hi_p - low_p) / 2;
```

指针直接与浮点数相加显然是既不合法也不合理的，因为指针必须指向一个数据对象在内存中的第一个字节，也就是存储单元的边界，所以指针的增量必须是对象数据类型长度的整数倍。而浮点数带有小数部分，其与指针相加的结果不能保证指向对象数据存储单元的边界，甚至不能保证它一定指向一个字节，因此是错误的。其余大多数非法操作也是一样，无法给出任何合理的解释。在程序设计的过程中，应当杜绝这类不合法的对指针的操作。即使有时候确实需要进行某些非常规的操作，也需要通过合法的方式。例如，如果确实需要使用通过浮点运算得出的结果的整数部分作为指针的增量，那就需要首先将其强制转换为整型：

```
double d;
int *pi, a[N];
......
pi += (int) d;
```

通过这种强制类型转换，编程人员可以确认这种非常规的操作确实是出自他的本意，而不是由于一时的疏忽。

3.1.6 指针与整数

指针和整数是两种不同性质的数据类型，因此这两类变量不能直接互相赋值。在一般情况下，指针与整数的类型也不能互相转换。但是在编写需要对系统资源直接操作和管理的系统程序时，有可能会遇到整数与地址类型互相转换的情况。下面是一段早期的 PC 启动时在实模式下对内存配置情况进行检测的代码。在这段代码中，内存的地址直接使用无符号整数来表示。当需要访问存储单元的内容时，需要将其转换成指向字节类型的指针。这是因为这段代码是对内存空间进行直接的访问，被检测的区间只能按实际地址的方式给出。因此对指针的初始化和对循环终止条件的判断都需要使用无符号整数。当然，这段代码也可以改写，直接使用指针类型来表示地址。但无论如何，整数与指针之间的转换是必不可少的。

【例 3-4】PC 内存配置的检测

下面这段代码以 2048 个字节为单位，逐块地检测内存从 0xA0000 到 0x100000 之间是否有任何存储设备及其类型。代码对每块存储区的第一个单元进行读写操作，以判断该存储区的性质。

```
unsigned int addr;
unsigned char old, new, *ptr;

for (addr = 0xA0000; addr < 0x100000; addr += 2048) {
        prt = (unsigned char *) addr;
        old = *ptr;
        *ptr = old ^ 0xff;
        new = *ptr;
        *ptr = old;
    if ((old ^ new) == 0xff) {
        printf("%lx: RAM\n", (long) ptr);
        continue;
    }
    if ((old ^ new) == 0) {
        printf("%lx: ROM\n", (long) ptr);
        continue;
    }
    printf("%lx: Empty\n", (long) ptr);
    continue;
}
```

这段代码对存储区性质的判断过程是，首先通过指针 ptr 取出一块存储区第一个单元的内容并保存在变量 old 中，将 old 中的内容通过与 0xff 进行"异或"操作取反，再写入同一单元。然后，再从该单元中取出新写入的内容保存在变量 new 中，并恢复该单元原来的值。如果该单元是 RAM 单元，则必然是可读写的，因此变量 old 和 new 的内容相反，其"异或"后的结果等于 0xff；如果该单元是 ROM 单元，则必然是只可读的，写入操作没有效果，因此变量 old 和 new 的内容相同，其异或后的结果等于 0x0；否则就说明在两次读出操作之间该单元的内容既没有被写操作改变，也没有保持其原有的内容不变，而是发生了随机的变化，因此在该地址上没有存储单元。

　　整数不能直接赋值给指针变量的限制对于常量 0 是例外的。在 C 语言中，0 可以用作空指针赋给任何类型的指针。我们在前面已经看到使用 0 对指针进行赋值和测试的例子。从语法上讲，这时的 0 已经不再被看作一个整数，而是被看作一个指针的特例。为了使程序在语法形式上看起来一致，在 C 的标准头文件中专门定义了一个空指针宏 NULL：

```
#define NULL 0
```

尽管 NULL 所代表的值就是 0，但是在程序中写出 ip = NULL 比 ip = 0 更可以提醒我们 ip 是一个指针，我们是在标记一个指针的内容是无效的，而不是对一个整型变量赋值。

3.1.7　指针的增量运算和减量运算

　　C 语言中的增量运算（++）和减量运算（--）表达简洁，且有助于生成高效的可执行码，因此在编程中被大量使用，在指针运算以及包含指针的操作中也广泛出现。在对指针进行包含 ++ 和 -- 的操作时，需要特别注意的是运算符的优先级和结合性。

　　C 语言规定，++ 和 -- 与指针运算（*）具有相同的优先级。而且当 * 与 ++ 或 -- 在表达式求值时，按从右到左的顺序结合。当运算符出现在变量的一侧时，按由内向外的顺序结合。因此 ++*ip 等价于 ++(*ip)，即 ++ 是作用于 *ip，也就是 ip 所指向的变量。当一个变量的左右两边分别出现 * 和 ++ 或 -- 时，变量首先与右边的 ++ 或 -- 结合，然后再与左边的 * 结合。因此 *ip++ 等价于 *(ip++) 而不等价于 (*ip)++。(*ip)++ 与 *(ip++) 的差别是微妙的：因为在这两个表达式中 ++ 都是在变量的后面，所以对这两个表达式求值的结果相同，但在求值完毕后，*ip++ 对 ip 进行加 1 运算，使其指向下一个存储单元，而 (*ip)++ 对 ip 所指向的存储单元进行加 1 运算，使其中的值加 1。下面这段代码可以把这一差别表现得更清楚。

【例 3-5】指针的增量操作和所指内容的增量操作

```
int p = 3, *pp = &p, q = 3, *pq = &q, m, n;

printf("pp: %p, p: %d, pq: %p, q: %d\n", pp, p, pq, q);
m = (*pp)++;
n = *(pq++);
printf("pp: %p, p: %d, m: %d, pq: %p, q: %d, n: %d\n", pp, p, m, pq, q, n);
```

在 Linux 平台上，这段代码的输出结果如下：

```
pp: 0x8049758, p: 3, pq: 0x8049760, q: 3
pp: 0x8049758, p: 4, m: 3, pq: 0x8049764, q: 3, n: 3
```

3.1.8 作为函数参数的指针

在 C 程序中，指针被广泛地用作函数参数。我们已经熟悉的 printf() 和 scanf() 等都是这方面的例子。使用指针类型的参数的作用主要有二：一是通过指针方式传递数组、结构等大型参数以避免直接传递大量的数据；二是通过指针操作的方式绕开函数参数的值传递方式所带来的限制，使函数可以从内部直接对函数外部的变量进行操作。下面是一个使用指针从函数内部改变函数外面变量的例子。

【例 3-6】变量交换函数 设计一个函数 swap()，交换两个由参数指定的外部变量的值。

因为 C 语言中函数的参数是值传递的，所以在函数内部无法直接通过对参数的操作改变函数外部变量的值。为此，可以使用指针作为函数的参数，将需要交换的变量的地址传递给函数，在函数内部通过指针来访问函数外部的变量，实现两个外部变量值的交换。函数的代码如下：

```
void swap(int *px, int *py)
{
    int temp;
    temp = *px;
    *px = *py;
    *py = temp;
}
```

下面是使用函数 swap() 的例子：

```
......
int a, b;
......
swap(&a, &b);
```

尽管 swap() 没有返回值，因此也没有使用返回值进行变量赋值的语句，但在其执行完毕后，却通过指针操作的方式改变了函数外部两个变量 a 和 b 中的值。需要注意的是，在使用指针类型的参数时，指针的值，也就是所要访问的变量的地址，仍然是按值传递的。所不同的是在函数内部不是直接对这一地址进行操作，而是通过这一地址对在该地址上保存的数据进行操作。

3.2 指针和一维数组

指针和一维数组关系密切：在程序中经常可以见到把一个数组赋值给一个指针的情况。指针也常和动态内存分配函数一起被用来构造动态数组，以满足程序在运行中对存储空间的动态需求。尽管指针和数组是两种不同类型的数据结构，但在很多情况下，这两种类型可以互换使用。为有效地掌握和使用指针，理解指针和数组之间的关系是很有必要的。

3.2.1 指针和数组的互换

数组变量的值是该数组第 0 个元素的地址，因此也可以看作一个指针，并且可以赋值给类型相同的指针。数组中其他元素则按照序号（下标）依次向后连续排列。因为指针的加减运算是以其所指向类型的大小为单位的，所以当 ip 等于 a 时，第 i 个元素的地址 &a[i] 与 ip+i 所表示的是同一个地址，也就是说，a[i] 与 *(ip+i) 所引用的是同一个存储单元。在很多场合下，指针和同一类型的一维数组在使用过程中是可以互换的。指针运算可以代替数组的下标运算来确定数组中的元素，数组下标的任何运算都可以用指针实现。类似地，以数组的语法使用指针在语法上也是合法的。例如，下面是一段对数组元素进行写入操作的代码：

```
int i, a[N], *p = a;

for (i = 0; i < N; i++)
    a[i] = i * i;
```

因为数组 a[] 已赋值给指针 p，所以上面代码中 a[i]=i*i 既可以改写成 p[i]=i*i，也可以改写成 *(p+i)=i*i，还可以改写为 *(a+i)=i*i。这就是说，我们也可以把整型数组 a 看成是一个指向整型的指针。编译系统对这些形式上不同但是语义上等价的描述方法所生成的可执行码是相同的。

　　指针和数组在使用方式上的可互换性在数组作为参数传递给函数时表现得更加清楚。在函数定义中，一个以一维数组作为实际参数的形式参数的类型既可以声明为数组，也可以声明为指针。而且，当这个参数声明为数组时，只要说明数组中元素的类型即可，不必说明数组中元素的个数。这是因为编译系统不对声明为指针和数组的参数进行区别，也不检查声明为数组的参数中的元素个数。当数组传递到函数中时完全等同于指针，在函数内部无法得知作为实际参数的数组中元素的个数。因此下面三个函数的声明是完全等价的，函数 f() 接受一个 int 类型的数组作为它的参数，并且返回一个 double 类型的数值：

```
double f(int arr[N]);
double f(int arr[]);
double f(int *arr);
```

即使在函数的参数表中说明了参数数组 arr[] 的大小，在函数体内使用 sizeof 计算参数 arr 的大小时得到的仍然是指针的长度。因此企图使用下面这段代码遍历数组中所有元素的做法是错误的：

```
double f(int arr[N])
{
    int i, n;
    double s = 0.0;

    n = sizeof(arr) / sizeof(arr[0]);
    for (i = 0; i < n; i++)
        s += arr[i];
    return s / n;
}
```

在 IA32 平台上，指针的长度与 int 类型的长度相等，因此在上述代码执行后，n 等于

1, 函数返回的只是数组 arr[N] 中第一个元素的值。为了获得参数数组的大小，必须采用其他方法，例如使用说明数组大小的参数，使用全局变量，使用说明数组大小的常量等。因为在参数表中说明数组的大小没有任何意义，所以在进行函数定义时，函数的参数表一般采用上述后两种形式中的一种。而无论采用哪种形式定义的参数，在进行函数调用时既可以向其传递数组，也可以向其传递指针变量。在程序中常常看到在函数中被定义为指针类型的参数，在函数实际被调用时所接受的参数是一个一维数组。例如，字符串复制函数 strcpy() 的函数原型如下：

```
void strcpy(char *s, const char *t)
```

实际使用时，这个函数的两个参数中的任何一个都可以是数组。下面是一个使用函数 strcpy() 的例子：

```
char *str = "This is a string.", buf[BUFSIZ];
strcpy(buf, str);
```

通过这个函数调用，字符串 str 被复制进了数组 buf[]。在这个函数调用语句中，与形式参数 s 结合的实际参数就是一个数组。因为作为参数时数组和指针是完全等价的，所以在定义函数的参数时到底是使用数组形式还是使用指针形式完全取决于编程者的偏好。

指针和数组在使用方式上的这种可互换性使得在程序中把数组的一部分作为参数传递给一个函数变得十分方便。下面的例子就是将数组 a 从第二个元素之后的部分传给函数 f()：

```
void f(char *);
char a[N];
......
f(&a[2]);
```

利用指针也可以完成相同的任务：

```
f(a + 2);
```

指针和数组尽管在很多情况下可以互换使用，但是它们毕竟是两种不同类型的数据结构，其间的差别也是显著的。数组和指针之间的主要区别有两点。首先，数组是一片连续的存储空间，在定义时已为所有的数组元素分配了位置，而指针只是一个保存数据地址的存储单元，它没有为任何其他数据对象分配存储空间。通过指针所能访问的数据的数量取决于指针中所保存的地址的性质和规模。例如，如果一个指针只是指向一个变量，那么通过这个指针就只可以访问该变量；而当这个指针指向一个数组时，通过这个指针就可以访问数组中的所有元素。未经正确赋值的指针不指向任何合法的存储空间，也不能访问任何数据对象。其次，数组名是一个常量而不是一个变量，任何对数组变量本身的赋值和修改在语法上都是错误的。例如，在定义了下面的变量后，我们可以给指针 ip 任意赋符合类型要求的值：

```
int *ip, a[N], b[N], c;
ip = a;
ip = b;
```

```
ip = &c;
ip = NULL;
```

但是我们不能给 a 或 b 赋值，也不能通过其他方法改变 a 和 b 的值。语句"a=b;"、"a++;"或"b=&c;"等都是非法的。下面的关于字符数组与字符指针的例子可以更清楚地说明数组和指针之间的区别。

【例 3-7】带初始化的字符数组与字符指针　下面的代码定义了一个字符串数组和一个字符串指针：

```
char amsg[] = "This is a string";  // 数组
char *pmsg = "This is a string";  // 指针
```

这两个变量都被初始化为"This is a string"，因此当按照只读方式使用时，例如使用 printf() 打印输出时，无论是使用 amsg[] 还是 pmsg，效果都是一样的。但是 amsg[] 和 pmsg 的类型不同，可以施加的其他操作也不同。amsg 固定地指向一个存储区，该存储区的长度为字符串的长度加 1，即 17 个字节。amsg 本身的值不可改变，在程序中不可以对 amsg 赋值，但是其所指向的存储区中的内容可通过对数组元素赋值的方法改变。pmsg 的初始值指向一个字符串常量中的第一个字符，该字符串常量的内容不可改变，但是 pmsg 本身的值是可以改变的：通过对 pmsg 增量运算，可以使其指向字符串后部的其他字符；通过对 pmsg 的赋值，可以使其指向其他的字符串。

此外，对于全局变量，指针和数组的声明应与其定义一致。例如一个定义为 double d_arr[N] 的数组可以被声明为 extern double d_arr[N] 或 extern double d_arr[]，但是不能声明为 extern double *d_arr。类似地，一个定义为 int *ip 的指针也不能声明为 extern int ip[]。在这种情况下，指针和数组的使用就不能互换了。

3.2.2　动态一维数组

在 C 程序中，除了静态定义的各种类型的变量和数组外，还可以通过动态内存分配技术来获取数据的存储空间。动态内存分配是一种可以由编程人员直接控制和使用的内存管理技术。所谓动态内存分配技术是指数据结构的存储空间不是在程序运行前事先分配好，而是在程序运行中根据需要而临时分配，并且有可能在使用完毕后被及时释放的一种内存管理技术。通过动态内存分配可以获取各种类型的、在计算平台内存资源限制条件下的任意大小的存储空间。一些存储空间大小随时变化的动态存储结构，例如链表和树等，就是常常通过动态内存分配来获取其中各个元素所需的存储空间的。对于这样的数据结构采用动态内存分配技术，可以充分有效地利用计算平台的内存资源。

通过动态内存分配建立的数组一般称为动态数组。为动态数组分配空间是动态内存分配技术最常见的使用场合之一。使用动态数组的常见原因有以下几个：第一是数组大小与运行环境、所处理的数据以及参数相关，在程序设计时无法确定。第二是一些临时使用的数组规模较大，既不能作为临时变量定义，也不适宜作为全局变量定义。在这些情况下，动态数组就是一种适当的存储空间分配机制。

在一些函数中，经常需要使用一些大型数组作为数据处理的临时存储空间。这些数组只在一个函数中被临时使用，因此有些人往往把它们与其他临时存储空间一样对待，定义为局部变量。从语法和语义上讲，这种方法没有任何问题。对于比较小的数组，这种方法也不会带来任何运行时的问题。但是，对于规模比较大的数组来说，把它们定义为局部变量，由系统在函数被调用时自动分配其所需要的存储空间，却会带来意想不到的后果：程序会由于崩溃而无法运行。例如，假设程序中包含【例3-8】所示的代码。

【例3-8】作为局部变量的大型一维数组

```
#define K  1024
#define M  (K * K)
func()
{
    double mem[64 * M];
    ......
}
```

那么在函数 func() 被调用时就会引起程序的崩溃。造成这种情况的原因是，函数试图建立一个巨大的临时数组。所有函数的局部变量都被分配在程序的函数调用栈上，而一个程序的函数调用栈的存储空间是有限的。在默认状态下，MS Windows 分配给一个程序的栈空间大约是 1MB，Linux 分配给一个程序的栈空间大约是 8MB。除了用于局部变量的分配，这个栈空间还被用于保存和函数调用相关的其他数据，如函数的参数和返回地址等，因此不能为局部变量分配过大的存储空间。而上面代码中数组 mem 所需要的存储空间是 8×64MB，远远超过了栈空间的容量，因此必然会引起程序的崩溃。

为了避免此类情况的出现，在为这些数组分配存储空间时，有两种方法可以采用。第一种方法是根据可能的最大长度来确定数组存储空间的大小，并根据这一大小按照一般数组定义的方式来静态地为数组分配存储空间，即将其定义为全局变量。第二种方法是不预先为数组分配存储空间，只有当程序运行时明确地知道了所需要的存储空间的大小时才为数组分配存储空间，当数组使用完毕后及时释放其所占用的存储空间。第一种方法的优点是简单。数组的大小可以在程序编写过程中就使用数组定义语句来确定。在数组的最大可能长度可以比较准确地预估，并且数组长度的变化范围有限的情况下，采用静态数组定义的方式不失为一种简捷的方法。但是，预先静态定义数组也有其缺点。首先，这要求在程序编写的过程中就对程序将来在运行时遇到的情况有一个比较准确的分析和判断，而这对于一些功能比较复杂、规模比较大、应用范围比较广、生命周期比较长的程序来说并不是一件容易的事。当在程序编写过程中对程序运行状态的分析和判断不够准确时，程序有可能会由于对数组存储空间分配不足而产生错误，甚至会引起程序的崩溃。其次，由于需要考虑到程序可能需要面对的极端情况，在大多数情况下会造成存储空间的浪费。而且，采用静态方法分配的存储空间在程序运行时无法释放，即使数组中的数据以及相关的存储空间不再需要，程序也无法释放掉这块存储空间用于其他目的。更为严重的是，由于考虑到极端情况而预先为某些数组保留更多的存储空间有可能造成程序在某些存储空间紧张的环境中无法运行。在这种情况下，在程序运行时根据实际的需要为数组分配大小适当的存储空间，并在使用完毕之后及时释放的动态分配策略就是一种合理的选择。

　　动态内存分配机制可以使程序在得知所需要内存空间的确切大小之后再申请分配，并且在使用完毕之后将其及时释放以做其他用途。这样不仅提高了内存的使用效率，而且增加了程序的灵活性和适应性。在内存资源比较短缺的计算平台上，程序依然可以处理规模较小的数据，而在内存资源充足的计算平台上，程序可以处理规模较大的数据而无须做任何修改。动态内存分配是从系统分配给一个程序的被称为"堆"的内存区间分配存储空间的。一般说来，这一存储空间的大小只受计算平台的存储空间资源和操作系统对存储空间分配策略的限制，并且远远大于系统分配给一个程序用作函数调用栈的存储空间。因此对于大型的临时数组，应该使用动态内存分配技术在堆上为其分配存储空间。

　　C 的标准函数库中为动态内存分配提供了 malloc() 以及同族的其他内存分配函数，同时也提供了相应的内存释放函数 free()。malloc() 的函数原型如下：

```
void * malloc(size_t size);
```

　　它根据参数 size 给定的大小，向计算平台申请一块尺寸满足存储空间大小要求的连续内存区域，并返回一个指向这一存储空间的指针。函数参数的类型 size_t 是类型 unsigned int 的同义词，函数返回的指针的类型是 void *，也就是通用类型的指针。至于这个指针所指向的内存区域的用途和所保存的数据的类型，则是由调用这个函数的程序来确定的。实际上，任何应用程序调用这个函数都是为具有确定类型的数据分配存储空间，因此 malloc() 的返回值必须赋值给具有特定类型的指针。因为 malloc() 的返回类型是 void *，所以其返回值可以直接赋给任何类型的指针而不需要强制类型转换。例如，下面两个语句都是合法的：

```
int *ip = malloc(sizeof(int) * MAX_INT);
double *dp = malloc(sizeof(double) * MAX_DOUBLE);
```

第一个语句分配了一个大小为 sizeof(int) *MAX_INT 个字节的存储区，并把该存储区的首地址赋给了 int 类型的指针 ip。于是变量 ip 就相当于一个包含 MAX_INT 个元素的 int 类型数组。第二个语句分配了一个大小为 sizeof(double) *MAX_DOUBLE 个字节的存储区，并把该存储区的首地址赋给 double 类型的指针 dp。于是变量 dp 就相当于一个包含 MAX_DOUBLE 个元素的 double 类型数组。需要注意的是，函数 malloc() 的执行并不一定总是成功的。当计算平台分配给当前程序的内存资源无法满足 malloc() 的请求时，函数 malloc() 会返回 NULL 来表示动态内存分配失败。作为一个良好的程序设计习惯，在使用 malloc() 等动态内存分配函数时，必须要检查函数的返回值，并在内存分配失败时进行相应的处理。

　　标准函数库中与 malloc() 族函数相匹配的内存空间释放函数是 free()。free() 的函数原型如下：

```
void free (void * memblock);
```

　　这个函数所需要做的只是把由 memblock 指向的存储空间释放掉，以便系统可以将其再用于其他目的。因此这个函数不必关心被释放的内存空间曾经被用来存储什么样类型的数据。函数 free() 的参数类型是 void *，这样它可以接受任何类型的指针而不需要强制类型转

106

C 语言编程思想与方法

换，只要这个指针指向的是由 malloc() 族函数分配的存储空间就可以。对于上面两条内存分配语句，下面的两条内存释放语句都是合法的：

```
free(ip);
free(dp);
```

一般情况下，在程序中内存分配函数都是与内存释放函数匹配使用的。如果在程序的某处有一个对内存分配函数的调用，在程序的后续部分就应该有一个与之对应的对函数 free() 的调用，以保证不再被使用的内存会被系统及时收回。一个程序如果不断地通过动态分配申请并获得内存空间，但却没有及时释放不再被使用的内存空间，就会占用越来越多的内存资源，有可能妨碍程序自身甚至其他程序的正常运行。这一现象一般被称为内存泄漏。如果一个存在内存泄漏问题的程序只运行一段有限的时间，并且在耗尽内存资源之前就结束运行并退出系统，那么多数操作系统会自动处理并收回被该程序申请占用但没有释放的内存，因此不会对该程序自身以及其他程序的运行造成太大的问题。但是，如果一个存在这样问题的程序需要运行相当长的一段时间，就有可能产生严重的内存泄漏，耗尽系统的内存资源，造成程序甚至整个计算平台无法正常运行。有些操作系统在运行了一段时间之后会越来越慢，应用程序的可用内存资源会越来越少，以至于必须重新启动操作系统，就是因为在操作系统中也存在发生内存泄漏的地方。因此，作为一个良好的习惯，在编程中应当注意检查每个内存分配函数的调用是否有与其对应的对 free() 的调用。仍以作为局部变量的大型一维数组为例。采用动态内存分配技术，使用函数 malloc() 和 free()，将【例 3-8】中的函数 func() 改为【例 3-9】所示的代码，就可以在具有足够存储空间的系统上正常运行。

【例 3-9】动态分配的大型一维数组

```
func()
{
    double *memp;
    memp = malloc(sizeof(double) * 64 * M);
    ......
    free(memp);
}
```

3.2.3　数组复制与指针赋值

在程序中，有时需要对数组进行复制，也就是按照被复制数组的数据内容，生成一个新的独立的数组。在 C 语言中没有对数组直接进行复制的机制，因此对数组的复制必须使用 C 语言中的其他机制。在 C 程序中，复制一个数组分两个步骤：第一步是为新的数组分配适当的存储空间；第二步是将被复制的数组中的元素内容复制到新的数组中。

为新数组分配存储空间既可以使用静态分配的方法，也可以使用动态分配的方法。所谓静态分配，就是使用数组定义语句来定义一个与所要复制数组的类型和大小相同的数组。所谓动态分配，就是使用内存动态分配函数来获取所需要的存储空间，并把它赋值给类型适当的指针变量。究竟是采用静态分配的方法还是动态分配的方法，取决于被复制数组的大小、复制后的数组的使用范围、生命周期等多种因素。一般说来，比较小的数组、生命周期从复制后一直持续到程序结束的数组、需要被多个函数访问的数组往往采用静态分配的方法，以简化处理过程；反之则往往采用动态分配的方法，以便更有效地使用内存空间。无论采用哪种方法，需要注意的是，为新的数组分配的存储空间必须要足够容纳所有需要复制的元素。当使用动态分配方法时，需要检查所申请的内存是否分配成功。

对数组元素的复制既可以使用循环语句对数组进行遍历，以元素为单位逐一复制，也可以使用内存复制函数 memcpy() 对数组进行整体复制。这两者所产生的结果相同，但是使用函数 memcpy() 具有更高的运行效率。函数 memcpy() 在头文件 <memory.h> 和 <string.h> 中都有说明，其函数原型如下：

```
void *memcpy(void *dest, const void *src, size_t count);
```

其中 dest 指向为复制内容准备的新的存储空间；src 指向所要复制的内容所在的存储空间；count 是所要复制的数据的大小，以字节为单位；函数以 dest 的值作为返回值。下面是一个使用动态内存分配获得存储空间，使用 memcpy() 进行数组复制的例子。

【例 3-10】数组的复制

```
double a[N], *dp;
......
dp = malloc(sizeof(double) * N);
if (dp == NULL) {
    fprintf(stderr, "Out of memory!\n");
    exit(1);
}
memcpy(dp, a, sizeof(double) * N);
```

这段代码将数组 a 复制到了由指针 dp 所指向的存储空间，因此在代码执行完毕后，在内存中存在两份内容相同但又互相独立的数据。dp 和 a 分别指向自己独立的存储空间和相关数据，通过 dp 对数组元素的修改不会影响到数组 a 中的数据。

在对数组进行复制时容易犯的错误有两种。第一种是混淆了指针的赋值和数组的复制。例如，有人可能会使用指针赋值语句 dp=a 代替对数组 a 的复制。指针赋值和数组复制的根本区别在于，指针赋值只是复制了数组的地址，而没有复制数组的元素。语句 dp=a 实际完成的只是把数组 a 的首地址赋给了指针变量 dp，因此 dp 现在指向了数组 a 中的第一个元素。尽管我们可以通过 dp[i] 的方式来访问 dp 所指向的数组中的元素，但是，这些元素仍然是数组 a 中的元素。在内存中依然只有数组 a 一份数据，通过 dp 对数组元素的任何修改都是对 a 中数据的修改。第二种常见的错误是混淆了指针与指针所指向的存储空间，未分配新数组所需要的存储空间而直接向指针所指的地址赋值。指针变量的作用只是保存数据对象在内存中的地址，但是它并没有为数据本身的存储提供空间。因此在通过指针访问数据之前，必须使之指向一个具有确定存储空间的地址。否则指针的内容没有任何意义。假如在【例 3-10】中没有使用 malloc() 申请存储空间并将得到的内存首地址赋值给指针 dp 就使用函数 memcpy() 进行数组元素的复制，那么 dp 的内容就是一个不确定的值，其所指向的是一个无效地址，在进行内存复制时会因为访问无效地址而引起内存段错误，造成程序运行的崩溃。

3.2.4 变量限制符 const

我们在前面已经见到过了关键字 const。例如，函数 memcpy() 第二个参数的类型就是 const void *。从语法上讲，const 是一个变量限制符，可以用在任何变量或参数定义或说明的前面，表示该被限制的变量是一个"常量"，即该变量是只读的，其内容在被定义后是不可更改的，对其赋值会引起语法错误。因为被 const 限制的变量在程序中不能被赋值，所以这类变量在被定义时必须进行初始化。对于全局变量，未被显式初始化的 const 变量的内容恒为 0，而未被初始化的局部 const 变量的值是不确定和没有意义的。

因为 const 变量的内容不可更改，所以在很多场合下可以用它取代由 #define 定义的符号常量。尽管在使用上有很多相同之处，const 变量与符号常量在本质上是不同的。const 变量依然是一种变量，具有变量的各种性质，受到变量使用的各种限制，如类型、命名空间和作用域等。符号常量是一种由编译预处理程序识别的符号，不受对变量的各种限制。此外，在编译预处理结束后符号常量的符号即被替换成其所定义的常量，符号本身就不再存在。因此各类调试工具可以发现和检查 const 变量的值，但是却无法检查符号常量的值。

在定义 const 变量时，关键字 const 放在变量类型的前面或后面都是可以的。例如，const int a 与 int const a 是等价的。但是在定义指针时，const 与 * 的位置关系就具有语义的意义了：const 在 * 的前面表示变量是指向 const 的指针，const 在 * 的后面紧挨着变量名则表示该变量是一个 const 指针。指向 const 的指针和 const 指针是两个完全不同的概念：指向 const 的指针本身不是 const 变量，在定义时不必一定要初始化，其内容可以在程序中更改，但其所指的对象受 const 限制，其值在程序中不可更改；而 const 指针本身是 const 变量，在定义时一定要初始化，但是其所指向的对象不受 const 的限制，可以在程序中进行赋值。下面的例子说明了两者的区别。

【例 3-11】指向 const 的指针和 const 指针

a）一个指向 const 的指针：

```
const int *p;
const int a = 6;
......
p = &a;
```

定义 const int *p 说明 p 所指的对象受 const 的限制，因此 p 是一个指向 const 的指针。在这一定义中，const 在 int 的前面或后面都无关紧要。

b）一个 const 指针：

```
int d;
int * const x = &d;
......
*x = 2;
```

定义 int * const x 说明 x 受 const 的限制，是一个 const 指针，但其所指向的对象 d 是一个普通的 int 类型变量，因此通过 *x 对 d 赋值是合法的。

　　对带有 const 限制的指针类型的解读规则与 3.6 节中讨论的复杂类型的解读规则一致。在阅读了该节之后读者当会对指向 const 的指针和 const 指针的定义有更清楚的理解。

　　当 const 被用作函数参数的类型限制符时，说明该参数在该函数内部不会被修改。例如，库函数 memcpy() 的第二个参数 src 的类型 const void *src 说明该参数所指向的内容在 memcpy() 的执行过程中不会被修改。在函数中试图对带 const 限制符的指针类型参数所指向的内容进行修改是不合法的，编译系统会报告编译错误。而对不带 const 限制符的参数，则函数在其执行过程中修改或不修改其所指向的内容都是合法的。const 是一种附加的限制符，因此是向上兼容的：把不带 const 限制的数组或指针传递给带 const 限制的参数是合法的，但是把带 const 限制的数组或指针传递给不带 const 限制的参数则是非法的。例如，在下面的代码中，第一个 memcpy() 语句是合法的，而第二个 memcpy() 语句是非法的：

```
char *p = "This is a string";
char buf[N];
const char c_buf[] = "this is a long string";
......
memcpy(buf, p, strlen(p));
memcpy(c_buf, p, strlen(p));
```

3.2.5　数组的负数下标

　　C 语言中规定数组的下标必须是整型数据，但并没有要求其数值必须大于等于 0，因此数组的负数下标在语法上是合法的。至于负数下标在语义是否正确，则取决于通过一个具体的负数下标访问数组元素时是否会造成地址越界，也就是所要访问的数据是否仍然是一个合法的数组元素。例如对于原型为 int f(int arr[]) 的函数 f()，如果我们使用语句 f(&a[2]) 来调用该函数，则在函数内部 arr[-1] 和 arr[-2] 在语义上都是正确的，它们分别对应数组 a[] 中的元素 a[1] 和 a[0]。而 arr[-3] 在语义上是不正确的，因为它所访问的数据超出了数组 a[] 的范围。下面我们看一个在实际编程中可能会出现的例子。

　　【例 3-12】字符串中最后一个字符的获取　在对字符串的处理中，有时需要直接读取字符串中最后一个字符。实现这一任务的方法有多种，最常见的方法是首先计算字符串的长度，然后再根据字符串的长度取出该串的最后一个字符。假设该字符串保存在变量 s 中，则相应的代码如下：

```
int c;
......
c = s[strlen(s) - 1];
```

其中函数 strlen() 返回其参数字符串的长度。这是一个标准库函数，其函数原型定义在 <string.h> 中。对于这个任务，我们也可以使用数组的负数下标来完成，相应的代码如下：

```
int c;
char *p;
......
```

```
p = strrchr(s, '\0 ');
c = p[-1];
```

其中函数 strrchr() 也是一个在 <string.h> 中说明的标准库函数，函数原型是：

```
char *strrchr(const char *s, int c);
```

这个函数返回字符 c 在字符串 s 中最后一次出现的位置。在上面这段代码中，strrchr() 搜索的是字符 '\0'，也就是字符串的结束符，返回值指向字符串 s 中最后一个字符后面的位置，因此 p[-1] 就是字符串中最后一个字符。当然，上面的代码也可以简写如下：

```
int c;
......
c = strrchr(s, '\0 ')[-1];
```

尽管这样乍看起来有些不好理解，而且无法在代码中插入对函数返回值的检查语句，但是代码在语法上是正确的，而且可以省去对变量 p 的定义和赋值。

3.3 二维数组和一维指针数组

二维数组和一维指针数组也是程序中常用的数组类型。尽管这两种数组在类型以及内部的表示方法上是完全不同的，但是在使用的方式上有不少相似之处。

3.3.1 作为参数的二维数组

二维数组也可以作为参数传给函数。当函数接受一个二维数组作为其参数时，在参数表中需要说明这个参数是一个二维数组，以及这个二维数组中元素的类型和第二个维度的大小。其描述方法与描述具有一维数组类型的参数相似。下面是一个具有二维数组参数的函数的例子。

【例 3-13】矩阵相乘　写一个函数，计算两个给定的 $N \times N$ 阶 double 类型矩阵的乘积，并将其保存在第三个给定的矩阵中。

设 A 和 B 都是 $N \times N$ 阶的 double 类型矩阵，C 为 A 和 B 的乘积，根据矩阵乘法的定义，可以通过下面的公式计算出 C 中的各个元素：

$$c_{ij} = \sum_{k=1}^{n} a_{ik} \star b_{kj}$$

据此可以写出 $N \times N$ 阶矩阵乘法函数 mul_n_arr()：

```
void mul_n_arr(double a[][N], double b[][N], double c[][N])
{
    int i, j, k;

    for (i = 0; i < N; i++)
        for (j = 0; j < N; j++)
            for (c[i][j] = k = 0; k < N; k++)
                c[i][j] += a[i][k] * b[k][j];
}
```

在上面的代码中，假设 N 是一个已经定义过的整数常量。下面的代码是使用这个函数的例子，假设在调用函数 mul_n_arr() 时二维数组 x[][] 和 y[][] 中的各个元素均已正确赋值：

```
double x[N][N], y[N][N], z[N][N];
......
mul_n_arr(x, y, z);
```

在函数的参数表中只需要说明二维数组的第二个维度的大小而不需要说明其第一个维度的大小。这是与数组元素在内存中的排列方式密切相关的。二维数组中的元素在内存中是按行的顺序排列的，因此元素的列下标是优先变化的。例如，对于数组 a[5][6]，数组中各个元素在内存中的排列顺序如图 3-3 所示。

a[0][0]	a[0][1]	a[0][2]	a[0][3]	a[0][4]	a[0][5]	a[1][0]	a[1][1]
a[1][2]	a[1][3]	a[1][4]	a[1][5]	a[2][0]	a[2][1]	a[2][2]	a[2][3]
a[2][4]	a[2][5]	a[3][0]	a[3][1]	a[3][2]	a[3][3]	a[3][4]	a[3][5]
a[4][0]	a[4][1]	a[4][2]	a[4][3]	a[4][4]	a[4][5]		

图 3-3　二维数组元素在内存中的排列顺序

根据语法，当只给出二维数组的一个下标时，这个下标表示的是二维数组的行下标，表达式的值就是该下标所指定行的首地址，也就是该行第一个元素的地址。例如，a[0] 的值是 a[0][0] 的地址，a[1] 的值是 a[1][0] 的地址，以此类推。当知道了一个二维数组的首地址、元素类型以及第二个维度的大小时，就可以根据数组元素的下标计算出数组元素的地址。因此在函数的参数表中不需要说明二维数组的第一个维度的大小，就好像对于一维数组，在参数表中不需要说明数组的大小，而只需要说明该参数是一个一维数组，以及数组元素的类型一样。这也提示我们可以从另一个角度来观察二维数组：一个二维数组可以被看成是一个特殊的一维数组，在这个一维数组中的每一个元素本身又都是一个一维数组，其元素个数由二维数组的第二个维度确定。例如，在图 3-3 中的数组 a 可以被看成是一个由 5 个元素组成的一维数组，a[0]、a[1]、a[2]、a[3]、a[4] 分别是这个数组中的一个元素，而每一个元素本身又都是一个由 6 个 int 类型元素组成的一维数组。二维数组中作为元素的一维数组与普通的一维数组是完全相同的，可以通过一个数组下标访问数组中的元素，也可以把这个数组的地址赋给类型相匹配的指针变量。例如，对于上面的二维数组 a，下面的语句是合法的：

```
int *p = a[2];
```

在执行了这条语句之后，p 中的值就是二维数组元素 a[2][0] 的地址，指针变量 p 就指向了二维数组 a 中的第三个一维数组 a[2]。这时指针 p 就可以如同一个一维数组一样被用来访问数组 a[2] 中的各个元素。例如，p[3] 所对应的就是 a 中的元素 a[2][3]。

3.3.2　二维数组和指针

与一维数组类似，一个二维数组也可以赋值给一个指针，前提是指针的类型必须正确。

为此需要理解二维数组与指针类型的关系。我们知道，指针是特定类型存储单元的地址，指针类型说明了指针所指向的数据的大小。一个指向一维数组的指针，其所指的对象是数组中的元素，其大小就是元素类型的大小。当定义一个指向二维数组的指针时，可以把二维数组看成是由一维数组作为元素组成的一维数组。比照一维数组与指针的关系，当定义一个指向二维数组的指针时就必须说明作为该二维数组元素的一维数组的大小。一个一维数组的大小等于数组中元素的个数乘以元素的大小。作为二维数组元素的一维数组，其元素的个数由二维数组的第二个维度确定，元素的大小由二维数组的类型确定。因此一个指向二维数组的指针的定义中必须要包含该二维数组的元素类型以及其第二个维度的大小。二维数组中第一个维度的大小与指针的定义是不相干的。这一点与指向一维数组的指针的定义相仿。指向一个二维数组的指针的定义语法如下：

```
<type> (*<identifier>)[M];
```

其中 <type> 是指针所要指向的二维数组中元素的数据类型，<identifier> 是一个标识符，用以命名指针，M 是一个整型常量表达式，必须与所要指向的二维数组的第二个维度的大小相等。例如，一个合法的指向数组 int a[5][6] 的指针的定义如下：

```
int (*p2d)[6];
```

我们可以根据各种操作符与变量之间的结合次序来解读这个定义：首先，变量 p2d 是一个指针；其次，这个指针指向有 6 个元素的数组；最后，这个数组中元素的类型是 int。这也就是说，这个指针所指向的元素类型是由 6 个 int 类型元素组成的一维数组。因此任何类型为 int、第二个维度大小等于 6 的二维数组都可以赋值给这个变量。例如，对于数组 int a[5][6] 和 int b[10][6]，下面两个赋值语句都是合法的：

```
p2d = b;
p2d = a;
```

在执行完第二条语句后，变量 p2d 的内容等于 a，也就是 &a[0]，因此 *p2d 等于 a[0]，*(p2d+1) 等于 a[1]，如此等等。而 a[0]、a[1]、a[2] 等实际上是一个 int 类型的一维数组的起始地址，因此 p2d[0][1] 和 (*(p2d+1))[3] 分别等于 a[0][1] 和 a[1][3]。

从数组元素在内存中的存储方式可以看出，一个具有类型 <type> 的二维数组 x[M][N] 中任一数组元素 x[i][j] 的地址相对于数组首地址的偏移量是 (i*N+j)*sizeof(<type>)。根据这一公式，我们可以使用指向 <type> 数据的指针操作直接引用数组 x[][] 中的元素。例如，设指针 p 指向 x[][]，则对数组元素 x[i][j] 的引用也可以写为 *(p+i*N+j)。利用指针计算与数组元素的这一对应关系，可以更灵活地对数组元素进行复杂的操作。例如，【例 3-13】中定义了一个对大小固定的矩阵进行乘法的函数。该函数之所以只能对大小固定的矩阵进行运算，是因为当把二维数组作为参数传递给函数时，必须说明数组第二个维度的大小，而且这个维度的大小必须是一个整型常量。而使用指针作为参数，就可以使函数对大小不固定的矩阵进行运算。下面是一个能够对任意阶方阵进行乘法运算的函数的例子。

【例 3-14】任意阶方阵相乘　写一个函数 mul_arr()，计算两个给定的 double 类型方阵的乘积，并将其保存在第三个给定的方阵中。方阵的阶数由第四个参数给出。

在方阵乘法函数 mul_arr() 中，各个方阵都被说明为指向 double 类型的指针，也就是把这些作为参数的二维数组看成是一片 double 类型数据的连续存储空间，同时增加了说明方阵阶数的第四个参数。函数 mul_arr() 的代码如下：

```
void mul_arr(double *a, double *b, double *c, int n)
{
    int i, j, k;

    for (i = 0; i < n; i++)
        for (j = 0; j < n; j++)
            for (*(c + i * n + j) = k = 0; k < n; k++)
                *(c + i * n + j) += *(a + i * n + k) * *(b + k * n + j);
}
```

下面的代码是使用这个函数的例子：

```
double x[M][M], y[M][M], z[M][M];
......
mul_n_arr((double *) x, (double *) y, (double *) z, M);
```

这段代码假设在调用函数 mul_arr() 时二维数组 x[][] 和 y[][] 中的各个元素均已正确赋值。在函数调用时，对参数 x、y 和 z 进行了强制类型转换，以使其与函数的形式参数的类型一致。

对于更高维的数组，情况与二维数组相类似。我们可以把一个 N 维数组看成是各个元素均为 N-1 维数组的一维数组，因此数组元素在内存中的位置排列也是按低维度优先的方式变化的。同样，当定义指向一个 N 维数组的指针时，必须说明其所指向数组的元素类型，以及其低 N-1 维的维度大小。例如对于下列三维数组：

```
double a3d[L][M][N];
```

下面的语句可以定义一个指向这个数组的指针，并且对该指针赋值：

```
double (*p3d)[M][N] = a3d;
```

3.3.3　二维数组和一维指针数组的对比

元素类型为指针的数组称为指针数组。下面的语句定义了一个 double 指针类型的一维指针数组：

```
double *dp_arr[N];
```

一维指针数组和二维数组在很多方面都有相似之处。例如，它们都可以表示二维实体，如图像、矩阵等。在表示一个二维实体时，对数组中元素的定位和访问方式也完全相同。由于这些原因，有人常常把一维指针数组混同于二维数组。而实际上，一维指针数组与二维数组完全是两种不同类型的数据结构，它们的含义以及在内存中的表示方法是完全不同的，建立的过程是不一样的，在很多场合下的使用方式也是不同的。概括起来说，一维指针数组与二维数组之间的不同点有下列各项：

1）一维指针数组是一个一维的存储结构，其中的每个元素都是一个指向其他数据存储空间的指针；而二维数组是一个按行列顺序排列的二维存储结构，其中每一个元素都是一个数据存储单元。

2）二维数组中所有数据元素的存储空间完全是预先分配确定的，而指针数组中只为指针分配了存储空间，其所指向的数据元素所需要的存储空间是通过其他方式另行分配的。

3）二维数组每一行中元素的个数是在数组定义时明确规定的，并且是完全相同的，而指针数组中各个指针所指向的一维数组的长度由各个一维数组本身确定，因此不一定相同。

4）二维数组中全部元素的存储空间是连续排列的，而在指针数组中，只有各个指针的存储空间是连续排列的，而其数据元素存储空间的排列顺序取决于存储空间的分配方法，并且常常是不连续的。

下面的语句分别定义了一个二维数组和一个指针数组，它们所对应的数据结构如图 3-4 所示：

```
double data[5][6], a, b, c, array[8], *p_array[5] = {&a, &b, &c, array};
```

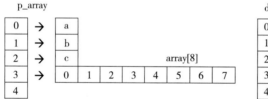

图 3-4　二维数组和指针数组在内存中的结构

注：数组元素中的数字为数组下标

因为二维数组与指针数组是两种完全不同的数据类型，所以它们在使用方面有很多不同之处，其中最突出的一点是，接受它们作为赋值内容的指针变量的类型各不相同。能够接受二维数组 a[M][N] 作为赋值内容的指针变量的类型是 (*p)[N]，说明指针 p 所指向的基本数据单元是一个包含 N 个元素的一维数组；而能够接受指针数组 *b[K] 作为赋值内容的指针变量的类型是 **q，说明指针 q 所指向的基本数据单元还是一个指针，至于这个指针是否指向了什么具体对象，那就要看程序中对指针的具体赋值了。

在程序中，指针数组常常被用作数据的索引，以加快数据的定位、查找、交换和排序等操作的速度。例如，在一些面向字符终端的文字编辑器中，为方便数据的操作，常常是以行为单位保存数据的。被编辑内容的每一行在全文中的位置由一个指针数组描述：指针数组元素的下标表示每一行在全文中的行号，指针数组元素的内容指向保存该行数据的存储区。这样，对一行之内的文字的增加、删除和修改只在该行所对应的存储区中进行，而不同行之间的位置交换，以及整行的删除和新行的添加，则可以通过对指针数组的操作来实现。例如，在正文中交换两行文字的位置时只需要交换这两行所对应的指针即可。这样就避免了对正文内容的移动，提高了编辑操作的效率。下面是一个利用指针数组对字符串数组中的字符串排序输出的例子。

【例 3-15】字符串的排序输出　设有 M 个最大长度为 N–1 的字符串保存在二维字符数组 c_arr[M][N] 中。写一个函数，将数组中的字符串按升序排序。

　　为简化代码，程序中使用插入排序算法进行排序，各个字符串之间的比较使用标准库函数 strcmp()。该函数的原型是 int strcmp(const char *s1, const char *s2)，它根据参与比较的两个字符串按升序排列的先后顺序返回负整数、0 和正整数，分别表示第一个字符串"小于""等于"和"大于"第二个字符串。当需要交换数组中两个字符串的位置时，使用了字符串复制函数 strcpy() 和临时缓冲数组。程序的代码如下：

```
void str_swap(char s[][N], int i, int j)
{
    char tmp[N];

    strcpy(tmp, s[i]);
    strcpy(s[i], s[j]);
    strcpy(s[j], tmp);
}

void str_sort(char s[][N], int m)
{
    int i, j;

    for (i = 1; i < m; i++)
        for (j = i; j > 0 && strcmp(s[j], s[j - 1]) < 0; j--)
            str_swap(s, j, j - 1);
}
```

　　上面这段代码的运行效率比较低，除了因为采用了效率较低的插入排序算法外，还因为每对字符串交换时都需要调用函数 strcpy() 进行三次字符串复制。这一复制操作对运行效率的影响随着字符串长度的增加而增加。为了改进程序的运行效率，可以引入指针数组作为索引，通过赋值操作使各个指针分别指向字符串数组中的元素，然后用对指针数组的排序代替字符串数组的排序，以指针交换代替字符串交换。这样，程序可以改写如下：

```
char *ptr[M];
void pstr_swap(char *v[], int i, int j)
{
    char *tmp;
    tmp = v[i];
    v[i] = v[j];
    v[j] = tmp;
}

void pstr_sort(char s[][N], int m)
{
    int i, j;

    for (i = 0; i < m; i++)
        ptr[i] = s[i];
```

```
    for (i = 1; i < m; i++)
        for (j = i; j > 0 && strcmp(ptr[j], ptr[j - 1]) < 0; j--)
            pstr_swap(ptr, j, j - 1);
}
```

当 M 和 N 都等于 2048、数组 s[][] 中字符串初始完全逆序排列时,pstr_sort() 比 str_sort() 的运行效率提高 20～30 倍,其中 pstr_swap() 比 str_swap() 的运行效率提高 50～80 倍。在 AMD Athlon 2GHz 平台上,排序过程的运行时间从 10s 左右下降到不足 400ms。

3.3.4 指针数组和命令行参数

指针数组是 C 程序中最常用的数组类型,几乎所有稍微复杂一点的实际应用程序都需要用到。这是因为几乎所有的实际应用程序都需要处理命令行参数,而命令行参数在程序内部就是用 char * 型指针数组表示的。

命令行是应用程序在被调用时由所使用的命令和参数组成的字符串,一般由使用者在字符终端上通过键盘输入。在基于图形界面的计算平台上,对代表一个应用程序的图标的点击动作也被转换成相应的命令行发给操作系统,通知其执行对应用程序的调用。一个命令行至少包含一个字段,也就是被调用的命令所对应的文件名。程序在被调用时需要的其他参数,包括所要操作的文件或者功能选项等,则以由空格分隔的字段形式给出。例如,在 Unix/Linux 系统中的文件复制命令 cp 就至少需要两个文件名,一个是文件复制的源,另一个是文件复制的目的:

```
cp src_file dest_file
```

这时命令行参数就包含有三个字段,其内容分别是 "cp"、"src_file" 以及 "dest_file"。

当需要处理命令行参数时,程序中的 main() 函数需要使用如下的函数原型:

```
int main(int argc, char *argv[]);
```

其中第一个参数是一个正整数,表示包括程序所对应的可执行文件路径名在内的命令行参数的数量。第二个参数是一个指针数组,其中的元素分别指向命令行参数的各个字段。由于参数类型的代价关系,这个数组也常被写成二重指针的形式:char **argv。argv[0] 所指向的是程序的可执行文件路径名,以下其余各个元素分别指向命令行中其他由空格分隔的字符串。例如,假设我们在终端键盘上输入下列命令:

```
% ack 3 6
```

argc 的值等于 3,argv[0]、argv[1] 和 argv[2] 的内容分别是 "ack"、"3" 和 "6"。读取这些参数的值,就可以得知程序被调用时所用的命令行参数,并判断其是否正确。假设程序 ack 在运行时需要两个整数作为参数,在程序中就可以使用如下的语句首先检测命令行参数的个数,并在个数错误时输出错误信息:

```
if (argc != 3) {
    fprintf(stderr, "Usage: %s <M> <N>\n", argv[0]);
```

```
    exit(1);
}
```

在这段代码中，由 fprintf() 输出的错误提示信息中并没有写入程序的名称，而是使用了命令行参数 argv[0]。这样做就使得程序输出的错误信息直接反映程序被调用时所实际使用的命令名。当程序改用其他名称时，也不需要修改程序的这段代码。

一个具有较复杂功能的应用程序通常提供多种功能选项。在程序的命令行中，通常使用字符 '-' 引导的单个字母或字符串来表示功能选项，以区别于表示输入 / 输出文件等的一般命令行参数。例如，在 Unix/Linux 系统中，命令

```
rm -f tmp_file
```

使用了命令 rm 的功能选项 -f，它表示要强制删除文件 tmp_file，而不管它的保护权限是如何设置的。

在程序中判断一个命令行参数到底是由字符 '-' 引导的功能选项还是普通参数，需要判断该参数字符串的第一个字符。下面是一个对命令行参数中功能选项处理的例子。

【例 3-16】命令行参数中功能选项的处理　假设程序接受功能选项 -a、-s 和 -v，不区分大小写，并且功能选项只可能出现在其他可能的命令行参数之前。下列代码可以提供一个对功能选项处理的基本框架：

```
int main(int c, char **v)
{
    while (c > 1 && v[1][0] == '-') {
        switch (v[1][1]) {
            case 'a':
            case 'A':
                ......
                break;
            case 's':
            case 'S':
                ......
                break;
            case 'v':
            case 'V':
                ......
                break;
            default:
                fprintf(stderr, "Unknown option %s\n", v[1]);
                return 1;
        }
        c--;
        v++;
    }
    ......
    return 0;
}
```

在这段代码中，程序通过对指针数组 v 的增量操作遍历各个命令行参数，因此在循环

语句中其第一个下标固定为 1。在对参数 v 进行增量操作的同时，对参数 c 进行减量操作，以保证当前 v 中指针元素的数量与 c 中的数值相一致。在循环语句执行完毕后，c 中的数值等于剩余命令行参数数量加 1。如果这时 c 的值仍然大于 1，则表明在命令行中除了功能选项外，还有其他的参数需要处理。

3.3.5 二维数组的动态分配

与一维数组的动态分配相类似，当一个二维数组的大小无法准确地预知，或者一个二维数组的内容及其存储空间只在程序运行的某一阶段需要，而且其所占用的存储空间较大时，就需要使用动态分配的方法为其分配存储空间。例如在图像处理程序中，被处理的图像以及中间处理结果都需要保存在二维数组中。这些二维数组的大小取决于被处理图像的尺寸，但被处理图像的尺寸在设计图像处理系统时无法预知而只能在程序运行时得到。

二维数组的动态分配有三种情况。第一种情况是二维数组的第一个维度的大小（即数组的行数）无法预知而第二个维度的大小（即数组的列数）是一个可以在编译时预先确定的常量；第二种情况是二维数组的行数是一个可以预先确定的常量而列数无法预知；第三种情况是二维数组的两个维度的大小都无法预知。当然，在进行动态存储空间分配时，所有维度的大小都应该是确定的，只不过其中某个或全部维度的大小不是以整型常量的形式出现，而是以整型变量的形式提供的。在这三种情况中，第一种情况的处理方法最为简单，我们就先从这种情况开始讨论二维数组的动态分配。

当二维数组的行数是一个变量而列数是一个常量时，可以按照与静态二维数组相同的方式为动态二维数组分配存储空间，即根据二维数组元素的类型和数量，为二维数组分配一片连续的存储空间，并将其首地址赋值给一个类型与所定义的二维数组相匹配的指针。下面是一个例子。

【例 3-17】二维数组的列数是常量行数为变量时存储空间的动态分配

设二维数组的行数等于变量 m，列数等于常数 N，则动态申请一个 float 类型二维数组的语句如下：

```
float (*f_array)[N];
f_array = malloc(m * N * sizeof(float));
if (f_array == NULL) {
    fprintf(stderr, "Out of memory!\n");
    exit(1);
}
......
```

上面的赋值语句使用函数 malloc() 为 m * N 个 float 类型元素分配了一片连续的存储空间，并把这块存储空间的首地址赋给指针变量 f_array。在这段代码成功执行后，f_array 就指向了这片连续的存储空间。变量 f_array 的类型说明它所指向的是由 N 个 float 元素构成的数组。为了判断系统中是否有足够的内存空间，需要检查 f_array 的值。因为 f_array 是指向 float[N] 的指针，所以 f_array 的每个相邻元素之间的地址间隔是 N * sizeof(float)，也就是 N 个 float 类型的数据所需要的存储空间。这时，动态分配的二维数组中元素的排列方式与图 3-3 所示的情形是一样的。

当二维数组的行数是一个常量而列数是一个变量时，上述方法就无法使用了。这是因为，指针所指向的对象必须具有明确的类型和大小，而且这种类型和它的大小必须是在编译时就确定的。只有这样，编译系统才能够确定指针增量的大小，并对指针运算生成正确的代码。对于在编译时其列数无法确定的二维数组，C 语言无法确定其结构的大小，因此也就无法定义指向它的指针类型。此时就需要通过指针数组的方式，将需要动态确定大小的各个一维存储空间组织起来，构成一个可以按照二维数组方式访问的二维存储结构。在这个二维存储结构中，一维指针数组标记所有的行，其中的每一个元素，也就是每一行的指针都指向为该行元素所分配的存储空间。

这种二维存储结构的建立过程分为两步：首先根据数组的行数，使用静态方法为指向数组元素类型的指针定义一个数组，为第一个维度的存储单元分配存储空间；然后再根据数组第二个维度的大小，逐一地为二维数组中各行元素分配空间，并将动态获取的存储空间的首地址依次赋给指针数组的各个元素。例如，下面这段代码就是为一个行数为常量 M，列数为变量 n 的 double 型二维数组动态分配存储空间的。

【例 3-18】二维数组的行数为常量列数为变量时存储空间的动态分配
设二维数组的行数为常量 M，列数为变量 n，其存储空间的动态分配代码如下：

```
double *d2_array[M];
int i, j, n;

n = ......;

for (i = 0; i < M; i++) {
    d2_array[i] = malloc(sizeof(double) * n);
    if (d2_array[i] == NULL) {
        fprintf(stderr, "Out of memory!\n");
        for (j = 0; j < i; j++)
            free(d2_array[j]);
        exit(1);
    }
}
```

在上面这段代码中假设变量 n 已被正确赋值。在代码执行完毕后，指针数组变量 d2_array 就可以按照大小为 M * n 的二维数组来使用了。在这段代码的循环结构中，实际上只有一行语句是进行内存分配和存储空间首地址赋值的。其余各行是进行内存分配结果检查和错误处理的。当计算机系统中没有足够的存储空间分配给 d2_array 使用时，程序将错误信息输出到标准错误输出设备 stderr 上，然后释放掉已经成功分配给 d2_array 的所有存储空间，再结束程序的运行。

当二维数组两个维度的大小都是变量时，存储空间分配的方法与上述第二种情况类似，也是通过指针数组的方式，将需要动态确定大小的各个一维存储空间组织起来，构成一个可以按照二维数组方式访问的二维存储结构。只不过这时由于二维数组的第一个维度的大小也是变量，因此指针数组不能通过静态的方法定义，也只能用动态分配的方法建立。因此在存储空间分配过程中，首先需要根据二维数组的行数为一维指针数组分配适当的空间，然后再根据列数为每一行中的所有元素分配适当的空间，并将它们的地址赋给指针数组中相应的元素。【例 3-19】中的函数 alloc_2d() 是一个为两个维度的大小都是变量的二维数组分配存储空间的例子。这个函数的第一个参数是二维数组元素的大小，第二个和第三个参数分别是二维数组两个维度的大小。如果存储空间分配成功，函数返回动态二维数组的地址。如果在进行存储空间分配的过程中，内存空间的大小不能满足二维数组存储空间的要求，函数就需要释放在此之前已经分配到的存储空间，然后向标准错误输出设备 stderr 上输出错误信息，并返回 NULL 以标记存储空间分配的失败。

【例 3-19】二维数组两个维度的大小都是变量时存储空间的动态分配

下面的函数 alloc_2d() 根据二维数组的行数和列数及其数组元素的大小为其分配内存空间：

```c
void *alloc_2d(int item_size, int m, int n)
{
    int i, j;
    void **p = malloc(m * sizeof(void *));
    if (p == NULL) {
        fprintf(stderr, "Out of memory!\n");
        return NULL;
    }
    for (i = 0; i < m; i++) {
        p[i] = malloc(n * item_size);
        if (p[i] == NULL) {
            for (j = 0; j < i; j++)
                free(p[j]);
            free(p);
            fprintf(stderr, "Out of memory!\n");
            return NULL;
        }
    }
    return p;
}
```

在这段代码中，函数 alloc_2d() 的返回值类型是 void *，变量 p 的类型是 void **，因此 p[i] 的类型也是 void *。在代码中使用通用指针类型 void * 是为了避免频繁的强制类型转换。只要在函数中能够正确地为所需要的数据结构分配内存空间，指向这些内存空间的中间变量的指针类型是不重要的。当然，使用通用指针类型绕过了 C 语言的类型检查机制，这就需要我们在编码过程中格外仔细，确保最终结果无误。

有了函数 alloc_2d()，假设我们在程序运行过程中需要动态地建立一个数据类型为 double，两个维度分别是 m 和 n 的二维数组，就可以使用下面的语句：

```c
double **array_2d = alloc_2d(sizeof(double), m, n);
```

这里需要注意的是，变量 array_2d 是一个指向 double 类型的二重指针。在上面的赋值语句执行完毕且 array_2d 的值不是 NULL 时，就可以把这个变量作为一个二维数组来使用，对数组元素的访问也与一般的二维数组相同。函数 alloc_2d() 所采用的分配策略也可以适用于其余两种情况，只不过那样可能有些小题大做，把简单问题复杂化了。

当动态分配的二维数组不再被使用时，需要释放它所占用的存储空间。在释放存储空间时，需要根据存储空间分配时所使用的方法来分别处理，其基本原则就是，存储空间分配时每一个对 malloc() 的调用应该对应一个对 free() 的调用。对于【例 3-17】中建立的二维数组，直接将指针变量作为 free() 语句的参数即可，因为这个二维数组的建立只使用了一个对 malloc() 的调用。而对于【例 3-18】中定义的动态数组 d2_array，就需要使用下面的代码，逐一地释放数组中每一行所占用的存储空间：

```
for (i = 0; i < M; i++)
    free(d2_array [i]);
```

对于采用第三种方法分配存储空间的二维数组，需要首先释放数组中各行所占用的空间，然后再释放一维指针数组所占用的空间。与【例 3-19】中的函数 alloc_2d() 相对应，可以定义函数 free_2d() 如下：

```
void free_2d(void **a, int m)
{
    int i;

    for (i = 0; i < m; i++)
        free(a[i]);
    free(a);
}
```

这里需要注意的是内存释放的顺序：必须首先释放数组中各行所占用的空间，然后再释放一维指针数组所占用的空间。如果首先释放了一维指针数组所占用的空间，从理论上讲其中所有的元素，也就是数组中各行所占用空间的首地址将不再有效，此时再释放各行所占用的空间，函数 free() 所得到的参数有可能是错误的。在单进程的操作系统或者采用保守内存分配策略而且系统运行负载较轻的操作系统上，颠倒了内存释放的顺序或许仍能得到正确的运行结果，但是在一般的多进程系统上，这样的内存释放顺序很可能引起难以预料的错误。

3.4　函数指针

有些时候，在程序编写的时候只是知道在程序的某些地方需要调用一个函数，以及这个函数的参数表、返回值和大体的功能描述，但是却无法知道这个函数的确切定义。例如，有时候在编写程序时只知道程序在运行中需要调用一组或某一类函数中的某一个，但是却不知道具体需要调用哪一个。被调用的函数需要在程序运行时根据输入数据或计算结果来确定。又例如，库函数 qsort() 是一个通用的快速排序函数。这个函数可以对任何类型的数组，包括各种构造类型的数组进行排序。这个函数实际上只是提供了一个快速排序的框架和对数组元素进行移动的基本操作，但是却不知道如何对两个数组元素进行比较，因为在设计和实现这个函数时无法知道这个函数所要处理的数组到底具有什么样的数据类型，以及使用者准备按照什么样的规则对数组排序。因此在函数 qsort() 的定义中只能规定在程序的哪个位置需要调用数组元素比较函数、这个比较函数的原型是什么，以及这个比较函数需要返回什么样的值来说明两个被比较元素的先后顺序。只有函数的使用者才知道具体的数据类型定义，以及数组元素的比较方法。因此函数的使用者需要根据数组的数据类型自行定义数组元素比较函数，并把它作为参数传给函数 qsort()，以便 qsort() 在排序中对数组元素进行比较。类似的情况在程序设计中是经常出现的。为满足把函数作为参数传递给另一个函数、把一个函数保存在变量中，以及其他类似的功能需求，C 语言提供了一种被称为函数指针的数据类型。

3.4.1 函数指针变量的定义

函数名表示的是一个函数的可执行代码的入口地址。也就是说，函数名所对应的值是指向一段可执行代码的指针。函数名所对应的值是由编译系统在编译时确定而且是不可改变的，因此函数名所对应的值是一个常量而不是变量。既然函数是一种指针，那么它的值当然也可以赋给具有相同类型的指针变量。

可以接受函数作为赋值的变量类型是函数指针类型。确切地说，是与函数原型相匹配的函数指针类型。定义一个函数指针类型的变量需要按顺序说明下面这几件事：

1）说明指针变量的变量名；
2）说明这个变量是指针；
3）说明这个指针指向一个函数；
4）说明这个变量所指向的函数的参数表；
5）说明这个变量所指向的函数的返回值类型。

这些事情的每一件都不复杂：说明变量名只需要按照标识符的命名规则，给出一个以字母或下划线开头的由字母、数字和下划线组成的字符串；说明一个变量是指针只需要在变量名前加上 * ；说明这个指针指向一个函数只需要在指针后面加上表示函数调用的括号；说明所指向函数的参数表只需要把实际的函数参数表照搬到括号中即可；说明所指向函数的返回值类型的方法也很类似，只需要把实际的函数返回值类型放到这个指针变量的前面。需要注意的是，这些事情必须按规定的顺序说明，而按照顺序说明这几件事，就需要借助于相关操作的结合律以及必要的括号，按下列方式进行：

```
<type> (*<name>) (<参数表>);
```

这里，<name> 就是变量名所使用的标识符。<参数表> 与对应函数原型的参数表一致，既可以是一系列由逗号分隔的 <类型> <参数名> 对，也可以只是一系列由逗号分隔的 <类型>。<type> 应与所指函数的返回值类型相同。在这个语句中，(*<name>) 两端的括号说明变量名 <name> 首先与 * 结合，因此变量 <name> 是一个指针。而如果不加括号的话，因为括号的优先级高于星号 *，按照优先级和结合律，<name> 就会与后面的括号结合，成为一个函数名。(*<name>) 后面的括号说明指针 <name> 指向一个函数，括号中是该函数的参数表，(*<name>) 的前面是这个函数的返回值。例如，下面这行语句定义了一个名为 func 的函数指针变量，这个变量所指向的函数接受两个 double 类型的参数，并且返回一个 double 类型的值：

```
double (*func)(double x,double y);
```

这个变量也可以在定义时省去两个参数名，等价地定义为下面的形式：

```
double (*func)(double,double);
```

可以看出，除了需要在变量名前加上指针类型符 * 并把它们用括号括起来外，函数指针的定义与函数原型的声明方式是一样的。在如此定义了变量 func 之后，就可以把与其类型相同的函数的入口地址赋值给这个变量。假设我们定义了一个函数 sum()：

```
double sum(double x,double y)
{
    return x + y;
}
```

就可以合法地执行下面的语句：

```
func = sum;
```

在这个赋值语句之后，变量 func 就保存了函数 sum 的入口地址，就可以直接作为函数使用了。使用变量 func 进行函数调用的语句形式如下：

```
(*func)(u, v);
```

这个语句与 sum(u, v) 所调用的是同一个函数。为了方便起见，在 C 语言中也允许将函数指针变量直接按函数调用的方式使用，即 func(u, v) 与 (*func)(u, v) 是完全等价的。

3.4.2 函数指针变量的使用

函数指针类型的应用场合主要有三种。第一种应用场合是定义具有函数指针类型的变量和数组，以便保存函数的入口地址。第二种应用场合是为函数声明具有函数指针类型的参数，以便将函数的入口地址传递给这个函数。第三种应用场合是声明函数指针类型的函数返回值，以便可以从一个函数的返回值中得到另一个函数的入口地址。适当地使用函数指针类型，可以增加程序的灵活性和可维护性，改善程序的结构。下面我们看几个例子。

【例 3-20】使用库函数 qsort() 对数组排序   给定一个所有元素均已被赋值的 int 类型数组，使用 qsort() 对数组元素按升序和降序排序。

数组的排序是程序中经常需要进行的操作，因此在 C 语言的标准函数库中提供了相应的排序函数 qsort()。函数 qsort() 使用快速排序算法（quick sort）对各种类型的数组进行排序，其原型如下：

```
void qsort(void *base, size_t num, size_t wid, int (*comp)(const void *e_1, const void *e_2));
```

在这个函数的参数表中，base 是指向所要排序的数组的指针；num 是数组中元素的个数；wid 是每一个元素所占用的字节数；comp 是一个指向数组元素比较函数的指针，这个函数的两个参数是分别指向参与比较的两个数组元素的指针。在函数 qsort() 中之所以要以参数的方式引入外部定义的比较函数，是因为 qsort() 要适用于不同类型的数组，所以它只提供了根据数组元素的大小进行排序的基本框架，根据数组元素的大小对数组按升序排序。而对数组元素的先后顺序（或者说抽象意义上的大小）的判断方法则需要由使用者来描述。使用者必须通过自定义的比较函数规定如何对数组中的元素排序。按照使用手册的要求，这个比较函数根据参与比较的两个数组元素的"大小"返回正数、负数和 0，分别表示第一个元素大于、小于或等于第二个元素。需要注意的是，这里的"大小"表示的是数组元素的前后顺序。也就是说，在比较函数中如果第一个参数应该排在第二个参数之前，比较函数就返回一个负整数；如果第一个参数应该排在第二个参数之后，比较函数就返回一个正整数；如果两个参数的排序不分先后，则比较函数应返回 0。这样，只要定义了比较函数，就可以使用 qsort() 对任意类型的数组按所希望的方式排序。为了对数组元素分别按升序和降序排列，需要分别定义两个比较函数。在按升序排列的比较函数中，按照第一个元素是否小于、等于或大于第二个元素，分别返回一个负整数、0 或者正整数。而在按降序排列的比较函数中，则按照相反的关系生成返回值：

```
int a[N_ITEMS];
int rising_cmp(const void *p1, const void *p2)
{
    return *(int *) p1 - *(int *) p2;
}
int falling_cmp(const void *p1, const void *p2)
{
    return *(int *) p2 - *(int *) p1;
}
```

在完成了对两个比较函数的定义之后，就可以使用 qsort() 对数组进行排序了。

```
......
qsort(a, N_ITEMS, sizeof(int), rising_cmp);
......
qsort(a, N_ITEMS, sizeof(int), falling_cmp);
```

在执行完第一个 qsort() 之后，数组 a[] 中的元素是按升序排列的。在执行完第二个 qsort() 之后，数组 a[] 中的元素是按降序排列的。

【例 3-21】绘制数值函数的图像　写一个程序 draw_func，根据命令行的参数打印数值函数的图形。命令行的参数有 5 个，其顺序和格式如下：

```
draw_func <func> <start> <end> <x_num> <y_num>
```

其中 <func> 表示所要绘制的函数名称，可以是 sin、cos、acos、asin、atan、tan、sqrt、exp、log、log10 中的一个。这些函数都是在 <math.h> 中说明的标准库函数，每个函数只有一个 double 类型的参数，并返回 double 类型的值。<start> 和 <end> 是两个实数，表示所要绘制的函数的自变量起止点。<x_num> 和 <y_num> 都是正整数，表示绘图设备以点为单位的两个坐标的最大值。例如：

```
draw_func sin 0 3.1416 60 80
```

表示要绘制正弦函数 sin 在区间 0～PI 的图像，绘图设备的 x 和 y 坐标范围分别是 [0, 60] 和 [0, 80]。

　　对于不同的函数，绘制其图像的过程是相同的：根据函数自变量的取值范围，遍历绘图中需要求值的各个采样点，计算出函数在这些采样点上自变量 x 所对应的函数值 y，然后再把自变量和函数的值转换成相应的整型的坐标值，就可以使用适当的绘图手段在指定的设备上画出函数的图像。在程序 draw_func 的执行过程中，基本的计算过程，包括对命令行参数的处理、坐标值的计算和转换、绘图的过程等都是相同的。唯一不同的是需要求值的数值函数。我们当然可以对每一种可能需要绘制的图像单独定义一个绘图函数，并根据输入命令在程序中分别调用这些函数。但是这样会使程序中充满大量的冗余代码，给程序的维护带来不便。一种更好的方法是将绘图过程写成一个通用函数，并把所要绘出图像的数值函数及其取值范围作为参数传递给这个函数。

　　为了绘出数值函数的图像，需要有一个基本的绘图手段，就是在绘图设备上指定的位置画出点。假设我们已经有了一个这样的函数 draw_point()，它的函数原型如下：

```
void draw_point(int x, int y);
```

其功能是在绘图设备坐标系中指定的位置 (x, y) 上绘制一个点，而且绘图设备只接受整数类型的坐标值。有了这个基本的绘图函数，我们就可以着手设计绘制函数图像的函数 draw_func() 了。因为 draw_func() 需要将指定的函数在给定的自变量区间上的图像画在绘图设备上，所以这个函数需要下列几个参数：

　　1）所需要绘制的函数；

　　2）函数的自变量区间；

　　3）设备窗口的大小。

　　为了叙述的简洁，在这个例子中我们略去了 draw_func() 中对参数的检查，也不返回函数的执行状态。这样就可以确定函数的原型如下：

```
void draw_func(double (*func)(double), double st, double end, int x_max, int y_ max);
```

　　函数在执行时需要获取所要绘制的函数在给定区间的最大值和最小值，以便确定函数图像在设备 y 坐标上的比例和原点的 y 坐标。然后，函数需要遍历绘图设备 x 轴上的各点 x_i，计算出函数在该点上的值，并将其转换为设备 y 坐标的值 y_i，再使用函数 draw_point() 在 (x_i, y_i) 上画出函数图像上的点。根据这些讨论，可以写出代码如下。在这段代码中假设参数 end 大于 st，x_max 和 y_max 都大于 0。

```
void draw_func(double (*func)(double), double st, double end, int x_max, int y_ max)
{
```

```
    int i, y_base;
    double fv, min_y = 1e200, max_y = -1e200, ratio;

    for (i = 0; i < x_num; i++) {      // 确定f(x)的最大值和最小值
        fv = func(i * (end - st) / x_max + st);
        if (fv > max_y) max_y = fv;
        else if (fv < min_y) min_y = fv;
    }

    ratio = y_max / (max_y - min_y + 1.0);
    y_base = -min_y * ratio;
    for (i = 0; i < x_num; i++) {      // 画出f(x)的每个点
        fv = func(i * (end - st) / x_max + st);
        draw_point(i, (int) (fv * ratio + y_base));
    }
}
```

对命令行参数的常量和对函数 draw_func() 的调用是在函数 main() 中完成的：

```
enum {SIN, COS, ASIN, ACOS, ATAN, TAN, SQRT, LOG};
int main(int c, char **v)
{
    double start_x, end_x;
    int x_num, y_num;

    start_x = atof(v[2]), end_x = atof(v[3]),x_num = atoi(v[4]);
    y_num = atoi(v[5]);
    switch (find_func(v[1])) {
    case SIN:
        draw_func(sin, start_x, end_x, x_num, y_num);
        break;
    case COS:
        draw_func(cos, start_x, end_x, x_num, y_num);
        break;
        ......
    default:
        fprintf(stderr, "Don't known how to draw func %s\n", v[1]);
        return 1;
    }
    return 0;
}
```

在这段代码中略去了对命令行参数的检查，假设使用者所输入的命令行参数都是正确
的；略去了对除了 sin 和 cos 以外的其他函数的处理代码，因为它们都是类似的。switch 语
句中调用了函数 find_func()，其实际参数是命令行中输入的需要绘制图像的函数名。find_
func() 将其参数字符串与数组 func_name[] 中的字符串逐一进行比较，并返回参数字符串在
该数组中的下标。find_func() 以及数组 func_name[] 的定义如下：

```
char *func_name[] =
    {"sin", "cos", "asin", "acos", "atan", "tan", "sqrt", "exp", "log", "log10"};

int find_func(char *s)
```

```
{
    int i;

    for (i = 0; i < NumberOf(func_name); i++)
        if (strcmp(s, func_name[i]) == 0)
            return i;
    return -1;
}
```

函数中的 NumberOf(x) 是一个计算数组元素个数的宏，其定义如下：

```
#define NumberOf(x)(sizeof(x) / sizeof(x[0]))
```

为了增加代码的可读性，在 switch 语句中使用了枚举常量 SIN、COS 等。这些枚举常量的值与对应字符串在数组 func_name[] 中的下标是一致的。函数 sin、cos 等的原型都在 <math.h> 中，因此程序需要包含这个头文件。这些函数的可执行代码保存在数学库中，因此在 Unix/Linux 下进行编译时需要加上 -lm 选项。

在函数 draw_func() 中，for 语句对绘图设备的 x 坐标进行遍历并将其转换为函数的自变量，而不是直接对函数的自变量进行遍历。这样做是为了避免在从函数自变量区间向设备 x 坐标区间映射时由于计算的舍入误差而造成在设备 x 坐标上的"空洞"和重复映射，也就是设备 x 坐标上的某些点没有对应的自变量采样点，而某些点又对应了不止一个自变量采样点。例如，如果采用与函数 draw_func() 相反的方法，在被绘制函数的自变量区间对采样点进行遍历，并将其映射到绘图设备的 x 坐标上，其代码应是如下的样子：

```
void draw_func_alt(double (*func)(double), double st, double end, int x_max, int y_ max)
{
    double i, d, fv, n;

    n = end - st;
    d = n / x_max;
    for (i = st; i <= end; i += d) {
        fv = func(i);
        draw_point((int) ((i - st) * x_max / n), (int) (fv * ratio + y_base));
    }
}
```

当参数 st 等于 0、end 等于 PI、num 等于 30 时，运行一下程序就可以发现，自变量区间有两个采样点都被映射为绘图设备 x 坐标上的 7，然而却没有任何一个采样点被映射为设备 x 坐标上的 9。这样，设备 x 坐标等于 9 的点上就出现了空洞，而 x 坐标等于 7 的点上却出现了两个函数值。上述情况不仅会出现在一维空间，也可能出现在二维和高维空间。例如在对图像进行旋转或者缩放时，也可能会出现这种情况：当从源图像向目标图像映射时，目标图像上的某些点可能会被映射多次，而某些点却没有被任何源图像上的点所映射。一般而言，凡是将数据从一个区间映射到另一个区间，如果目标区间的坐标值是整数而且这一映射不是简单的一一对应关系时，就有可能由于坐标变换中的舍入误差而在目标区间的坐标系上产生这种"空洞"或者重复映射现象。为避免这类情况的发生，在进行这类坐标变换时，需要对目标坐标系上的各点进行遍历，然后再反向映射到源坐标系上采样点并进行相应的计算。

3.4.3 函数指针数组的使用

函数指针数组可以把具有相同原型的函数组织在一起，以便于在程序中进行检索和按下标调用。下面我们看一个例子。

【例 3-21-1】绘制数值函数的图像：使用函数指针数组

在【例 3-21】的代码中使用了函数指针，把求值函数作为参数传递给函数 draw_func()，避免了重复描述相同的操作而造成的代码冗余。但是函数 main() 中仍然要使用 switch 语句来区分不同的要求，向 draw_func() 传递不同的参数。这仍然会使代码显得较为臃肿。为了进一步精简代码，可以将所有的求值函数按顺序保存在一个函数指针数组中，根据命令行参数指定的函数名生成数组下标，确定所要使用的求值函数，并把它传给 draw_func()。为此需要对【例 3-21】中的代码做如下的修改：

1）删去定义枚举常量的语句 enum {}。

2）建立一个与数组 func_name[] 中元素顺序相同的函数指针数组。

3）删除 switch 语句，直接使用数组下标在函数指针数组中索引需要被调用的函数。

修改后的程序的相应部分如下：

```c
char *func_name[] =
    {"sin", "cos", "asin", "acos", "atan", "tan", "sqrt", "exp", "log", "log10"};
double (*func_tab[])(double) =
    {sin, cos, asin, acos, atan, tan, sqrt, exp, log, log10};

int main()
{
    int start_x, end_x, f;
    ......
        f = find_func(v[1]);
        if (f < 0) {
            fprintf(stderr, "Don't known how to draw func %s\n", v[1]);
            return 1;
        }
    draw_func(func_tab[f], start_x, end_x, x_num, y_num);
    return 0;
}
```

这段代码在描述上显得更加简练清晰，而且也便于维护。当需要增减可以绘制的函数时，只需要对 func_name[] 和 func_tab[] 两个数组进行修改，而不需要改动任何代码。

【例 3-21-2】绘制数值函数的图像：使用返回函数指针的函数

对【例 3-21】的代码，也可以使用具有函数指针类型返回值的函数来对其进行改进。基本的改进思路依然是使用函数指针数组，但同时也需要对函数 find_func() 进行修改，使其直接返回所要使用的求值函数，而不是返回函数指针数组的下标。相应地，函数 main() 中的代码也需要适当地调整：

```
double (*)(double) find_func(char *s)
{
    int i;

    for (i = 0; i < NumberOf(func_name); i++)
        if (strcmp(s, func_name[i]) == 0)
            return func_tab[i];
    return NULL;
}

int main()
{
    int start_x, end_x;
    double (*f)(double);
    ......
    f = find_func(v[1]);
    if (f == NULL) {
        fprintf(stderr, "Don't known how to draw func %s\n ", v[1]);
        return 1;
    }
    draw_func(f, start_x, end_x, x_num, y_num);
    return 0;
}
```

这段代码与【例 3-21-1】的代码同样简练。其优点是将两个用于数据描述的数组的使用局限于函数 find_func(),因此更便于相对独立功能的封装和维护。在这段代码中,因为函数 find_func() 根据参数中给定的字符串查找并返回指向相应函数的指针,所以应当说明其返回值是一个指向函数的指针,以及该被返回函数的原型。在 find_func() 的函数头中,函数的返回值类型 double(*)(double) 里由括号括起来的星号 (*) 说明函数 find_func() 返回的是一个指针,后面的 (double) 说明这个指针所指向的是一个需要 double 类型参数的函数,(*) 前面的 double 说明指针所指向的函数的返回值是 double 类型的。在函数 main() 中的变量 f 也必须具有这种类型,以便保存函数 find_func() 的返回值。

3.5 结构

结构(struct)是一种可以由程序员自行定义的构造类型,是一个或多个类型不一定相同的变量的集合。它可以把一组类型相同或不同的数据组织在一起,用以描述复杂运算对象的各种属性和成分;可以把一组在运算中关系密切的变量组织在一个名字之下,便于数据的保存和处理。从更加抽象的角度,也可以把一个结构看成是由数量和类型确定的元素组成的 n 元组,凡是在抽象描述中需要使用元组来表示的计算对象都可以使用结构来描述。

3.5.1 结构类型的定义

定义一个结构类型的语法如下:

```
struct [<结构类型名>] {
    <type> <成员名称>;
```

```
      ......
};
```

其中 struct 是定义结构类型的关键字，<结构类型名>是编程人员给所要定义的结构类型的命名，是可选项。没有<结构类型名>的结构类型被称为无名结构类型。<type><成员名称>对说明结构中所包含的成员的类型和名称，其中<type>可以是任何基本类型或者已经定义过的构造类型，<成员名称>可以是任何合法的标识符。当有多个成员具有相同的类型时，<成员名称>可以由一组用逗号分隔的合法标识符组成。在下面的例子中定义了两个结构类型。

【例 3-22】结构类型的定义

```
struct employee {
    char *name;
    int age, sex;
    char *telephone;
    double salary;
};

struct pt_2d {
    int x, y;
};
```

上面的语句定义了一个名为 employee 的结构和一个名为 pt_2d 的结构。在结构 employee 中共有 5 个成员，其中成员 name 和 telephone 是字符指针类型的，age 和 sex 是 int 类型的，salary 是 double 类型的。在结构 pt_2d 中有两个 int 类型的成员。

定义一个结构类型的变量的语法有两种。第一种方法是在结构类型定义的后面直接跟上变量名表，例如：

```
struct pt_3d {
    int x, y, z;
} pt3_1, pt3_2, pt3_3;
```

这条语句在定义结构 pt_3d 的同时定义了 3 个类型为 pt_3d 的变量 pt3_1、pt3_2 和 pt3_3。如果结构 pt_3d 只用于定义这三个变量，那么结构类型的名称 pt_3d 也可以省略。

定义结构类型变量的第二种方法是使用由关键字 struct 引导的结构类型名，并在其后跟上变量名表。在使用这种方法时，由 struct 引导的结构类型名必须是已经定义过的结构类型。例如，在定义了结构 employee 后，下面的语句：

```
struct employee workers[MAX_NUM], cur_person;
```

就定义了一个类型为 employee、包含 MAX_NUM 个元素的数组 workers[]，以及一个 employee 类型的变量 cur_person。

在定义结构变量时可以同时对其进行初始化。对结构变量的初始化有些类似于对数组的初始化，即在由大括号括起来的初始化表中按顺序逐一给出各个成员的初始值。与对数组初始化不同的是，由于各个结构成员的类型可能不同，初始化表中的数据类型也不一定相同。下面是一个结构变量初始化的例子：

```
struct employee zhang_san = { "Zhang San", 23, 1, "010-87654321", 2345.6};
```

对于结构数组，也可以使用与普通数组相似的方法进行初始化，所不同的是数组中每个元素的初始值是一个结构变量初始化表。下面是一个结构数组初始化的例子：

```
struct employee managers[] = {
    { "Zhang San", 23, 1, "086-12345678", 3345.6},
    { "Li Si", 25, 1, "086-22345678", 5345.8},
    { "Wang Wu", 27, 1, "086-32345678", 7345.6},
    { "Zhao Liu", 29, 1, "086-42345678", 9345.6},
    { "Sun Qi", 33, 1, "086-52345678", 6348.7}
};
```

在这个初始化表中给出了每个数组元素所有成员的初始值，因此各个数组元素的结构初始化表两端的大括号也可以省略。在上面的语句中，因为在数组定义的方括号中没有给出数组元素的个数，所以编译系统根据初始化表中的项数来确定数组元素的数量。这样，数组 managers 共有 5 个元素。

3.5.2 结构成员的访问

在程序中使用结构类型变量时，除了获取变量的地址、把结构变量或其地址作为参数传给函数，以及相同类型的结构变量间的赋值等少量操作外，其余的操作都是针对结构中具有基本数据类型的成员的。在访问结构成员中的数据时，需要使用下面的语法指明所要访问的结构成员的名字：

<结构变量名>.<结构成员名>

例如，为统计上面定义的结构数组 managers 中所有人员的工资（salary）总额，可以使用下面的语句：

```
double sum = 0.0;
for (i = 0; i < NumberOf(managers); i++)
    sum += managers[i].salary;
```

上面代码中的 NumberOf 是在【例 3-21】中定义的计算数组元素个数的宏。它不仅适用于基本数据类型数组，也适用于结构数组。

对结构变量的赋值一般需要通过对每个成员逐一赋值来完成。当需要把一个结构变量中所有成员的值完整地赋给另一个具有相同类型的结构变量时，也可以使用整体赋值。例如：

```
struct employee tmp = managers[0];
```

对于比较大的结构类型，为了避免大量的数据复制，提高运行效率，在程序中经常使用指针对其进行访问，以实现数据的共享。结构指针的定义与基本类型指针的定义方式相同，只要在变量前加上表示指针的 '*' 即可。下面的语句定义了一个 pt_2d 结构类型的指针 ppt_1，并将其初始化为变量 pt1 的地址：

```
struct pt_2d *ppt_1 = &pt1;
```

这样，ppt_1 就指向了 pt1，*ppt_1 就等价于 pt1。通过指针访问结构成员的方式与通过结构变量进行访问的语法类似，只是需要首先使用括号把 * 和指针变量括在一起。例如：

```
(*ppt_1).x = 20, (*ppt_1).y = 55;
```

这是因为结构成员运算符 . 的优先级高于指针运算符 *，所以把 * 和变量名括在一起的括号是必需的。当不使用括号时，表达式 *< 变量名 >.< 结构成员名 > 等价于 *(< 变量名 >.< 结构成员名 >)。因为通过指针访问结构成员是一种经常用到的操作，所以在 C 语言中提供了一种等价的简单描述方式，即使用操作符 -> 代替 * 与 . 的组合。例如，上面例子中通过指针 ppt_1 对结构成员的访问可以改写为下面的形式：

```
ppt_1->x = 20, ppt_1->y = 55;
```

在程序中使用结构，可以更加清晰地描述数据之间的关系和结构，增加程序的可读性和可维护性。下面是一个使用结构的例子。

【例 3-21-3】绘制数值函数的图像：使用结构和返回函数指针的函数

在【例 3-21-2】中定义了一个返回函数指针的函数 find_func()。该函数在字符串数组 func_name[] 中查找函数名所在的位置，并根据该数组元素与函数指针数组 func_tab[] 中元素的对应关系，利用函数名在数组 func_name[] 中的下标在数组 func_tab[] 中定位相应的函数指针。尽管该函数封装了对两个数组的操作，为程序的维护提供了便利，但是在函数中使用的两个包含相关信息和映射关系的数组却是分别独立定义的。当需要对程序进行维护，例如增加或删除程序所能处理的数值函数的数量时，需要正确地同步修改这两个数组，以保持函数名和函数指针的对应关系。类似的使用数组元素表示数据映射的情况在应用程序中经常会遇到。当相应的数组规模很大时，这种分别独立定义映射中定义域和值域的方式会增加程序在实现和维护时的复杂性，并可能由于疏忽而引入数据内容的不一致。在这种情况下，使用结构把一个映射关系中的定义域和值域描述在一个数组中，会给程序的实现和维护带来很大的方便。下面是使用结构数组对【例 3-21-2】中的代码进行改动的要点：

1）删去原来的数组 func_name[] 和 func_tab[]。

2）定义一个包含函数名称和函数指针的结构 func_tab_t，以提供表达函数名称与函数指针之间映射关系的手段。

3）定义一个具有结构 func_tab_t 类型的结构数组 func_tab[]，并对其进行初始化，以具体描述函数名称与函数指针之间的映射关系。

4）修改函数 find_func()，使之在结构数组 func_tab[] 中查找需要被调用的函数并返回其指针。

修改后的程序的相应部分如下，其余部分的代码与【例 3-21-2】相同：

```
struct func_tab_t {
    char *func_name;
    double (*func_prt)(double);
```

```
};
struct func_tab_t func_tab[]= {
        "sin", sin,
        "cos", cos,
        "asin", asin,
        "acos", acos,
        "atan", atan,
        "tan", tan,
        "sqrt", sqrt,
        "exp", exp,
        "log", log,
        "log10", log10
};

double (*)(double) find_func (char *s)
{
    int i;

    for (i = 0; i < NumberOf(func_tab); i++)
        if (strcmp(s, func_tab[i].func_name) == 0)
            return func_tab[i].func_ptr;
    return NULL;
}
```

在使用了结构数组之后，函数名和函数指针之间有着很清楚的一一对应关系。这样无论是在程序的实现阶段还是在程序的维护阶段，都很容易对这个数据表进行编码和修改，并保证映射关系的正确性。

3.5.3 结构类型的嵌套定义

结构类型可以根据需要嵌套，以构成更加复杂的结构类型。C 语言中的结构嵌套包含两种方式，一种是结构中直接包含具有其他结构类型的成员，另一种是结构中包含指向其他结构类型的指针。下面的结构 struct rect 就包含两个具有在【例 3-21】中定义过的 struct pt_2d 类型的成员：

```
struct rect {
    struct pt_2d topLeft, bottomRight;
};
```

在这个例子中定义了一个结构 rect，通过 topLeft（左上角）和 bottomRight（右下角）两个成员来描述几何中的矩形。这两个成员本身的类型都是结构 pt_2d，即二维平面上的点，分别由其 *x* 和 *y* 坐标来确定。除了在一个结构中包含其他结构之外，一个结构中也可以包含具有其他结构类型指针的成员。

在嵌套结构中，对成员变量的引用与非嵌套的结构完全相同。例如，对于具有 struct rect 类型的变量 rx，可以使用下面的代码计算其宽度和高度：

```
int wid, hi;
struct rect rx;
```

```
......
wid = rx.bottomRight.x - rx.topLeft.x;
hi  = Vrx.bottomRight.y - rx.topLeft.y;
```

3.5.4 结构的自引用

在结构的定义中可以包含具有该结构自身类型的指针。这种在结构定义中引用结构自身类型的技术称为结构的自引用。在程序中，自引用结构用于描述递归定义的计算对象和数据结构，例如，一个二叉树的左右两个节点都可以是一棵二叉树，一个链表的尾部也可以是一个链表。与此相对应，在描述这些计算对象的结构中也可以通过指针的方式引用结构自身。例如，下面的语句定义了一个简化的描述计算机桌面窗口系统中的窗口的结构类型：

```
struct win {
    struct pt_2d topLeft, bottomRight;
    struct win *parent;
};
```

桌面窗口系统中的窗口是以逐层嵌套方式组织在一起的，每个窗口都有其父窗口。在上面这个简化的结构中只描述了一个窗口的大小、位置及其父窗口。该父窗口定义在结构的第二行，是一个指向 struct win 结构的指针成员 parent，因此这一结构类型是一个自引用的结构。

在自引用结构中，对结构自身的引用只能通过指针的方式进行，而不能直接定义具有结构自身类型的成员。例如，将上面结构定义中成员 parent 前的 * 去掉，编译程序就会报告语法错误。这是因为在定义结构时，结构的每个成员的类型必须是已定义过的，其大小必须是已知的。如果在结构中直接引用类型自身，那么这一结构的定义尚未完成，其大小也未知，因此在语法上是错误的。同时，在一个结构内直接定义具有自身类型的成员，会形成结构的无限嵌套，在语义上也是错误的。而在结构内定义具有指向自身类型的指针类型成员，则因为指针的长度是确定的，对指针类型的解释是在结构定义完成之后才需要的，所以这种定义在语法上是正确的。同时，因为成员的类型只是一个指向同类结构变量的指针，是一个有待被赋值的地址，所以也不会引起结构定义的无限嵌套。

3.5.5 结构类型与函数的参数和返回值

作为一种构造类型，结构类型也与其他数据类型一样，既可以用作函数参数的类型，也可以用作函数返回值的类型。例如，下面的代码定义了一个函数 add_pt()，其参数和返回值的类型都是 struct pt_2d：

```
struct pt_2d add_pt(struct pt_2d pt1, struct pt_2d pt2)
{
    pt1.x += pt2.x;
    pt1.y += pt2.y;
    return pt1;
}
```

在上面这个函数定义中，参数和返回值都是以结构的方式直接传递的。通过参数向函数传递结构的优点是，这种通过结构拷贝的值传递方式使得函数内部的操作不直接影响函数外的变量。只有通过将函数返回值赋值给指定的变量，才可以显式地改变函数外部变量的值。但是，这样的数据交换方式也有缺点：对于成员较多的大型结构，数据拷贝效率较低。下面这段代码清楚地说明了这一点：

```
struct test_t {
    int m, n, o, p;
    double db;
};

void func1(struct test_t t, int n)
{
    printf("%d\n", (char *) &n - (char *) &t);
}

void func2(struct test_t *t, int n)
{
    printf("%d\n", (char *) &n - (char *) &t);
}

test_t tt1; int n;
......

func1(tt1, n);
func2(&tt1, n);
```

这段代码分别计算和打印函数 func1() 和 func2() 第一个参数的大小。函数参数在内存中是连续排列的，因此后一个参数的地址与前一个参数的地址之差就是前一个参数所占存储空间的大小。这段代码的输出结果是：

```
24
4
```

这说明，一个 struct test_t 类型的参数的大小为 24 个字节，而一个指向该类型的指针参数只有 4 个字节。当结构规模更大时，传递一个结构和传递指向该结构的指针之间的差距更加显著。采用向函数传递结构指针方式的优点是，传递的数据量小而且固定，在传递大型数据结构时效率较高。因此对于大型结构，程序中往往采用向函数传递结构指针的方式，以避免参数传递时大量数据的复制。需要注意的是，因为是地址传递，所以函数内外共享同一个数据存储空间，因此在编码时应避免引起不必要的副作用。

3.6　复杂类型的解读

在 C 语言中，所有的数据都是具有特定类型的。类型在程序设计语言中的作用主要有三点。第一个作用是说明数据存储空间的大小和组成。例如 double 与 float 的长度是不同的。第二个作用是说明和数据相关的运算的实际执行方式。例如同样是加法，int 型的数据之间加法的执行过程就不同于 int * 型加法的执行过程。第三个作用是提供语法检查信息，以保证程序描述的正确。例如当把一个 double 类型的数值赋给一个 int 类型的变量时，编译系统就会提示可能的数据丢失；当把两个指针相加时，编译系统就会提示这是非法的操作。

C 语言中的数据类型可以分为基本类型和构造类型两大类。基本类型包括 char、short、int、long、float、double。构造类型是在基本类型的基础之上，通过添加其他语法成分构造出来的。各种数组、指针、结构、联合等都是构造类型。C 语言允许编程人员使用基本的类型构造手段，构造出需要使用的各种复杂数据类型。复杂数据类型的定义能力充分反映出 C 语言的重要特性：允许编程人员以任何合理的方式组织和使用内存空间。这一方面为编程提供了极大的灵活性，另一方面也给学习和使用 C 语言的人带来了困难。例如对于 char (*(*x[3])())[5] 这样的定义，即使是经验丰富的编程人员也很难一下子说出它的确切含义。这种类型定义和解读的复杂性难免使一些初学者对复杂的类型定义望而生畏。但是，这种复杂类型的定义在系统编程时往往是必要的，因此我们需要掌握，至少是理解构造复杂数据类型的基本方法。

3.6.1 变量定义中的复杂类型说明

复杂类型的定义涉及指针、数组以及函数这三个要素中的至少两个。当在一个类型定义中包含了这全部三个要素时，对它的理解就会更加困难。尽管 C 语言中复杂类型变量的定义不易阅读，但是其构成和解读规则并不复杂。只要掌握类型说明构成的顺序，记住类型说明中各种操作符的优先级，就可以顺利地解读一个复杂的类型定义。在理解了复杂类型变量的定义规则之后，根据需要定义一个具有复杂类型的变量也就不再是一件困难的事情了。

变量定义的核心是标识符，解读变量类型需要从标识符开始，按照从内向外的顺序，并结合各种操作符的优先级，一步一步地解读。类型说明中操作符的优先级按下列顺序递减：

1）被 () 括起来的部分。

2）后缀操作符。

3）前缀操作符。

4）在类型说明符最左端的基本类型或已定义的构造类型。

类型说明中的后缀操作符有两个：() 表示被说明的标识符是函数，在 () 中间也可以加入函数参数表中各个参数的类型说明。[] 表示被说明的标识符是数组，[] 中可以包含数组的大小。前缀操作符只有一个，就是 *，表示被说明的标识符是指向某种类型的指针。因此这一规则也符合 C 语言中运算符优先级的规定：[] 和 () 的优先级高于 * 的优先级。下面我们从比较简单的情况开始，解读几个复杂类型变量定义的例子。

（1）int *tab[13];

标识符 tab 首先与 [13] 结合在一起，说明 tab 是包含 13 个元素的数组。然后，这一组合与 * 结合在一起，说明 tab 中的每一个元素是一个指针。最后，这个指针与 int 结合，说

明指针指向 int。因此 tab 是一个包含 13 个指向 int 型指针的数组。下面的语句是对变量 tab
合法使用的例子：

```
for (i = 0; i < 13; i++)
    tab[i] = malloc(sizeof(int) * 512);
```

这段代码为指针数组 tab[] 的各个元素都分配了可以容纳 512 个 int 型数据的空间。在这段
代码执行完毕后，tab[] 就可以作为一个 13 行 512 列的 int 型二维数组来使用了。

（2）int (*tabp)[15];

标识符 tabp 首先与 * 结合在一起，说明 tabp 是一个指针。然后，这一组合与其后缀
的 [15] 结合在一起，说明 tabp 指向的是一个包含 15 个元素的数组。这一数组的类型是 int。
因此这个定义说明 tabp 是一个指向包含 15 个元素的 int 数组的指针。下面的几个赋值语句
都是对变量 tabp 合法使用的例子：

```
int array[15], barray[6][15];
...
tabp = &array;
tabp = barray;
tabp = &barray[3];
```

（3）char (*fn(int))[8];

标识符 fn 首先与其后缀的 (int) 结合在一起，说明 fn 是一个具有 int 类型参数的函数。
然后，这一组合与 * 结合在一起，说明 fn() 的返回值是一个指针。这一指针与其后面的 [8]
结合在一起，说明指针指向包含 8 个元素的一维数组，这个数组中每个元素的类型是 char。
因此这是一个关于函数 fn() 的函数原型的说明语句，说明 fn() 是一个返回指向具有 8 个
char 型元素数组指针的函数。下面的语句是对函数 fn() 定义和使用的例子：

```
char string[][8] = { "Yes", "No", "Hello", "Right", "Wrong", "Master", "Thanks"};
char (*s)[8];
int n;
......
char (* fn(int i))[8]
{
    return &string[i];
}
......
s = fn(n);
```

（4）char (*(*fn2(int n))[])(double);

标识符 fn2 首先与其后缀的 (int) 结合在一起，说明 fn2 是具有一个 int 型参数的函数。
这一组合与 * 结合在一起，说明 fn2() 的返回值是一个指针。这一指针与其后面的 [] 结合
在一起，说明指针指向一个一维数组。这个数组再与前面的 * 相结合，说明数组中的元素
是指针。这个指针与最后面的 (double) 结合，说明指针指向一个具有 double 类型参数的函
数，而这个函数的返回值类型是 char。因此这个定义说明 fn2 是一个返回函数指针数组的
函数，该数组中的元素所指向的函数返回 char。与之相应的指针是 char (*(*(*p_fn2)(int))[])

(double)。具有上述类型的函数可以直接赋值给 p_fn2：

```
char (*(*fn2(int n))[])(double)
{
    ......
}
char (*(*(*p_fn2)(int))[])(double) = fn2;
```

（5）void (*signal(int sig, void (*func)(int)))(int);

这是 ANSI C 中 signal() 的函数原型，是 Unix/Linux 上的系统调用。该系统调用的作用是定义对信号的响应动作。信号是进程间通信的一种手段，用来通知一个正在运行的程序有一些异常的情况需要处理。对各种信号，操作系统规定了默认的处理方法，例如终止或暂停程序的运行、执行预先定义的操作，或者对信号置之不理等。如果程序中需要对某些信号做不同于默认操作的处理，就需要使用 signal() 进行信号捕捉和设置。函数 signal() 有两个参数。第一个参数是 int 型的 sig，说明需要处理的信号。第二个参数是用作信号处理的函数 func()，当信号 sig 到来时，系统就调用函数 func()，并将 sig 作为参数传递给 func()。函数 signal() 的返回值是一个此前用于该信号处理的函数。对 signal 的类型可以解读如下：标识符 signal 首先与其后缀的 (int sig, void (*func)(int)) 结合在一起，说明 signal 是一个函数，这个函数包含两个参数，第一个是 int 类型，第二个是函数指针类型，其所指向的函数具有一个 int 型的参数，且返回值类型为 void，即无返回值。然后，signal() 与 * 结合在一起，说明其返回值是一个指针。这一指针与其后面的 (int) 结合在一起，说明指针指向一个参数类型为 int 的函数，该函数的返回值类型也是 void。下面是一个使用 signal() 的例子：

```
#include <stdio.h>
#include <signal.h>
void on_intr(int sig)
{
    signal(sig, on_intr);
    fprintf(stderr, "got signal %d\n");
}

int main()
{
    ......
    signal(SIGINT, on_intr);
    ......
}
```

在这个例子中，程序捕捉信号 SIGINT，并把它的处理动作改为调用函数 on_intr()。SIGINT 定义在头文件 <signal.h> 中，表示程序中断信号。用户可以通过在键盘上键入 Ctrl-C 来对一个正在运行的程序发出这一信号，操作系统对此信号的默认处理方式是使程序退出运行。在上面的代码中，通过 signal() 设置的信号处理函数 on_intr() 首先把对后续的 SIGINT 的处理继续设为 on_intr()，然后在错误输出设备上打印一行信息。

3.6.2 强制类型转换中的复杂类型

在理解了复杂类型变量的定义规则之后，对变量进行复杂的强制类型转换也就很简单了。一般情况下，当把一个变量的类型强制转换成与已知的变量相同的类型时，只需要把目标类型的变量定义拿过来，把其中的标识符去掉，并在定义的两端加上括号，再放在类型需要转换的变量前面就可以了。例如，设变量 func 的定义是 double(*func)(double)，当把类型不同的变量 a 赋值给 func 时，就可以写成

```
func = (double (*)(double)) a;
```

在 C 程序中不但能把一个变量转换成指向函数的指针，而且对于常量也可以进行类似的强制类型转换。例如，假设在程序中需要从地址 x100 处开始运行一段代码，就可以写成下面的样子：

```
(*((void (*)())0x100))();
```

这一表达式顺序将 0x100 强制转换成为一个指向参数表为空、返回值类型为 void 的函数指针，然后再通过这一指针进行函数调用。这一技术在嵌入式系统中常有可能用到。

有时在程序中需要计算某一结构成员的地址偏移量，也就是该成员的地址相对于结构首地址的增量。这也可以通过对常量的强制类型转换来实现。以【例 3-22】中的结构类型 employee 为例。假设我们想知道成员变量 salary 的地址偏移量，就可以写成下面的样子：

```
offset = (int) &(((struct employee *) 0)->salary);
```

因为在程序中常会需要计算结构成员的地址偏移量，所以在标准头文件 <stddef.h> 中就专门定义了一个宏 offsetof 来完成这一任务。这个宏可以有多种不同的实现方法。在 Linux 上，这个宏的定义如下：

```
#define offsetof(TYPE, MEMBER) ((size_t) &((TYPE *)0)->MEMBER)
```

需要注意的是，正确的强制类型转换只能保证语句在语法上正确。至于语句在语义上是否正确，就需要编程人员自己判断了。复杂的类型转换在一些复杂的程序，特别是系统软件中有其必要性，但是在使用时需要谨慎，因为这毕竟是一种绕过 C 语言常规类型检查和限制的特殊手段。

3.6.3 类型定义语句和复杂类型的定义

为了增加程序的可读性和可移植性，避免直接描述过于复杂的类型，C 语言中提供了类型定义语句 typedef。typedef 不直接创建新的数据类型，而只是为已有的数据类型提供别名。typedef 语句的语法格式如下：

```
typedef <标识符说明>;
```

使用 typedef 定义一个新的类型名称与定义变量或函数原型的方式类似，只是在前面加上了关键字 typedef。这样，<标识符说明> 中的标识符所表示的就不再是变量名或函数名，而

是类型名称。由 typedef 语句定义的类型名的使用方式与任何其他类型完全相同。typedef 语句所说明的新类型名称既可以是基本数据类型，也可以是任何构造类型或函数类型。当然，新的类型名称必须不与任何已经存在的标识符冲突。下面是几个简单的例子：

```
typedef int Length;
typedef char * String;
typedef long time_t;

typedef tnode *treeptr;
typedef struct tnode {
    treeptr left, right;
    char *word;
    int count;
} tnode;
```

在这 5 个语句中，分别定义了 5 个新的数据类型名称。其中类型 Length 与 int 等价，String 与 char * 等价，time_t 与 long 等价，treeptr 是一个指向 tnode 的指针类型，而 tnode 就是 struct tnode 的同义语。有了 tnode 的类型定义，在使用这一结构时就不需要再写 struct tnode，而可以直接写成 tnode。这样程序代码可以显得更加简洁易懂。

使用 typedef 的一个重要作用是增加程序的可移植性。有些程序计算对数据的长度和符号类型等有严格的要求，而 C 语言中对有些基本数据类型只规定了一些限制，但是没有硬性的确切规定。这些基本数据类型的长度和符号类型等是与计算平台相关的。例如，很多计算平台和编译系统对整型数据类型的规定是不相同的：int 在有些平台上是 16 位，在有些平台上是 32 位，在有些平台上甚至是 64 位；有些平台上的 char 是有符号的，有些是无符号的。此外，不同版本的编译系统提供了一些非标准的数据类型。例如，同是 64 位的整型，在 gcc 上被称为 long long，在 MS VC++ 上被称为 __int64。为了使得代码方便地从一个平台移植到另一个平台上，保证程序在不同平台上运行结果的一致性，有些程序自行定义了一些与平台无关的基本数据类型，说明对数据长度和符号类型的要求。例如 INT32，UINT16 等，分别表示 32 位的有符号整数和 16 位的无符号整数。这样，在不同的计算平台上，只需要使用满足这一类型要求的基本数据类型作为这一类型的定义，就可以完成程序的移植工作。例如，在大多数 32 位计算平台的编译环境下，这些类型的定义如下：

```
typedef signed long      INT32;
typedef unsigned long    UINT32;
typedef signed short     INT16;
typedef unsigned shortU  INT16;
typedef signed char      INT8;
typedef unsigned char    UINT8;
```

这样，当程序被移植到其他计算平台上时，只需要根据目标平台上数据类型的长度和符号类型改变这几个类型定义，而不需要对程序的其他部分进行任何修改，就可以保证程序运行的正确性。

使用 typedef 的另一个重要作用是为复杂类型的定义提供一种分层描述的手段，以降低复杂类型定义的难度，增加复杂类型定义的可读性。例如，为了说明具有复杂返回值类型

的函数原型

```
char (*(*fn2(int))[])(double);
```

可以首先定义两个新的类型：

```
typedef char (*a_type)(double);
typedef a_type (*b_type)[];
```

其中 a_type 是一个具有 double 类型参数且返回值类型是 char 的函数指针类型，b_type 是一个指向 a_type 类型数组的指针类型。这样，上述函数原型就可以等价地定义如下：

```
b_type fn2(int);
```

这样就可以很容易地看清楚函数 fn2() 的参数类型和返回值类型。在 3.6.1 节中给出了 ANSI C 中对于设置信号捕捉的系统调用 signal() 的函数原型描述。这种描述方式使得任何一个初次接触它的人都需要花一些时间来思考才能理解。为使这一函数原型易于理解，在 Unix/Linux 的一些后续版本中，使用 typedef 定义了一个中间类型 sighandler_t，并使用这一类型定义了 signal() 的函数原型：

```
typedef void (*sighandler_t)(int);
sighandler_t signal(int signum, sighandler_t func);
```

这样，任何人都可以一目了然地看出 signal() 是一个具有两个参数并且返回 sighandler_t 类型的函数，其第一个参数的类型是 int，第二个参数的类型也是 sighandler_t，而 sighandler_t 是一个函数指针类型。

复杂数据类型的定义是编程工作中经常会遇到的问题。typedef 为复杂类型的定义和使用提供了一个方便有力的工具。当在程序中需要定义和使用复杂类型时，应当尽量使用 typedef，通过分层定义的方式定义必要的中间类型，以降低每一步类型描述的复杂度，增加程序的可读性，减少类型描述中出错的可能。

Chapter 4 第 4 章

程序中的递归

递归在可计算性理论中占有重要的地位，通过递归方式定义的是一大类被称为"递归可枚举"的概念。可以说，一切实际可以计算但又不能枚举定义的概念都是需要通过递归来定义的。因为递归在理论和实际计算中的重要性，所以现代程序设计语言中都提供了对递归这样一种常用的重要机制的描述能力，使得递归在程序设计中得到了广泛的应用。

4.1 递归的定义

概念或函数直接或间接地引用自身被称为递归。对概念自身的引用被称为递归定义，对函数自身的引用被称为递归调用。在概念或函数的定义中直接引用自身被称为直接递归，通过对其他概念或函数的引用而间接地引用自身被称为间接递归。有些概念和数据结构既有非递归方式的定义，又有递归方式的定义。例如，树是程序设计中经常用到的数据结构。在一般关于图论和数据结构的书籍中给出的定义往往是非递归的。而使用递归的方法，一棵树可以像【例 4-1】那样定义。

【例 4-1】树的概念的递归定义

1）一个节点是一棵树；

2）一棵树的每个节点可以有多个分支，其中每一个分支都是一棵树；

3）一棵树中的任意两个分支间没有公共节点。

在这个定义中，第二点就是一个递归定义：在对树的分支定义的时候用到了树的概念。也就是说，在对树的定义过程中引用了树的定义自身。树的这一定义与一般图论中关于树的定义在表述上不同，但所表达的意思是一样的。程序设计中与树类似的例子还有链表等常用的数据结构。

在实际计算中，递归也具有非常重要的作用，一些重要的算法经常是用递归方式描述和实现的。例如，在排序算法中，归并排序（merge sort）的最典型和最常用的实现方法就是递归的，而快速排序算法（quick sort）是直接通过递归定义的。下面是对数组 A 进行快速排序的算法 quicksort(A) 的定义：

1）如果 A 中的元素个数小于 2，则结束排序算法，直接返回；

2）在 A 中取一个元素 v 将 S 中的其余元素分为大于 v 和小于 v 的两部分 A1 和 A2；

3）返回 {quicksort(A1), v, quicksort(A2)}。

一些常见的数学函数和计算公式也是通过递归方式定义，或者是具有递归定义形式的。例如阶乘的计算、组合计算公式等都有递归的定义。当一个函数具有多种定义方式时，递归形式的定义往往显得更加简洁。下面是几个数值函数递归定义的例子。

【例 4-2】斐波那契（Fibonacci）级数的定义

$$F(0)=1$$
$$F(1)=1$$
$$F(n)=F(n-1)+(n-2)$$

【例 4-3】组合数计算公式的递归定义 递归定义的组合数计算公式是一个二元递归函数：

$$C_m^1=m$$
$$C_m^m=1$$
$$C_m^n=C_{m-1}^n+C_{m-1}^{n-1}$$

【例 4-4】阿克曼（Ackermann）函数的递归定义 阿克曼函数也是一个二元递归函数，其定义如下：

$$ack(0, n)=n+1$$
$$ack(m, 0)=ack(m-1, 1)$$
$$ack(m, n)=ack(m-1, ack(m, n-1))$$

在程序设计语言的定义中，更是大量地使用递归。在 C 语言的语法中，说明符、参数表、表达式、语句等都是通过递归方式定义的。图形用户界面（GUI）中的基本控件选单（menu）是在应用程序中常见的使用递归方式定义的例子：一个选单的起点是一个被称为主选单的选单，主选单中包含若干选单项，每一个选单项可以是基本项，也可以是一个选单。这样一种递归方式的定义，就可以清楚准确地描述我们无法一一列举的选单中各种可能出现的组合方式和嵌套深度。

在程序设计中经常会遇到以下情形：有些概念和数据结构既有非递归方式的定义，又有递归方式的定义。对于此类概念和数据结构，我们经常会采用其递归方式的定义。这是因为对于以递归方式定义的概念和数据结构，在 C 程序中可以方便地使用对自身进行引用的递归数据结构进行简洁的表达，使用直接或间接对自身进行调用的递归函数进行有效的处理。下面是一个自引用结构的例子。

【例 4-5】二叉树的表示 二叉树是树的一种特例，也是程序设计中常用的一种数据结构。与【例 4-1】中关于一般的树的定义不同的是，二叉树的每个节点可以有最多两个分支，其中每一个分支都是一棵二叉树。下面是二叉树的 C 语言描述：

```
typedef struct tree_node {
    int value;
    struct tree_node *l_tree;
    struct tree_node *r_tree;
} tree_node;
```

在这个结构中，成员 l_tree 和 r_tree 分别通过指针的方式引用了 struct tree_node 自身。通过这种对自身引用的方式，结构 tree_node 表达了其左子树和右子树分别是一棵二叉树的概念。在这个结构中所没有描述的是"树中的任意两个分支间没有公共节点"这一限制条件，这是因为这一要求需要检查任意两个节点之间的关系，超出了一个节点所对应数据结构的描述能力。因此这一限制条件需要在树的创建过程中进行检查并给以保证。

因为表示一棵二叉树的数据结构是通过递归方式定义的，所以采用递归函数对它进行处理就是顺理成章的了。下面是一个对二叉树进行递归处理的例子。在这个例子中函数 treat_tree() 采用中序遍历的方式对给定的二叉树的各个节点进行处理，而具体的处理方式由作为参数给出的处理函数确定。

【例 4-6】直接递归函数　对树的中序遍历：

```
void treat_tree(tree_node *treep, void (*op_func)(int))
{

    if (treep == NULL)
        return;
    treat_tree(treep->l_tree, op_func);
    op_func(treep->value);
    treat_tree(treep->l_tree, op_func);
}
```

在这个例子中，在函数 treat_tree() 的定义中直接引用了函数 treat_tree() 自身，因此这是一个直接递归函数。这个函数所表达的意思很清楚：如果一棵树为空则不进行任何操作；否则首先对一棵树的左子树使用函数 treat_tree() 进行遍历，然后对当前节点的数值调用处理函数 op_func() 进行处理，最后再对这棵树的右子树进行同样的遍历。因为使用了递归，所以这段代码很简洁，短短几行就描述了对具有任意多个节点的树的中序遍历。

除了直接引用自身之外，一个函数也可以通过间接调用的方式引用自身。下面是一个通过间接调用方式引用自身的递归函数的例子。

【例 4-7】间接引用的递归函数

```
void a(int i)
{
    ......
    b(i - 1);
}

void b(int i)
{
```

```
    ......
    a(i);
}
```

在这个例子中，在函数 a() 的定义中调用了函数 b()，而函数 b() 又调用了函数 a()，因此这是一个间接调用的递归函数。间接调用的递归函数在间接的层数上没有限制，因此多层间接递归调用也是可以的。一些有趣的曲线，例如图 4-1 中的 Hilbert 曲线和 Sierpinsky 曲线也都是间接递归定义的。有兴趣的读者可以参阅 N. Wirth 著的《算法 + 数据结构 = 程序》。

a）一阶、二阶、三阶和四阶 Hilbert 曲线　　　　b）一阶、二阶和三阶 Sierpinsky 曲线

图 4-1　Hilbert 曲线和 Sierpinsky 曲线

有些人常常对递归的概念感到难以理解，对递归的使用感到难以掌握，不知道在什么情况下应该使用递归，如何使用递归的方法来分析和描述一个问题求解的过程，以及如何写出正确有效的递归函数。除了递归的基本思想外，递归的执行机制和执行过程有时也会使人感觉困惑，有些初学者往往希望通过跟踪调试等手段了解程序的执行过程和函数的调用关系，但收效却甚微。这是因为在编程过程中，递归是一种思维方法，是一种描述问题和求解过程的手段和技术。跟踪递归程序的执行过程和递归调用序列，对于加深对递归概念的理解具有一定的帮助，但并不是最重要的。对于复杂的程序，跟踪大量的递归调用序列并不是一件很容易的事。这也是为什么要在程序设计中使用递归的原因：把复杂而机械的操作过程留给计算机去执行，编程人员只需要从概念和机制上保证程序的正确性就可以了。在从概念和原理上掌握了运用递归分析和描述问题的思维方式之后，使用递归描述计算过程，并进一步写出正确有效的递归函数并不是一件困难的事情。这也是很多数学基础较好的人往往对递归能更容易接受和掌握的原因。如果对递归的基本原理没有清楚的了解，就很容易在对程序执行过程的跟踪中迷失方向。因此，加深对递归原理的准确把握，加强抽象思维的锻炼，是掌握递归方法的关键。

递归的基本思想是把一个问题化为具有同样表示形式但是规模较小的问题，并在问题的规模缩小到一定的程度时采用适当的方法加以解决。例如，在【例 4-6】中，对一棵树的遍历可以转化为对其左子树和右子树的分别遍历以及对当前节点的直接处理。对一棵树的子树的遍历在形式上与对整棵树的遍历是相同的，但是子树是树的一部分，在规模上对子树的遍历显然要小于对整棵树的遍历。因此对于一棵节点数量有限的树，这样的分解步骤是有限的，递归遍历过程总是会在有限的步骤内终结的。

从原理上讲，递归与数学归纳法很相似。为进一步理解递归的原理和具体使用方法，可以首先回顾一下数学归纳法的基本步骤。在利用数学归纳法证明一个关于整数的公式时，首先需要证明该公式对一个整数 k 成立。然后假设该公式对某一整数 n 成立，再设法证明该公式对整数 $n+1$ 成立，以此证明该公式对大于整数 k 的任意整数成立。在使用递归方法解决问题时，基本的思想和步骤与使用数学归纳法进行证明很类似。所不同的是，递归不仅适用于求解使用整数作为规模度量指标的问题，而且适用于任何可以进行相似性分解的问题。例如在【例 4-6】中，问题的规模是以函数所要处理的树，也就是参数 treep 所指向的数据结构是否为空为度量指标的。

在递归定义中，首先需要确定递归的基础，也就是定义对问题可以直接求解的情况，以及在这种情况下的计算方法；然后需要通过使用对自身引用的方式描述问题的一般求解过程，并且在对自身的引用过程中降低问题的复杂度。这样，当问题的复杂度降低到递归基础所对应的程度时，就可以对问题进行直接求解了。相应地，一个递归函数由两个基本部分组成：第一部分是递归的终止条件和基础计算，也就是当递归参数满足基础条件时的直接计算；第二部分是对函数自身的调用，以及其他相关的计算。当然，在进行这一递归调用时，递归参数必须向着递归终止条件的方向变化，以便被递归调用的计算逐步接近递归终止条件，直至递归的终止和对基础问题的直接计算。

了解和掌握了递归的基本原理和分析方法后，按照下述步骤就可以写出相应的递归函数：

1）确定递归参数，也就是选择描述问题规模的指标，并把它作为递归函数的一个基本参数。

2）定义递归的终止条件和基础计算，也就是确定当问题的规模缩小到何种程度时就停止对问题的进一步分解，以及这时应当如何直接进行计算的详细步骤。

3）定义递归调用，说明当递归参数不满足终止条件时，如何将计算表示为一个包含对函数自身调用的计算过程。显然，在这一描述过程中，对自身调用时递归参数应更接近终止条件。

下面我们看一个在各种教科书中经常使用的递归示例——Hanoi 塔问题。

【例 4-8】Hanoi 塔问题　将按上小下大顺序套在 A 柱上的 n 个盘子移到 B 柱上，在移动过程中可以借助于 C 柱作为盘子的临时存放位置，但是在任何时候大盘都不允许放在小盘之上。

根据递归的思想，对此问题可以分析如下：当只有一个盘时，只需将盘从柱 A 移到柱 B。这一操作就是 Hanoi 塔的递归基础。假设我们可以成功地移动具有 $n-1$ 个盘的 Hanoi 塔，则移动 n 个盘的 Hanoi 塔的操作就可以定义为下列操作步骤：首先将 Hanoi 塔上的 $n-1$ 个盘由柱 A 移到柱 C，在这一过程中可以借助于柱 B；然后将最底层的盘从柱 A 移到柱 B；最后再将位于柱 C 上的 $n-1$ 个盘借助于柱 A 移到柱 B。根据这一过程描述，可以写出如下程序，为了便于阅读，我们把柱 A、B、C 更名为 from、to 和 via：

```c
void hanoi(int n, int from, int to, int via)
{
    if (n == 1) {
        move(n, from, to);
```

```
        return;
    }
    hanoi(n - 1, from, via, to);
    move(n, from, to);
    hanoi(n - 1, via, to, from);
}
```

这个递归函数中的 if 语句是对终止条件的描述和处理，其中函数 move() 是一个直接操作函数，其作用是将 n 号盘从 from 柱上移到 to 柱。两个对 hanoi() 的递归调用和一个 move() 构成了函数的第二个部分。在递归调用中的参数为 n-1，是朝着递归终止条件（n==1）的方向变化的，因此对于任何大于 1 的正整数 n，递归总会终止。函数 move() 可以根据程序对输出内容的要求来设计。对于简单的字符终端，这个函数可以只包含一个打印输出语句。当使用图形界面进行动画输出时，它可能包含一系列对图形元素的复杂操作。以下列方式调用函数 hanoi()：

```
    hanoi(n, 'A', 'B', 'C');
```

就可以完成将 *n* 个盘从 A 柱借用 C 柱移到 B 柱的操作。

对于使用递归定义的数学公式，可以很直接地写出相应函数的代码。【例 4-3-1】是组合数公式的计算函数代码。

【例 4-3-1】组合数的计算——根据公式写出计算函数

根据【例 4-3】给出的组合数计算公式可以直接写出函数 comb_num() 如下：

```
int comb_num(int m, int n)
{
    if (m < n || m < 1 || n < 1)
        return 0;
    if (n == 1)
        return m;
    if (m == n)
        return 1;
    return comb_num(m - 1, n) + comb_num(m - 1, n - 1);
}
```

与数学公式相比较，函数中只是多了前两行对参数正确性的判断。

在程序设计中，递归的思想和描述方法同样被大量地应用在非数值计算上，以便简化对问题的描述和编程。对于完成相同功能的程序，当既有递归实现的版本，又非递归实现的版本时，递归的版本要更加精练，也更容易理解。下面是一个例子。

【例 4-9】整数打印　写一个函数，使用库函数 putchar() 将一个整数打印在标准输出上。

这是 Brian W.Kernighan 和 Dennis Ritchie 所著的 *C Programming Language, 2nd Edition* 里 4.10 节中的一道例题。整数在计算机内部是用固定长度的二进制位表示其实际数值的，而当打印输出时，必须首先把它们转换成符合十进制表示方法的数字字符序列，然后才能将这些字符逐一输出到输出设备上。求解本题的基本思路是逐一地取出该整数在十进制方式下的各位数字，然后将其转换成字符并写到输出设备上。一个整数的十进制最低位数字可以通过将该数对 10 取余数获得，而用 10 对该数进行整除就可以使该数的各个十进制位数字右移一位。通过这样不断地进行取余数和整除操作，就可以按由低到高的顺序获得一个整数的各个十进制数字。因为在把每一位所对应的字符写到标准输出上时必须按照从左向右的顺序，所以必须首先输出数字的高位，然后再输出低位。当使用递归的方式思考问题时，对整数的转换和输出过程可以描述为"如果整数的值大于等于 10，则先输出该数整除以 10 之后的商，也就是该数的高位部分，然后再输出该整数被 10 整除后所得的余数，即该数的低位部分"。在考虑到对数值的符号进行必要的处理后，整个程序的代码如下：

```
void printd(int n)
{
    if (n < 0) {
        putchar('-');
        n = -n;
    }
    if (n >= 10)
        printd(n / 10);
    putchar(n % 10 + '0');
}
```

这个函数中包含两个 if 语句和一个对字符输出函数 putchar() 的直接调用。第一个 if 语句，即代码的前 4 行是对符号的处理，在第一次执行此语句之后 n 就肯定是一个大于等于 0 的数值了。因此在函数的递归调用过程中，这个 if 语句的动作部分最多被执行一次。第二个 if 语句的动作是在参数 n 的值大于等于 10 的情况下对原参数的 1/10 进行递归调用，以便首先处理和输出数据的高位。程序在处理完数据的高位后再调用函数 putchar()，完成对参数 n 所对应字符串最低位的字符转换和输出。通过这样的后序遍历，也就是先进行递归调用，再处理当前最低位数字的方式，程序就可以按照正确的顺序转换和输出 n 的各位所对应的十进制数字了。

当使用非递归方式时，因为使用整除 / 取余数的方法，数字是按从低位到高位顺序获得的，所以需要将这些数字保存在一个数组中，然后再按照正确的顺序输出。下面是这一方法的实现代码：

```
void print_int(int n)
{
    int i, digits[MAX_N];

    if (n < 0) {
        putchar('-');
        n = -n;
    }
    for (i = 0; n >= 10; i++) {
        digits[i] = n % 10;
        n /= 10;
    }
    digits[i] = n;
    for (; i >= 0; i--)
    putchar(digits[i] + '0');
}
```

这个函数中包含一个 if 语句、两个 for 循环语句以及一个独立的赋值语句。if 语句，即代码的前 4 行是对符号的处理。第一个 for 循环语句是从低到高计算 n 的各位十进制数字，并将其保存在数组 digits[] 中。第二个 for 循环语句是按照从高到低的顺序输出数组中的各个数字。在两个 for 循环语句之间的赋值语句保存 n 的最高位的十进制数字。之所以把最高位的十进制数字拿出第一个 for 语句来单独赋值，是为了处理 n 等于 0 的特殊情况。否则就完全可以把第一个 for 语句的循环条件改为 n>0 而取消这条单独的赋值语句了。与非递归版本的函数 print_int() 相比，递归版本的 printd() 显得更加简洁清晰，在程序中也没有使用任何变量作为中间结果的存储空间和循环的控制变量。

4.2　递归函数的执行

递归函数在执行上与一般的函数没有什么不同。初次接触递归的人常常容易感到困惑的是，在递归函数的函数体中，对自身调用的执行过程是在函数的定义尚未完成时进行的。这明显地与一般函数之间相互调用的描述方式不同。这一调用过程是怎么进行的，以及函数的参数和局部变量的值到底如何变化，似乎都不容易想清楚。其实，递归函数的调用过程与普通的函数调用没有什么区别。尽管在函数体中间引用了函数自身，但是这一调用是在执行阶段，也就是在函数定义完成并且编译完毕之后才进行的。我们可以把函数的递归调用看成是在函数的执行过程中调用一个与其自身同名，且具有相同代码的另一个函数。从程序的执行过程来看，进行递归调用的函数尽管与被递归调用的函数具有相同的函数名和相同的代码段，但却是两个不同的函数运行实例的嵌套调用。函数的每个运行实例都具有自己独立的局部变量，调用参数也各不相同。由于函数在被调用时的参数不同，所执行的代码段也可能不同。即使嵌套调用的函数执行相同的代码段，它们也是运行在互不相同的函数运行实例中，互相独立，互不影响。下面以【例 4-3-1】中的函数 comb_num() 为例，说明递归函数语句的调用关系和执行序列。为描述清楚起见，我们把 comb_num() 函数定义中的 comb_num(m-1, n) 标记为 C1，把 comb_num(m-1, n-1) 标记为 C2。函数 comb_num(5, 3) 在执行过程中的递归调用关系如图 4-2 所示。

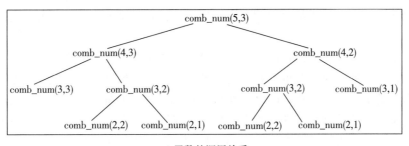

a) 函数的调用关系

图 4-2　函数 comb_num(5, 3) 的调用过程

```
comb_num(5,3)
    comb_num(4,3)                //C1
        comb_num(3,3)            //C1
        comb_num(3,2)            //C2
            comb_num(2,2)        //C1
            comb_num(2,1)        //C2
    comb_num(4,2)                //C2
        comb_num(3,2)            //C1
            comb_num(2,2)        //C1
            comb_num(2,1)        //C2
        comb_num(2,2)            //C2
```

b）函数的调用次序

图 4-2 （续）

在图 4-2b 所示的调用序列中，函数的调用是按自上而下的顺序执行的，缩进量相同的语句具有相同的嵌套深度。例如，comb_num(5,3) 调用 comb_num(4,3)，而 comb_num(4,3) 调用 comb_num(3,3) 和 comb_num(3,2)。comb_num(3,3) 没有进一步的递归调用，而 comb_num(3,2) 进一步调用了 comb_num(2,2) 和 comb_num(2,1)。在 comb_num(2,1) 执行完毕后，comb_num(3,2) 即执行完毕，而这也结束了 comb_num(4,3) 的执行。因此程序返回到 comb_num(5,3) 中，继续执行 comb_num(4,2)。

4.3 递归函数的设计

在设计递归函数前，首先需要对计算过程进行递归化的描述，确定问题中的递归参数，确定递归参数变化范围的下限，即递归条件，以及在这一参数条件下的计算方法，即递归的基础计算。然后，需要把一般参数条件下的计算过程描述为对参数规模进行降解的自引用过程。在此基础上，需要进一步考虑所需要使用的数据结构，递归参数的数据类型，递归调用时是否需要传递其他的参数，函数的返回值，以及编码过程中的其他细节。下面我们看几个递归函数设计的例子。

【例 4-10】全排列 给定正整数 N（$N<10$），生成由 1 到 N 的 N 个自然数的全排列。正整数 N 由命令行输入，结果按升序写在标准输出上，每个排列占一行，各数之间由一个空格分隔。

为了便于对问题的思考，我们首先考虑对输出顺序没有要求的全排列过程。按照递归的思考方式，可以把对 N 个数的全排列看成如下的过程：当只有一个数参加排列时，这个数就是其自身的全排列。当有 k（$k>1$）个数参加排列时，把每个数轮流放在第一位，然后再对剩余的 $k-1$ 个数进行全排列，并将结果连接在第一位之后。可以看出，参加排列的数随着递归过程的深入而递减。在这个递归过程中，参加当前排列的自然数的个数 k 就是递归参数，递归定义的终止条件是 k 等于 1，其基础计算就是输出此时的元素排列状态。于是，这一算法可以描述如下：

【算法 4-1】对 *N* 个自然数全排列的递归算法 1

1. 将 N 个自然数按升序排列，令 k 等于 N

2. 当 k 等于 1 时，输出所有元素的当前排列状态

3. 当 k 大于 1 时，将第 1 个元素与其右侧的 k-1 个元素逐一交换，并对右侧 k-1 个元素进行全排列

N 个自然数的一种排列可以用一个一维的 int 数组来保存：参加排列的数字保存在数组元素中，数组下标表示各个元素所在的位置。*N* 个元素的全排列包括 *N*! 种不同的排列。因为问题中只要求输出所有的排列而没有要求保存这 *N*! 个排列，所以一个一维数组就可以满足数据存储的要求。在进行排列的过程中，只需对这个一维数组进行操作即可。下面是这一算法的具体实现。

【例 4-10-1】全排列——【算法 4-1】的编码

【算法 4-1】由函数 perm() 实现。根据该算法，perm() 需要知道参加排列的元素的个数，也就是递归参数 k。同时，函数还需要知道保存参加排列元素的数组，以便对其进行操作。函数 perm() 只对给定元素进行排列，因此在执行完毕后无须返回任何值。根据这些要求，可以确定 perm() 的函数原型如下：

```
void perm(int k, int a[]);
```

其中 k 是参加排列的元素的个数，a 是保存各个元素的数组。根据【算法 4-1】，perm() 的代码如下：

```
void perm(int k, int a[])
{
    int i;
    if (k == 1) {
        output(res);
        return;
    }
    for (i = 0; i < k; i++) {
        swap(&a[0], &a[i]);
        perm(k - 1, &a[1]);
        swap(&a[i], &a[0]);
    }
}
```

在这段代码中，当递归参数 k 等于 1 时，函数 output() 输出排列的结果。函数 perm() 的参数 a[] 只保存了正在被排列的 k 个元素，无法通过它访问所有参加排列的元素，因此在 output() 中使用了保存所有元素当前排列状态的全局变量数组 res[]，以避免 perm() 传递与递归无关的参数。当 k 不等于 1 时，perm() 执行 for 循环语句。该语句循环体中的第一个 swap() 完成将数组 a[] 中的第一个元素与其余参与排列的元素依次交换的任务。然后函数 perm() 调用其自身，完成对后面的 n-1 个元素进行全排列的任务。第二个 swap() 恢复数组元素位置的原状，以便为下一次的"交换 - 排列"过程做好准备。在 for 循环中，循环控制变量 i 是从 0 开始递增到 k-1 的。这样，swap 进行的第一次元素交换是待排列数组中第一

个元素与其自身的交换。这样做是因为数组元素的初始排列也是全排列中的一员，利用第一个数字与自身交换的方式可以把对初始排列的处理纳入到全排列的一般处理过程中。

在上述函数中用到了两个辅助函数 swap() 和 output()。函数 swap() 交换参数中指定的两个存储位置中的数值，output() 输出排列的结果。函数 output() 假定参数 list 指向包含一个排列并且以一个整数 0 标志排列结束的一维数组。这两个函数的功能简单，代码也不长：

```c
void swap(int *a, int *b)
{
    int tmp = *a;
    *a = *b;
    *b = tmp;
}

void output(int *list)
{
    for (; *list != 0; list++) {
        putchar(*list + '0');
        putchar(' ');
    }
    putchar('\n');
}
```

下面是全局变量 res[] 和主函数 main() 的定义。函数 main() 所要做的只是读入命令行参数给出的 N，将前 N 个自然数顺序放入数组 res[] 中，并在最后一个元素后面写入 0，以标志排列的结束，然后再调用函数 perm()。

```c
int res[MAXNUM];

int main(int c, char** v)
{
    int i, n = 3;

    if (c == 2)
        n = atoi(v[1]);
    for (i = 0; i < n; i++)
        res[i] = i + 1;
    res[i] = 0;
    permu(n, res);
    return 0;
}
```

运行上述程序，在命令行给出参数 N，即可在计算机系统的标准输出上得到相应的全排列结果。当 N 等于 3 时，该程序会输出下面的结果：

```
1 2 3
1 3 2
2 1 3
2 3 1
3 2 1
3 1 2
```

程序产生了 3 个自然数的所有排列方式，基本符合要求。唯一的问题是输出结果未完全按升序排序：在最后输出的两个排列之间出现了降序。造成这种情况的原因是，在 perm() 函数中，在对数组中的某个元素与后面的元素进行交换后，数组中后面的 n-1 个数不一定是按升序排列的。因此程序的输出结果就产生了乱序。例如，在上面的例子中，排列 [3 2 1] 出现在 [3 1 2] 之前，是因为当第一个元素与第三个元素进行交换时，数组中的数字排列由 [1 2 3] 变成了 [3 2 1]，后面的两个元素不是按升序排列的，以致引起了后续两个排列之间的乱序。

为保证所有的排列按升序输出，需要在每次数字交换之后保证从第 2 个数字开始都是升序的。为此可以在对数组中的数字交换后使用排序函数对第 2 个数字开始的各个数字直接排序，也可以在数字交换后对数组元素进行循环移位。观察程序中数组数字的交换过程可以发现，在排列的初始状态，数组中的数字是按升序排列的。当第 1 个数字与第 i 个数字交换后，如果 i 大于 2，就会破坏数组元素的升序排列：区间 [2, i-1] 以及 [i+1, k] 中的数字都是升序排列，而第 i 个数字小于其两侧的数字。例如，当排列 1 2 3 4 5 中的 1 与 4 交换后，产生的结果是 4 2 3 1 5。这时 2 3 1 5 就是一个非升序的排列。为了使数组元素恢复升序排列，可以对从第 2 到第 i 位的数据进行循环右移。例如，对上面例子中的 2 3 1 循环右移使之成为 1 2 3，这样 2 3 1 5 就变成升序排列 1 2 3 5 了。在递归排列完成后，需要使用循环右移的逆操作，即循环左移使数组恢复原状，以便后续排列的生成。下面是采用这种方法实现的全排列函数 perm() 的代码。

【例 4-10-2】全排列——按升序输出的函数 perm() 的编码

```
void perm(int k, int a[])
{
    int i;
    if (k == 1) {
        output(res);
        return;
    }
    for (i = 0; i < k; i++) {
        swap(&a[0], &a[i]);
        circle_right(a, 1, i);
        perm(k - 1, &a[1]);
        circle_left(a, 1, i);
        swap(&a[i], &a[0]);
    }
}
```

这段代码中的 circle_right() 和 circle_left() 分别是循环右移和循环左移函数，其第一个参数是被移位的数组，后两个参数给定循环移位的区间。这两个函数的定义都不复杂，我们把它们留给读者作为练习。上述这些函数，再加上对输入数据中可能出现的错误的处理，就构成了一个完整的在标准输出上打印出 N 个整数全排列的程序。

很多时候，对于一个问题的递归描述不止一种方法。不同的描述可能产生不同的算法和程序。以全排列为例，我们可以从另外一个角度来描述这一问题：对 N 个元素的全排列可以被看成是从由 N 个元素构成的集合 A 中逐一取出元素，放到排列的首位，然后再用 A

中剩余的元素在其后各位进行全排列，直至完成对第 N 位的全排列为止的过程。这一思想所对应的算法可以描述如下：

【算法 4-2】对 N 个元素全排列的递归算法 2

1. 将所有元素放入集合 A 中，令 k 的初始值等于 1

2. 当 k 等于 n 时，输出排列的结果

3. 当 k 小于 n 时，从集合 A 中按升序逐一取出各个元素放在第 k 位，并在每次对第 k 位赋值后使用 A 中剩余的元素对第 k 位之后的各位进行全排列

在这一算法中对每一位的赋值是从集合 A 中按升序依次进行的，因此所有的排列也自然是按升序产生的。为了实现这一算法，除了需要一个表示排列结果的数据结构之外，还需要一个可以表示集合 A 的数据结构。这个结构应当能够表示当前集合中有哪些元素，并且可以方便地执行从集合中按升序取出元素和加入元素的操作。因为集合中的元素都是自然数，所以可以使用一个一维整型数组来表示这一集合：数组的下标标识集合的各个元素，数组元素的值表示该元素是否在集合中。对于递归函数，必须传递的参数只有排列中当前正在被处理的位置 k，即递归参数，其余元素对象都可以作为全局变量在函数中直接访问。为了代码阅读的方便，我们把排列的长度 n 也作为参数传递，尽管这一参数在递归调用中是不变的。下面是这一算法的实现代码。

【例 4-10-3】全排列——【算法 4-2】的编码

```c
int res[MAX_N], used[MAX_N];

void perm_2(int k, int n)
{
    int i;

    if (k == n) {
        output(res, n);
        return;
    }
    for (i = 0; i < n; i++) {
        if (used[i])
            continue;
        used[i] = 1;
        res[k] = i;
        perm_2(k + 1, n);
        used[i] = 0;
    }
}
```

调用 perm_2(0, n) 即可完成对 n 个自然数的全排列。在上面这段代码中，数组 res[] 保存排列结果，used[] 是对应于集合 A 的数据结构，但它不是集合本身，而是集合的补集。used[i] 等于 1 表示元素 i 已被排列中前面的某一位使用，因此不在集合 A 中，而 used[i] 等于 0 表示元素 i 未被使用，因此在集合 A 中。之所以在程序中使用数字集合 A 的补集而不是集合 A 本身，是为了利用 C 语言对全局数组初始化为全 0 的功能，以便简化代码。

在递归函数的设计中有两点特别需要注意。首先，在递归函数中至少应有一个条件语

句对递归终止条件进行判断。这一条件判断语句既可以是 if 语句，也可以是 for 或 while 等循环控制语句，取决于需要递归描述的计算过程。但是这一条件判断语句必须出现在递归调用语句之前，否则函数会在递归调用的过程中因为没有机会判断终止条件是否成立而进入无限递归，并最终导致耗尽系统资源而使程序崩溃。其次，在进行递归调用时，递归参数必须向终止条件靠拢，否则函数也会由于递归调用过程的不收敛而引起系统崩溃。

4.4　递归的优点和缺点

使用递归的主要优点是，对问题的描述简洁，便于理解，而且不易出错。只需要给出恰当的归纳基础，也就是递归调用的终止条件，以及递归调用与递归基础的关系即可以完整地描述一个问题的求解过程。递归方法所描述的是通过对问题的归纳得出的规则，因此只要归纳过程正确，程序代码的描述在原则上就没有问题。这样，凡是能通过归纳方法得出一般规律的计算过程，都可以很直接很方便地写出相应的递归程序。相对于非递归的描述，递归的描述看起来更简洁，相应的程序也更加精练。下面我们看一个例子。

【例 4-11】计算最大公约数　辗转相除法又称欧几里得法，是计算两个整数间最大公约数的有效算法，其计算过程是，若整数 b 可以整除整数 a，则 b 就是两数的最大公约数。否则以 b 除 a 的余数作为除数去除原来作为除数 b，如此辗转相除，直至余数等于 0 为止。最后的除数就是原来两数的最大公约数。这是一个典型的迭代算法，可以使用循环语句来实现：

```
int gcd(int a, int b)
{
    int r;
    if (b == 0)
        return a;
    for (r = a % b; r != 0; r = a % b) { // 迭代，直至r中保存的余数为0
        a = b;
        b = r;
    }
    return b;
}
```

如果使用递归方法，则辗转相除法的描述可以简洁得多：如果 b 等于 0，则 gcd(a, b) 等于 a，否则 gcd(a, b) 等于 gcb(b, a % b)。这样，相应的程序就可以写成如下的形式：

```
int gcd(int a, int b)
{
    return b == 0 ? a : gcd(b, a % b);
}
```

与迭代计算相比，递归计算的代码要简单得多，而且也更容易理解。

递归适用于许多类问题，而不仅仅限于数值计算。在实际的应用程序中，有相当多的数据对象是递归定义的。对于这些数据对象，采用递归方法进行处理就是非常自然而方便的了。由于递归方式描述简洁，其所对应的代码也很紧凑短小。紧凑短小的代码不仅便于编写，也减少了产生错误的机会。即使在编码中有少量的错误，调试和改正起来也很方便。下面我们看一个例子。

【例 4-12】使用通配符的字符串模式　在操作系统中允许使用通配符 '?' 和 '*' 来描述文件名模式，其中 '?' 表示一个任意字符，'*' 表示 0 个或多个任意字符。例如，t?sk.c 可以匹配 task.c、tbsk.c、t1sk.c 等，task* 可以匹配 task、task.c、task1、task.task 等。写一个函数 match()，其原型为

```
int match(char *pat, char *str);
```

其中 pat 是一个包含通配符的模式串，str 是一个不包含通配符的待匹配字符串。当 str 可以与 pat 匹配时，函数 match() 返回 1，否则函数返回 0。

两个普通字符串的比较并不复杂，包含通配符 '?' 的字符串与普通字符串的比较也很简单，因为 '?' 可以匹配任何字符。稍微复杂一些的是包含通配符 '*' 的字符串与普通字符串的比较，因为 '*' 可以匹配 0 个或多个普通字符，一个格式串中的 '*' 可以有多个，可以出现在任意位置。如果使用常规的思想解决这个问题，编程不太容易。但是，如果采用递归的思想，解决问题的方法就很简洁了：比较模式串与待匹配串中的第一个字符，如果能够判断比较的结果是成功或者失败，则立即返回，否则就将去掉已比较字符的两个子串的比较结果作为两个完整串的比较结果。根据这一思想，可以写出算法如下：

【算法 4-3】使用通配符的字符串匹配

1. 如果模式串为空，且待匹配串也为空，则匹配成功
2. 当模式串中的首字符是普通字符时，如果其与待匹配串中首字符不相同，则返回匹配失败；否则返回去掉各自首字符的模式子串和待匹配子串的匹配结果
3. 当模式串中的首字符是通配符 '?' 时，如果待匹配串为空，则返回匹配失败；否则返回去掉各自首字符的模式子串和待匹配子串的匹配结果
4. 对于模式串中的通配符 '*'，将去掉该通配符的模式串依次与去掉 0 个、1 个直至所有字符的待匹配 (子) 串进行匹配，只要其中有一个匹配成功就返回匹配成功，否则返回匹配失败

根据上述算法，可以写出代码如下：

```
int match(char *pat, char *str)
{
    int n, len = strlen(str);
    switch (*pat) {
    case '\0':
        return *str == '\0';
    case '?':
        if (*str == '\0')     //没有所需的字符
            return 0;
        return match_1(pat + 1, str + 1);
    case '*':
        for (n = 0; n <= len; n++)
            if (match(pat + 1, str + n))
```

```
                return 1;
            return 0;
        default:
            if (*pat != *str)
                return 0;
            return match_1(pat + 1, str + 1);
    }
}
```

上述代码也有可以改进的地方。例如，如果在匹配过程中遇到的通配符 '*' 是模式串中最后一个字符，则该通配符可以匹配其后所有的字符，因此匹配成功。这样，在 case '*': 之后加上下面两行：

```
if (pat + 1 == '\0')
    return 1;
```

就不需要在后面的 for 语句中使用递归对后面的字符串进行匹配了。此外，对于模式串中的普通字符和通配符 '?'，也可以使用循环语句进行逐一的匹配，以避免当模式串过长时递归深度过深。这样，程序的递归深度就等于模式串中通配符 '*' 的个数。下面是只对通配符 '*' 采用递归的匹配函数 match_1()：

```
int match_1(char *pat, char *str)
{
    int i, j, n, len = strlen(str);

    for (i = j = 0; pat[i] != '\0'; j++) {
        switch (pat[i]) {
        case '?':
            if (str[j] == '\0')             // 没有所需的字符
                return 0;
            i++;
            break;
        case '*':
            if (pat[i + 1] == '\0')         // 匹配所有后续内容,不必再比较
                return 1;
            for (n = 0; n <= len - j; n++)
                if (match(&pat[i + 1], &str[j + n]))
                    return 1;
            return 0;
        default:
            if (pat[i] != str[j])
                return 0;
            i++;
        }
    }
    return str[j] == '\0';
}
```

当然，任何事物都有两面性。使用递归也有一些缺点，其中最主要的就是在对有些问题求解时，不恰当地使用递归会引起递归调用的深度过大，计算效率下降。同时，过大的

递归调用深度也有可能占用大量的存储空间，使得程序由于内存资源不足而无法运行。有人因此建议在程序中应尽量避免使用递归。其实这是不正确的。和其他策略性算法一样，递归算法有其自身的适用范围。在程序设计中，需要根据问题的性质和特点，选择合适的算法，既不要刻意地回避使用递归，也不要不加分析地滥用递归。当然，要做到这一点不是简单地记住一些规则就可以的，它需要长时间的锻炼和经验的积累。

4.5 递归函数的效率

有人认为使用递归函数会极大地降低程序运行的效率，其实这种看法并不准确。递归作为一种调用自身的函数，与一般函数并没有什么太大的区别。唯一的区别是由于递归调用，有可能使得函数嵌套调用的层次比较多。比起可能替代递归的循环计算，递归所付出的额外代价就是执行函数调用所需要执行的代码，其中主要的就是函数调用所需要的参数的传递和函数运行环境的保存。目前，大多数先进的 CPU 对于函数调用，包括深层函数调用，都有很好的支持。现代计算机在内存等资源方面也比早期的计算机有了极大的丰富，完全可以满足合理使用递归函数时的要求。因此在一定的范围内，函数调用的嵌套并不会显著降低递归函数的运行速度。例如，对于计算最大公约数，递归定义的 gcd 计算函数与非递归定义的函数在性能上相差无几。我们可以通过对程序运行的计时来具体地获得在一个计算平台上函数调用所需要的时间。下面的程序段就是一个简单地测试函数调用开销的例子。

【例 4-13】函数调用开销的测试

```
double cpu_time()
{
    return clock() * 1e3 / CLOCKS_PER_SEC;
}

int sum(int x, int y)
{
    return x + y;
}
#define N_TIMES  100000000
int main()
{
    double t1, t2, t3;
    t1 = cpu_time();
    for (i = 0; i < N_TIMES; i++)
        s = sum(i, j);
    t2 = cpu_time();
    for (i = 0; i < N_TIMES; i++)
        s = i + j;
    t3 = cpu_time();
    printf("Sum time: %f mS\nAdd time%f mS\n", t2 - t1, t3 - t2);
    return 0;
}
```

这段程序在 1.7GHz P4 上的运行时间是，使用 sum() 函数时完成 10^8 次加法需要

5100ms，而直接进行两数相加只需要 500ms。这两者之间相差的 4600ms 就是 10^8 次函数调用所需要的额外开销。因此每次函数调用的开销为 $4.6×10^{-8}s=46ns$。从这些计时数据也可以粗略地看出，一次函数调用所需要的 CPU 时间大约相当于 9 次整型的加法运算。当函数中的计算量比较大时，这点开销可以认为是微不足道的。

在一般情况下，影响递归函数效率的不是递归本身，而是对递归不正确的使用。可能影响递归函数执行效率的原因主要有下列两个：第一是函数体简单，参数传递过多，使得函数调用过程所占的比例过大。例如，如果函数体内只有一两个简单的加减法运算和赋值语句，函数调用的开销有可能占到整个函数运行时间的三分之二以上。第二是对递归的不正确使用引起大量重复的计算。对于多数效率低下的递归代码，这一原因更加突出。下面我们以斐波那契函数为例，来进一步分析一下这个问题。

【例 4-14】斐波那契函数——递归方法 斐波那契函数 Fib(x) 是递归定义的：Fib(0)=1，Fib(1)=1，Fib(n)=Fib(n-1)+Fib(n-2)。根据这一定义可以直接写出斐波那契函数的实现如下：

```
fib(int n)
{
    if (n == 0 || n == 1)
        return 1;
    return fib(n - 1) + fib(n - 2);
}
```

运行这段程序可知，尽管计算结果正确，但是程序在计算效率上却极低。随着 n 的增加，计算所需的时间迅速增加。表 4-1 列出了斐波那契函数的调用次数与参数的关系：

表 4-1 斐波那契函数的调用次数

参数	5	10	15	20	25	30	35	40	45
调用次数	15	177	1973	21891	242785	2692537	29860703	331160281	3672623805
运行时间（s）	0	0	0	0	0.003	0.040	0.510	5.680	64.010

从表 4-1 可以看出，函数的调用次数随参数的增加呈指数型增长，参数每增加 5，调用次数增长大约 10 倍。这是因为，这段程序在计算时对任何一个大于 1 的参数，都要通过递归调用对参数进行降解，直至递归基础。在这个递归过程中，一个函数值可能会被多次使用。因为函数在计算过程中没有保留任何已被计算过的值，所以在后面的计算中需要用到这些值时，还需要再次进行重复计算。例如当计算 fib(5) 时，根据函数的定义，需要首先计算 fib(4) 和 fib(3)。而当计算 fib(4) 时，需要计算 fib(3) 和 fib(2)。这时，fib(3) 又会被重复计算一次。这种重复的计算随着 n 值的增加而成倍地增长。为了提高斐波那契函数的计算效率，可以不使用递归，转而使用循环以及相应的中间结果保存机制。下面的代码就是一种可能的实现方案：

【例 4-14-1】斐波那契函数——使用滑动窗口的非递归方法

```
int fib_2(int n)
{
```

```
    int a[MAX_N], i;
    if (n == 0 || n == 1)
        return 1;
    a[0] = a[1] = 1;
    for (i = 2; i <= n; i++)
        a[i] = a[i - 1] + a[i - 2];
    return a[n];
}
```

可以清楚地看出，斐波那契函数的计算是在一个大小为 3 的滑动窗口中进行的。使用 32 位的整数，在不溢出的情况下只能计算到 Fib(45)，所以 MAX_N 大于 45 就可以了。当然，实现滑动窗口计算也可以不使用数组作为存储结构，而只使用普通变量来保存运算的中间结果。下面是相应的代码。

【例 4-14-2】斐波那契函数——不使用数组的非递归方法

```
int fib_3(int n)
{
    int a1 = 1, a2 = 1, a3, i;
    if (n == 0 || n == 1)
        return 1;
    a3 = a1 + a2;
    for (i = 2; i < n; i++)
        a1 = a2, a2 = a3, a3 += a1;
    return a3;
}
```

如果把变量 a1、a2 和 a3 改为 double 类型的浮点数，fib_3() 最大能计算到 Fib(1475)，其中精确值只能计算到 Fib(87)。参照【例 4-14-2】，在递归实现斐波那契函数时也完全可以采用适当的方法来模拟滑动窗口机制，提高计算效率。

【例 4-14-3】斐波那契函数——使用滑动窗口的递归方法

```
int fib_4(int n, int a, int b)
{
    if (n <= 0)
        return b;
    return fib_4(n - 1, b, a + b);
}
```

在斐波那契函数的这个递归定义中增加了参数 a 和 b，作为中间结果的保存和传递单元。操作窗口的滑动是通过在递归调用时对这两个参数的修改来实现的。在初始调用时，使用 1 作为参数 a 和 b 的值。例如，计算 Fib(n) 的值时，调用形式是 fib_4(n, 1, 1)。因为避免了对函数自身不必要的重复调用，函数 fib_4() 的计算复杂度与函数 fib_2() 和 fib_3() 相同，都是 $O(n)$ 的。这也印证了这样一个观点，即递归函数调用并不是引起计算效率低下的直接原因。一个程序的计算效率并不简单地取决于是否使用了递归，而在于是否真正理解了问题，是否选择了正确的算法。同时，尽管 fib_2() 和 fib_3() 的代码不长，但与它们相比，fib_4() 显得更加简洁一些。在后面关于程序优化的章节中我们会看到，对有些问题，使用递归的效率明显高于其他非递归的方法。

4.6　递归函数的使用

　　任何一种技术都有其适用范围，递归也不例外。只有了解了递归的适用范围，才能更有效地掌握和使用递归，使其在编程中发挥应有的作用。

4.6.1　适宜使用递归的情况

　　递归可以把规模较大的复杂问题降解为规模较小、便于把握的问题，是一种分析问题的有力工具。对一个问题的递归描述常常产生于归纳性的思维过程。因此在分析一个问题时有意识地使用递归方式，可以使我们逐步养成严谨的思考习惯。同时，递归的表达方式简洁、精练，有助于对问题的描述，其相应的程序实现也比较容易，产生的代码较短，出错的可能性也小。在适当的问题中使用递归对于提高程序的正确性、可靠性和可维护性都有一定的作用。因此在程序设计中，对于递归的使用不应该刻意回避，而应该对具体问题进行分析，在适宜使用递归的情况下合理地使用递归，在不适宜使用递归的情况下，也应当避免对递归的滥用。一般说来，适宜使用递归算法的情况主要有下列几种：

　　1）对递归数据结构的操作。

　　2）分治算法。

　　3）嵌套层次可变的多重循环。

　　4）深度优先式搜索。

　　5）在常规计算规模内具有满足效率要求的递归算法的问题。

1. 对递归数据结构的操作

　　对递归定义的数据结构使用递归算法进行操作是很自然的。因为被操作的数据结构是通过递归方式定义的，所以只要依据数据结构的定义，就可以很容易地写出相应的处理过程。下面我们看一个例子。

　　【例 4-15】树的后序遍历节点序列　设树的节点用一个字符表示。给出树的前序遍历和中序遍历的节点序列，计算并输出对该树后序遍历时的节点序列。

　　树的前序遍历和中序遍历的节点序列可以唯一地确定一棵树，因此也就唯一地确定了该树后序遍历的节点序列。例如，给定前序遍历序列 12345678 和中序遍历序列 32415768，其对应的树如图 4-3 所示。该树的后序遍历节点序列为 34278651。

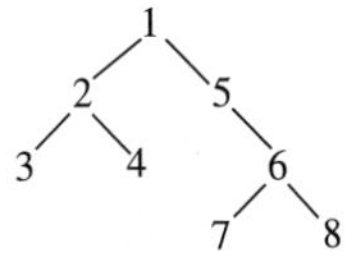

图 4-3　一个二叉树，其中的数字表示节点编号

　　设树的前序遍历序列 $A = a_1 a_2 ... a_n$。根据前序遍历的定义可知，A 中第一个节点 a_1 是树的根节点。在中序遍历序列 $M = m_1 ... m_j ... m_n$ 中，若 m_j 等于根节点 a_1，则 $m_1 ... m_{j-1}$ 是左子树的中序遍历序列，$m_{j+1} ... m_n$ 是右子树的中序遍历序列。因为在前序遍历序列中节点是按根节点、左子树节点、右子树节点的顺序排列的，所以 $a_2 ... a_j$ 是左子树的前序排列，$a_{j+1} ... a_n$ 是右子树的前序遍历序列。这样我们就可以写出根据前序和中序遍历序列生成后序遍历序列的算法。

【算法 4-4】根据前序和中序遍历节点序列生成树的后序遍历节点序列

1. 当序列长度为 0 时不进行任何操作

2. 当序列长度为 1 时，输出该序列。否则执行下列各个步骤

3. 在中序遍历序列中找到与前序遍历序列中第一个元素相同的元素 m_j，将中序遍历序列分为 $M1=m_1...m_{j-1}$ 和 $M2=m_{j+1}...m_n$ 两部分

4. 生成对应于前序遍历序列 $A1=a_2...a_j$ 和中序遍历序列 $M_1=m_1...m_{j-1}$ 的后序遍历序列

5. 生成对应于前序遍历序列 $A2=a_{j+1}...a_n$ 和中序遍历序列 $M2=m_{j+1}...m_n$ 的后序遍历序列

6. 输出 a_1

在这个算法中，第 3 步和第 4 步是调用自身的递归描述。根据这一算法，可以直接写出下列代码：

```c
void gen_post(char *pre, char *mid)
{
    char *p;
    int n, a1;

    n = strlen(pre);
    if (n == 0)                    // 空树,不处理
        return;
    if (n == 1)     {              // 只有一个节点,输出之
        putchar(pre[0]);
        return;
    }
    a1 = *pre;                     // 保存根节点
    p = strchr(mid, pre[0]);
    *p = '\0';                     // 前序的第一个节点将中序分为左右子树两个部分
    n = strlen(mid);
    strncpy(pre, &pre[1], n);      // pre中左子树的前序左移
    pre[n] = '\0';                 // 截断pre,分离左右子树的前序

    gen_post(pre, mid);            // 递归处理左子树
    gen_post(&pre[n + 1], p + 1);  // 递归处理右子树
    putchar(a1);                   // 输出根节点
}
```

函数 gen_post() 中的两个字符串参数分别是同一棵树的前序遍历和中序遍历序列。函数不返回值，只是把该树的后序遍历序列写在标准输出上。代码中的 strchr() 和 strncpy() 均为标准库函数，其中 strchr(s, c) 在字符串 s 中查找字符 c 第一次出现的位置，strncpy(s, t, n) 将字符串 t 中最多 n 个字符复制到字符数组 s 中。对于函数中各个语句的解释参见代码中的注释。

2. 分治

分治（divide and conquer）是问题求解中常用的一种策略，其基本思想是把一个问题分解成规模较小的子问题，分别对这些子问题求解，然后再把子问题的解集成在一起，形成对整个问题的解。这一思想与递归很相似，因此很多问题的分治算法都可以通过递归来实现。下面是一个使用递归实现分治的例子。

【例 4-16】二维线段的二分绘制　给定线段的两个端点的坐标，在图形设备上绘制出该直线。

　　二维线段的绘制是计算机图形学中的一个基本操作。在计算机图形系统中，二维的几何元素是由图形设备上在二维空间均匀分布的像素显示的，每一个像素的位置由两个整型的坐标值来确定。图形系统的基本绘图原语是对像素的操作：将由二维坐标指定的像素设置为规定的颜色和亮度，以构成更复杂的图形元素或画面。在绘制一条二维线段时，图形系统计算出该线段的轨迹，并将最接近该轨迹的像素设置为规定的颜色和亮度。下面是一个二维线段绘制函数的例子：

```
void draw_2d_line_1(int x1, int y1, int x2, int y2)
{
    int dx, dy, steps, k;
    double x_inc, y_inc, x, y;

    dx = x2 - x1;
    dy = y2 - y1;
    if (abs(dx) > abs(dy))
        steps = dx;
    else
        steps = dy;
    x_inc = (double) dx / steps;
    y_inc = (double) dy / steps;   // 计算沿各个坐标轴前进的步长
    x = x1;
    y = y1;
    draw_pixel((int) x, (int) y);
    for (k = 0; k < steps; k++) { // 参数方程计算
        x += x_inc;
        y += y_inc;
        draw_pixel((int) x, (int) y);
    }
}
```

　　这个函数使用了二维直线的参数方程来计算线段轨迹上的各个像素的坐标。因为像素的坐标是离散值，所以参数 k 取整型值。为了避免以 0 作为除数的错误，以及减小计算误差，函数使用线段两个端点间最大的坐标增量作为参数的取值范围。为提高计算速度，函数中使用加法代替乘法。在绘制线段上的像素时，程序中使用了函数 draw_pixel()。该函数把指定坐标上的像素置为线段所需要的颜色和亮度。

　　在各种非递归的线段绘制算法中，这个函数所采用的算法是比较简洁的。但是它依然包含一些比较复杂的计算步骤：需要计算线段在两个坐标方向上的增量，并取其中的最大值作为参数的变化区间；需要计算参数步长在每一个坐标轴上的增量；需要使用循环来遍历参数的取值区间。与此相比，使用分治的算法就要简洁得多了。使用分治方法绘制二维线段的基本思想是，给定线段的两个端点，如果这两个端点相邻，也就是这两个端点间任意一个坐标方向上的距离都不大于 1，则绘制尾端的端点；否则，就将这一线段从中间分为两段，并分别绘制这两个子线段。与这一描述相对应的函数代码如下：

```
void draw_2d_line_2(int x1, int y1, int x2, int y2)
{
    if (abs(x1 - x2) <= 1 && abs(y1 - y2) <= 1) {
```

```
        draw_pixel(x2, y2);
        return;
    }
    draw_line(x1, y1, (x1 + x2) / 2, (y1 + y2) / 2);
    draw_line((x1 + x2) / 2, (y1 + y2) / 2, x2, y2);
}
```

与函数 draw_2d_line_1() 相比，使用二分的线段绘制算法不仅在程序描述的简洁性方面具有明显的优势，而且不需要用到浮点数据类型和除法，甚至整数的除以 2 的操作也可以用右移一位来代替。这就使得这一算法在计算功能较弱的专用计算平台上具有特殊的意义。以这一函数为基础，通过递归函数的非递归化，还可以减少函数调用的开销，进一步提高计算速度。

3. 层数可变的多层嵌套循环

递归函数在需要控制多层嵌套循环的层数时也会用到。在大多数程序中，多层嵌套循环的层数是已知的，在代码中一般采用嵌套的循环语句来实现。但是有些时候，循环嵌套的深度是随着程序所要处理的数据而变化的，不能预先确定。这样，在编码时就不能直接使用循环语句来描述这样的循环结构。为描述层数可变的嵌套循环，可以使用递归函数，把需要循环执行的步骤封装在函数体中，把嵌套的层次作为函数的递归参数，把需要嵌套循环的最深层数作为递归参数的终止条件。这样，嵌套循环的层数就可以在程序运行时动态地确定。下面我们看一个例子。

【例 4-17】M 个 N 构成的算术表达式　给定整数 $M(4<M<10)$、$N(1<N<10)$ 和 $S(S \geqslant 0)$，生成所有由 M 个 N 以及必要的括号构成、且值等于 S 的算术表达式。每个四则运算符在表达式中必须出现至少一次。M、N 和 S 按顺序在命令行参数中给出，可以按 S、N、M 的顺序缺省。M、N 和 S 的默认值分别是 8、8 和 100。

这个问题的基本求解过程可以描述如下：逐一生成所有由 M 个 N 以及必要的括号构成、且包含所有四则运算符的算术表达式，然后对这些表达式求值，并输出值等于 S 的表达式。在这个求解过程中，需要解决表达式的生成和求值两个问题。

算术表达式是由运算对象和运算符交替连接构成的。四则运算符都是二元运算符，因此运算符的数量等于运算对象的数量减 1。为生成所有可能的表达式，最直观的方法是使用字符串表示表达式，使用嵌套循环在运算符所在的位置上对运算符进行枚举。但是，这里有两个难点需要处理。第一个难点是如何处理括号。括号是改变运算符优先级的工具，不同的括号组合会影响到表达式的含义和求值。在直接使用中缀表达式的方法中，生成所有可能的括号组合以及选择适当的括号插入位置是一个困难的任务。第二个难点是如何控制循环的嵌套深度。循环的嵌套深度取决于运算对象的数量，而运算对象的数量 M 是从程序的命令行参数中读入的，因此循环嵌套的层数也就无法在编码阶段预先确定。

使用后缀表达式可以解决括号处理的难题。后缀表达式又称逆波兰表达式，是一种把运算符放在运算对象后面的表示方式。后缀表达式中的计算顺序完全由运算符的位置确定，既不需要使用括号，也没有运算符优先级的概念。例如，a+b 在后缀表达式中写为 a b+， (a+b)*c 在后缀表达式中写为 a b+c*。使用一个字符串存储后缀表达式，在字符串中的每一个位置上对可能选择的包括运算对象和运算符在内的符号进行枚举，就可以逐一生成出与所有由 M 个 N 以及必要的括号构成的中缀表达式等价的后缀表达式。根据运算规则，后缀表达式的前两个符号必须是运算对象。因此只需要对字符串中的后（$2M-3$）个位置进行枚举即可。对括号的处理可以在从后缀表达式向中缀表达式的转换过程中进行：根据表达式的实际运算顺序以及运算符在中缀表达式中的优先级，就可以知道哪些子表达式需要用括号括起来后再与表达式的其他部分连接起来。

　　对字符串中一个位置上的元素进行枚举可以使用循环。对长度不确定的字符串中每个位置上的元素逐一枚举可以使用递归：使用递归函数把对字符串中一个元素的枚举封装起来，用字符串中的元素下标作为递归参数。比较元素下标与字符串的长度即可知道是否需要对当前下标指定的元素进行枚举。在完成了对当前位置上元素的一次合法枚举之后，即可通过对函数的递归调用对其后的位置进行枚举。在完成了对所有后续元素的枚举之后，函数返回到其调用者，根据枚举顺序对该元素进行新的设置，并继续对后续元素进行递归枚举。根据上述讨论，可以写出代码如下：

```c
int cop, cnum, num, len, sp, ops;
char seq[MAX_M *2];
enum {DIGIT, ADD, SUB, MUL, DIV, MAX_ENUM};
void set_pos(int m)
{
    int i;
    if (m >= len) {
        eval();
        return;
    }
    for (i = 0; i < MAX_ENUM; i++) {
        switch (i) {
        case DIGIT:
            if (cnum == num)
                break;
            seq[m] = 'D';
            cnum++;
            set_pos(m + 1);
            --cnum;
            break;
        case ADD:
        case SUB:
        case MUL:
        case DIV:
            if (cnum - cop < 2)
                break;
            seq[m] = i;
            cop++;
            set_pos(m + 1);
            --cop;
            break;
        }
    }
}
```

函数 set_pos() 基本上是上述讨论的直接翻译。字符串的长度因为不是递归参数，所以使用了全局变量。除了字符串数组 seq[] 和字符串长度 len 以外，函数中还使用了三个全局变量：一个是保存了表达式中所要包含的运算对象的个数 M 的变量 num，另一个是保存了字符串中当前已经含有的运算对象个数的 cnum，第三个是保存了字符串中已经含有的运算符个数的 cop。使用这些变量是因为在枚举过程中应该随时保证在字符串中出现的运算对象的数量大于运算符的个数，并且不大于给定的 M。这两个条件是由 for 语句中的两个 if 语句分别控制的。当函数 set_pos() 的参数 m 等于字符串预定的长度 len 时，说明在字符串中已经生成了一个合法的后缀表达式。此时，使用函数 eval_ok() 对这一后缀表达式求值。该函数根据这一表达式的值是否等于 S，以及表达式中是否使用了全部的四则运算符而分别返回 0 或 1。对于符合要求的后缀表达式，使用函数 output() 将其转换成中缀表达式并输出到标准输出上。

在函数 set_pos() 中，当字符串中一个元素被设置为运算对象时，使用了字符 D 来表示而没有直接使用数字 N。这是为了避免给定的 N 与各个运算符的内部表示相冲突。此外，因为合法的后缀表达式的前两个元素必须是运算对象，所以函数 set_pos() 的初始调用参数为 2，表示枚举从字符串的第三个元素开始，字符串中前两个元素可以通过初始化的方式固定地设置为 D。

函数 eval_ok() 中对后缀表达式的求值是通过栈式计算完成的：对后缀表达式从左至右进行扫描，当遇到数字时将其进栈，当遇到运算符时从栈顶弹出两个操作数参与运算，并将计算结果压入栈中。对表达式中运算符的统计是通过位运算完成的：加、减、乘、除在变量 ops 中分别用一位二进制位表示，在对后缀表达式求值时，每当遇到一个运算符时就将相应的二进制位置为 1。在对表达式求值完毕后，根据变量 ops 的值是否等于 0x0f 即可判断该表达式是否用到了全部四个运算符。eval_ok() 的代码如下：

```c
#define pop() stack[--sp]
#define push(v) stack[sp++] = (v)
double stack[MAXLEN], target, dig;
int eval_ok()
{
    int i;
    double t1, t2;

    ops = sp = 0;
    for (i = 0; i < len; i++) {
        if (seq[i] != 'D')
            ops |= 1 << (seq[i] - ADD);
        if (seq[i] == 'D') {
            push(dig);
            continue;
        }
        t1 = pop();
        t2 = pop();
        switch (seq[i]) {
        case ADD:
            push(t1 + t2);
            break;
        case SUB:
```

```
            push(t1 - t2);
            break;
        case MUL:
            push(t1 * t2);
            break;
        case DIV:
            if (t2 == 0.0)
                return 0;
            push(t1 / t2);
            break;
        default:
            fprintf(stderr, "Error in eval_ok(), i = %d, s = %d\n", i, seq[i]);
            return 0;
        }
    }
    t1 = pop();
    if (t1 != target) return 0;
    return ops == 0x0f;
}
```

将后缀表达式转换为中缀表达式的过程与对后缀表达式的求值过程相类似:对后缀表达式进行从左至右的扫描,在遇到数字或表达式时将其进栈,在遇到运算符时将栈中的数字或表达式弹出,与正在处理的运算符一起构成中缀表达式并压入栈中。这里与求值过程的一个主要区别是需要对表达式的优先级进行处理,以便为表达式加上必要的括号。运算符的优先级遵循算术中的规定,每一个表达式的优先级等于其主运算符的优先级,单个数字具有最高的优先级。当优先级低的运算符连接优先级高的表达式时,被连接的表达式的两端不需要增加括号。当优先级高的运算符连接优先级低的表达式时,被连接的表达式的两端需要增加括号。此外,当加法和减法表达式出现在减号后面,以及乘法和除法表达式出现在除号后面时,这些表达式两端都需要加括号。根据这些规则,就可以写出函数output() 的代码。我们把这留给读者作为练习。

4. 搜索

在对状态空间的搜索,特别是深度优先式搜索中也经常采用递归。在第 5 章中将详细讨论搜索算法及其编程实现。这里我们看一个简单的例子,说明使用递归来描述搜索的基本方法。

【例 4-18】迷宫搜索　迷宫由 M 行 N 列方格构成,相邻的方格之间可能有门相通,如图 4-4 所示。迷宫的外围有一个入口和一个出口,在入口和出口之间有一条通路相连。给定一个迷宫及其入口的位置,找出入口和出口之间的通路。

求解迷宫问题的基本思路是从迷宫的入口处开始,搜索和检查所有可能的路径,直至找到出口。使用递归的方法,可以将这一过程描述如下:如果当前所处的位置是迷宫的出口,则搜索成功,结束搜索;如果当前所处的位置已经走过,则退回到搜索路径的前一步,继续搜索;否则,从当前位置分别向前后左右试探

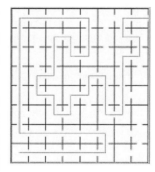

图 4-4　一个迷宫及其解

着前进一步，并在前进成功后从新的位置上继续向未走过的方向搜索。在定义了表示迷宫的数据结构之后，根据这一描述可以很容易地写出相应的程序。

5. 其他

除了上述一些情况外，递归还可以应用于很多其他性质的问题。例如对于一些较为复杂的枚举，使用递归也可以使得问题的描述简单、清晰。下面我们看一个例子。

【例 4-19】**三组三位完全平方数**　将数字 1～9 分为 3 组，使每组构成一个 3 位的平方数。

和很多类似的问题一样，这个问题也有多种解法，比较简单的是对结果进行枚举的方法。我们知道，三位数的平方数是有限的，因此可以一一枚举。稍微复杂一点的是需要同时找出其中的三个，并保证它们分别使用了 1～9 这九个数字。对于这个问题，大致的算法是，依次生成三个三位数字各不相同的平方数，并检查第二个和第三个平方数的三位数字是否已经在先前生成的平方数中出现了。如果后生成的平方数的三个组成数字出现在前面的平方数中，则继续试探生成新的三位平方数。如果没有新的平方数可以生成，则返回到前一个平方数的生成过程，继续枚举的过程。这一枚举过程可以使用三重嵌套循环来描述，但使用递归描述则显得更加简单和自然。下面是程序的代码：

```
#define LOW    13           // 三位数各不相同的最小三位平方数的平方根
#define HI     32           // 31^2是最大的三位平方数的平方根
#define N      3
#define N_DIGIT 10

int used[N_DIGIT] = {1};
int num[N];

int is_ok(int n)
{
    int d[N], i;

    for (i = 0; i < N; i++) {
        d[i] = n % 10;           // 分离出组成n的三个十进制数
        n /= 10;
    }
    if (d[0] == d[1] || d[0] == d[2] || d[1] == d[2])
        return 0;                // 有重复的数字
    for (i = 0; i < N; i++)
        if (used[d[i]] == 1)
            return 0;            // 有已被使用过的数字
    return 1;
}

void set_digits(int n, int v)
{
    int i;

    for (i = 0; i < N; i++) {
        used[n % 10] = v;
        n /= 10;
    }
}
```

```
void gen_group(int group)
{
    int i, n;

    if (group >= 3) {
        printf("%d %d %d\n", num[0], num[1], num[2]);
        return;
    }
    for (i = LOW; i < HI; i++) {
        n = i * i;
        if (is_ok(n)) {
            set_digits(n, 1);
            num[group] = n;
            gen_group(group + 1);
            set_digits(n, 0);
        }
    }
}
```

调用函数 gen_group(0) 就可以求出问题的答案。在这段程序中，数组 used[] 用作数字的使用标记，数组元素等于 0 或 1 分别表示下标所对应的数字未被使用和已被使用。因为 0 是不允许使用的数字，所以 used[0] 被初始化为 1。num[] 的元素分别记录三个被生成的平方数。函数 gen_group() 通过递归方式依次生成三个三位的平方数，其参数 group 表示当前已生成平方数的个数，同时也被用作将平方数保存到数组 num[] 时的元素下标。当成功地生成了三个符合要求的平方数后，函数输出这三个平方数，然后返回。在函数 gen_group() 中，平方数是通过变量 i 的自乘生成的。因为三位各不相同的最小三位平方数是 13^2，最大的三位平方数是 31^2，所以 i 只在这一区间取值。每生成一个平方数之后，首先使用函数 is_ok(n) 检查其参数 n 的三个数字是否各不相同，以及这三个数字是否未被使用。当满足这些条件时，保存这一平方数，并使用函数 set_digits() 将这一数值的三位数字标记为已经使用，然后递归调用 gen_group()，生成下一个数值。当递归调用的函数 gen_group() 返回时，调用 set_digits() 将当前平方数所使用的数字标记为未被使用，然后再进入下一轮循环，生成新的平方数。这样，程序就可以生成出所有满足要求的解了。实际上，这个问题只有一组解，即 {361，529，784}。因为函数 gen_group() 在输出了一组解之后使用了 return，使程序继续搜寻其他可能的组合，所以程序输出了这三个数的全部六种排列方式。除了上面对结果进行枚举的方法之外，求解这个问题还有其他的方法，例如对数字组合直接进行枚举等。

4.6.2　不适宜使用递归的情况

一般说来，递归定义的数值函数，特别是一元递归的数值函数是不适宜使用递归的。这是因为，递归定义的数值函数的计算过程一般都比较简单，大多可以将其转换成递推或迭代，使用循环来实现。有些特殊的递归定义也可以直接导出计算公式。这样，对这类函数的计算所需要的时间就是一个常数了。与此相比，使用递归的方法来实现这类数值计算所带来的函数调用的开销所占的比例就显得太大了一些。不少关于编程的书籍都把阶乘一类的数值计算函数作为讲解递归的一个例子，其实阶乘就是属于这类不适于采用递归的数值计算函数。此外，有简单的非递归算法的问题、递归深度过深的问题、重复计算过多以致引起效率过低的问题（如组合数的计算）等，也都不适宜采用简单的递归算法。在这类不适合使用递归的情况下简单地套用递归算法，不仅会降低程序的运行效率，增加对计算资源的消耗，而且与等价的非递归算法相比，在编码上也往往没有什么明显的简化和改进。

4.7　递归函数效率的改进

有些函数，尽管其定义是递归的，但是却不适合直接使用其定义来编程。像斐波那契级数以及阶乘就是这样的函数。除此之外，还有一些其他的情况，如计算平台的栈空间有限，限制了嵌套调用的深度等。在这些情况下，都需要将递归函数转换为非递归的。

4.7.1　尾递归函数的非递归化

所谓尾递归（tail recursion），就是指递归调用位于函数的最末尾、在递归调用返回后无其他操作的递归。因为尾递归中的递归调用后面没有其他的操作，所以递归调用可以直接转换成循环。这样就可以避免对函数调用栈的使用，节省存储空间，同时也避免了函数嵌套调用的开销，改进了程序的运行效率。下面是一个尾递归优化的例子。

【例 4-20】求链表中最大值函数的尾递归优化　函数 max_in_list(list a_list, int max_so_far) 的功能是查找一个由 list 类型节点构成的链表 a_list 中最大的数。参数 max_so_far 是已知的最大值。该函数的递归形式以及相关的数据结构的定义如下：

```c
typedef struct list_node {
    int value;
    struct list_node *tail;
} list_node;
typedef listnode *list;

int max_in_list(list a_list, int max_so_far)
{
    if (a_list == NULL)
        return max_so_far;
    if (max_so_far < a_list->value)
        return max_list(a_list->tail, a_list->value);
    else
        return max_list(a_list->tail, max_so_far);
}
```

在函数 max_in_list() 中，if...else 语句中的两个递归调用都处于函数的尾部，都是尾递归，因此函数的递归调用是可以直接使用循环语句替代的。去掉尾递归的函数 max_in_list() 可以改写如下：

```c
int max_list(list a_list, int max_so_far)
{
    for (; a_list != NULL; a_list = a_list->tail) {
        if (max_so_far < a_list->value)
```

```
            max_so_far = a_list->value;
        }
        return max_so_far;
    }
```

【例 4-21】**字符串反转** 给定字符串 s，将其中的字符逆序排列。例如设 s 等于 abc，则反转后 s 为 cba。

使用递归可以很容易地写出字符串反转函数如下：

```
void reverse(char* s)
{
    char *t =s;
    while (*t != '\0')                // 找到字符串的尾部
        t++;
    rev(s, --t);
}

void rev(char* first, char* last)
{
    char tmp;
    if (first < last) {
        tmp = *last;
        *last = *first;
        *first = tmp;                  // 字符串两端的字符互换
        rev(++first, --last);         // 字符串两端各向内缩进一个字符再反转
    }
}
```

在函数 rev() 中的递归调用也是尾递归，因此也可以使用循环语句替代。这样，rev() 可以改写如下：

```
void rev(char* first, char* last)
{
    char tmp;
    while (first < last) {
        tmp = *last;
        *last = *first;
        *first = tmp;
        ++first, --last;
    }
}
```

因为尾递归是一种常见的而且比较容易消除的递归，所以编译系统一般都将对它的优化作为基本的编译优化。在 cc/gcc 下，当使用优化选项 -O2 时，代码中所有的尾递归都会被替换为循环语句。在 MS VC++ 环境下，当使用 release 模式时，编译系统也会对尾递归调用进行相同的处理。只有在不使用任何编译优化选项时，编译系统在所生成的可执行代码中才保留尾递归调用。

4.7.2 带存储机制的递归

当使用分治策略求解规模较大的问题时，会产生大量的子问题。如果这些子问题之间

没有明确的边界而是互相交叉的，则在递归调用过程中必然会产生大量不必要的重复计算，并因此导致程序运行效率的严重下降。我们在斐波那契级数和组合数的计算中都见到过这种情况。为了避免重复计算，除了改换其他算法外，也可以采用在计算过程中将子问题的解保存起来备查的方法。这样，在计算过程中遇到需要求解某个子问题时，可以首先检查该子问题是否已被求解过。如果该子问题已经在其他的计算分支中被求解过，就可以将该问题的解直接取来使用。在一些教科书中，这一方法也被称为动态规划方法。下面我们以组合数的计算为例，看看如何使用这一方法，以及这一方法对计算效率的改进效果。

【例 4-3-2】组合数的计算——存储中间结果

下面是使用带存储机制的递归方法计算组合数的代码。与【例 4-3-1】中代码不同的是，这段代码使用了一个二维数组 arr[M][N] 作为子问题求解结果的存储空间，并在函数 comb_num() 中增加了对所要计算的子问题的解是否已经存在的检查。如果所要求的解尚未被计算过，则按照公式对其进行计算，并将在返回该结果之前将其保存在数组 arr[][] 中；否则就直接从数组中取出该解的值。因此数组两个维度的大小 M 和 N 必须分别大于等于函数 comb_num() 中两个参数所允许的最大值。

```c
int arr[M][N];

int comb_num(int m, int n)
{
    if (m < n || m < 1 || n < 1)
        return 0;
    if (n == 1)
        return m;
    if (m == n)
        return 1;
    if (arr[m][n] != 0)
        return arr[m][n];
    arr[m][n] = comb_num(m - 1, n) + comb_num(m - 1, n - 1);
    return arr[m][n];
}
```

与仅使用递归的方法相比，这一方法在计算效率上的改进是巨大的。例如当在 2.80GHz 的 Pentium 4 平台上计算 C(33, 16) 时，【例 4-3-1】中的代码需要运行 30.76 秒，函数 comb_num() 被调用了 1 131 445 439 次，而【例 4-3-2】中 comb_num() 只被调用了 510 次，程序的全部运行时间还不到 1 毫秒。

4.7.3 一般递归函数的非递归化

一般递归函数非递归化的基本思路是源于递归函数的处理机制。如前所述，递归函数调用也是一种函数的嵌套调用。它与一般函数嵌套调用的区别仅仅是被调用的是函数自身。而函数调用的主要机制是通过参数向函数传递外部数据，通过返回值将函数的计算结果通知其调用者；程序的运行系统通过函数调用栈为函数的局部变量和参数提供存储空间，把函数内部的运行环境与函数外部的环境隔离开来。根据函数调用的这一机制,我们可以显式地使用栈,代替程序的运行系统完成对不同嵌套层次的函数参数和局部变量的保存和使用,并根据保存在栈顶的数据决定计算过程。这一过程可以具体描述如下:

【算法 4-5】递归过程的非递归计算

1. 将初始递归参数集合进栈

2. 当栈不为空时执行下列操作

　2.1　弹出栈顶参数集合 S

　2.2　如果 S 符合基础条件,则完成基础计算并返回

　2.3　否则根据递归过程对递归参数的处理方式生成新的参数集合 S′, 并将 S′ 进栈

在【算法 4-5】中,所要处理的递归算法中的每一次递归调用都对应着一次递归参数的进栈操作,而且每一次进栈的是原递归函数的所有递归参数。下面我们看两个例子。

【例 4-4-1】阿克曼函数的递归与非递归化的实现

根据【例 4-4】中给出的定义可以直接写出其递归实现的代码如下:

```
int ack(int x, int y)
{
    if (x == 0) return y + 1;
    if (y == 0) return ack(x - 1, 1);
    return ack(x - 1, ack(x, y - 1));
}
```

根据【算法 4-5】,可以将上述代码转换成非递归的方式如下:

```
#define push(x) st[n++] = (x)
#define pop()   st[--n]
#define not_empty n > 0
int st[MAX_DEPTH];
ack(int x, int y)
{
    int n = 0;
    push(x), push(y);
    while (not_empty) {
        y = pop(), x = pop();
        if (x == 0)
            push(y + 1);
        else if (y == 0) {
            push(x - 1);
            push(1);
        }
        else {
            push(x - 1);
            push(x);
            push(y - 1);
        }
    }
    return st[0];
}
```

在 while 语句执行完毕后，计算结果保存在 st[0] 中。因为阿克曼函数是一个二元递归函数，所以每一次进栈和出栈的参数都是两个。

在上面的程序中，有些进栈和出栈操作是可以简化的。例如，在 while 复合语句中，第 12 行和第 20 行的 push 操作将 y 修改后压入栈中，并随即通过 pop 操作从栈中弹出并赋给 y。第 15 行的 push 的情况与此相同，唯一的区别是这里进栈的值是一个常数。对 x 的操作也有类似的情况。这样，一对连续的进栈和出栈操作就成了直接赋值的代用品，而进栈和出栈操作在时间上的开销要大于直接赋值。因此简化这些栈操作有利于提高程序的效率。据此可以写出改进的代码如下：

```c
ack(int x, int y)
{
    int n = 1;
    do {
        if (x == 0)
            x = pop(), y += 1;
        else if (y == 0) {
            x -= 1;
            y = 1;
        }
        else {
            push(x - 1);
            y -= 1;
        }
    } while (not_empty);
    return y;
}
```

【例 4-16-1】二维线段的二分绘制——函数的非递归化

根据【算法 4-5】，可以将【例 4-16】中的代码修改为非递归的等价运算如下：

```c
void draw_line_non_rec(int x1, int y1, int x2, int y2)
{
    push(x2, y2);
    push(x1, y1);
    while (not_empty) {
        pop(x1, y1);
        pop(x2, y2);
        if (abs(x1 - x2) <= 1 && abs(y1 - y2) <= 1) {
            draw_pixel(x2, y2);
            continue;
        }
        push(x2, y2);
        push((x1 + x2) / 2, (y1 + y2) / 2);
        push((x1 + x2) / 2, (y1 + y2) / 2);
        push(x1, y1);
    }
}
```

与【例 4-4-1】相同，在上面这段代码中 while 语句首尾的两对 push() 和 pop() 操作也可以使用赋值来替代。修改后的代码如下：

```
void draw_line_non_rec_a(int x1, int y1, int x2, int y2)
{
    while (1) {
        if (abs(x1 - x2) <= 1 && abs(y1 - y2) <= 1) {
            draw_pixel (x2, y2);
            if (empty)
                return;
            pop(x1, y1);
            pop(x2, y2);
            continue;
        }
        push(x2, y2);
        push((x1 + x2) / 2, (y1 + y2) / 2);
        x2 = (x1 + x2) / 2, y2 = (y1 + y2) / 2;
    }
}
```

搜　　索

搜索是程序设计中一种常用的策略算法，用于求解各类难以直接计算的问题。搜索适用于广泛的领域，其基本求解思路不是通过对问题的分析找出问题的计算公式，并直接计算出问题的结果，而是根据问题的性质，找出问题的状态模型，确定包括目标状态在内的各种状态的生成方法，然后按一定的规律逐一生成各种可能的状态，并在这些状态中寻找符合要求的目标状态。

5.1　搜索的目标和基本过程

搜索算法不直接描述对某个具体问题的求解细节，而只是描述对这一类问题求解过程的基本步骤和相关的共性问题。在搜索算法中，一个问题中所有可能的状态构成该问题的状态空间，每一个具体的状态是该空间的一个节点。搜索过程可以看成是对由表示状态的节点和表示状态转移的弧所构成的有向图的遍历。搜索从一个起始状态开始，通过使用合法的动作改变节点的状态，使之变迁到另一个状态，或者生成新的状态节点。这一过程将重复进行，直至达到目标状态或穷尽了所有可能的状态为止。对被搜索空间状态的具体描述以及引起状态改变的动作的确定取决于具体问题的性质和属性。当用于求解具体问题时，需要根据这一问题的特点确定该问题各个状态的特征，以及引起状态改变的各种合法动作。在此基础上就可以定义相应的数据结构和函数，以描述各个状态节点的特征以及节点之间的相互关联，描述问题中状态生成和判断等各个步骤的具体操作方法。

对于有些问题，我们需要搜索的是一个最终目标。数字填图（也称数独）游戏和八皇后问题等都是属于这一类的例子。在数字填图游戏（图 5-1）中，需要在 9×9 格的盘面上，在给定初始状态的限制条件下，用数字 1～9 填满其余的空格，并保证每一行、每一列以及每一个九宫格内都有 1～9 九个不同的数字。对八皇后问题的求解是需要找到八个皇后在棋盘上的一种排列，使得各个皇后之间不能互相攻击。

				2			
	4						8
1			5	6			
				7	6		
	9	2					
	8				3		
7		6	3				
			8			9	

3	6	5	4	8	2	9	7	1
9	4	2	1	7	3	5	8	6
1	7	8	9	5	6	2	3	4
4	5	1	3	9	7	6	2	8
6	9	3	2	1	8	4	5	7
2	8	7	6	4	5	3	1	9
8	3	9	7	2	4	1	6	5
7	1	6	5	3	9	8	4	2
5	2	4	8	6	1	7	9	3

a) 给定的初始状态　　　　　　　　　　　　b) 问题的解

图 5-1　数字填图游戏的例子

　　在更多的情况下，在问题求解中需要搜索的不是一个最终目标，而是为了达到某种目标所需要经过的中间状态或通过的路径。八数码问题、过河问题、全排列问题、查找图中的哈密顿链或欧拉圈问题、华容道问题、迷宫问题等都属于这一类。以八数码问题为例，八数码问题的基本描述是，在一个 3×3 的棋盘上，给出 1～8 八个数字的一个初始排列，求解如何使用棋盘上的空格来移动这八个数字，使其成为所要求的目标排列方式。图 5-2 给出了一个求解八数码问题例子的片段。在八数码问题中，一个节点的状态是由全部八个数字在棋盘上的排列方式来确定的，数字的移动改变棋盘上的状态，产生新的状态节点。八数码问题中的目标状态是已知的，所要求解的是从给定的初始状态通过一系列中间状态到达目标状态的路径。

a) 初始状态和部分搜索过程　　　　　　b) 目标状态

图 5-2　八数码游戏的例子

　　在搜索过程中不应该对同一个节点进行重复搜索，也就是说，搜索过程中所经历的节点和路径应该构成一棵树。有些问题由于本身的性质，其状态空间自然地就是一棵树，例如图 5-3 所示的全排列的状态空间。在排列中已有元素的个数以及它们的排列顺序构成一个状态。每向排列中加入一个新的元素，就生成了一个新的状态。全部元素都加入排列之中就构成了一个目标状态。图 5-3 是对 1、2、3 三个数字进行全排列的例子。此外，【例 5-1】的八皇后问题、【例 5-2】的质数环问题、【例 5-3】的求倍数问题等也具有这样的性质。而有些问题则不同，其状态空间是存在着圈的一般的图，例如图 5-2 所示的八数码问题。在图 5-2a 中，第四排最左侧的节点与第二排中间的节点实际上是同一个节点。对于这样的状态空间，在搜索的过程中就需要注意，判断新生成的节点状态是否与已经搜索过的节点的状态相同，以免在一个闭合的路径中毫无进展地循环搜索。

根据在搜索过程中是否需要用到有关被搜索空间的特殊性质，搜索可以分为盲目搜索和智能搜索。盲目搜索是指在搜索过程中只是根据节点的生成规则生成新的节点，并根据目标状态的要求对节点进行检测，而不需要用到和具体被搜索对象所在的领域相关的知识来引导搜索的过程。根据节点扩展时的顺序，最基本的盲目搜索可以分为深度优先搜索和广度优先搜索两大类。在深度优先搜索中，节点的扩展和搜索是按搜索树的分支顺序进行的，一个分支中的节点首先被搜索。在广度优先搜索

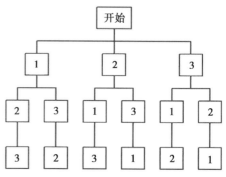

图 5-3　全排列的状态空间和搜索树

中，节点的扩展和搜索是按搜索树的层次顺序进行，接近于初始节点、处于搜索树中较高层次的节点首先被搜索。无论是深度优先搜索还是广度优先搜索，在搜索的过程中都没有用到与问题相关的知识，因此搜索的过程是与问题领域无关的。这样，搜索需要盲目地遍历搜索空间中的各个节点。对一些搜索空间较大的问题，这一方式的效率较低；但另一方面，这也使得其编程比较简单。

智能搜索又称启发式搜索，是人工智能研究领域中的一个重要内容。在实际应用中遇到的大量问题，由于其状态空间巨大，使用盲目搜索的方法很难在合理的计算资源和计算时间的约束条件下找到所要搜索的目标。即使是一些比较简单的问题，例如八数码一类的问题，盲目搜索也不是一种很有效的方法。对于八数码，盲目搜索还勉强可以处理，对于类型相同但规模更大的 15 数码问题，使用盲目搜索的方法在常规条件下就很难得出结果。智能搜索利用与问题相关的知识来确定节点扩展和搜索的最优顺序，根据具体问题的性质和特点设计对节点的评估函数，以确定节点的扩展和搜索方向，提高搜索的效率。因此，进行智能搜索需要对问题领域进行深入的研究，但在智能搜索的实现中，仍然需要用到很多盲目搜索中的基本技术和程序框架。作为程序设计的教科书，本书中只讨论基本的盲目搜索技术及其实现方法的程序框架。

5.2　深度优先搜索

为了优先沿着一条搜索路径向处于更深层次的节点前进，深度优先搜索算法在搜索过

程中优先扩展和搜索最新生成节点。这一扩展和搜索方式可以很方便地通过使用栈作为存储缓冲区来实现：将一个节点生成的所有新节点保存在栈缓冲区中，程序按照后进先出的方式对缓冲区中的节点进行搜索。这样，后生成的节点，也就是处于较深层次的节点总是先被检查和扩展。因此搜索总是沿着一条可能的路径搜索下去，直至该条路径被搜索完毕且又无法找到被搜索目标时，才对其他路径进行搜索。

5.2.1　深度优先搜索的基本算法

使用栈缓冲区，深度优先搜索的算法可以描述如下：

【算法 5-1】深度优先搜索

1. 将初始节点压入栈缓冲区内

2. 检查栈是否为空。当栈为空时停止搜索，否则弹出栈顶节点 w

3. 检查 w 是否为目标节点。如果 w 是目标节点，则输出结果。如需要得到其他解则转到第 2 步，否则终止搜索

4. 如果 w 不是目标节点，则扩展该节点，并将生成的新节点压入栈中

5. 转到第 2 步

作为一种盲目搜索方法，深度优先搜索有可能在初始阶段误入歧途，直至搜索到该条路径的终点，然后再对其他路径进行搜索。这样，对于具有无限状态空间的问题，采用深度优先搜索有可能使搜索沿着无限长的路径前进而不能结束。即使被搜索的状态空间有限，搜索过程也可能由于首先进入深度很大的无效路径而效率很低。当搜索路径或搜索结果不唯一时，深度优先搜索不能保证所找到的结果是所有可能结果中具有最短搜索路径的。因此，深度优先搜索适用于具有下列性质的问题：

1）有限的状态空间；

2）高度较为均衡的搜索树；

3）需要对有限状态空间完全遍历的搜索；

4）不要求寻找搜索步数最少的解的问题。

有不少问题具有上述性质。例如，八皇后问题的搜索空间就具有有限的状态，而且所有有效的搜索路径的长度都相同；全排列问题要求遍历所有的有效路径；骑士遍历游戏要求遍历西洋象棋盘上的所有方格；数独游戏要求填满盘面上的所有空格。类似的问题还有很多。在实际应用中，也有相当一部分问题适合采用深度优先搜索。因为深度优先搜索只是一个策略算法，一些操作的细节，例如对节点状态的描述和判断、节点的扩展等都和具体的问题相关，需要根据具体的问题来设计和实现相应的算法。下面我们看一个使用深度优先搜索算法的例子。

【例 5-1】八皇后问题——基本深度优先搜索　在西洋象棋的棋盘上摆放 8 个皇后，使得每个皇后所在的行、列以及斜线上没有其他的皇后，即各个皇后之间无法互相攻击。

八皇后问题是一个适于采用深度优先搜索的问题。首先，棋盘上只有 64 个格子，因此状态空间是有限的。其次，在任何一种可能的搜索路径中，最多只有 8 个皇后放置在棋盘

上，因此搜索路径的最大深度是 8，搜索树的高度是相同的。这样，八皇后问题就可以很方便地使用深度优先搜索算法来求解。

设计和实现八皇后问题求解程序中的要点是棋盘的表示。在现实世界里，棋盘是皇后摆放的空间；在程序内部，棋盘也是描述状态空间的基础。新状态的生成和状态的合法性检查的具体操作方法都取决于棋盘的描述方法。有效的棋盘表示方法应便于状态的生成和检查，有利于简化程序的描述，提高程序的运行效率。

现实世界中的棋盘是二维的，一个很自然的想法就是使用二维结构，例如二维数组，在程序中表示棋盘。这样，棋盘中每一个格子都可以用二维数组中的一个元素来代表，格子的位置用数组元素的下标来表示。没有放置皇后的格子所对应的元素赋值为 0，放置了皇后的格子所对应的元素赋值为 1。

仔细考查一下这种方法就可以看出，这种表示方法在数据的使用上有较大的冗余：整个棋盘有 64 个格子，但只能放置 8 个皇后，任何一行或任何一列上都只能放置一个皇后。也就是说，当使用二维数组时，数组的任何一行和任何一列上都只能有一个元素的值为 1，其余的元素都为 0。数据冗余带来的问题是有可能引起程序处理过程的复杂化，以及由于操作不慎而引起数据的不一致，例如由于程序的错误而有可能在同一行或同一列同时放置了两个皇后。

为避免数据的冗余以及可能由此产生的各种问题，可以简化对棋盘的表示方法，使用一维数组来表示二维的棋盘：数组下标代表棋盘 x 方向的坐标，数组元素的值表示该列中皇后所在的 y 坐标。这种表示方法可以使得编码简单，因为对一维数组的操作毕竟要比对二维数组的操作容易一些。而且这样也可以避免由于操作不慎而引起数据的不一致：一维数组的一个元素对应棋盘中的一列，而一个元素只能保存一个数值，所以不可能发生在同一列上同时放置两个皇后的情况。程序所需要注意的只是数组元素的值是否处在棋盘行数坐标的范围内，以及新放置的皇后是否处于可以与棋盘上已有皇后互相攻击的位置。图 5-4 是使用一维数组表示棋盘中一个状态的例子。

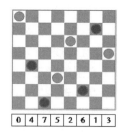

图 5-4　八皇后状态表示的例子

在程序的搜索过程中，需要不断生成新的状态，并判断该状态是否合法。在八皇后问题中，生成新状态的过程就是向棋盘上各列依次放置皇后的过程，判断状态是否合法就是检查该状态中是否有皇后可以互相攻击。如果一个状态是合法的，就可以继续向下一列放置皇后并重复上述过程。这样，当前棋盘上皇后的数量及其位置就共同构成了对状态节点的描述。相应的数据结构可以定义如下：

```
typedef struct state_t {
    short n,q[MAX_N];
} state_t;
```

其中 MAX_N 是程序所能求解的皇后个数的最大值。如果我们只需求解八皇后问题，那么 MAX_N 定义为 8 即可。深度优先搜索采用栈作为状态节点的存储结构，下面是这一数据结

构的定义和相关的操作:

```
state_t stack[MAX_NODES];
int sp = 0;
```

其中 MAX_NODES 是栈的大小,由栈中所需要同时保存的节点数量决定,我们可以对此数值的上限进行一个简单的估算。当放置第一个皇后,也就是对初始节点进行扩展时,可以生成 8 个新的节点。深度优先搜索只对栈顶的节点进行扩展,而由于第二个皇后不能放在与第一个皇后同一行上,因此最多只能生成 7 个新的节点,依此类推。按照这样保守的估计,需要同时保存在栈中的节点数量的上限不会超过 8+7+⋯+1=36。对于任意的 N 皇后问题,这个上限等于 $n*(n+1)/2$。实际上,一个已有的皇后至少会限制新皇后有两个位置不能使用,而且在生成新一层的节点时需要首先从栈顶弹出一个节点。因此实际栈空间的需求值会小于这一极限。但是这个保守估计的极限值不大,因此可以不必再进一步仔细推敲。

　　如果一个状态中存在有可以互相攻击的皇后,就需要调整某些皇后的位置,生成新的状态。在使用一维数组表示棋盘的情况下,在棋盘的一列上放置皇后的操作等于给对应于该列的数组元素赋值,而调整皇后的位置等价于改变该数组元素的值。判断一个状态是否合法,需要逐一地检查各个皇后之间是否可以互相攻击。在使用一维数组表示棋盘的情况下,因为在一列上不可能同时放两个皇后,所以对每一对皇后只需要检查三项内容,即它们是否在同一行上,是否在同一个正向的斜线上,以及是否在同一个反向的斜线上。两个皇后在同一行上等于相应的两个数组元素的值相同,两个皇后在同一正向斜线上等价于两个皇后的 x 坐标之差等于其 y 坐标之差,两个皇后在同一反向斜线上等于两个皇后的 x 坐标之差与其 y 坐标之差绝对值相等,符号相反。这些都是很容易判断的。下面的函数 conflict() 就是检查在第 q 列第 p 行放置新的皇后是否会与棋盘 queens[] 中已有的前 $q-1$ 列的皇后冲突:

```
int conflict(int q,int p,short queens[])
{
    int i;

    for (i = 0; i < q; i++) {
        if (queens[i] == p)            // 在同一行
            return 1;
        if (queens[i] - p == q - i)  // dx = -dy; 反斜线
            return 1;
        if (queens[i] - p == i - q)  // dx == dy; 斜线
            return 1;
    }
    return 0;
}
```

　　有了表示棋盘状态的数据结构和检查某一指定状态是否合法的函数,我们就可以根据【算法 5-1】写出求解八皇后问题的程序了:

```
void queen(int n)      //深度优先搜索n皇后问题
{
```

```
        int i;
        state_t st;

        while (stack_not_empty) {
            st = pop();
            if (st.n >= n) {
                print_queens(&st);      // 打印输出结果
                continue;               // 当只需要一个解时, 使用return结束搜索
            }
            st.n++;
            for (i = 0; i < n; i++) {
                if (conflict(st.n - 1, i, st.q))
                    continue;
                st.q[st.n - 1] = i;
                push(st);
            }
        }
    }
```

这段程序中使用的对栈的三个操作可以简单地定义为宏:

```
#define pop()              stack[--sp]
#define push(node)         stack[sp++] = node
#define stack_not_empty    (sp > 0)
```

函数 print_queens() 输出参数状态中各个数组元素的值。函数 main() 生成初始节点并将其压入栈中, 即可调用函数 queen() 进行搜索:

```
int main(int c, char **v)
{
    state_t init_st;

    init_st.n = 0;
    push(init_st);
    queen(8);
    return 0;
}
```

5.2.2 回溯搜索

回溯搜索是深度优先搜索的另一种实现方式。与一般的深度优先搜索算法不同的是, 在回溯搜索中, 当对节点扩展时, 每次只产生一个后继节点, 并继续对这个新节点进行回溯搜索。在一条路径搜索完毕后, 再返回到生成当前节点的那个节点, 看看是否可以从该节点再生成新的节点。如果可以从该节点生成新的节点, 则从新生成的节点继续回溯搜索, 否则继续返回到生成该节点的节点, 重复上述过程, 直至找到所要搜索的目标, 或者搜索完全部状态空间。

回溯搜索的优点是实现简单: 对当前节点的所有后继节点的遍历是通过搜索过程中的回溯机制, 即函数的递归调用和返回完成的。因为在搜索过程中每次只从当前节点扩展出一个新节点, 所以不需要另行设置和使用保存所有后续节点的栈存储结构。下面是回溯搜

索算法的递归描述：

【算法 5-2】回溯搜索

1. 检查当前节点是否为目标节点，如是，则输出结果，停止搜索
2. 检查当前节点能否生成新的节点。如否，则返回
3. 生成一个新节点，对其执行回溯搜索

这一算法十分简洁。在算法实现时需要注意的是，在每次生成新节点之后应当通过适当的机制记录该节点在生成序列中的位置，以便在搜索过程回溯到这一点时能够顺序生成下一个后续节点。具体的记录机制取决于问题的性质和编码的方式。例如，对于可以通过循环语句逐一枚举的后续节点，循环变量就是一种记录手段。下面是一个使用回溯搜索的例子。

【例 5-2】质数环　从标准输入上读入偶数 N（$N \leqslant 16$），将由 1 到 N 的 N 个正整数分别放置在由 N 个节点组成的环的各个节点上，其中 1 必须放在第一个节点上，并使任意两个相邻的节点上的数字之和为质数。在标准输出上输出所有符合要求的排列，每一个结果占一行，两个数字之间由一个空格分隔。例如，当 N 为 6 时程序应输出如下：

1 4 3 2 5 6

1 6 5 2 3 4

其中第一个输出结果所对应的质数环如图 5-5 所示。

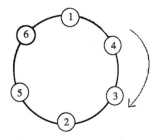

图 5-5　6 个节点的质数环

使用回溯搜索算法，这个问题的基本求解过程可以描述如下：

1）初始化：将 1 放在第一个节点，将其余各个正整数放入集合 A 中，并从第二个节点开始搜索。

2）判断搜索的终止条件：检查当前节点是否是第 N 个节点。如果当前节点是第 N 个节点则返回。在返回前检查该节点的值加 1 是否为质数。如果是，则打印各个节点中的数值。

3）回溯搜索：取出集合 A 中当前最小的正整数，检查其与前一个节点的数值之和是否是质数。如果是，则将其放入当前节点，然后对下一个节点进行回溯搜索。当上述条件不满足，或者后续的回溯搜索结束后，顺序从集合 A 中取出下一个正整数，进行检查和回溯搜索。

下面是质数环程序中的核心函数 prime_circle() 的代码以及相关的数据结构：

```
int num[MAX] = {1}, used[MAX];

void prime_circle(int n, int k)
{
    int i;

    if (k == n) {
        if (is_ prime(num[k - 1] + 1))
            print_circle(n);
        return;
    }
    for (i = 2; i <= n; i++) {
        if (!used[i] && is_ prime(num[k - 1] + i)) {
```

```
            used[i] = 1;
            num[k] = i;
            prime_circle(n, k + 1);
            used[i] = 0;
        }
    }
}
```

在这段代码中，数组 num[] 中的各个元素对应于质数环的各个节点。数组 used[] 的下标标识各个正整数，数组元素的值说明相应的正整数是否已经在质数环中。函数 prime_circle() 的调用参数如下：

```
prime_circle(n, 1);
```

其中第一个参数 n 是质数环中节点的数量，必须是偶数。第二个参数 1 表示从 num[1]，也就是第二个节点开始搜索。num[0] 以及 used[] 的初始化分别使用初始化表和 C 语言对全局变量的默认初始化赋值。函数 is_prime() 和 print_circle() 分别判断一个正整数是否是质数，以及打印质数环的结果。程序中对质数的判断既可以使用质数判断规则，也可以使用质数表查找。打印质数环也是一个很简单的操作。我们把这两个函数留给读者来完成。

【例 5-1-1】八皇后问题——回溯搜索

八皇后问题也可以很方便地使用回溯搜索算法来求解：如果新放置的皇后与棋盘上已有皇后的位置不冲突，则通过递归调用对下一列进行搜索，否则重新选择该皇后的位置。如果无法为当前列上的皇后找到合适的位置，则函数返回，重新对前一列上皇后的位置进行选择，然后再进行回溯搜索。与【例 5-1】中标准的深度优先搜索算法不同的是，在回溯算法中任何时候都只对一个节点进行操作，后续节点是通过递归或回溯来生成的。因此算法中不需要使用栈，而且只需要一个表示棋盘的一维数组，当前节点状态中皇后的布局就保存在这个数组中。布局中已有皇后的数量可以使用递归调用的参数来传递，因此也不需要使用【例 5-1】中的数据结构 state_t。这样，尽管回溯算法中基本的函数及其功能与【例 5-1】中的函数很相似，但是函数的参数略有不同。下面是使用回溯算法的八皇后程序的编码。在这段代码中包含下列函数：

1）皇后排列函数，其函数原型是 void queen(int n, int q); 这个函数的功能是求解 n 个皇后的排列问题。参数 n 说明问题的规模，q 说明当前需要放置皇后的列。将问题的规模作为参数传递给这个函数，主要是为了减少全局变量的使用，以增加代码的可读性。函数在第 q 列上试探是否可以为皇后找到不与棋盘上前 q−1 列上的皇后冲突的位置。在前 q 列的皇后都处在合法地位的情况下，函数通过对自身的递归调用实现回溯搜索，对第 q+1 列进行试探。

2）冲突检查函数 conflict()，其函数原型和功能与【例 5-1】中的同名函数相同。

3）皇后放置函数，其函数原型是 void set_queen(int q, int p); 这个函数的功能是在第 q 列第 p 行上放置皇后。当使用图形化的动态显示方式时，这个函数可以调用相应的图形显示功能，显示新放置的皇后在棋盘上的位置。

4）皇后移除函数，其函数原型是 void unset_queen(int q, int p); 这个函数的功能是移除第 q 列第 p 行上放置的皇后，其实现取决于搜索过程是否需要动态显示。对于单纯的搜索过程，由于棋盘使用一维数组表示，在皇后的放置过程中函数 set_queen() 就自动移除了原来位置上的皇后，此函数不需要进行任何操作，因此可定义为一个空函数。

5）结果显示函数，其函数原型是 void show_queens(int n); 这个函数的功能是显示 n 皇后问题的解。在使用简单的字符显示方式时，它只显示出形式如图 5-4 所示的各列上皇后所在的行号。在使用图形方式时，它与 set_queen() 和 unset_queen() 配合，可以显示出每一个皇后在棋盘上的位置以及搜索的动态过程。

下面是除 unset_queen() 和 conflict() 之外的各个函数的具体编码：

```
short queens[MAX_N];
void queen(int n, int q)          // 回溯搜索n皇后,n:皇后数;q:当前列号
{
    int i;

    if (q >= n) {                 // n列全部排完,输出结果
        show_queens(n);
        return;
    }

    for (i = 0; i < n; i++) { // 逐行试验
        if (conflict(q, i, queens))
            continue;
        set_queen(q, i);
        queen(n, q + 1);
        unset_queen(q, i);
    }
}

void set_queen(int q, int p)
{
    queens[q] = p;
}

void show_queens(int n)
{
  int i;

  for (i = 0; i < n; i++)
     printf("%d", queens[i]);
  putchar('\n');
}
```

比较八皇后回溯搜索程序与标准深度优先搜索程序的全部输出结果序列可以看出，回溯搜索的结果是按升序排列的，而标准深度优先搜索的结果是按降序排列的。

5.3 广度优先搜索

广度优先搜索也是一种盲目搜索。在广度优先搜索中，节点的生成和扩展是按层次顺

序进行的，处于搜索树较浅层次的节点总是先被检查和扩展。只有在同一层的所有节点都被搜索完毕并且没有发现目标节点的情况下，才对下一层的节点进行搜索。在广度优先搜索的过程中，对节点搜索的先后顺序与这些节点的生成顺序是一致的。也就是说，先扩展出来的节点首先被进一步的扩展和搜索。这一节点的扩展和搜索顺序可以通过使用队列作为存储缓冲区来实现：生成的新节点按队列方式保存在缓冲区的尾部，然后按照先进先出的方式从缓冲区的头部开始对各个节点进行搜索。广度优先搜索的算法可以描述如下：

【算法 5-3】广度优先搜索

1. 选择初始节点并保存到队列缓冲区的尾部

2. 判断队列是否为空。当队列为空时，停止搜索，否则从队列的头部中取出节点 h

3. 检查 h 是否为目标节点。如果 h 是目标节点，则输出结果。如需要得到其他解则转到第 2 步，否则终止搜索

4. 如果 h 不是目标节点，则扩展该节点，将所生成的新节点保存到队列的尾部

5. 转到第 2 步

可以看出，广度优先搜索的算法与【算法 5-1】所描述的深度优先搜索算法是很相似的，所不同的只是使用队列作为节点的存储结构。因为广度优先搜索是按节点生成的层次进行的，所以广度优先搜索方法可以保证搜索到的结果具有最短的搜索路径。这样，广度优先搜索在求解深度未知或无确定边界的状态空间的问题以及需要最短搜索路径解的问题时，比深度优先搜索具有明显的优势。当然，对于一般适用于深度优先搜索的问题，也可以使用广度优先搜索。下面我们看看如何使用广度优先搜索求解八皇后问题。

【例 5-1-2】八皇后问题——广度优先搜索

根据【算法 5-3】，广度优先搜索的框架与深度优先搜索完全一样，所不同的只是节点的存取方式。因此，八皇后问题的广度优先搜索程序可以使用【例 5-1】中的大部分数据结构和代码，需要修改的只是把【例 5-1】中的栈替换为队列。这只影响到相应的节点访问函数和函数 queen()，相关部分的代码如下：

```c
state_t queue[MAX_Q];
int hd = 0, tl = 0;

#define put_node(st) queue[tl++] = st
#define get_node() queue[hd++]
#define queue_not_empty (hd < tl)

void queen(int n)              // 广度优先搜索n皇后问题
{
    int i;
    state_t st;

    while (queue_not_empty) {
        st = get_node();
        if (st.n >= n) {
            print_queens(&st);
            continue;       // 当只需要一个解时，使用return结束搜索
```

```
        }
        st.n++;
        for (i = 0; i < n; i++) {
            if (conflict(st.n - 1, i, st.q))
                continue;
            st.q[st.n - 1] = i;
            put_node(st);
        }
    }
}
```

对于队列 queue[] 的大小，可以仿照深度优先搜索算法中的方法进行粗略的估计。对于八皇后问题，在搜索的第一层有 8 个节点，这 8 个节点进一步生成第二层的各个节点。在第一层的 8 个节点中，首尾两个节点分别可以扩展出 6 个子节点，而其余 6 个节点只能分别扩展出 5 个子节点。其余各层的情况比较复杂，但是其上限平均至少比前一层节点所能扩展的子节点的数量少 1。因此全部节点的上限是 $2\sum_{m=0}^{5}\dfrac{6!}{m!}+6\sum_{n=0}^{4}\dfrac{5!}{n!}+8$，即 5868 个。这其中有相当数量的节点由于皇后位置的冲突而不合法，因此实际生成的节点要远远小于这一上限。在八皇后的广度优先搜索中，实际生成的节点只有 2057 个，略多于上述粗略估计上限的 1/3。

为更准确地估计队列 queue[] 的大小，也可以假设从第二层开始，每层单个节点所生成子节点的数量（即节点生成系数）比前一层少 2，直至第四层，此后每层的节点生成系数均为 1。这样，第一层的每个节点在第二层生成 6 个子节点，这 6 个子节点在第三层生成 24 个子节点，在第四层至第八层每层均生成 48 个子节点。因此整个队列的节点数为 8×（6+24+48×5）=2160。保守一点，可以把这一估值取为 2500 或 3000。

广度优先搜索的队列空间

与深度优先搜索相比，广度优先搜索使用队列，占用的内存空间较大。这是因为在广度优先搜索中，对各层节点都需要展开，并保存在队列中，由此引起的组合效应使得需要保存的节点数量迅速增加。对于更加复杂、状态空间更大的问题，在使用广度优先搜索时有可能由于组合爆炸而产生大量的内存空间消耗，以至超过计算平台的资源限制，引起搜索失败。

仔细分析就会发现，在广度优先搜索的过程中，并非始终都需要那样大的队列空间。在搜索过程中，节点是按层展开的，被访问的节点和新生成的节点分别属于紧邻的两层。随着搜索的进展，队列的头节点和尾节点从前向后不断地移动，程序对队列空间的实际使用只是头节点和尾节点之间的节点空间，也就是正在被搜索的层的节点空间和搜索中新生成的下一层的节点空间。因此，在任一时刻，广度优先搜索实际需要的队列空间不超过单层节点最大值的两倍。当一个节点被读出后，头节点指针后移，原来的头节点及其前面已经处理过的节点就不再需要了，因此可以使用循环队列重复利用这些存储空间。这样，对于搜索层次较深、状态空间较大的程序，可以使用长度大于一层节点最大值两倍的循环队列，以压缩队列实际占用的内存空间。例如，在八皇后的广度优先搜索中，如果以节点生成系数递减 2 来计算，则单层节点的最大值是在第四层，节点数是 8×6×4×2=384，因此循环队列的长度应不小于768，可以向上取整为800。进一步分析可知，在八皇后的广度优先搜索中，第二层的节点数是42，而不是48，以此计算，则第四层的最大节点数约为42×4×2=336，因此循环队列的长度应等于672，可以向上取整为700。

对所需存储空间的估计，是程序设计中一项常用的基本技术。使用这一技术，可以得知程序运行时所需存储空间上限的大致情况，至少也可以知道所需存储空间大小的量级，以便合理安排数据的存储。对存储空间估计的精度要求，取决于问题的规模和程序的运行平台上内存空间的情况。如果程序运行平台的内存空间比较紧张，则需要比较精确的估计，再加上适当的余量；反之，如果运行平台的内存空间较为宽裕，则可以估计得较为保守，较为粗略，以简化估计过程。但无论如何，对程序运行时所需存储空间的估计对于专业化的程序设计都是必不可少的。正确使用这项技术，可以既保证程序的正确运行，又避免对存储空间的浪费。

压缩队列结构占用的存储空间，除了使用循环队列之外，也可以使用双队列技术。所谓双队列技术，就是使用两个队列，分别保存奇数层和偶数层生成的节点。每个队列的长度应当不小于单层节点数的最大值。在搜索时，程序交替从一个队列读出节点，向另一个队列写入新生成的节点。在完成了对一个队列中所有节点的搜索后，交换对队列的读写方式，从刚刚写入的队列读出节点，向刚刚读空的队列中写入新生成的节点。双队列技术适用于5.5节讨论的带深度控制的广度优先搜索，代码不复杂，而且单个队列的长度比较小，队列中的节点与搜索的层次有清楚明确的对应关系，比较便于对程序的调试。

5.4　重复节点的判断

无论是八皇后问题，还是质数环问题，搜索的路径都不会构成圈，也就是说，在搜索过程中都不会生成出重复的节点。这是由这些问题的性质决定的。例如，在八皇后问题中，在棋盘的每一列中只能放置一个棋子，在前面各列棋子位置的一个确定布局下，对当前列的每一个位置只检查一次。这样，搜索过程就不可能生成出重复的节点，因此其状态空间自然就构成了一棵树，而不是带有圈的一般的图。但是有相当多问题，其状态空间所构成的是带有圈的图，在搜索过程中有可能生成出重复的节点。如果不进行适当的处理，搜索路径很可能会陷入圈中而无法进展。

为避免在搜索过程中生成状态重复的节点，需要在生成新节点时将其与已经搜索过的节点进行比较和判断。这就需要解决两个问题：第一个是如何进行两个节点状态之间的比较以判断其是否相同，第二个是如何确定哪些节点是需要比较的。对于大多数实际问题来说，两个节点状态之间的比较是相对容易的，只需要逐一比较两个状态中对应的属性就可以了。对于有些问题，由于状态描述比较复杂，为便于节点状态间的互相比较，需要仔细选择适当的方法，或采用适当的编码技术，以简化比较的过程，提高比较的效率。第二个问题的重要性取决于问题状态空间的大小。对于状态空间较小的问题，比较的效率不是关键因素，因此可以采用对所有已生成的节点进行比较的方法，以求不遗漏每一个需要被比较的节点。但是当问题的状态空间较大时，节点比较的效率就成为一个需要关注的重要因素。除了提高每一对节点间的比较效率外，更重要的是避免不必要的节点检查，减少比较操作的数量。对于一个具体的问题，确定需要被检查节点的算法可以有多种。每种算法所使用的数据结构、实现的复杂程度以及算法的效率都各不相同，需要根据搜索空间的大小选择适当的算法以及相应的数据结构。下面我们首先看一个简单的带重复节点检查的广度优先搜索的例子。

【例 5-3】分油问题　已知 A、B 两个油罐的容积，A 罐的容积小于 B 罐。求解使用这两个油罐量出规定油量并存放于 B 罐的最小操作序列。油罐的容积以及所要求的油量均为整数，从指定文件中读入。

这个问题需要求解操作最少的动作序列，也就是搜索出路径最短的解，因此适于采用广度优先搜索。为求解这一问题，首先需要确定问题中状态的表示方法以及生成新状态的合法操作。可以看出，伴随着每一次操作而变化的是两个油罐中的油量。因此可以把两个油罐当前所盛的油量作为一个节点的状态。从问题的规模来看，因为每一个油罐所能盛的油量是有限的，所以不同状态节点的数量也是有限的。设 A 罐和 B 罐的容量分别是 Ca 和 Cb。因为 Ca 和 Cb 均为整数，所以在最极端的情况下整个搜索空间节点的数量也不会超过 (Ca+1)*(Cb+1)。在实际的搜索过程中，由于操作条件的限制，这一状态空间中的很多节点是不可能生成的。这样，当 Ca 和 Cb 都不太大时，整个问题的搜索空间不会很大，搜索的层次也不会很多。

新状态的生成是通过合法的基本操作改变两个油罐当前所盛的油量来完成的。在这个问题中没有明确规定哪些操作是合法操作，但是根据题面中所隐含的常识可以知道，下列操作是被允许的合法操作，此外的操作都是不合法的：

1）向一个油罐中注满油；

2）清空一个油罐中的油；

3）将一个油罐的油注入另一个油罐中。

第一种操作使得被注入的罐中的油量等于它的容积，第二种操作使得被清空的罐中的油量等于 0，第三种操作的结果取决于在操作前两个油罐中的油量。这些操作是否可以适用于某一个节点取决于该节点的状态。操作 1 的前提条件是被注入的油罐未满，操作 2 的前提条件是被清空的油罐里有油。操作 3 的前提条件是倾出油的罐中有油，并且被注入油的油罐未满。此外，问题中没有给出对可以使用的总油量的限制，因此可以合理地认为上述几个操作是否可行只取决于当前节点的状态。问题求解的初始状态是两个油罐的油量均为 0，使用上述合法操作就可以生成一系列的新状态，直至找到目标状态，或者穷举完所有可能的状态。为了进行广度优先搜索，对每一个待扩展的节点都需要在满足操作的前提条件下使用上述全部操作，以便为每一个待扩展的节点生成出所有可能的新节点。

在分油问题中，问题的性质没有限制在搜索过程中重复节点的生成。因此当生成新的节点时，需要对节点状态进行检查，判断新生成的状态是否在以前的节点中出现过，并抛弃与已经搜索过的节点重复的节点，以避免在搜索路径中构成环。例如，使用上述合法操作 1 向一个油罐中注满油后，立即使用操作 2 将其清空，问题就又回到了初始状态。如果不对这样的情况进行检查，搜索就有可能在循环中不停地打转，无法搜索新的节点，更无法达到所要搜索的目标状态。

上述各点的讨论基本上确定了算法的要点和轮廓。为了进一步细化对计算过程的描述，需要确定相关的数据结构，以及所需要的辅助性数据。程序中的基本数据结构对应着需要涉及的对象。程序中涉及的对象有两类，第一是所要操作的油罐，第二是状态空间中的状态节点。每个油罐有自己的容量，以及当前存储的油量。油罐的容量和所存储的油量都是整数，这些都应该在描述油罐的数据结构中有对应的成分。此外，为了便于记忆和输出，在程序中应该给油罐命名。为了对状态空间进行描述，需要记录两个油罐所盛的油量。因为程序需要输出搜索过程的操作序列，所以在节点的生成过程中除了记录两个油罐所盛油量的变化之外，还应当记录节点之间的关联，也就是一个节点是由哪个节点生成的，以及生成这个节点时所用到的操作是什么。这样，在输出搜索过程的操作序列时，就可以从目标节点向前回溯，找出从初始状态节点到达目标状态节点的路径和所用到的操作。同样，考虑到输出结果的可读性，需要为各种操作命名，以便在输出每一步动作时使用这些名字，因此程序中也需要为这些名字建立相应的数据结构。尽管这些有关油罐和操作名字的数据与程序的关键算法无关，但是对于提高程序及其输出结果的可读性是很有帮助的。根据上述讨论，可以首先定义出如下的数据结构和变量：

```c
typedef struct Jar {
    int cap;              // 油罐的容量
    int val;              // 油罐当前的存油量
    int id;               // 油罐标识, 取值0和1, 分别表示油罐A和B
} Jar;

typedef struct State {
    int ca, cb;           // 油罐A、B当前的存油量
    int parent;           // 本节点的父节点在数组state[]中的下标
    char *act;            // 生成本节点的操作名称
} State;

Jar Ja, Jb;
State queue[MAXSTATE];
int tail, target;
char *fill[] = {"Fill A", "Fill B"};
char *empty[] = {"Empty A", "Empty B"};
char *pour[] = {"A->B", "B->A"};
char * act_name;          // 当前的操作名称
```

上面的代码定义了描述油罐的数据结构 Jar 和描述状态的数据结构 State。Jar 类型的变量 Ja 和 Jb 分别代表两个油罐，State 类型的数组 queue[] 用作保存状态节点的存储空间。MAXSTATE 是一个符号常量，说明数组 queue[] 的大小。这一数值应大于 (Ja.cap+1) * (Jb.cap+1)。int 类型的变量 tail 是状态节点队列尾部的下标，Target 用来保存目标油量。没有为队列的头部下标设置全局变量是因为队列头部下标的初始值为 0，并且只在一个函数中被使用，因此定义为局部变量就可以了。字符指针数组 fill[]、empty[]、pour[] 分别保存各个操

作的名字，用于输出搜索结果的操作序列。字符指针 act_name 用来记录在扩展每个节点时所使用的操作的名字，以便在生成一个新节点时说明生成这个节点所使用的操作。

扩展节点的操作对应着函数。为了在每一个待扩展节点上完成对各种操作的遍历，可以把操作所对应的函数保存在一个数组中，通过对数组元素的遍历实现对操作的遍历。而把不同的函数保存在同一个指针数组中的基本要求就是这些函数具有相同的函数原型，也就是说每一个操作函数需要具有相同的返回值类型和参数。从操作对象数量的角度看，在程序中所涉及的操作有两类，一类是对一个油罐进行的操作，就是注满或清空一个油罐，另一类是对两个油罐进行的操作，就是把油从一个油罐倒入另一个油罐中。因此三类基本操作中的两类只需要一个参数，第三类操作需要有两个参数。为了把具有不同函数原型的函数保存在同一个指针数组中，需要对这些函数进行封装，以便屏蔽掉函数原型的差别。为了便于编码，在上层的封装函数中不使用参数，而只用函数名来区分不同的操作，在封装函数内部再根据需要使用不同的参数调用基本操作函数。这样，把油从罐 A 倒入罐 B、把油从罐 B 倒入罐 A、注满罐 A、注满罐 B、清空罐 A、清空罐 B 都分别是独立的函数。对一个状态节点依次施用这些函数，就可以完成对该节点的扩展。这些函数的返回值都是 int 型的，表示该函数的调用是否成功。下面是操作函数以及相关的函数指针数组的声明和定义：

```
int fill_a(), fill_b(), empty_a(), empty_b(), a_to_b(), b_to_a();

int (*action[])() = {
    fill_a,  fill_b,
    empty_a, empty_b,
    a_to_b,  b_to_a
};
```

函数 fill_a()、fill_b()、empty_a()、empty_b()、a_to_b()、b_to_a() 分别是注满、清空油罐以及将油从一个油罐倒入另一个油罐的操作函数，所有的操作函数都保存在函数指针数组 action[] 中。这些函数都分别对应着一个带参数的通用基本操作函数 Fill_X()、Empty_X() 或 X_TO_Y()。所有的实际的操作都在基本操作函数中完成，而被直接通过 action[] 调用的操作函数只是负责确定基本操作函数的参数。在每个通用操作函数中都有对前提条件的检查，只有在满足了这些条件的前提下才执行相应的操作，以保证操作的合法性。每个通用函数在成功执行完毕时，把该操作所对应的操作名记录在变量 act_name 中，以备程序输出结果操作序列时使用。下面是这些函数的代码：

```
int Fill_X(Jar *jar)
{
    if (jar->val == jar->cap)
        return 0;
    jar->val = jar->cap;
    act_name = fill[jar->id];
    return 1;
}

int fill_a()
```

```
{
    return Fill_X(&Ja);
}

int fill_b()
{
    return Fill_X(&Jb);
}

int Empty_X(Jar *jar)
{
    if (jar->val == 0)
        return 0;
    jar->val = 0;
    act_name = empty[jar->id];
    return 1;
}

int empty_a()
{
    return Empty_X(&Ja);
}

int empty_b()
{
    return Empty_X(&Jb);
}

int X_TO_Y(Jar *jx, Jar *jy)
{
    int t;

    if (jy->val == jy->cap)
        return 0;
    if (jx->val == 0)
        return 0;
    t = jy->cap - jy->val;
    if (t >= jx->val) {
        jy->val += jx->val;
        jx->val = 0;
    }
    else {
        jy->val = jy->cap;
        jx->val -= t;
    }
    act_name = pour[jx->id];
    return 1;
}

int a_to_b()
{
    return X_TO_Y(&Ja, &Jb);
}

int b_to_a()
```

```
{
    return X_TO_Y(&Jb, &Ja);
}
```

程序的函数 main() 首先从指定的输入文件中将两个油罐的容量和所要达到的目标油量
分别读入到变量 Ja 和 Jb 的 cap 成员以及变量 Target 中，然后依次调用初始化函数 init() 和
搜索函数 solve()：

```
int main(int c, char **v)
{
    FILE *fp;
    ......
    fscanf(fp, "%d %d %d\n", &Ja.cap, &Jb.cap, &Target);
    init();
    if (!solve())
        fprintf(stderr, "Can't get target %d\n", Target);
    return 0;
}
```

初始化函数 init() 的任务是完成对搜索的初始状态的设置，包括对两个油罐的初始油
量、油罐的名称以及状态节点队列头尾下标的赋值。为简单起见，初始状态节点的入队是
通过对数组元素 queue[0] 的直接赋值完成的。下面是函数 init() 的代码：

```
void init()
{
    Ja.val = Jb.val = 0;
    Ja.id = 0;
    Jb.id = 1;
    tail = 1;
    queue[0].ca = queue[0].cb = 0;
    queue[0].parent = -1;
    queue[0].act = "Start";
}
```

搜索函数 solve() 的任务是完成对问题状态空间的广度优先搜索。这个函数的主体是一个
for 循环语句，循环从队列头部的节点开始，依次遍历队列中的每个状态节点，直至到达队列
的尾部。在每次循环中，程序首先检查待扩展的节点状态。如果该节点就是目标节点，则调
用函数 show() 输出搜索结果，然后结束搜索。如果该节点不是目标节点，则对该节点依次调用
action[] 中的操作函数，生成新的状态，并检查该状态是否在以前的搜索过程中出现过。如果
该状态没有出现过，则调用函数 append() 将其添加到队列的尾部。下面是函数 solve() 的代码：

```
int solve()
{
    int i, j;

    for (i = 0; i < tail; i++) {
        if (succeed(i)) {
            show(i);
            return 1;
        }
```

```
        for (j = 0; j < NumberOf(action); j++) {
            setsit(i);                      // 将油罐油量设置为节点i的状态
            if (action[j]() && !exist())    // 生成新状态并检查其是否出现过
                append(i);                  // 保存新状态
        }
    }
    return 0;
}
```

函数 solve() 在搜索到目标节点后，或者在待搜索的节点队列为空，也就是循环控制变量 i 的值等于队列尾部下标 tail 时结束。因为问题的状态空间是有限的，所以待搜索的节点队列不会无限地扩展。即使问题中给定的搜索目标无法达到，搜索也会在有限的步数内终止。因为这个问题的状态空间不大，搜索深度不深，而且也没有要求输出搜索的步数，所以在这段代码中没有进行搜索的深度控制。

函数 succeed() 的任务是检查待扩展节点的状态，看看该状态下油罐 B 的储油量是否等于所要求的目标油量，并分别返回 1 或 0。下面是该函数的代码。这个函数只有一行语句，完全可以直接放在函数 solve() 中。之所以把这条语句封装在函数中，主要是为了增加程序的可读性。同时，经过这样的封装之后，函数 solve() 就成为一个通用的广度优先搜索程序的框架。其他需要使用广度优先搜索的问题完全可以套用这个框架。需要根据具体要求进行修改的只是框架中诸如 succeed()、show() 等与具体问题相关的函数。

```
int succeed(int i)
{
    return queue[i].jb == Target;
}
```

函数 setsit() 的任务是将油罐 A 和油罐 B 的油量设置为状态节点 i 指定的状态，以便对该状态节点进行扩展，函数 append() 的任务是将新生成的节点放到节点队列的尾部。这两个函数的代码如下：

```
void setsit(int i)
{
    Ja.val = queue[i].ja;
    Jb.val = queue[i].jb;
}

void append(int parent)
{
    if (tail >= MAXSTATE) {
        fprintf(stderr, "More than %d nodes required!\n", tail);
        exit(1);
    }
    queue[tail].parent = parent;
    queue[tail].ja = Ja.val;
    queue[tail].jb = Jb.val;
    queue[tail].act = act_name;
    tail ++;
}
```

　　在函数 append() 中将变量 act_name 当前的值，也就是生成新节点操作的名称，赋给了状态节点的成员 act，并对当前队列的大小进行了检查。当队列的大小超过预先分配的存储空间时，函数中会输出报警信息，并强制整个程序结束运行。

　　函数 exist() 的作用是检查由油罐 A 和油罐 B 中的油量所表示的状态是否在已经生成的节点中出现过。由于分油问题的搜索空间较小，可以采用尽管效率不高，但实现起来较为简单的线性查找算法，逐一地与全部已经生成的节点进行比较。函数 show() 的任务是把从初始状态节点到指定的状态节点的操作序列显示出来。这两个函数的代码如下：

```
int exist()
{
    int i;

    for (i = 0; i < tail; i++) {
        if (queue[i].ja == Ja.val && queue[i].jb == Jb.val)
            return 1;
    }
    return 0;
}

void show(int n)
{
    int i;

    i = queue[n].parent;
    if (i != 0)
        show(i);
    printf("%s\n", queue[n].act);
}
```

　　为了描述简便起见，函数 show() 是递归定义的。因为函数的参数是目标状态的下标，而操作序列的显示需要从初始状态开始，所以对当前节点的显示是后序的。当 Ja 和 Jb 的容量分别是 3 和 5 而目标为 4 时，程序输出结果如下：

```
Fill B
B->A
Empty A
B->A
Fill B
B->A
```

5.5　带深度控制的广度优先搜索

　　在广度优先搜索中，节点是按层次展开的。在有些问题的求解过程中，被搜索节点所在的层次与搜索过程没有直接的关系，【例 5-3】分油问题就属于这一类。在有些问题中，节点状态包含了被搜索层次的信息。例如在【例 5-1】八皇后问题的广度优先搜索中，被搜索的列就是节点所在的层次。在这两种情况下，都不需要对节点的层次进行明确的表示和控制。在有些问题的搜索过程中，需要对节点在搜索树中所处的层次进行明确的表示和控制。这里面有两种不同的原因。一种原因是为了确定对节点的操作方式。在有些问题中对节点的扩展方式与节点所在的层次密切相关，因此在搜索过程中需要直接标记当前搜索的层次，以便按照层次所规定的方式对节点进行处理。另一种原因是为了控制搜索的深度。有些问题对搜索的深度有明确的要求；也有些问题的状态空间巨大，广度优先搜索并不一定能够保证在合理的层次内找到问题的解。这时就需要在搜索的深度上进行相应的控制，限制搜索的层次。当不能在给定的深度之内找到解时，就可以及时地停止搜索，并根据问题的要求输出相应的信息，或者对程序进行修改和调整。

对广度优先搜索进行搜索深度控制在原理上并不复杂：只需要记录节点所处的层次，并且在节点扩展时，每一轮只对属于同一层的节点进行操作即可。广度优先搜索从一个初始状态开始，因此搜索的第一层只有这一个节点。对这个节点扩展所生成的所有节点就属于第二层。依此类推，我们可以知道每一层节点的存储位置，因此就可以逐层地对节点进行扩展操作，并在达到了规定的搜索深度时停止搜索。从程序的实现上来看，这也只需要对基本的搜索框架进行一点小的改动：增加一个记录当前被搜索层次结尾的指针，并且将搜索的循环由一层变为两层，一层控制搜索的层数，另一层遍历每层中所有的节点。在每一层节点扩展完毕后，将当前的队尾指针的值赋给层次结尾指针。据此可以写出带层次控制的广度优先搜索的基本框架如下：

```
for (level = head = 0; level < max_depth; level++) {
    for (end = tail; head < end; head++){
        ......
    }
}
```

其中 level 是控制搜索深度的变量；max_depth 是最大搜索深度；head 是队列当前的首部，即当前正在处理的节点在队列中的下标；tail 是队列尾部的下标，在搜索过程中随着新节点的加入而增加；end 是当前层次中最后一个节点的下标，随着搜索层次的增加而改变。上面的代码只是一个基本的框架结构，具体的代码可以根据问题的性质和复杂程度，按照描述清晰、便于维护的原则进行组织。下面是一个使用带深度控制的广度优先搜索的示例。

【例 5-4】求倍数　给定自然数 $N(1 \leqslant N \leqslant 9999)$ 和十进制数字集合 $X = \{x_1, x_2, \cdots, x_m\}$ $(m \geqslant 1)$，找出 N 的最小的正整倍数，使得该倍数中只包含集合 X 中的数字。答案长度限制在 500 位以内。

求解这一问题有多种可能的方法，其中最直观的方法就是从小到大生成 N 的整倍数，并逐位检查其中是否仅包含集合 X 中的数字，直到找到答案为止。这一方法看似简单，实现容易，但是计算过程实际上是对乘积空间的遍历，计算复杂度太高，对于稍微长一些的答案就无能为力了。例如，设 N 约等于 10^3，而答案是一个 100 位的整数，粗略地估算一下，这至少需要进行 10^{97} 次的乘法和检查。即使计算机每秒可以进行 10^{10} 次的乘法和检查，完成全部运算也需要 10^{87} 秒，大约相当于 10^{80} 年。计算复杂度最低的算法是对乘积按位遍历。这样，计算量就正比于乘积的长度。对乘积按位遍历可以有两种不同的方法：一种是对乘数从低位到高位进行逐位搜索，另一种是对乘积从高位到低位进行逐位搜索。第一种方法可以看成是对乘法过程的模拟，第二种方法可以看成是对除法过程的模拟。两种方法实现的难易程度相当，其中第二种方法在搜索过程中会产生重复节点，需要进行检查，因此我们在下面讨论这种方法的实现，而把第一种方法的实现留给读者。因为在问题中有对最大的答案长度的限制，所以无论采用哪种方法，在搜索时都需要对搜索的深度进行控制。

对乘积从高到低逐位搜索的基本思想是，当把乘积的高 k 位设定为 $d_1d_2\cdots d_k$ 时，可以计算出该数值被乘数整除时的余数。当余数为 0 时我们就找到了问题的解，否则就可以从集合 X 中依次取出合法数字作为 d_{k+1}，与前 k 位一起构成乘积的前 $k+1$ 位。显而易见，乘积前 $k+1$ 位的余数就等于乘积前 k 位的余数乘以 10 再加上 d_{k+1} 后被乘数 N 整除的余数。这样，我们就可以从高到低逐位设定 $d_1d_2\cdots d_n$ 并计算其是否可以被乘数整除，直至找到问题的解，或者搜索的位数 n 超过了给定的长度为止。实现这一思想的算法可以描述如下：

【算法 5-4】

1. 将 d_0 及其余数均设为 0，并作为第 0 层的唯一节点保存在队列中
2. 从第 0 层开始直至第 K 层，依次取出该层的节点
3. 每取出一个节点后即按升序对合法数字进行遍历，并对每个合法数字执行下列操作。当 0 是合法数字之一时，对于队列中第一个节点跳过对 0 的操作
   - 3.1 将节点的余数乘以 10，将当前的合法数字加上该乘积，计算该结果被 N 整除后的余数
   - 3.2 检查该余数是否已经出现过。如果该余数已出现过，则不做任何操作，继续对后续的合法数字进行遍历；否则将当前的合法数字与新的余数一起，作为当前节点的后续节点保存在队列中
   - 3.3 检查新节点的余数是否为 0。若是则从新节点开始逆序打印输出该数，并结束搜索；否则继续对后续的合法数字进行遍历

算法的第 3.2 步是为了避免对一个节点进行不必要的扩展。根据上述算法，如果两个节点中的余数相同，那么它们所生成的后续节点序列也是一样的。后生成的节点或者其所在的层次大于第一个节点，或者其与第一个节点层次相同但是数字大于该节点，其所生成的最终结果的值必然要大于第一个节点所生成的结果。我们的目标是找出 N 的最小正整数倍数，因此所有与已有节点具有相同余数的节点都是不必要的。此外，上述算法在每一个新节点生成并放入队列后立即检查其是否为目标节点。这与【算法 5-3】略有不同，但没有实质性的差别。

在上述算法中，一个节点需要记录当前正在搜索的乘积位上的数字 d_i、$d_1d_2\cdots d_i$ 被 N 整除的余数，以及生成该节点的父节点。根据这些要求，可以定义一个状态节点的数据结构如下：

```
typedef struct node {
    int digit, residue;    // 当前节点的数字及余数
    int parent;            // 当前节点的父节点
} node;
```

存储状态节点的队列就是一个 node 类型的数组。这个数组以及队尾下标需要被多个函数访

问，因此需要定义为全局变量：

```
node queue[MAX_NODE];        //节点队列
int tail;                    //节点队尾下标
```

此外，程序在运行中还需要下列全局变量：

```
int valid_d[10], mul;
short r_exist[MAX_NODE];     //余数出现记录表
```

其中 mul 是被乘数，valid_d[] 是合法数字描述表。valid_d[] 中每个元素对应一个十进制数字，下标为合法数字的元素的值等于 1，否则为 0。这两个全局变量的值都需要在程序运行时读入。余数出现记录表 r_exist[] 记录在搜索过程中已经出现过的余数，是搜索过程中对新生成的节点进行实质性查重的关键数据结构。该数组中以余数为下标的元素的值等于 1 表示该余数已经出现过。所有可能的余数的个数不超过被乘数的最大值，这也是节点队列中节点数量的上限，因此 MAX_NODE 不小于被乘数的最大允许值即可。在完成了这些类型和变量的声明和定义之后，就可以写出函数 do_search() 了：

```
int do_search(int hd)        // expanding the node at the head
{
    int i, r;

    for (i = (hd == 0); i < 10; i++) {
        if (!valid_d[i])
            continue;
        r = (queue[hd].residue *10 + i) %num;
        if (r_exist[r])
            continue;
        r_exist[r] = 1;
        queue[tail].digit = i;
        queue[tail].residue = r;
        queue[tail++].parent = hd;
        if (r ==0) {     // We got it!
            print_res(tail -1);
            return 1;
        }
    }
    return 0;
}
```

函数 main() 在完成了数据读入和必要的初始化之后，提供了一个基本的搜索框架，控制对状态节点按层次的生成和搜索：

```
int main(int c, char **v)
{
    ......
    fscanf(fp, "%d %d", &mul, &n);
    for (i = 0; i < n; i++) {
        fscanf(fp, "%d", &t);
        valid_d[t] = 1;
```

```
    }
    queue[0].digit = queue[0].residue = 0;
    queue[0].parent = -1;
    tail = 1;
    for (head = level = 0; level < N; level++) {
        for (end = tail; head < end; head++) {
            if (do_search(head))
                return 0;
        }
    }
    printf("0\n");
    return 0;
}
```

其中 N 是乘积的最大允许长度。函数 print_res(n) 根据 n 指明的节点，按节点的生成关系逆序打印出搜索结果中的各位数字。这既可以使用后序遍历的递归方式，也可以借助于字符数组作为临时性的存储区。当结果长度限制在 500 位左右时，两种方法都是可以的。当结果长度为上千位甚至更长一些时，使用递归时的函数嵌套深度对有些计算平台来说有可能太长，因此第二种方法可能会更好一些。下面是第二种方法的代码：

```
void print_res(int n)
{
    int i, k = 0;
    char s[N];

    for (i = n; i > 0; i = queue[i].parent)
        s[k++] = '0' + queue[i].digit;
    while (k > 0)
        putchar(s[--k]);
    putchar('\n');
}
```

5.6　节点的编码和搜索效率

分油问题的程序展示了基本的带重复节点检查的广度优先搜索技术。但该问题是一个很简单的小问题，不仅问题的状态描述简单，而且状态空间很小，因此与问题相关的数据结构很简单，在算法选择上不必对计算效率有过多的考虑，对搜索的深度也不需要控制。大量的搜索问题，包括实际应用问题和游戏问题，其状态空间的规模都远大于分油问题，其节点状态的属性及其描述方法也要复杂得多。在这种情况下，搜索的效率以及对搜索过程的控制就是一个很重要的问题了。为了提高搜索的效率，需要针对问题的性质，采用适当的数据结构和编码技术。下面我们看一个例子。

【例 5-5】华容道　华容道是一个经典的智力游戏：十个大小分别是 1×1、1×2、2×1 以及 2×2 个单位的矩形棋子放在一个 4×5 的矩形棋盘上，游戏的目的是利用棋盘上的两个 1×1 的空格作为机动空间，通过各个棋子在棋盘平面上的移动，把其中唯一的一个 2×2 个的矩形从初始位置移到棋盘正下方宽度为 2 的出口处。在移动过程中棋子不得互相重叠或出界。图 5-6a 和图 5-6b 是华容道游戏的两个典型初始布局，图 5-6c 是图 5-6a 布局的一个求解完毕的最终状态。给出华容道的初始布局，输出解决该问题的最小移动序列。

 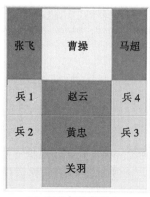 

a）经典初始布局之一   b）经典初始布局之二   c) 一个求解完毕的最终状态

图 5-6　华容道游戏的例子

　　华容道问题也是一个适合采用广度优先搜索的问题，因为需要求解的是满足要求的棋子移动最小序列。在华容道问题中，一个任意给定的初始状态并不一定有解，但是其所对应的搜索空间却可能很大，因此在搜索过程中需要控制搜索的深度，并在搜索到一定的深度时停止搜索。华容道问题的另一个要点是对重复状态的检查，以避免搜索过程中的循环和重复。与【例 5-3】分油问题相比，华容道问题的节点查重有两个不同：第一个是状态空间大，第二个是状态空间表示和判断比较复杂。华容道问题的状态空间比分油问题大得多。粗略地估计一下，棋子各种可能的分布状态数量接近 12!，超过 10^8 的数量级。尽管在实际的搜索过程中，对于每一个给定的初始状态都会有很多状态节点是无法到达的，因此实际的搜索空间会小于上面估计的数量，但是这一实际搜索空间仍然很大，并且会因此而产生一些在分油问题中没有遇到的困难。

　　华容道游戏中的一个特点是，棋子有多种不同的形状，而且无论在什么样的布局中，都会有多个棋子的形状是相同的。例如，四个兵的形状永远是相同的，在图 5-6a 的布局中，"张飞""赵云""黄忠""马超"的形状是相同的。当这些形状相同的棋子之间的位置互换时，尽管棋子发生了移动，但是从节点状态的角度看，并没有使局面发生实质性的变化，改变的只是同一位置上棋子的名字。如果把这些实质上相同的状态都认为是不同的新状态，并且都保存在状态节点队列中，不仅会使程序进行大量重复性的搜索，严重地降低程序运行的效率，而且所需要的资源有可能超过运行平台的能力。如果能够识别那些表面上不同但实质上相同的状态，排除名称不同但形状相同的棋子所引起的差异，就可以使状态节点数的最大数量减少到 12!/4!/4! 以下，也就是小于 10^6 的数量级。因此节点状态的定义对于程序的时空效率都有重大的影响。此外，由于状态节点数量巨大，节点查重的效率也直接影响到程序的运行效率。所有这些都使得求解华容道问题时在数据结构和算法的选择、程序结构的设计和编码实现等方面需要精心的考虑。

华容道问题中的基本操作对象是棋子。每个棋子有其基本属性，即棋子的名称、长度、宽度和位置。这些属性都需要在数据结构 piece 中进行描述：

```
typedef struct piece{
    short x, y;         // 棋子的位置
    short w, h;         // 棋子的宽度和长度
    char name[8];       // 棋子的名称
} piece;
```

在这个结构中假设棋子的名称小于 8 个字节。棋子的位置取值不超过 4，长宽的取值不超过 2，完全可以用更小的数据类型 char 来保存。但是，整个程序中只有 10 个棋子，再加上两个空格也不过 12 个需要描述的对象，使用更小的数据类型所节省的存储空间很少，意义不大。而在程序调试时，多数调试工具对 char 型数据都显示为字符而不是相应的数值，会给调试工作带来不必要的麻烦和困难，反而得不偿失。权衡利弊，这里使用 short 类型来保存棋子的位置和长宽。

游戏中的棋子保存在 piece 结构的数组中，在定义这个数组的同时也可一并对其进行初始化。按顺序初始化各个棋子的属性就定义了游戏的一个布局。下面的初始化代码是对图 5-6a 布局的描述：

```
piece   pieces[] = {
        1, 3, 2, 2, "曹操",
        1, 2, 2, 1, "关羽",
        0, 3, 1, 2, "张飞",
        0, 1, 1, 2, "赵云",
        3, 3, 1, 2, "马超",
        3, 1, 1, 2, "黄忠",
        0, 0, 1, 1, "兵1",
        1, 1, 1, 1, "兵2",
        2, 1, 1, 1, "兵3",
        3, 0, 1, 1, "兵4",
        1, 0, 1, 1, "空_1",
        2, 0, 1, 1, "空_2"
};
```

在搜索过程中，一个棋子位置可能会改变，但是其名称、长度、宽度不会发生变化。各个棋子在棋盘上的位置组合就描述了搜索过程中的状态。为了减少内存空间的占用以及方便程序操作起见，可以为棋子单独定义在搜索过程中使用的数据结构如下：

```
typedef struct pos{
    short x;
    short y;
} pos;
```

这样，使用具有 10 个元素的 pos 数组，按照与数组 pieces[] 对应的顺序依次将各个棋子的位置保存在数组元素中，就可以描述游戏中的一个状态。

保存一个状态节点最简单的方法就是直接保存与其相应的 pos 数组。使用这样的方法，保存每一个状态节点需要使用 40 个字节。这看起来不算多，但是因为华容道问题的状态空

间很大，需要进行保存和比较的状态很多，所以总的内存占用量是很可观的。实际上，保存一个节点的状态远不需要这么多的数据量。华容道的棋盘是一个 4×5 的矩形，一个棋子位置的 x 坐标的取值是 0～3，y 坐标的取值是 0～4。因此，棋子位置的 x 坐标可以用 2 位二进制位来表示，y 坐标可以用 3 位二进制位来表示。这样，一个棋子的位置可以用 5 位二进制位来保存，10 个棋子再加上两个空格总共只需要 60 位二进制位即可，使用一个 64 位的长整数就足够了。由于 64 位长整数在常用的 32 平台上是非标准数据类型，为保持程序的可移植性，我们可以使用两个长度为 32 位的整数来代替一个 64 位的长整数。此外，我们还需要一个记录本节点的父节点下标的字段。这样，相应的数据结构就可以定义如下：

```
typedef struct state{
    unsigned long p1, p2;
    long parent;
} state;
```

使用这样的数据结构来表示节点状态，不仅可以使保存一个盘面布局所需要的数据量从 40 个字节减少为 8 个字节，而且在状态的比较时也只需要进行两次整数的比较，使运行效率有较大的提高。这里之所以使用 long 而没有使用 int，是考虑到在不增加编程复杂性的情况下适当增加程序的可移植性。在 16 位的计算平台上，int 是 16 位的，而 long 仍然是 32 位的。状态空间的存储队列定义为 state 结构的数组：

```
state queue[SSIZE];
```

在搜索过程中，新生成的节点被依次保存在这个数组中，其中整数 SSIZE 应大于在搜索过程中可能出现的状态节点数量，取决于所要求解的初始布局以及程序运行中对重复状态检查的彻底程度。对于如图 5-6a 等一些常见的布局，SSIZE 一般不超过 50000。考虑到一些更复杂的布局以及程序在实现中有可能对重复状态检查得不够彻底，SSIZE 设为 200000 也就足够了。

将一个状态由 pos 数组压缩为 state 结构并保存在状态节点队列中的工作是通过函数putpos() 完成的。该函数有两个参数，第一个是状态节点在队列中的位置下标，另一个是以pos 数组方式保存的节点状态。函数直接把给定的 pos 数组压缩为 state 结构，并保存到队列里指定下标的元素中。函数的代码如下：

```
#define N_PIECES 12
void putpos(int n, pos *ps)
{
    int i;
    unsigned long m1 = 0, m2 = 0;

    for (i = 0; i < N_PIECES / 2; i++) {
        m1 = (m1 << 5) | (ps[i].x << 3 | ps[i].y);
        m2 = (m2 << 5) | (ps[i + 6].x << 3 | ps[i + 6].y);
    }
    queue[n].p1 = m1;
    queue[n].p2 = m2;
}
```

其中符号常量 N_PIECES 是包括空格在内的棋子的数量。这个函数的逆函数是 getpos()，该函数将一个保存在队列中的下标为 n 的节点取出并恢复为 pos 类型，保存在 ps 指向的存储空间。该函数的代码如下：

```
void getpos(int n, pos *ps)
{
    int i;
    unsigned long m1, m2;

    m1 = queue[n].p1;
    m2 = queue[n].p2;
    for (i = N_PIECES / 2 - 1; i >= 0; --i) {
        ps[i].y = m1 & 07;
        ps[i].x = (m1 >> 3) & 03;
        ps[i + N_PIECES / 2].y = m2 & 07;
        ps[i + N_PIECES / 2].x = (m2 >> 3) & 03;
        m1 >>= 5;
        m2 >>= 5;
    }
}
```

在确定了状态节点的存储方式之后，就可以写出程序中搜索过程的代码：

```
int search(int max_step)
{
    int i, j, end, level;
    pos p[N_PIECES];

    for (level = i = 0; i < tail && level <= max_step; level++) {
        for (end = tail; i < end; i++) {
            getpos(i, p);
            if (reached(p)) {
                show_res(i);
                return 1;
            }
            for (j = 0; j < 10; j++) {
                move_piece(i, j, p);
            }
        }
    }
    return 0;
}
```

函数 search() 在给定的搜索深度内进行广度优先搜索，其 int 型的参数 max_step 规定了最大的搜索深度。如果在这一搜索深度之内可以达到所要搜索的目标，函数返回 1，否则返回 0。为了控制搜索深度，这段代码也采用了 5.5 节所讨论的带深度控制的广度优先搜索框架。在每一步搜索过程中，首先使用 getpos() 从队列中取出一个节点，并检查其是否为目标节点。如果该节点的状态满足对搜索目标的要求，则调用函数 show_res()，从其参数所指定的队列元素回溯至初始节点并打印输出盘面的移动序列。然后 search() 返回 1，结束搜索过程。否则，search() 在 for 语句中调用函数 move_piece()，对当前节点进行扩展。

函数 reached() 根据棋子在棋盘上的布局来判断是否达到了搜索的目标。根据问题的要求，函数 reached() 只是检查"曹操"，也就是棋子位置数组中第一个元素是否到达了棋盘的出口，即 x 等于 1、y 等于 0 的位置，并根据结果分别返回 1 或 0。函数的代码如下：

```
int reached(pos ps[])
{
    return (ps[0].x == 1 && ps[0].y == 0) ? 1 : 0;
}
```

对当前节点进行扩展由函数 move_piece() 完成。这个函数有三个参数：第一个是生成当前布局的节点的下标，用于标记新生成节点的父节点；第二个是被移动的棋子的序号，用于指定被移动的棋子；第三个是当前的棋盘布局。通过对所有棋子的遍历，就可以确定在当前状态下可以移动哪个棋子，以生成新的状态：

```
void move_piece(int p_node, int piece, pos ps[])
{
    int i;
    state tmpt;

    buffer_check();
    for (i = 0; i < NumberOf(actions); i++) {
        if (actions[i](p, ps) && !exists(tail))) {
            queue[tail++].parent = p_node;
        }
    }
}
```

这段代码首先使用函数 buffer_check() 检查队列 queue[] 是否有足够的存储空间来保存可能生成的节点，然后再通过 for 循环对保存在函数指针数组 actions[] 中所有的动作函数进行遍历。如果一个动作函数在给定的状态下适用于指定的棋子，就生成一个新的状态并暂存在队列的末尾，然后调用 exists() 检查其是否与已经出现过的状态重复。只有当该状态从未出现过时，才执行 tail++，真正地把这个新的状态保存到节点队列中。函数指针数组 actions[] 的定义及其所包含的元素如下：

```
int (*actions[])(int, pos *) = {
    go_left, go_right, go_up, go_down
};
```

函数 go_left()、go_right()、go_up()、go_down() 分别试探能否将指定的棋子向左、向右、向上和向下移动。这四个函数的结构相同，因此下面只列出函数 go_left() 的代码：

```
int go_left(int i, pos ps[])
{
    int d;
    pos t[N_PIECES];

    for (d = EMPTY_1; d <= EMPTY_2; d++)
```

```
            if (ps[i].y == ps[d].y && (ps[i].x - ps[d].x) == 1) {
                if (pieces[i].h == 1) {
                    copy(ps, t);
                    t[i].x -= 1;
                    t[d].x += pieces[i].w;
                    putpos(tail, t);
                    return 1;
                }
                else if (ps[EMPTY_1].x == ps[EMPTY_2].x &&
                        ps[EMPTY_1 + EMPTY_2 - d].y - ps[d].y == 1) {
                    copy(ps, t);
                    t[i].x -= 1;
                    t[EMPTY_1].x = t[EMPTY_2].x = ps[d].x + pieces[i].w;
                    putpos(tail, t);
                    return 1;
                }
            }
            return 0;
    }
```

在这段代码中，程序首先检测空格的位置是否在被移动的棋子的左侧。如果有一个空格在被移动的棋子的左侧，并且该棋子的高度等于 1，则向左移动该棋子，并使用函数 putpos() 向节点队列写入这一移动所生成的新状态。如果该棋子的高度不等于 1，那么其高度就必然等于 2。如果这时在该棋子的左侧有两个垂直并列的空格，并且正好与该棋子的位置对齐，则也向左移动该棋子并记录这一移动。在这里需要注意的是，在函数 putpos() 中只是临时性地把新的状态记录到了节点队列的尾部之后，但是并没有立即修改节点队列尾部的下标，因此该状态并未实际进入队列中。

函数调用 copy(ps, t) 将参数中的 pos 数组 ps[] 复制到一个临时性的 pos 数组 t[] 中，并根据当前的动作修改 t[] 中棋子 i 的位置。这样做是因为给定一个保存在 ps[] 中的状态，需要对每一个棋子是否可以移动进行检查，对每一个棋子进行检查时又需要对所有可能的动作进行遍历。在一个状态中可能有多个棋子可以被移动，而且有的棋子又可以有不同的移动方向。因此对一个棋子的移动不应该修改参数中的数组 ps[]，以免对其他动作的初始状态产生影响。函数 copy() 的代码如下：

```
void copy(pos *ps, pos *tps)
{
    memcpy(tps, ps, sizeof(pos) *N_PIECES);
}
```

函数 exists() 检查指定的状态节点是否与队列中已有的节点相同。这里需要解决两个问题：第一个问题是如何判断两个节点是否相同，第二个问题是如何提高节点比较的效率。

从棋盘局面的角度看，一个表示各个棋子位置的 pos 数组没有在以前的搜索过程中出现过就可以认为是一个新的节点。但是从搜索的角度看，具有相同形状的棋子的位置互换是两个互相重复的相同状态，其到达目标状态的距离是相同的。为了便于对这类重复的状态节点进行检查，需要对节点的状态进行实质性的描述，根据棋子的形状和位置，而不是棋子的标识和位置来定义棋局的状态。为此需要找到一种状态描述方法，使得不具备实质性差别的状态具有相同的描述形式，而只有具备实质性差别的状态才具有不同的描述形式。这样，棋盘上的一个状态就不再与具体的棋子相关，而只与各个位置上的棋子的形状有关。只要棋盘所有位置上棋子的形状相同，就可以认为两个节点的状态是相同的，而无须考虑每个棋子的位置是否发生了变化。

实现这一思路可以采用不同的方法。一种较为简便和通用的方法是对棋盘进行扫描，在棋盘的每个位置上记录该位置上棋子的形状，并以这一扫描结果作为表示节点实质性状态的盘面模式。对于每个棋子的形状，在数组 pieces[] 中已通过其高度和宽度进行了描述。但是这种描述不便于记录和比较。更为方便的方法是为棋子的形状编码，这样就可以直接在棋盘上记录每个位置上棋子的形状。对棋子形状的编码有两种不同的方法可以选择。最简单的方法是对棋子的形状进行手工编码，也就是在棋子的属性中加入对形状的描述。但是这样做有两个缺点。第一点是这样会造成数据的冗余，因为在数据结构 piece 中已经描述了棋子的宽度和高度，清楚地表示出了棋子的形状。与此相关的第二点就是这样会造成操作的复杂和数据潜在的不一致：当修改游戏的初始布局，并因此将某些 1×2 的棋子修改为 2×1 时，不仅需要修改棋子的宽度和高度，而且需要修改棋子的形状编码。为了避免对同一个属性的重复描述，防止由此产生的数据不一致和由此引发的程序错误，应该根据棋子的宽度和高度自动地生成棋子形状的编码。这样，当棋子的形状被修改时，棋子的形状描述码也就自动地修改了。

华容道游戏中共有 4 种棋子。加上空格，棋盘每个格子上可以放置的棋子有 5 种不同的形状，因此编码只需使用 3 位二进制位就够了。一种操作简单并且可以保证各类棋子的编码不重复的方法是将棋子的宽度左移 1 位，再与棋子的高度"按位或"。对于保存在结构数组 pieces[] 中的第 i 个棋子的编码如下：

```
p = pieces[i].w << 1 | pieces[i].h;
```

这样，2×2 棋子的编码是 6，2×1 棋子的编码是 5，1×2 棋子的编码是 2，1×1 棋子的编码是 3。

与记录节点状态的情况相类似，当记录棋盘各个位置棋子的形状、生成盘面模式时，也有不同的方法可以选择。一种是直接把盘面模式作为一个 4×5 的二维数组，数组中的每个元素对应于棋盘上的一个格子；另一种是对盘面模式进行编码，以便压缩保存盘面模式所需要的存储空间。当使用二维数组的方式时，即使每个数组元素只使用一个字节，也需要占用 20 个字节。这不仅会造成数据的冗余，而且盘面模式之间相互比较的效率也会相当低。采用编码方式压缩信息存储量，不仅可以节约存储空间，而且比较起来也更加简便有效。棋盘上有 20 个格子，每个格子可以放置一个棋子，一个棋子的形状编码需要 3 位二进制位。因此记录一种盘面模式只需 60 位二进制位，远远小于 20 个字节。参照状态节点的情况，可以定义数据结构 pattern 如下：

```
typedef struct pattern {
    unsigned long p1,
```

```
        unsigned long p2;
    } pattern;
```

下面是根据棋盘局面生成盘面模式的函数 getpatt() 的代码。这个函数有两个参数，第一个是指定棋局在节点队列中的下标，第二个是保存节点状态的数据结构的地址。

```
void getpatt(int n, pattern *patt)
{
    pos t[N_PIECES];
    unsigned long pat[2] = {0, 0};
    int i, id, p, off;

    getpos(n, t);
    for (i = 0; i < N_PIECES - 2; i++) {//不必保存空格
        p = pieces[i].w << 1 | pieces[i].h;
        id = t[i].x >> 1;
        off = t[i].y * 3 + ((t[i].x & 0x1) << 4);
        pat[id] |= p << off;
    }
    patt->p1 = pat[0];
    patt->p2 = pat[1];
}
```

在函数 getpatt() 中，编码过程是按棋子的顺序进行的。在 for 循环中，首先生成每个棋子的形状编码，然后根据该棋子当前的位置，分别计算出它应该被放在 state 结构的哪个元素中，以及在该元素中的偏移量，将其保存在数组 pat[] 中相应的元素中相应的二进制位上。数组 pat[] 中的两个元素都被初始化为 0。如果某个棋盘格子中没有放置棋子，其相应的二进制位就保持为 0。

对棋子形状的编码是由 for 语句循环体内的第一行语句完成的，棋子的 x 坐标可取的值是 0～3，x 坐标为 0 和 1 的棋子的形状编码被保存在数组 pat[] 中下标为 0 的长整数中，x 坐标为 2 和 3 的棋子的形状编码被保存在数组 pat[] 中下标为 1 的长整数中。也就是说，棋子的形状编码保存在数组 pat[] 的哪个元素中取决于其 x 坐标的高位，元素下标可以通过对棋子 x 坐标右移一位得到。棋子形状编码在各个长整数中的偏移量由棋子 x 坐标的低位和 y 坐标确定：根据棋子 x 坐标的低位是 0 还是 1 来决定是把该编码放在长整数的低 16 位还是高 16 位，于是偏移量的第一个组成部分就可以写成 ((t[i].x & 0x1) $\ll$ 4)。然后再根据棋子 y 坐标的值来计算编码在确定的 16 位中的偏移量。因为每个形状编码占 3 位，所以这部分的偏移量等于棋子 y 坐标的值乘以 3。这两部分之和就是位于坐标 (x, y) 上棋子编码所应放置的位置偏移量。通过"按位或"操作即可把该棋子的编码放在指定的位置上。使用这样的方法对所有 10 个棋子进行遍历之后，就生成了一个状态节点的盘面模式。

需要注意的是，在函数 getpatt() 中并没有对棋盘上各个格子进行遍历，而是对棋子进行遍历，而且每个棋子的形状只保存在其位置原点所在的一个格子中。这样生成的盘面模式并没有覆盖全部棋盘。例如，对于图 5-6a 所示的布局，所生成的盘面模式可以表示为图 5-7a 的样子，而不是如图 5-7b 那样。图 5-7a 中有些 0 对应着棋盘格上真正的空格，如

位置在坐标（1,0）和（2,0）的两个 0，而其余的 0 是由于没有被赋值而保持了初始化的

值。但是这样并不影响对两个节点是否重复的判断：类似于图 5-7a 的状态描述与类似于图 5-7b 的状态描述是一一对应的，也就是说，在因未被赋值而留下的 0 所对应的格子中不可能出现其他的编码。这样对于每个棋子只在其位置原点所在的一个格子中写入形状编码的方法可以在保证节点状态比较的正确性的前提下简化计算，提高编码和计算的效率。

0	0	0	0
2	6	0	2
0	5	0	0
2	3	3	2
3	0	0	3

a)生成的盘面模式

2	6	6	2
2	6	6	2
2	5	5	2
2	3	3	2
3	0	0	3

b)实际的盘面模式

图 5-7   盘面模式

盘面模式的保存方式直接影响到对这些模式的比较效率和编程的复杂程度。在本章中，为简化程序，我们采用线性查找方法，对数组 queue[] 中所有的元素进行扫描，将其转换为盘面模式后与当前节点的模式进行比较。这一工作由函数 exists() 完成，其编码如下。这是一个简单的线性查找，无须多加解释：

```c
int exists(int n)
{
    int i;
    state node_pat, cur_pat;

    getpatt(n, &cur_pat);
    for (i = 0; i < tail; i++) {
        getpatt(i, &node_pat);
        if (cur_pat.p1 == node_pat.p1 && cur_pat.p2 == node_pat.p2)
            return 1;
    }
    return 0;
}
```

图 5-6a 所示的布局一般称作"横刀立马"，按民间的说法最优解需要 81 步，而使用上述程序得出的最小步数的解是 116 步。这其中的差异是因为两者对步数的计算是不一样的。按照民间的算法，一个棋子移动一次，无论是走一格还是两格，都算一步。例如，一个"兵"连续向上向左各一格，或者"张飞"连续向上两格、"关羽"连续向右两格等都算一步，只要被移动的棋子前面有可以移入的空格，使棋子可以连续移动即可。而在程序中每个棋子移动一格就算一步，无论这个棋子是否是连续移动的。以这样的方式来计算移动的步数，使得程序所产生的结果无论在步数上还是在最优移动序列上都与民间的解法有所不同。以移动一格作为一步可以简化编程，便于我们把注意力集中在广度优先搜索的通用技术上。但是，把一个棋子移动一格和连续移动两格都作为一步在程序的实现上也不困难，我们把它留给读者作为练习。

尽管上面的程序可以正确地求解华容道问题，但是其运行效率很低。在 Intel P4/1.7GHz 的计算平台上，根据不同的编译优化选项，求解过程需要大约 180～600 秒。这是因为华容道问题的状态空间很大，因此采用线性查找的方法来进行节点状态查重的效率很低。此外，在每次进行比较时都需要对保存在 queue[] 中的节点生成相应的盘面模式，这也会对于程序的运行效率产生很大的负面影响。关于提高求解华容道程序的效率问题，我们将在第 7 章讨论。

第 6 章 *Chapter 6*

常用函数和函数库

　　C 语言是一种简洁精练的编程语言，它只提供了基本的数据类型及其运算功能、复杂数据结构的构造方法、语句的执行控制机制以及程序的结构和组织等最基本的编程要素。大量的常用功能，包括一些其他语言直接提供的基本功能，在 C 语言中都是由编译系统以库函数的方式提供的。用户的程序如果使用了这些函数，则在生成可执行码时需要链接相应的函数库。本章将介绍和讨论一些最常用的库函数的基本功能和使用要点。关于这些函数的使用细节以及本章中没有涉及的其他库函数，可参阅相关的使用手册。

6.1　静态链接和动态链接

　　用户代码与库函数的链接有两种方式，一种是静态链接，一种是动态链接。两种方式各有其优缺点，适合于不同的应用场合，以满足不同的程序运行要求。各种 C 编译系统都可以通过命令行选项的方式支持这两种链接方式。在 Unix/Linux 的 cc/gcc 上，静态编译的选项是 --static，动态链接的选项是 --dynamic。在 MS VC++ IDE 中也允许编程人员选择库函数的链接方式。在没有特殊规定时，编译系统使用其默认的链接方式。目前大多数编译系统的默认链接方式是动态链接。

6.1.1　静态链接

　　静态链接是最早被采用，也是最传统的链接方式。在这种链接方式中，由用户程序源代码生成的目标码与以目标码形式保存在静态函数库中的函数链接在一起，生成一个完整的、可以独立运行的可执行文件。通过静态链接生成的可执行文件在运行时除了需要操作系统提供必要的运行环境和系统调用的支持外，不需要其他额外的支持。因此程序的运行效果在相同的或者兼容的操作系统上是相同的，不受不同平台上各类函数库版本变化的影响。但是这种链接方式也有其显著的缺点。

静态链接的第一个缺点是生成的可执行文件规模较大。因为所有在程序中被调用的库函数的代码都需要包含在可执行文件中，所以可执行文件的规模自然会随着在程序中使用的库函数数量和规模的增加而增大。即使是只有一行语句的程序"Hello world"，在 Linux 平台上使用 gcc-3.2.2 静态链接生成的可执行文件的长度也有约 420KB。这其中不仅包含了程序中直接调用的库函数 printf()，也包含了为程序的启动和结束而隐含调用的其他库函数。这样的静态链接会造成两方面的冗余和存储空间的浪费。首先，可执行文件要保存在磁盘空间中，其中相当一部分是与其他可执行文件相同的库函数。其次，当这些程序运行时，这些库函数的代码也要占据内存空间。如果只有一个程序在计算机上运行，那么这些库函数对内存空间的占用是必要的。但是当多个包含有相同库函数的程序同时运行时，内存中会同时有多个相同的库函数代码占据着有限的内存空间。这不仅会降低内存的使用效率和程序的运行速度，有时还可能造成内存资源的短缺，使得一些程序无法并发地运行。

静态链接的第二个缺点是可执行文件不能随着库函数的修改而自动地更新和升级。库函数，特别是一些功能复杂的软件包，也会与其他类型的软件一样，随着错误的发现和修改、功能的完善以及效率的改进等而提供新的版本。当使用静态链接时，应用程序必须与函数库重新链接，才能随之升级。这不但要求程序的升级者必须至少要拥有程序的目标码文件，同时也要求程序的升级者必须重新调用链接程序以生成新的可执行文件。对于广泛使用的应用程序来说，这种维护和升级方式的成本是相当高的。有时操作系统版本的升级有可能影响原有版本库函数的运行。在这种情况下，静态链接所生成的程序的正常运行也会受到影响。

6.1.2 动态链接

为克服静态链接的上述缺点，目前大多数程序使用动态链接方式生成程序的可执行文件。所谓动态链接是指在生成程序的可执行文件时，并不把所要调用的库函数的目标码包含在可执行文件中，而只是在可执行文件中记录所要链接的函数库和调用的函数名等相关信息。库函数的代码只有在程序运行过程中，在调用第一次发生时才被实际加载到内存中，并与程序实际链接。这样，程序的可执行文件由于没有了大量的库函数代码而大大缩小。例如，程序"Hello world"在 Linux 平台上使用 gcc-3.2.2 动态链接生成的可执行文件大约只有 11KB。同时，库函数代码在内存中是可以被不同的程序共享的。因此在任何时候，一个库函数的代码在内存中只有一份，这样就避免了冗余，提高了内存的使用效率。由于库函数的实际代码是在程序运行时才被加载和调用的，在程序实际运行前对库函数所做的任何修改都会直接影响到程序的执行，因此对函数库所做的升级会立即体现在使用这些函数库的程序上。也就是说，应用程序根据函数库的更新所做的升级是自动进行的，除了更新相应的函数库之外，不需要用户或维护人员的任何干预。目前大多数函数库的更新都是随着操作系统的更新一起进行的。因此当用户使用新的操作系统版本时，用动态链接方式生成的应用程序就会随着函数库新版本的安装而自动升级。这就大大降低了应用程序随函数库版本更新而升级的成本。

　　使用动态链接的缺点与程序随着函数库的升级而自动更新的优点密切相关。因为程序在链接时只是指定了所要使用的库函数，但是却没有和函数的具体实现代码固定地链接在一起，所以一个动态链接生成的程序的行为不仅取决于程序自身的源代码及其所使用的函数库的名称，而且取决于该程序运行环境上函数库的版本，因此同一个程序在不同的环境下的行为和表现有可能不同。即使程序运行的硬件平台和操作系统的版本完全相同，只要函数库的版本不同，就有可能产生程序行为上的差异。这一点在程序使用大型软件包时表现得更加明显。此外，很多大型软件包往往直接或间接调用很多更底层的函数库，而这些函数库之间也可能相互调用。随着计算机应用技术的迅速发展，软件的版本会频繁地更新。当使用大型软件包的程序运行在程序开发平台之外的其他环境下时，有可能会因为函数库版本的不同而产生与预期不同的结果，也有可能由于不同函数库对更底层函数库的版本要求不同而产生冲突，导致程序无法运行。

　　因为静态链接和动态链接各有其优缺点，所以目前大多数计算平台上的编译系统都同时支持这两种链接方式。相应地，同一个函数库也有静态库和动态库两个版本。动态函数库与静态函数库的结构和格式不同，文件名的后缀也不同。在 Unix/Linux 上，动态库文件以 .so 为后缀，静态库文件以 .a 为后缀。在 MS Windows 上，动态库文件以 .dll 为后缀，静态库文件以 .lib 为后缀。在大多数情况下，动态链接方式均可以满足一般应用程序的要求。当预期程序的使用环境有可能影响动态链接的程序的行为方式，或者对程序的行为有特殊需要时，也可以使用静态链接方式生成程序的可执行文件。

6.2　库函数的使用

　　函数库的作用是以函数目标代码的形式提供对常用功能的标准实现，以便减少编程人员的重复性工作，提高工作效率，增加程序的可维护性和可移植性。函数库是由函数库文件和相应的头文件组成的。函数库文件中包含有库函数的目标码，头文件中说明其所对应的函数库文件中各个函数的原型、在库函数的使用中可能会用到的各类宏的定义，以及相关数据类型的定义等。

　　在使用库函数时，编程人员需要做两件事。第一件是说明所要使用的库函数的原型以及相关的数据结构和宏定义等，第二件是在生成可执行文件时将库函数的目标代码与编程人员的程序链接到一起。第一件事一般都是通过在程序中使用编译控制指令 #include 在源程序中包含相应的 .h 文件来完成的。例如，头文件 <stdio.h> 中描述了和输入 / 输出有关的 printf() 函数族、scanf() 函数族、fopen() 等大量的函数原型，字符流类型 FILE 的定义，以及 BUFSIZ 等在输入 / 输出中常常用到的宏定义。所有需要进行数据输入 / 输出的程序都需要引用这一头文件。第二件事是通过编译系统的链接选项指定所要使用的函数库来完成的。不同的编译系统在函数库的组织和默认的链接选项的设置上不尽相同。使用者需要参考具体系统的使用手册。

6.2.1 标准库函数的头文件

根据 ANSI C 的标准，各种编译系统所提供的标准库函数包括数据输入 / 输出、字符串处理、字符类型的判断、内存管理、数值计算、随机数的生成、时间的获取和转换等。相应地，在 ANSI C 中预定义了 15 个头文件。这些头文件及其所描述的函数的功能见表 6-1。

表 6-1 ANSI C 的标准库头文件

头文件	功　能	头文件	功　能
assert.h	运行时的断言检查	signal.h	异常信号处理
ctype.h	字符类型和映射	stdarg.h	变长参数表处理
errno.h	错误信息及处理	stddef.h	公用的宏和类型
float.h	描述对浮点数的限制	stdio.h	数据输入 / 输出
limits.h	描述实现时的限制	stdlib.h	通用数据处理函数
locale.h	建立与修改本地环境	string.h	字符串处理
math.h	数学函数库	time.h	日期和时间
setjmp.h	非局部跳转		

编译系统提供的每一个库函数都有与其对应的 .h 文件和函数库文件。在 .h 文件中包含了对库函数原型的说明以及相关的常数等宏定义。操作系统或编译系统的手册中都说明了每一个库函数所对应的 .h 文件。如果在使用库函数时没有引用相应的 .h 文件，并且也没有使用其他的方法说明所使用函数的原型以及所用到的宏的定义，编译系统就会告警或报告错误信息。

一般情况下，在程序源文件中包含与程序无关的头文件不会产生任何错误，只要这些头文件是独立的，或者其中所引用到但未在该文件中定义的数据结构、类型、宏等已经通过适当的方式加以说明。例如，程序 "Hello world" 中只需要包含 <stdio.h> 即可。如果我们在程序的源文件中包含了上述所有的 15 个标准头文件，程序也依然会被正确地编译，所生成的可执行文件也与只包含 <stdio.h> 时一样，所不同的只是编译过程所需要的时间会长一些。有些头文件中的内容很多，而且有可能嵌套地引用系统中的其他头文件，需要花费较多的时间。引用在程序中不需要的头文件不仅没有任何用处，而且会无端地耗费计算机的运行时间，因此应当尽量避免。

6.2.2 标准函数库文件的使用

各种库函数都是以目标码的形式保存在函数库文件中的，一个函数库文件中可能包含功能相关或相近的多个函数的目标码。编译系统在进行链接时，从指定的函数库中提取出所需要的函数的目标码，并与编程人员的程序链接在一起。对于最常用的一些函数库，多数编译系统都把它们作为默认值，自动地从中搜索和提取所需要的函数。例如，在 Unix/Linux 系统上，大多数标准函数，包括各类输入 / 输出函数、常用的字符类型判断和字符串处理函数等都保存在函数库 libc 中，而这个函数库是目前几乎所有的编译系统在链接时都会自动搜索的，因此不需要使用任何命令行参数即可链接该库中的函数。只有少数编译系统没有把这一库文件列在默认的自动搜索函数库之列。在使用这样的编译系统时，就需要在调用编译系统的命令行上使用 -lc 选项，指定对函数库 libc 的链接。对于非默认的函数库，则需要通过命令行选项的方式指定所要搜索的函数库的名字。例如，三角函数、指数函数等常用的数值计算函数保存在函数库 libm 中，而这个函数库在很多系统上并不是默认的链接库。因此如果在程序中需要使用 sin() 或 exp() 等属于这个库的数值计算函数，就需要在程序的源代码中使用预编译命令 #include 引用头文件 <math.h>，并且在程序的编译命令中使用链接选项 -lm，通知链接器把函数库 libm 中的代码链接到程序的可执行文件中。在进行链接时，编译系统只从函数库中提取在源程序中引用的库函数。因此在命令行选项中指定多余的函数库并不会使程序的可执行文件的长度增加。

除了标准的 C 语言库之外，大多数计算平台上还提供了数量繁多的专用函数库，例如图形界面库、数值计算库等。这些专用函数库的功能和使用方式，包括需要使用的头文件和需要链接的函数库文件，在相关函数的使用手册中都有说明。

编译系统在进行链接时，对于无法从源代码中找到的被引用函数的定义，会按照命令行选项中的顺序，依次从指定的函数库中寻找。如果在所有的源文件以及指定的函数库中都无法找到某个在程序中被引用的函数的定义，编译系统会报告"标识符无定义"的错误。例如，如果函数 xyz() 既未在源文件中定义，也未包含在所链接的函数库中，那么在 Linux/gcc 上，就会产生错误信息"undefined reference to 'xyz'"，在 MS VC++ 中就会产生错误信息"error C2065: 'xyz' : undeclared identifier"。

6.2.3　错误信息函数和变量

与普通程序一样，库函数在运行时也可能遇到异常情况，也可能出现错误。为了便于编程人员对库函数在执行过程中可能出现的错误进行检测和处理，各种库函数都有特定类型的返回值，函数首先会通过其返回值向调用者报告函数的运行状态和执行结果。此外在函数库中还提供了专门用于报告和显示库函数运行状态和错误信息的错误信息报告函数和变量。

库函数的返回值取决于函数的类型和功能。从运行机制上看，C 语言所提供的库函数可以分为两类。第一类并不是真正的函数，而是由操作系统直接提供的各类对系统资源进行访问和控制的基本系统操作。这类操作由操作系统执行，运行在系统空间，而不是像程序中的其他代码一样运行在用户空间。C 语言只不过在这类系统操作上面增加了一个函数调用的接口，使其可以像普通函数一样被使用，因此 Unix/Linux 等平台把这些函数直接归类为系统调用。这类系统调用对于返回值有一个统一的规定，即当运行失败时返回 –1，否则返回其他值。另一类库函数则是真正的、运行在用户空间的函数。这些函数的返回值取决于函数的功能，没有统一的规定。只有那些返回值为指针类型的函数，一般都用返回值 NULL 表示函数运行的失败。

函数的返回值只是说明了函数在运行中出现了错误，但是并没有说明出现了什么样的错误以及产生错误的原因，而一个库函数运行出错的原因可能有多种。例如，如果一个文件打开函数出现了错误，有可能是由于指定的文件不存在，有可能是由于用户对该文件没有必要的使用权限，也有可能是由于用户在程序中同时打开的文件数量过多，等等。为了进一步说明库函数出错的具体情况，在函数库中提供了 int 型的变量 errno 和 sys_nerr，字符指针数组 sys_errlist[]，以及函数 perror() 和 strerror()，参见表 6-2。

表 6-2 错误信息函数和变量

函数原型和变量	函数功能及变量内容
int errno;	错误标识，由最近一次的系统调用或库函数设置
const char *sys_errlist[]	错误信息表，与 errno 中的错误标识相对应
int sys_nerr	错误信息表 sys_errlist[] 中的表项数量
perror(const char *s)	在标准错误输出上显示字符串 s 以及由 errno 中的错误标识指定的错误信息
char *strerror(int errnum)	返回由参数 errnum 指定的错误信息

上述这些函数和变量中最常用的是错误标识变量 errno 和错误信息输出函数 perror()。大部分标准库函数在运行出现错误时都会将错误标识码保存在变量 errno 中。此时在用户程序中可以直接检查 errno 中的值，也可以使用函数 perror() 在标准错误输出上输出相应的错误信息。perror() 首先输出其参数字符串 s，然后再根据 errno 中的值输出保存在数组 sys_errlist[] 中的错误信息。在用户程序中一般多使用函数 perror() 而不直接使用 sys_errlist[] 和 sys_nerr。下面是一个使用函数 perror() 的例子。

【例 6-1】打开文件时的错误检测

```
#include <stdio.h>

int main()
{
    FILE *fp;

    fp = fopen ("Afile", "r");
    if (fp == NULL) {
        perror ("Can't open file Afile");
        return 1;
    }
    ......
}
```

如果文件 Afile 不存在，则这段代码的输出结果如下：

```
Can't open file Afile: No such file or directory
```

在每个标准函数的联机手册中都会说明该函数在出错时会产生什么样的返回值，是否会在 errno 中设置错误标识码，可能设置哪些错误标识码，以及这些标识码的含义。

6.3 数据输入输出函数

数据的输入 / 输出是几乎每一个程序所必备的基本功能。在 C 程序中，基本的输入数据来源和输出数据目的都被抽象成一个统一的概念，即文件，而无论实际的物理对象到底是磁盘文件还是某种输入 / 输出设备，如终端的显示器或键盘。因此程序中的数据输入 / 输出就被转化成为对文件的读写操作。在每一个用户程序运行时，计算平台的运行系统自动地为其维护三个文件：标准输入、标准输出以及错误信息输出。在未经操作系统的重新定向时，这三个文件的初始设置分别对应着计算机的终端键盘和显示器屏幕。除了这三个文件之外，任何其他文件在被使用时都必须由编程人员在程序中自行管理。

6.3.1　文件描述字和字符流

C 语言的标准函数库提供了在两个不同层面上对文件进行操作的机制和函数，一个是基于系统调用的基础层面，另一个是字符流层面，因此对同一个文件也有两种不同的描述方法和操作机制。对文件操作的基础层面直接建立在操作系统所提供的基本功能之上，因此这一层面上的操作也被称为系统调用。在这个层面上，对文件的描述所采用的机制是文件描述字。一个文件描述字是一个整数，指明所对应文件的属性信息在用户程序的打开文件表中的表项位置。在程序开始运行时，系统的打开文件表中有三个表项。其中 0 号描述字对应着标准输入文件，1 号描述字对应着标准输出文件，2 号描述字对应着错误信息输出文件。在这一层面上的各种输入 / 输出操作都是通过文件描述字来指定所要操作的输入 / 输出文件的。这一层面上常用的文件操作函数原型及说明见表 6-3。

表 6-3　常用的基础层面文件操作函数（系统调用）

函数原型	函数功能
int open(const char *pathname, int flags)	打开由 pathname 指定的文件。flags 指定文件的打开方式，基本方式有只读、只写和读写。可用按位或的方式附加其他辅助方式。成功时返回文件描述字
int close(int fd)	关闭由文件描述字 fd 指定的已打开的文件。成功时返回 0
int read(int fd, void *buffer, unsigned int count)	从文件描述字 fd 指定的文件中读入 count 个字符并保存在 buffer 中。成功时返回读入的字符数，返回值为 0 表示读到了文件末尾
int write(int fd, void *buffer, unsigned int count)	向文件描述字 fd 指定的文件中写入保存在 buffer 中的 count 个字符。成功时返回写入的字符数
int creat(const char *pathname, unsigned int mode)	按写方式创建由 pathname 指定的文件。若该文件已存在，则将该文件清空。成功时返回文件描述字
long lseek(int fd, longoffset, int whence)	将由 fd 指定的文件的读写位置修改为由 whence 起算的 offset 处。whence 可以是文件头、当前位置和文件尾。成功时返回新的读写位置相对于文件头的偏移量
int stat(const char *file_name, struct stat *buf)	获取由 file_name 指定的文件属性并保存在 buf 中。成功时返回 0
int fstat(int fd, struct stat *buf)	获取由文件描述字 fd 指定的文件属性并保存在 buf 中。成功时返回 0

为了提高输入 / 输出操作的效率和便于编程人员的使用，在 C 语言的库函数中提供了对基本输入 / 输出操作的进一步抽象和封装。在这一层面上，输入文件被抽象为一个可以顺序读入的字符流，输出文件被抽象为一个可以接受字符流的容器，因此这一层面的输入 / 输出文件也常被称为字符流。字符流是一个 FILE 类型的数据结构，与字符流相关的文件描述

符是一个指向这一字符流的具有 FILE * 类型的指针。各种读写操作都是通过相应的字符流指针来指定输入 / 输出所对应的文件的。在一个 C 程序开始运行时，也有三个已经自动打开的字符流，其中 stdin 是标准输入，对应于基础层面中的 0 号文件描述字；stdout 是标准输出，对应于 1 号文件描述字；stderr 是错误信息输出，对应于 2 号文件描述字。这一层面中常用的一些输入 / 输出函数原型及说明见表 6-4。

表 6-4　面向字符流的常用输入 / 输出操作函数

函数原型	函数功能
FILE *fopen(const char *path, const char *mode)	打开由 path 指定的文件，成功时返回字符流指针，否则返回 NULL。mode 指定打开方式，如只读、只写、读写和追加等，也可附加系统允许的其他字符
int fclose(FILE *stream)	关闭字符流 stream。成功时返回 0，否则返回 EOF
int fread(void *buf, size_t size, size_t num, FILE *stream)	从字符流 stream 中将 num 个大小为 size 字节的数据项读入到缓冲区 buf 中
int fwrite(const void *buf, size_t size, size_t num, FILE *stream)	将 num 个大小为 size 字节的数据项从缓冲区 buf 中写到字符流 stream 中
int fseek(FILE *stream, long offset, int whence)	将字符流 stream 的读写位置修改为由 whence 起算的 offset 处。成功时返回 0，否则返回 −1
long ftell(FILE *stream)	返回字符流 stream 的当前读写位置
int fflush(FILE *stream)	强制将暂存在缓冲区的数据写入字符流 stream 中
int fileno(FILE *stream)	获取字符流 stream 所对应的文件描述字
int feof(FILE *stream)	检查字符流 stream 的结尾标记是否被设置
int ferror(FILE *stream)	检查字符流 stream 的操作错误标记是否被设置
void clearerr(FILE *stream)	清除字符流 stream 的文件结尾标记和操作错误标记
int fgetc(FILE *stream) int getc(FILE *stream)	从字符流 stream 中读取一个字符。getc() 可能由宏实现，因此可能对参数 stream 进行多次求值
int getchar(void)	从标准输入中读取一个字符
int fputc(int c, FILE *stream) int putc(int c, FILE *stream)	向字符流 stream 中写入一个字符。putc() 可能由宏实现，因此可能对参数 stream 进行多次求值
int putchar(int c)	将字符 c 写到标准输出上
int ungetc(int c, FILE *stream)	将字符 c 推回到字符流 stream 中
char *fgets(char *s, int size, FILE *stream)	从字符流 stream 中读入一行不超过 size 个字符并保存在 s 指定的缓冲区中
char *gets(char *s)	从标准输入中读入一行字符并保存在 s 指定的缓冲区中
int fputs(const char *s, FILE *stream)	将字符串 s 写入字符流 stream 中
int puts(const char *s)	将字符串 s 写到标准输出上
int fprintf(FILE *stream, const char *format, ...)	按 format 指定的格式将数据写入字符流 stream 中
int fscanf(FILE *stream, const char *format, ...)	从字符流 stream 中按 format 指定的格式读出数据

　　基础输入 / 输出与面向字符流的输入 / 输出的主要区别有两点。第一点是两者的实现机制不同。严格地说，基础输入 / 输出不属于库函数而属于系统调用，其功能是由操作系统直接提供，而不是由函数库提供的，用户程序中使用基础输入 / 输出功能就是直接调用操作系统的功能。而面向字符流的输入 / 输出函数是在操作系统的基本输入 / 输出功能之上进行了必要的抽象、封装以及功能扩展的函数。用户程序在使用这些函数时已经不再直接与操作系统打交道了。对操作系统功能的调用是在函数内部根据需要进行的，因此面向字符流的输入 / 输出函数是真正的函数。对面向字符流的输入 / 输出函数的调用并非每次都会引起操作系统的直接干预。基础输入 / 输出与面向字符流的输入 / 输出的这一区别可能会影响输入 / 输出操作的执行过程和效率，但是不影响函数的功能及对函数的调用方式。因此在下面对输入 / 输出操作的讨论中一般不再区别系统调用和函数。在有些非基于 Unix/Linux 的编译系统中，为了对这两者的区分进行提示，会对基础输入 / 输出函数的名称做一些修改。例如 MS VC++ 中，在基础输入 / 输出函数的名称以及相应的数据结构和宏的名字前面都加了一个下划线符。

　　基础输入 / 输出与面向字符流的输入 / 输出的第二点区别是，面向字符流的输入 / 输出是带缓冲的，而基础输入 / 输出操作自身是不带缓冲的。也就是说，在基础输入 / 输出操作的层面上，任何一次读写操作都会产生对操作系统数据读写功能的调用；而在字符流的层面上，读写操作是通过缓冲区进行的。这一缓冲过程是自动进行的，因此对函数的使用者是透明的。只有在缓冲区中的内容被读空或者被写满之后，对文件的读写操作才真正发生。这样可以减少对文件实际读写的操作系统功能调用的次数，提高数据读写的效率。我们在 6.3.6 节中可以看到这方面的例子。

　　此外，因为基础输入 / 输出操作属于系统调用而不属于标准库函数，所以其中使用的一些数据结构和宏所在的头文件是与操作系统相关的。例如，在 Linux 上，文件打开函数 open() 所使用的说明文件打开方式的宏被定义在头文件 <unistd.h> 中，而在 MS VC++ 上，这组宏被定义在 <io.h> 中。

6.3.2　文件的打开、创建和关闭

　　在对一个文件进行读写之前，需要调用文件打开函数打开该文件，以便操作系统为文件的操作分配所需要的资源，如文件描述字、数据缓冲区等。在文件使用完毕后，需要被关闭。这一方面是为了通知操作系统收回分配给这一文件的系统资源，以备用于打开其他文件，另一方面也是通知操作系统实际完成对一个文件的完整操作，例如把保存在文件写缓冲区中的内容实际写到磁盘中去。不同层面的输入 / 输出操作对应着不同的文件打开和关闭函数。

　　在基础输入 / 输出层面，打开文件的函数是 open()，其函数原型如下：

```
int open(const char *pathname, int flags);
```

　　这个函数的第一个参数 pathname 是所要打开文件的路径名。路径名的描述必须符合运行平台对文件路径名的规范。例如，在 Unix/Linux 系统上，" /home/yin/cprog/file.c"、" ./test"、" doc" 等都是合法的路径名。在 Windows 系统上，" C:\Windows\system32\abcv.

dll"、".\debug\data.txt"等也都是合法的路径名。需要注意的是，Windows 系统使用反斜线 '\' 作为目录的界限符，而反斜线 '\' 在 C 语言中是作为转义引导字符使用的。因此在 C 程序中，带目录名的路径名必须双写反斜线符。例如，上述路径名作为函数 open() 的参数时必须写成 "C:\\Windows\\system32\\abcv.dll" 和 ".\\debug\\data.txt"。

函数 open() 的第二个参数 flags 说明文件打开的方式，即说明文件是被用于读入数据还是写出数据。这个参数的类型是 int，其取值范围是一组由系统预定义的宏。其中最基本的三个宏是 O_RDONLY、O_WRONLY 和 O_RDWR，分别表示按只读方式、只写方式以及读写方式打开文件。在使用时，flags 必须选择这三个宏中的一个。此外，这三个宏还可以与其他几个可任选的说明打开方式辅助选项的宏"按位或"起来，以规定文件打开方式的其他要求和细节。文件打开方式的辅助选项多数与运行平台上的文件系统属性相关，其中各种系统都支持的有 O_CREAT、O_APPEND 以及 O_TRUNC。O_CREAT 表示当被打开的文件不存在时创建所指定的文件；当以可写方式 (O_WRONLY 或 O_RDWR) 打开一个不存在的文件并且使用了辅助选项 O_CREAT 时，系统会根据给定的文件名创建相应的文件。O_APPEND 表示当对文件写入数据时，数据要被写到文件的末尾，也就是被追加到文件中已有内容的后面。O_TRUNC 表示当以可写方式打开一个已经存在的文件时，要首先将文件中的内容清空，使文件的长度等于 0。

当成功地打开一个文件时，函数 open() 返回一个用正整数表示的该文件在程序中的描述字。如果被指定的文件不能按照规定的方式被成功地打开，函数 open() 与其他的系统调用一样返回 -1，表示系统调用失败。

基础层面上的文件关闭函数是 close()。其函数原型是：

```
int close(int fd);
```

其中参数 fd 是一个使用函数 open() 打开的文件的描述字。当文件被成功地关闭时，close() 返回 0，否则返回 -1。

在字符流的层面上打开文件的函数是 fopen()，它的函数原型如下：

```
FILE *fopen(const char *path, const char *mode);
```

函数 fopen() 的第一个参数是一个字符串，指定需要打开的文件的路径名，其形式和要求与函数 open() 的第一个参数相同。fopen() 的第二个参数也是一个字符串，指定打开文件的方式。该字符串由一个或多个字符组成。在 Unix/Linux 平台上，这些字符串及其含义如表 6-5 所示。

表 6-5   字符流的打开方式说明符

字符串	含　义	字符串	含　义
"r"	读方式。当文件不存在时打开失败	"r+"	读写方式，读写位置在文件开始处
"w"	写方式。当文件存在时其内容被清空	"w+"	读写方式。当文件存在时清空该文件
"a"	追加方式，将数据写到文件末尾。当文件不存在时创建该文件	"a+"	读和追加方式，将数据写到文件末尾。当文件不存在时创建该文件

　　在 Windows 平台上，除了上述打开方式字符串之外，还增加了另外两个可以加入上述字符串中的字符：b 和 t，分别表示文件按照二进制方式和正文方式打开。例如，fopen("file_1", "rb") 表示按二进制的读方式打开文件 file_1，fopen("file_2", "wt") 表示按正文的写方式打开文件 file_2。读写函数在读写以二进制方式打开的文件时不对其进行任何解释，也不在数据流中添加任何其他字符，数据在程序的内存中和在文件中是完全一致的。以正文方式打开的文件在数据的读写过程中会附加其他的操作和解释，其对文件的读写有两方面的影响。第一，在对以正文方式打开的文件进行读操作时，系统将文件中的字符 Ctrl-Z(0x1a) 解释成文件的结尾，而不管该字符是否真的是该文件的最后一个字符。第二，输入 / 输出操作对回车换行符进行转换，因此程序中看到的换行符与文件中的换行符不同。Windows 平台上的文件以回车符 ('\r', 0x0d) 和换行符 ('\n', 0x0a) 的组合表示一个正文行的结束，而在 C 程序中只用换行符 '\n' 来表示一个正文行的结束。当以正文方式读入文件时，文件中的回车符 / 换行符组合会被自动地转换成一个换行符，而当以正文方式写入文件时，换行符会被自动地转换成一个回车符 / 换行符的组合。正文方式 ("t") 是 Windows 平台上打开文件的默认方式，因此当在 Windows 平台上读入非正文的二进制文件时，如果在文件打开时没有使用描述符 'b'，就可能产生错误。下一小节的【例 6-3】就说明了这个问题。

　　文件打开方式描述字符 'b' 也是 ANSI C 中规定的描述符之一，因此也可以在 Unix/Linux 平台上的编程中使用。但是在 Unix/Linux 平台上不区分文件打开的正文方式和二进制方式，因此使用这一字符对文件的打开和读写操作没有任何影响。在 Unix/Linux 平台上，文件的结束以文件的实际结尾为准，在读入和写出数据时也不对任何字符或字符组合进行转换。按照 Windows 平台上的术语，也可以说 Unix/Linux 平台上的文件总是按照二进制方式打开的。因此在 Unix/Linux 平台上读取在 Windows 平台上生成的正文文件时，在处理文件每行末尾的换行符和文件的结尾时就需要注意其与 Unix/Linux 平台上生成的文件的差别。例如，设有一个在 Windows 平台上使用正文编辑工具生成的正文文件 test.txt，其内容为 26 个小写英文字母，分为两行，每行 13 个。当使用下面的程序读出其中的行数和每行的字符数时，在 Windows 平台上和在 Unix/Linux 平台上所得到的结果是不同的。

【例 6-2】读出正文文件中的行数以及每行的字符数

```
int main()
{
    char s[BUFSIZ];
    int i;
    FILE *fp = fopen("test.txt", "r");

    for (i = 0; fgets(s, BUFSIZ, fp) != NULL; i++)
        printf("Line %d contains %d chars\n", i + 1, strlen(s));
    fclose(fp);
    return 0;
}
```

在 Windows 平台上，这段程序输出结果如下：

```
Line 1 contains 14 chars
Line 2 contains 14 chars
```

而在 Unix/Linux 平台上，这段程序的输出结果是：

```
Line 1 contains 15 chars
Line 2 contains 15 chars
```

这两者之间的差别是由于当按正文方式打开文件时，在 Windows 平台上运行的程序里只能看到每一行末尾的 '\n'，而 Unix/Linux 平台上的程序则可以看到每一行末尾的 '\r' 和 '\n'。

6.3.3　文件数据的二进制格式读写

对文件的读写按照输入 / 输出数据的格式，可以分为按二进制格式直接读写和按正文格式读写两类。在前面的章节中，我们所见到和使用的输入 / 输出函数都是将数据表示成字符串，按照正文格式进行读写的。例如，printf() 族的函数可以根据参数中格式字符串的规定，把不同类型的数据转换成相应的字符串输出到终端屏幕或者文件中；scanf() 族的函数可以根据参数中格式字符串的说明，从终端键盘或文件中把以字符串表示的各种数据转换成规定的类型，并保存到相应的变量里。其他一些函数，例如 fgets()、fputs()、getc()、putc() 等也都是面向字符或字符串的输入 / 输出函数。这类正文读写函数的主要用途是为了程序与用户之间进行交互，因此各种类型的数据都以便于人员阅读的正文字符形式在文件中或输入 / 输出设备上表示。这些函数在进行了必要的数据格式转换之后，都需要调用计算平台所提供的最基本的读写操作，而基本的读写操作都是按二进制方式进行的。

计算平台所提供的最基本的读写操作是基础读写函数 read() 和 write()，其函数原型如下：

```
int read(int fd, void *buf, size_t count);
int write(int fd, const void *buf, size_t count);
```

其中类型 size_t 等价于 unsigned int。函数 read() 从由参数 fd 指定的文件中读出最多 count 个字节，并保存在由 buf 指定的缓冲区中。函数返回成功读入 buf 中字节的个数。当文件中有足够多的数据可供读入时，该返回值应该等于 count 的值。当文件中没有足够的数据可供读入时，返回值小于 count 的值。当函数调用失败时，返回值为 -1。函数 write() 将保存在缓冲区 buf 中的 count 个字节写入由参数 fd 指定的文件中。函数的返回值是成功地写入文件中的字节的个数。在正常情况下，该返回值应该等于 count 的值。当文件写入失败时，函数返回 -1。read() 和 write() 这两个函数是不进行数据格式转换的输入 / 输出函数。数据按照其在内存中的存储格式，以字节为单位直接从缓冲区写入文件中，或者从文件中读入内存。例如，在程序中执行下面的代码：

```
int x = 0x65666768;
write(1, &x, sizeof(x));
```

将 int 型变量 x 的值直接写到了标准输出，也就是计算机的终端屏幕上。这时在屏幕上显示的既不是 0x65666768 的十六进制的形式，也不是这个值的十进制形式，而是字符串 hgfe，并且在字符串的末尾也没有换行符，因此字符终端的输入提示符紧跟在字符 e 的后面。这是因为 hgfe 这四个字符的编码分别是 0x68、0x67、0x66、0x65，而且 int 型数据在运行这段程序的计算机中是按小尾端方式保存的。

　　与基础读写功能相对应，在字符流层面也有这种按二进制数据直接读写的函数，分别是 fread() 和 fwrite()。这两个函数的原型分别是：

```
size_t fread(void *buf, size_t size, size_t nmemb, FILE *stream);
size_t fwrite(const void *buf, size_t size, size_t nmemb, FILE *stream);
```

两个函数中的第一个参数 buf 分别是即将读入和准备写出数据的存储区。size 是每个数据项的长度，以字节为单位。nmemb 是被读写数据项的个数，stream 是与文件相关联的字符流。函数的返回值是成功地读入或写出的以 size 长度为单位的数据的项数，而不是字节数。例如，下面的语句：

```
n = fread(buf, sizeof(double), 10, fp);
```

在成功地执行完毕后，n 中保存的数值是 10，表示有 10 个 double 类型的数据被读入到缓冲区 buf 中。这条语句实际读入的字节数是 $10 \times sizeof(double)=80$。

　　二进制方式读写函数把数据按照其在计算机内部的表示形式直接从文件中读入到内存中，或者写到文件里。这种方式的读写经常用于保存和读取不需要人直接阅读而由计算机操作的数据。在这种情况下使用二进制读写方式有两个优点。第一个优点是数据格式规范，占用磁盘空间小。在计算机中，大量的数据并非字符串，而是 int、double 等基本类型的数值，或者由这些基本类型组成的结构类型。这些基本类型的数据在内存中的长度与其转换成为字符串之后的长度之间没有固定的关系。例如在 32 位计算平台上，int 类型的数据占 4 个字节，而无论该 int 类型数据的值是多少。当使用二进制读写方式时，该数据在文件中与其在内存中一样，固定占据 4 个字节的磁盘空间。而当按照字符串方式写入文件时，字符串的长度随数值的大小而变化，从 1 位字符到 11 位字符不等，而且当输出多个数据时，相邻的字符串之间还需要加入分隔符。

　　使用二进制读写方式的第二个优点是函数运行效率高。二进制读写方式不需要对数据格式进行转换，因此可以把内存中的数据整块地写入文件，或者从文件中读入内存。对于浮点类型的数据，不对数据格式进行转换也避免了可能产生的转换误差和精度损失。例如，下面的语句把一个 double 型的数组一次性地写入文件中：

```
double d_array[MAX_N];
......
fwrite(d_array, sizeof(double), MAX_N, fp);
```

　　而当使用字符串的方式把这个数组的内容写入文件中时，就需要使用循环语句以及数据格式转换函数。下面是一段可能的代码：

```
double d_array[MAX_N];
int i;
......
for (i = 0; i < MAX_N; i++)
    fprintf(fp, "%f\n", d_array[i]);
```

比起二进制格式的读写代码，这段代码不仅显得复杂一些，而且运行时间也要长很多。同时，因为格式 %f 默认的小数位数是 6 位，所以小数多于 6 位有效数字的数值会由于表示精度的损失而产生与原始数据的差异。

当对复杂结构进行保存时，使用数据的二进制读写函数的优越性就更加明显。在实际的应用程序运行时经常会需要保存一些复杂的数据结构，例如用户的配置信息、结构化的数据等，以便与其他程序共享，或以备程序再次运行时的重新读入。当使用直接读写函数时，不需要逐一地访问数据结构中的各个成员变量，只需要知道所读写的数据块的大小就可以完成数据的读写操作。例如，假设需要保存的数据是一个类型为 struct d_type 的数组 d_table[MAX_N]：

```
struct d_type {
    int size, year, value, group;
    double width, height, ratio;
    char name[8];
} d_table[MAX_N];
int n;
```

当需要保存该数组时，首先要把该数组的元素数量写入文件，然后再把数组的内容写入：

```
n = MAX_N;
fwrite(&n, sizeof(int), 1, fp_out);
fwrite(d_table, sizeof(struct d_type), n, fp_out);
```

当需要从文件中读出该数组时，需要首先读出该数组的元素数量，然后再读出该数组的内容：

```
fread(&n, sizeof(int), 1, fp_in);
fread(d_table, sizeof(struct d_type), n, fp_in);
```

在使用二进制读写函数时需要注意的是，数据在文件中写入时的字节序受控于计算平台的尾端格式。当不同尾端的计算平台需要通过由二进制读写函数生成的文件交换数据时，必须进行尾端格式的转换。当在 Windows 平台上使用这些函数时需要注意的另外一点是，文件必须以二进制方式打开，也就是说在文件打开时必须使用描述符 'b'，否则就可能会发生读写错误。下面是一个例子。

【例 6-3】读出数据文件中的数据　设文件 test.dat 中保存有按二进制方式存储的 4 个整数 0x19010203、0x1a121314、0x1b161718 和 0x1c1a1b1c。使用下面的程序读出这些数据并输出：

```
int main()
{
    int i;
    FILE *fp = fopen("test.dat", "r");

    while (fread(&m, sizeof (int), 1, fp) != EOF)
        printf("m: %x (%d)\n", m, m);
    fclose(fp);
    return 0;
}
```

在 Unix/Linux 平台上，这段程序的输出结果是：

```
m: 19010203 (419496451)
m: 1a121314 (437392148)
m: 1b161718 (454432536)
m: 1c1a1b1c (471472924)
```

而在 Windows 平台上，上面这段程序只会输出上面结果中的第一行。这是因为文件 test.dat 中的第二个数据中包含有 0x1a，也就是 ^Z，因此被 Windows 平台解释为文件结束。当把文件打开方式描述字符串改为 "rb" 后，上面这段程序在 Windows 平台上也会产生与 Unix/Linux 平台上相同的结果。

6.3.4　读写操作中的定位

　　无论是基础读写还是面向字符流的读写，在正常情况下读写操作都是顺序进行的。新读入的数据是文件中紧跟在前一次读入数据后面的内容，而新输出的数据也紧接在文件中前一次写入数据的后面。在多数情况下，这种顺序读写的方式可以满足程序任务的要求。但是有时程序也需要从文件中指定的位置开始读写数据，而不是从文件的开始处按照顺序读写。例如，一些图片文件的头部保存有关于图片内容的说明性信息。当读取图片的内容时，常常需要跳过一些不必要处理的文件头信息。又例如，视频文件中的内容是按帧保存的。当需要显示某一指定的帧时，可以根据帧号或其他信息，从文件中相应的位置上直接读取该帧的数据，而不必一帧一帧顺序地读到所需要的那一帧。再例如，假设数据在文件中是以定长的记录形式保存的。当需要对其中的一些记录进行更新时，直接把新的数据写到文件中这些记录的位置上，其执行效率远比把所有的记录从文件中读到内存中，对相应的记录进行修改后再全部重新写回到文件中更高。为满足这类对数据非顺序读写的要求，C 语言的函数库中提供了相应的文件读写定位机制，以指定对文件读写操作的起始位置。

　　无论是按读方式还是按写方式打开一个文件，系统都会自动维护一个当前操作位置的标记，指明下一次读写操作的起始位置。对于以正常方式打开的文件，这一位置标记的初始值等于 0，表示读写从文件内容的起点开始。每当完成一次读写操作后，这一标记就自动增加刚刚读写过的内容的字节数，以便指向下一次读写操作的开始位置。如果文件的打开方式中含有 O_APPEND，则在每次写入数据时文件的读写标记都会自动地移到文件的末尾。如果文件已经存在，则文件中原有的内容依然保持不变。例如，假设文件是按 O_RDWR|O_APPEND 方式打开的，则该标记的初始值依然是 0，而且相应的读操作也是从文件内容的开头进行的。但是当向文件中写入数据时，该标记首先指向文件的末尾，然后再将数据写入。此后该标记就一直指向文件的末尾，直至在程序中使用文件定位函数改变该标记的值为止。下面程序的执行结果清楚地表明了这种情况。

【例 6-4】对以 O_APPEND 方式打开的文件的读写

```
int main()
{
    int m, n;
```

```
char buf[BUFSIZ];

m = open("tmp_1", O_RDWR | O_APPEND);
if (m == -1) {
        fprintf(stderr, "Can't open file ttt_1\n");
        return 1;
}
n = read(m, buf, 8);
printf("%d Bytes read\n", n);
n = read(m, buf, 8);
printf("%d Bytes read\n", n);
write(m, buf, n);
n = read(m, buf, 8);
printf("%d Bytes read\n", n);
close(m);
return 0;
}
```

如果文件 tmp_1 存在并且其初始内容是 26 个小写的英文字母 a～z，并紧跟着一个换行符，那么这段程序的输出结果如下：

```
8 Bytes read
8 Bytes read
0 Bytes read
```

在程序执行完毕后，文件 tmp_1 中第 9 个到第 16 个字符复制添加到了文件的末尾，文件的内容变成了下面的样子：

```
abcdefghijklmnopqrstuvwxyz
ijklmnop
```

这段代码的前两行输出信息表明程序两次成功地从文件中各读取了 8 个字节。然后，程序把第二次读入的 8 个字节写入文件。因为文件是用追加方式写入的，所以在写之前文件的读写标记被移到了文件的结尾处，这 8 个字符也就被添加到了文件的末尾。在写操作完毕之后，文件的读写标记仍然保持在文件的末尾处，因此第三次的读操作没有读入任何数据。

当需要改变文件内容的读写顺序时，需要使用文件读写定位函数。对于基础读写操作，文件定位函数是 lseek()，其函数原型如下：

```
long lseek(int fd, long offset, int whence);
```

函数 lseek() 的第一个参数 fd 是文件描述字，指定所要定位的文件。第二个参数 offset 是位移量，以字节为单位，指定下一次读写的起始位置。第三个参数 whence 说明位移的起算点，可以取值为 SEEK_SET、SEEK_CUR 或者 SEEK_END，分别表示位移从文件的开头、当前的读写位置或者文件的末尾起算。例如，lseek(fd, 16, SEEK_SET) 表示从文件的第 16 个字节开始读写，lseek(fd, 5, SEEK_CUR) 表示从当前位置跳过 5 个字节再继续读写。lseek(fd, -32, SEEK_END) 表示从文件的末尾倒数第 32 个字节开始读写。函数 lseek() 执行成功时返回一个非负的整数，表示重新定位的读写位置相对于文件头的位移量。因此根据 lseek(fd, 0, SEEK_CUR) 的返回值就可以知道文件当前的读写位置，使用 lseek(fd, 0, SEEK_

END) 就可以知道一个文件的长度。

对于字符流，文件定位函数是 fseek()，其函数原型如下：

```
int fseek(FILE *stream, long offset, int whence);
```

函数 fseek() 的第一个参数是与文件相关联的字符流，后面两个参数的类型、含义和取值范围与 lseek() 的相应参数相同。例如，fseek(fp, 0, SEEK_SET) 表示从文件的起始点开始读写，一般常用于在对文件进行了一些读写操作后需要把读写标记回卷到文件头的情况。与函数 lseek() 不同的是，当函数 fseek() 执行成功时返回 0，不成功时返回非 0 值。当需要获得文件当前的读写位置时，需要使用函数 ftell()。该函数的原型如下：

```
long ftell(FILE *stream);
```

例如，在下面的代码中，假设文件 data_file 中有足够的数据可供读入：

```
int len, n, buf[BUFSIZ];
FILE *fp;
......
fp = fopen("data_file", "r");
n = fread(buf, sizeof(int), BUFSIZ, fp);
len = ftell(fp);
printf("%d int read, current position is: %d\n", n, len);
```

这段代码产生的结果是：

```
512 int read, current position is: 2048
```

函数 ftell() 也常常与 fseek(fp, 0, SEEK_END) 一起用来计算与字符流相关的文件长度：

```
fseek(fp, 0, SEEK_END);
len = ftell(fp);
```

需要注意的是，在现代的操作系统中，几乎所有的输入 / 输出设备都被抽象成为文件。这样做的好处是可以简化概念，屏蔽对输入 / 输出设备的操作细节，便于编程人员对这些设备的使用。但是，实际的输入 / 输出是发生在具体的输入 / 输出设备上的，因此必然会受到这些设备属性的影响。上述读写定位函数只对具有随机存取性质的存储介质，例如磁盘文件有效，因为只有这一类的存储介质才可以从任意指定位置上开始读写，并按照任意的顺序进行。对于其他不具有随机读写性质的文件或者字符流，例如终端屏幕、键盘、打印机，或者进程间通信的管道、网络端口等，上述函数不产生任何作用，并且会返回错误信息。

6.3.5　基础读写与字符流读写的效率比较

基础读写与面向字符流的读写之间最显著的差别在于，基础读写直接向操作系统发出调用请求，每次读写操作都被操作系统立即执行，而面向字符流的读写操作则以缓冲方式对文件进行读写，若干个读写操作可能会集中起来共享一次操作系统的实际读写操作。应用程序在调用操作系统的功能时，会引起程序运行状态的改变，由用户态切换到系统态，由操作系统执行相关的操作；在系统调用执行完毕后，程序的运行状态需要再次切换回用户态。程序运行状态的切换是一种很消耗系统资源的操作，频繁地使用系统调用会降低程序的运行效率。面向字符流的读写函数减少了实际调用操作系统读写功能的次数，因此提高了数据读写的效率。这一点可以通过下面的例子清楚地看出。

【例 6-5】不同方式的数据读写速度   以基础读写和字符流操作的方式按不同的单位读写数据，检查两种读写方式在不同条件下的读写速度。

以基础读写方式将标准输入上的内容以指定的大小为单位读入到缓冲区，并以相同的大小为单位写入标准输出的代码段 b_io 如下：

```
char s[MAX_SIZE];
......
while ((n = read(0, s, size)) > 0)
    write(1, s, n);
```

以字符流操作方式完成相同功能的代码段 s_io 如下：

```
char s[MAX_SIZE];
......
while ((n = fread(s, size, 1, stdin)) > 0)
    fwrite(s, size, n, stdout);
```

在上面的代码中，变量 size 是每次读写操作单位的大小。保存在文件中的 60MB 数据通过输入重定向导入到程序的标准输入，程序的输出结果通过输出重定向导入到 /dev/null，也就是操作系统的"数据黑洞"中。在 Intel P4 2.8GHz CPU 的 Linux 平台上，上述代码在不同的读写单位下的运行时间见表 6-6。从这个表中可以看出，当读写单位较小时，基础读写方式与字符流读写方式的运行时间差异较大。而当读写单位逐渐增大时，这两者的时间差异在逐渐缩小。这是因为当读写单位较小时，基础方式执行系统调用较多，程序状态切换频繁，因此执行效率较低。当读写单位逐渐增大时，基础方式执行的系统调用次数迅速减少，因此执行效率也随之提高，并逐渐接近字符流读写方式。

表 6-6   60MB 文件的读写效率

不同读写方式的效率（秒） 读写单位（字节）	使用基础读写的 b_io	使用字符流读写的 s_io
1	88.62	13.56
2	41.04	6.88
4	21.56	3.43
8	10.82	1.68
16	5.39	0.93
32	2.77	0.48
64	1.35	0.26
128	0.76	0.15
256	0.45	0.11
512	0.28	0.07

6.3.6　字符流的冲刷

因为字符流的输出是通过缓冲存储区进行的，所以其行为方式与基础输出有所不同。当使用字符流输出函数向文件中写入数据时，这些数据首先被写入位于用户空间的输出缓冲区中，而并不被直接写入目标文件。输出数据一直被保存在输出缓冲区中，直至缓冲区满或者字符流被关闭时才被真正写入到文件中。默认的输出缓冲区的大小取决于系统的设置以及字符流所对应的设备，一般从 512 字节到 4096 字节不等，编程人员也可以自行设置缓冲区的大小。大一些的缓冲区可以减少对操作系统提供的输入 / 输出功能的调用次数，有利于提高程序运行的效率，但同时也会增加从程序输出数据到数据实际写入文件中的延迟时间。如果输出缓冲区一直没有被写满，那么其中的数据只有在文件被关闭，或者程序结束运行时才被真正写入到目标文件中。对于一般的程序，这一延迟时间无关紧要。在有些程序中，则希望把这一延迟时间控制在一定的范围。例如，有些程序在运行时需要把运行状态和关键数据等写入日志文件中，以备在系统出现故障时追查原因；有些程序在运行时需要在标准输出上显示阶段性运行结果或调试信息，以便操作人员及时了解系统的运行情况。在这些情况下，我们希望输出数据能够即刻被写到指定的文件中，以免由于系统可能的崩溃而造成日志数据的丢失，或者对程序运行中间结果的长时间等待。为此就需要使用字符流冲刷函数 fflush()，强迫系统把缓冲区中的数据立即写到目标文件中。这一函数的原型如下：

```
int fflush(FILE *stream);
```

在调用这个函数时，保存在字符流缓冲区中的数据会被强制写到与字符流对应的目标文件中。如果该字符流所对应的是终端屏幕，则输出数据会被立即显示在屏幕上。当参数 stream 为 NULL 时，fflush() 冲刷当前程序中所有以写方式打开的字符流。

在有些系统中，当字符流所对应的设备是终端屏幕时，输出数据中的换行符 '\n' 也会触发系统对该字符流的冲刷，以便程序输出的信息及时显示在屏幕上。在这种情况下，如果输出数据中包含了换行符，用户程序中就可以不必直接使用 fflush() 函数了。

6.3.7　文件的属性

一个文件可以具有哪些属性主要取决于程序运行平台上文件系统的定义和结构，同时也取决于被操作文件的实际类型。例如，在 Unix/Linux 系统上，普通的磁盘文件具有文件所有者标识（UID）和文件所属的组标识（GID），而在 Windows 系统上，普通的磁盘文件就没有这两项属性。又例如，同样是在 Windows 系统上，普通的磁盘文件具有 st_size 属性，指明该文件的长度，而对于以文件形式打开的设备，如键盘、打印机等，st_size 属性就没有任何含义。

一般情况下，文件属性的具体内容是由操作系统在文件的创建以及访问过程中自动赋值和修改的。例如，当一个文件中写入新的数据时，文件的长度就会更新；同时，文件的修改时间以及最后访问时间也会随之改变。除了少数特殊情况和个别属性之外，一般在用户程序中不直接修改文件的属性值。与此相反的是，在程序中常常会需要获取文件的属性值，例如文件的长度、文件的类型、文件的创建时间和访问权限等。为此，C 语言中提供了两个函数。第一个函数是 stat()，这个函数用于获取尚未打开的文件的属性。第二个函数是 fstat()，它用于获取已经打开的文件的属性。这两个函数原型如下：

```
int stat(const char *file_name, struct stat *buf);
int fstat(int filedes, struct stat *buf);
```

这两个函数在执行完毕后就会将所指定的文件的属性保存在由参数 buf 指定的缓冲区中。该缓冲区的数据类型是 struct stat，其定义如下：

```
struct stat {
    dev_t           st_dev;      /* device */
    ino_t           st_ino;      /* inode */
    mode_t          st_mode;     /* protection */
    nlink_t         st_nlink;    /* number of hard links */
    uid_t           st_uid;      /* user ID of owner */
    gid_t           st_gid;      /* group ID of owner */
    dev_t           st_rdev;     /* device type (if inode device) */
    off_t           st_size;     /* total size, in bytes */
    blksize_t       st_blksize;  /* blocksize for filesystem I/O */
    blkcnt_t        st_blocks;   /* number of blocks allocated */
    time_t          st_atime;    /* time of last access */
    time_t          st_mtime;    /* time of last modification */
    time_t          st_ctime;    /* time of last change */
};
```

这个数据类型以及两个函数的原型都定义在系统头文件 <sys/stat.h> 中，并且引用了定义在 <sys/types.h> 中的一些类型，因此在使用这两个函数时，需要在源文件中包含这两个头文件。下面是一个在 Unix/Linux 系统上使用文件属性的例子。

【例 6-6】文件备份程序　写一个文件备份程序 sv，该程序被调用时的命令格式如下：

```
sv f1[f2 ..fn] dir
```

其中 f1、f2 等是当前目录下的文件名，dir 是目录名。该命令将指定的文件复制到目录 dir 中，条件是在目录 dir 中没有同名的文件，或者目录 dir 中已有的同名文件的修改时间早于被指定的文件。

这是一道选自 B. W. Kernighan 和 R. Pike 所著《 Unix Programming Environment 》的例题，代码根据 ANSI C 的标准做了少量的改动。在这段程序中使用了 stat() 检查一个文件是否是目录以及文件的修改时间：

```
#include <stdio.h>
#include <fcntl.h>
#include <errno.h>
#include <sys/types.h>
#include <sys/dir.h>
#include <sys/stat.h>
char *progname;
```

```
void error(char *s1, char *s2)
{
    if (progname != NULL)
        fprintf(stderr, "%s:", progname);
    fprintf(stderr, s1, s2);
    if (errno >0)
        fprintf(stderr, "(%s)", strerror(errno));
    fprintf(stderr, "\n");
    exit(1);
}

void sv(char *file, char *dir)
{
    struct stat sti, sto;
    int fin, fout, n;
    char target[BUFSIZ], buf[BUFSIZ];

    sprintf(target, "%s/%s", dir, file);
    if (strchr(file, '/') != NULL)
        error("won't handle /'s in %s", file);
    if (stat(file, &sti) == -1)
        error("can't stat %s", file);
    if (stat(target, &sto) == -1)
        sto.st_mtime = 0;
    if (sti.st_mtime < sto.st_mtime)
        fprintf(stderr, "%s: %s not copied\n", progname, file);
    else if ((fin = open(file, O_RDONLY)) == -1)
        error("can't open file %s", file);
    else if ((fout = creat(target, sti.st_mode)) == -1)
        error("can't crete file %s", target);
    else
        while ((n = read(fin, buf, sizeof(buf))) > 0)
            if (write(fout, buf, n) != n)
                error("error writing %s", target);
    close(fin);
    close(fout);
}

int main(int c, char **v)
{
    int i;
    struct stat stbuf;
    char *dir = v[c -1];

    progname = v[0];
    if (c <= 2)
        error("Usage: %s files ...dir", progname);
    if (stat(dir, &stbuf) == -1)
        error("Usage: %s files ...dir", progname);
    if ((stbuf.st_mode & S_IFMT) != S_IFDIR)
        error("Usage: %s files ...dir", progname);
    for (i = 1; i < c - 1; i++)
        sv(v[i], dir);
    return 0;
}
```

这段程序在函数 main() 中使用 stat() 检查命令行中最后一个参数是否是一个目录名；在函数 sv() 中使用 stat() 分别获取源文件和目标文件的修改时间，以便判断是否需要对源文件进行复制保存。在这段程序中，大部分代码是用来检查和处理程序运行时可能出现的错误的。这是实用程序的一个显著特点。如果一个程序不是只为编程人员自己使用，而是作为一个通用的工具提供给其他人，对程序在运行时可能遇到的各种错误的检查和处理就是非常必要的。这种检查代码在程序中会占相当大的比例，而且这种检查应该在设计和编码时就和程序的基本功能部分一起考虑和完成，而不应该等到程序的基本功能部分完成和调试完毕之后再添加进去。

在 MS Windows 系统上，文件系统的定义与 Unix/Linux 系统有很大的不同。Unix/Linux 文件中具有的某些属性在 Windows 上没有定义。尽管为了程序的可移植性，有些编译系统，例如 MS VC++ 也使用了数据类型 struct stat，并提供了相应的函数（函数名分别是 _fstat() 和 _stat()），但是在函数执行完毕后，缓冲区中只有关于时间和长度等几个 Windows 系统支持的属性可以获得，其他的属性值都没有确切的含义。下面是一个在 Windows 系统上获取文件属性的例子。

【例 6-7】Windows 系统上文件所在磁盘逻辑分区及文件长度的获取

下面的程序在 Windows 系统上获取文件 file_1.doc 所在的磁盘的盘符以及文件的长度：

```
#include <sys/types.h>
#include <sys/stat.h>
#include <stdio.h>

int main(void)
{
    struct _stat buf;
    int res;

    result = _stat("file_1.doc", &buf);
    if( result != 0 )
        perror( "Problem in getting information" );
    else

        printf("File is on %c with size  of %ld bytes\n",
            buf.st_dev +'A', buf.st_size);
    return 0
}
```

6.4 字符类型函数和字符串操作函数

字符和字符串是程序中经常要处理的运算对象。因此 C 语言的标准函数库中提供了较多的处理字符和字符串的函数，并为字符和字符串操作函数分别提供了相应的头文件。

6.4.1 字符类型函数

标准库函数中关于字符类型的函数可以分为两类：一类是类型判断函数，另一类是类型转换函数，参见表 6-7。在使用这两类函数时都需要引用头文件 <ctype.h>。除了这些标准函数外，有些版本的 C 编译系统还提供了其他功能类似的函数。

表 6-7　常用的字符类型函数

函数原型	函数功能	函数原型	函数功能
int isalnum(int c)	c 是否是字母或数字	int ispunct(int c)	c 是否是符号（可打印但非字母数字）
int isalpha(int c)	c 是否是字母（a～z, A～Z）	int isspace(int c)	c 是否是空白符（0x09～0x0D, 0x20）
int isascii(int c)	c 是否是 ASCII 字符（0x00～0x7f）	int isupper(int c)	c 是否是大写字母（A～Z）
int iscntrl(int c)	c 是否是控制符（0x00～0x1f, 7f）	int isxdigit(int c)	c 是否是十六进制数字（0～9, a～f, A～F）
int isdigit(int c)	c 是否是数字（0～9）		
int islower(int c)	c 是否是小写字母（a～z）	int tolower(int c)	将大写字符 C 转换为小写
int isprint(int c)	c 是否是可打印字符（0x20～0x7e）	int toupper(int c)	将小写字符 c 转换为大写

字符类型判断函数测试一个字符是否属于某一类型，例如字母、数字、空白符等。当字符符合函数所指定的类型时，函数返回真值 1，否则返回假值 0。下面是一个使用字符类型判断函数的例子。

【例 6-8】从字符流中读出一个由空白符分割的单词　设计一个函数 get_word()，从打开的字符流 fp 中读出字符序列，并把由空白符分割的单词保存在由参数指定的缓冲区中。

根据功能要求，函数 get_word() 需要首先跳过字符流中数量不确定的空白字符，然后把其后的非空字符填入缓冲区，直至遇到空白字符为止。C 语言中的空白符包括水平制表符 '\t'、退格符 '\b'、换行符 '\n'、垂直制表符 '\v'、换页 '\f'、回车符 '\r' 以及空格符 ' '。在代码中使用函数 isspace() 对读入的字符进行判断显然比与这些特殊字符逐一地进行比较更加方便。函数的代码如下：

```
int get_word(char *buf, FILE *fp)
{
    int c;
    while ((c = fgetc(fp)) != EOF && isspace(c)) ;
    if (c == EOF)
        return 0;
    do {
        *buf++ = c;
    } while ((c =fgetc(fp)) != EOF && !isspace(c));
    *buf ='\0';
    return 1;
}
```

字符类型转换函数只有两个，即 tolower() 和 toupper()。这两个函数只对表示字母的字符起作用，分别把大写字母转换为小写，以及把小写字母转换为大写。被转换的字符作为参数传递给函数，函数返回转换之后的结果。对于其他字符，这个函数不进行任何转换。

6.4.2　字符串操作函数

标准库函数中关于字符串操作的函数可以分为五类，即字符串的比较、字符串的连接、字符串的复制、字符串的查找以及字符串长度的计算。在使用这些函数时需要引用头文件 <string.h>。表 6-8 是一些常用的字符串操作函数的原型及其功能说明。

表 6-8　常用的字符串操作函数

函数原型	函数功能
int strcmp(const char *s1, const char *s2)	比较字符串 s1 和 s2，返回值表示两个字符串的大小关系
int strncmp(const char *s1, const char *s2, size_t n)	同 strcmp()，但只比较前 n 个字符
char *strcat(char *dest, const char *src)	将字符串 src 连接到 dest 后面
char *strncat(char *dest, const char *src, size_t n)	同 strcat()，但只连接 src 的前 n 个字符
char *strcpy(char *dest, const char *src)	将字符串 src 复制到 dest 中
char *strncpy(char *dest, const char *src, size_t n)	同 strcpy()，但只复制 src 的前 n 个字符
char *strchr(const char *s, int c)	在 s 中查找第一个出现的 c 并返回其地址
char *strrchr(const char *s, int c)	在 s 中查找最后一个出现的 c 并返回其地址
char *strpbrk(const char *s, const char *char_set)	在 s 中查找 char_set 中的任一字符并返回其地址
char *strstr(const char *str, const char *sub)	在 str 中查找第一个出现的子串 sub 并返回其地址
size_t strlen(const char *s)	返回字符串 s 的长度
int sprintf(char *s, const char *format [, arg] ...)	按 format 指定的格式将数据写入字符串 s

从表 6-8 中可以看到，字符串的比较函数、连接函数和复制函数都有两个版本。一个是以字符串边界为操作长度的基本函数，另一个是显式地指定操作长度的函数。两个版本的函数在基本功能上完全相同，唯一的差别是在第 2 个版本中，当源字符串的长度超过指定的长度 n 时，只对字符串中前 n 个字符进行操作。在进行字符串复制时，如果无法准确地预知源字符串的长度是否超过目标数组所能容纳的范围，就需要使用具有显式长度控制的版本，以防止由于源字符串过长而引起地址越界，保证程序安全和正确地运行。在使用不带长度控制的字符连接函数 strcat() 和复制函数 strcpy() 时，编程人员必须保证源字符串的长度，包括结尾标识 '\0' 在内，不超过目标数组中预留的空间。

从功能上看，字符串的复制和连接都可以使用函数 sprintf() 来完成。sprintf() 也是一个使用变长参数表的函数，除了第一个参数是 char * 类型外，其余参数的类型和含义都与函数 fprintf() 相同。与 strcat() 或 strcpy() 相比，sprintf() 使用起来更加灵活，但是 strcat() 或 strcpy() 在调用格式上比较简单，而且执行效率也更高一些，因为这两个函数不需要对格式字符串进行解析，也不需要对变长参数表进行处理。因此在进行简单的字符串连接或复制时，一般多使用函数 strcat() 或 strcpy()。

字符串的查找函数有两类。第一类是在一个串中查找指定的字符，第二类是在指定的串中查找指定的子串。这类函数的数量较多，表 6-8 只列出了其中 4 个常用的函数 strchr()、strrchr()、strpbrk() 和 strstr()。这些函数的返回值都是一个指向字符串的指针，表明所要查找的对象在被查找的字符串中的位置。当被查找的字符串中没有所要查找的对象时，函数返回 NULL。其中 strchr() 和 strrchr() 分别从被查找的字符串的头部开始正向查找和从尾部开始反向查找，strpbrk() 则从字符串中查找第一个出现的属于给定集合的字符。

　　字符或字符串处理是程序中常用的功能。除了表 6-8 中列举的函数外，C 语言的标准函数库中还有很多其他的以 str 开头的函数，有些编译系统也提供了自己扩充的以 str 开头、用于字符或字符串处理的函数。读者可以在系统的联机手册中查找这些函数的原型和功能说明。

6.5　时间函数

　　时间是程序中经常要处理的对象。一度炒得沸沸扬扬的所谓"千年虫"问题就与程序中对时间的表示和计算相关。程序中经常要处理的时间可以分为日历时间和程序运行时间两大类。标准函数库中与时间相关的函数也分别用于处理这两类时间。

6.5.1　日历时间

　　与日历时间相应的函数有时钟时间的获取函数和时钟时间的形式转换函数。计算机的硬件平台上提供了一个时钟，以秒为单位记录从某一指定时刻开始流逝的时间。目前多数计算平台的时钟起始时间都设定为 1970 年 1 月 1 日的零点。在 32 位平台上，这个时间保存在一个 32 位的 int 型变量中，所以在 2038 年 1 月 19 日，这个数值会变成负数。使用适当的函数，可以将这个时钟所记录的秒数转换成当前时刻的年、月、日、时、分、秒。表 6-9 列出了这些函数的原型及其功能概述。

表 6-9　日历时间函数

函数原型	函数功能
time_t time(time_t *t)	获取系统时钟的时间
char *asctime(const struct tm *tm)	将日历时间结构转换为日历时间字符串
char *ctime(const time_t *timep)	将时钟时间转换为日历时间字符串
struct tm *gmtime(const time_t *timep)	将时钟时间转换为日历时间结构
struct tm *localtime(const time_t *timep)	将时钟时间转换为本地日历时间结构
int ftime(struct timeb *tp)	获取当前本地时间
time_t mktime(struct tm *tm)	将本地日历时间结构转换为时钟时间
size_t strftime(char *s, size_t max, const char *format, const struct tm *tm);	按用户指定格式生成日历时间字符串

　　这些函数及其所涉及的数据结构都描述和定义在 <time.h> 中，其中数据结构 tm 和 timeb 定义如下：

```
struct tm {
    int     tm_sec;                 /* seconds */
    int     tm_min;                 /* minutes */
    int     tm_hour;                /* hours */
```

```
    int     tm_mday;                /* day of the month */
    int     tm_mon;                 /* month */
    int     tm_year;                /* year */
    int     tm_wday;                /* day of the week */
    int     tm_yday;                /* day in the year */
    int     tm_isdst;               /* daylight saving time */
};
struct timeb {
    time_t  time;                   // 以秒为单位
    unsigned short millitm;         // 毫秒
    short   timezone;               // 时区，以分钟为单位
    short   dstflag;                // 是否使用夏时制
 };
```

如果我们想在程序中输出当前的时间，就可以使用下列语句：

```
time_t t;
time(&t);
printf("The current time is: %s", ctime(&t));
```

这段代码输出的数据形式如下：

```
The current time is: Wed May 21 11:20:28 2008
```

函数 strftime() 提供了更复杂的时间输出格式控制能力。如果在程序中需要按自己期望的格式和顺序输出时间信息，就可以使用这个函数。下面是一个使用这个函数的例子。

【例6-9】随时间变化的问候语　写一个程序，输出问候语及当前的日期和时间。问候语随程序运行时间变化：在0~12点之间输出"Good Morning!"，在12~18点之间输出"Good Afternoon!"，在18~24点之间输出"Good Evening!"然后换行，按年、月、日、星期、时、分的顺序输出当前时间。

根据要求可以写出代码如下：

```
#include <stdio.h>
#include <time.h>

int main()
{
    time_t t;
    struct tm *tmp;
    char s[BUFSIZ];

    time(&t);
    tmp = gmtime(&t);
    sprintf(s, "%2d%2d%2d", tmp->tm_hour, tmp->tm_min, tmp->tm_sec);
    if (strcmp(s, "120000") < 0)
        puts("Good Morning!");
    else if (strcmp (s, "180000") < 0)
        puts("Good Afternoon!");
    else
        puts("Good Evening!");
    strftime(s, BUFSIZ, "It is %Y %B %d %A, %H:%M", tmp);
```

```
    puts(s);
    return 0;
}
```

在这段代码中使用了三个时间函数：time() 获取当前的时间，gmtime() 将当前时间转换为 struct tm 结构，strftime() 根据所要求的格式输出时间以及其他字符。如果在上午运行这段程序，就会得到类似下面的输出结果：

```
Good Morning!
It is 2008 May 21 Wednesday, 11:30
```

6.5.2　程序运行时间

常用的与程序运行时间相应的函数只有一个，即 clock()。该函数的原型如下：

```
clock_t clock(void);
```

这个函数返回以"tick"，也就是所谓的时钟"嘀哒"为单位的程序运行用时。每秒所包含的 tick 数由符号常量 CLOCKS_PER_SEC 定义，在多数系统上，这一数值等于 10^6。我们在第 2 章中已经见过使用函数 clock() 对程序运行计时的例子。

函数 clock() 的计时精度取决于系统时钟以及函数的实现，因此即使 CLOCKS_PER_SEC 等于 10^6，计时精度也不一定能够精确到微秒。此外需要注意的是，在大多数系统上，类型 clock_t 被定义为 long，因此在 32 位平台上，如果 CLOCKS_PER_SEC 定义为 10^6，则 clock() 的返回值大约每 72 分钟就会循环一遍。因此 clock() 一般适用于对运行时间较短的程序的计时。

除了标准函数库中所提供的时间函数外，不同的操作系统也提供了与操作系统相关的时间函数。例如在 Unix/Linux 系统上，使用系统调用 times() 不但可以获取一个进程自身在用户态和系统态分别占用的 CPU 时间，而且可以获取该进程所派生出来的子进程所占用的用户态和系统态时间。需要使用这些与操作系统相关的时间函数的读者，可以查阅操作系统的相关文档。

6.6　随机数函数

在对各种自然现象、社会现象以及技术系统进行模拟时，经常需要用到各种分布类型的随机数。在蒙特卡罗法等一些算法和计算过程中，也需要使用随机数。为此，C 语言在函数库中提供了基本的随机数生成函数，以便于在程序中根据需要生成各种分布类型的随机数。

6.6.1　基本随机数函数

在标准函数库中有两个和随机数相关的函数。一个是伪随机数生成函数 rand()，另一个是种子函数 srand()。这两个函数的原型包含在头文件 <stdlib.h> 中，其定义如下：

```
int rand(void);
void srand(unsigned int seed);
```

调用函数 rand() 可以生成一个在 0 和正整数 RAND_MAX 之间均匀分布的伪随机数。函数 rand() 最多可以生成由 RAND_MAX 个整数组成的伪随机数序列，而且这一随机数序列是固定的。例如，在 Linux/gcc 系统上 RAND_MAX 是 int 的最大值 2147483647，调用函数 rand() 时产生的前 10 个随机数是：

```
1804289383 846930886 1681692777 1714636915 1957747793
424238335 719885386 1649760492 596516649 1189641421
```

为了改变调用 rand() 所产生的随机数序列的起始点，可以使用种子函数 srand()。这个函数可以改变 rand() 所产生的伪随机数序列的起始点。例如，在 Linux/gcc 系统上调用函数 srand(12) 之后再使用 rand() 产生的第一个随机数是 1687063760，而调用函数 srand(23) 之后 rand() 产生的第一个随机数是 1562469902。使用固定的参数调用 srand() 所产生的伪随机数序列是固定的和可重复的。为了使得伪随机数序列显得更"随机"一些，一般在程序中使用一个随时间变化的值作为 srand() 的参数。例如，在使用随机数函数的程序中经常可以见到下面这样的语句：

```
srand(time());
```

只要程序的两次运行之间间隔 1 秒以上，所产生的伪随机数序列就是不一样的了。

标准函数 rand() 所产生的伪随机数是一个在 0 和 RAND_MAX 之间均匀分布的整数序列。在实际应用中，往往需要生成各种不同分布的随机数序列，因此需要对由函数 rand() 所产生的伪随机数进行变换。这些变换的方法随着所需要的随机数分布性质的不同而不同，下面我们分别讨论均匀分布随机数、连续分布随机数以及离散分布随机数的生成。

6.6.2 均匀分布随机数的生成

因为函数 rand() 所产生的伪随机数是一个在 0 和 RAND_MAX 之间均匀分布的整数序列，所以将其转换为在任何其他区间中均匀分布的随机序列都只是一个简单的变换。下面是一个例子。

【例 6-10】实数域上均匀分布的随机数　给定区间 $[a, b]$，生成在该区间均匀分布的随机实数。

函数 r_rand() 根据给定的参数，将 0 和 RAND_MAX 之间的整数线性地映射到区间 $[a, b]$：

```
double r_rand(double a, double b)
{
    return (rand() *(b - a) / RAND_MAX) + a;
}
```

随机整数的生成可以有不同的方法：既可以首先生成给定区间中的随机实数，然后再对其进行取整运算；也可以针对 rand() 生成的是随机整数的特点采取更简单的方法。例如，当需要生成 1～10 之间的随机整数时，一种方法是仿照【例 6-10】写出下列代码：

```
r = 1 + (int) (10.0 *rand() / (RAND_MAX + 1.0));
```

另一种方法是直接对 rand() 生成的随机数进行取余数的操作：

```
r = 1 + (rand() %10);
```

这两种方法都是首先将 rand() 生成的随机数映射到 0～9 之间，然后再将结果加 1，只不过第一种方法的线性变换和取整运算使计算结果受到随机数所有二进制位的影响，而第二种方法使用了对 10 取余数的操作，使得计算的结果仅受随机数的低端二进制位的影响。对于多数 C 编译器所带的函数库来说，这两种方法尽管产生的随机数序列不同，但在数字分布的随机性方面是相同的。对于某些版本的函数库，其 rand() 所产生的随机数在不同的二进制位上的随机性是不同的。当使用这些版本的函数库时，第一种方法所产生的序列的随机性更好一些。伪随机序列的随机性是伪随机数生成函数的一个重要指标。为保证在各种条件下生成分布均匀且充分满足随机性要求的伪随机数，Unix/Linux 系统上还提供了其他的随机数函数。读者可以参考联机手册，根据需要适当选择。

6.6.3　非均匀连续分布随机数的生成

在程序中经常需要生成符合不同分布规律的随机变量。这就需要根据给定的概率密度或分布函数，对 rand() 生成的均匀分布的随机整数进行转换。随机变量的分布函数既有连续型的，也有离散型的。生成服从指定分布的随机数的方法多种多样，既有通用的一般方法，如反函数法、拒绝法，也有针对特殊分布函数的专用方法。这些可以参阅有关概率论和数值计算方面的教科书。下面我们看一个使用特殊方法生成正态分布随机数的例子。

【例 6-11】正态分布　生成服从标准正态分布的随机数。

正态分布是一种常用的连续型概率分布。数学期望为 μ，方差为 σ^2 的状态分布的概率密度为 $p(x) = \dfrac{1}{\sqrt{2\pi}\sigma}\, \mathrm{e}^{-\frac{(x-\mu)^2}{2\sigma^2}}$。数学期望 μ 等于 0，方差 σ^2 等于 1 的正态分布被称为标准正态分布。因为正态分布函数的反函数没有简单的解析形式，所以需要使用其他算法生成符合正态分布的随机变量。概率论中的中心极限定理是一种生成正态分布随机数的常用方法。根据中心极限定理，如果互相独立且具有相同分布的随机变量 r_i 的均值为 D，方差为 E，则 $\left(\sum\limits_{i=1}^{n} r_i - nD\right) / \sqrt{nE}$ 渐近地遵从标准正态分布。根据经验，当 n 取为 12 时就可以得到较好的计算结果，而区间 [0, 1] 上均匀分布的随机变量 r，其均值为 1/2，方差为 1/12，因此上式可写为 $\left(\sum\limits_{i=1}^{12} r_i - 6\right)$。据此可以写出代码如下：

```
double std_gauss_1()
{
    int i;
```

```
    double d = 0.0;
    for (i = 0; i < 12; i++)
        d += rand();
    return d / RAND_MAX - 6.0;
}
```

除了中心极限定理外，在生成标准正态随机数时还经常会使用 Box-Muller 方法。这一计算方法的理论依据是，给定两个独立的在区间 [0, 1] 上均匀分布的随机数 r_1 和 r_2，则 $x_1=\mathrm{sqrt}(-2*\ln(r_1))*\cos(2\pi*r_2)$ 与 $x_2=\mathrm{sqrt}(-2*\ln(r_1))*\sin(2\pi*r_2)$ 分别是互相独立的标准正态随机数。上面公式中的 sqrt() 是平方根函数，ln() 是自然对数函数，sin() 和 cos() 分别是正弦和余弦函数。根据上述公式可以写出代码如下：

```
void std_gauss_2(double *x1, double *x2)
{
    double r1, r2, t;
    r1 = r_rand(1e-25, 1);
    r2 = r_rand(1e-25, 1);
    t = sqrt(-2.0 * log(r1));
    *x1 = t * sin(2 * M_PI *r2);
    *x2 = t * cos(2 * M_PI *r2);
}
```

在这段代码中用到了【例 6-10】中的函数 r_rand()，给定的随机数生成区间是 $[10^{-25}, 1]$。这样做是为了防止 r1 和 r2 等于 0，以避免函数 log() 的计算错误。

6.6.4　离散分布随机数的生成

连续分布随机变量的生成方法也可以运用到离散分布随机变量的生成中。当然，由于离散分布随机变量的特殊性，随机变量生成的具体做法可能会有一些小的差异。

反函数法是一种常用的随机数生成方法。根据给定随机变量的分布函数 $F(x)$ 求出其反函数 $F^{-1}(r)$，就可以将 rand() 生成的均匀分布的随机数 r_i 转换为分布概率符合函数 $F(x)$ 的随机数 $x_i=F^{-1}(r_i)$。当给定的概率分布函数 $F(x)$ 的反函数 $F^{-1}(r)$ 没有简单的解析解时，可以使用数值计算方法构造出概率分布函数 $F(x)$ 与随机变量 x 的数值对照表，然后查找 rand() 所生成的随机数 r_i 对应于 $F(x)$ 的区间，以确定符合分布函数 $F(x)$ 的随机数 x_i。这种查表方法是离散分布随机变量生成中常用的方法。下面我们结合泊松分布随机变量的生成，看看这种方法的实际运用。

【例 6-12】使用反函数法生成泊松分布随机数　给定数学期望 m，生成服从泊松分布的随机数。

服从泊松分布且数学期望为 m 的离散随机变量 ξ 取值为非负整数 k 的概率为 $P(\xi=k)=m^k e^{-m}/k!$。根据 2.2.4 节中的讨论，我们可以首先写出使用对数计算泊松分布的函数 poiss_log() 如下：

```
double poiss_log(double m, int k)
{
```

```
        double p;
        int i;

        p = k * log(m) - m;
        for (i = 2; i <= k; i++){
            p -= log(i);
        }
        return exp(p);
    }
```

使用这一函数，就可以通过计算累积概率的方法生成数学期望为 m 的泊松分布函数表了。该分布函数表中的第 i 项 P_i 的值为 $\sum_{k=1}^{i} p(m, k)$。此后，当需要生成一个泊松分布随机数时，首先生成一个在 [0, 1] 区间上均匀分布的随机数 r，并在分布函数表中检查 r 所在的区间。当 $P_{i-1}<r<P_i$ 时，就令随机变量 x 等于 i。下面是分布函数表的生成函数 init_poisson() 的代码：

```
#define ESP (0.1 *delta)
double arr[MAX_N + 1] = {-0.1}, *cummu = &arr[1];
int max_n;
int init_poisson(double m)
{
    int i;
    double delta, d;

    delta = 1.0 / (double) RAND_MAX;
    cummu = &arr[1];
    for (i = 0; cummu[i -1] < (1.0 - delta); i++) {
        if (i >= MAX_ITEM)
                break;
        d = poisson_log(n, i);
        if (i > n && d < ESP)
                break;
        cummu[i] = d + cummu[i -1];
    }
    if (cummu[i -1] < 1.0)
        cummu[i++] = 1.0;
    srand(time(NULL));
    max_n = i;
}
```

分布函数表 cummu 的下标对应于泊松分布函数中的参数 k。这个表的实际存储空间是由数组 arr[] 提供的，cummu 只是一个指针，指向 arr[1]，而 arr[0] 被置为一个小的负数。之所以要这样做，是因为当通过查找分布函数表将 [0, 1] 之间的随机数 r 转换为服从泊松分布的随机变量 k 时，使用了判断条件 $P_{k-1}<r<P_k$。泊松分布函数中的 k 是从 0 开始的非负整数。为了检查随机数 r 是否对应于 k 等于 0 的情况，需要检查 k 等于 −1 时的值。为了能够在访问分布函数表时合法地使用下标 −1，就需要给下标为 −1 的表项保留存储空间。上述做法把 arr[0] 留给了这个表项，使得在使用上述判断条件对随机数 r 进行转换时，在保持了分布函数表项下标与泊松分布函数中参数 k 的对应关系的同时，避免了对 k 是否等于 0 的情况

进行特殊处理。此外，因为函数 rand() 只能生成 RAND_MAX 个不同的整型随机数，所以当累积概率与 1.0 之间的差值小于 1/RAND_MAX 时就可以停止计算了。

对分布函数表的查找方法取决于表项的多少。当表项数量较少，也就是泊松分布函数的参数 m 较小时，可以直接采用顺序查找方法。当参数 m 较大，也就是表项数量较多时，可以采用二分查找方法。下面是采用二分查找方法生成泊松随机数的函数 poisson() 的代码：

```c
int cmp(const double *key, const double *elem)
{
    if (*key > *elem)
        return 1;
    if (*key <= *(elem - 1))
        return -1;
    return 0;
}

int poisson()
{
    double d, *p;

    d = (double) rand() / (double) RAND_MAX;
    p = bsearch (&d, cummu, max_n, sizeof (double),
            (int (*)(const void *, const void *)) cmp);
    return p - cummu;
}
```

当给定泊松分布的数学期望 m 后，首先调用 init_poisson() 生成分布函数表，然后调用 poisson() 就可以生成符合泊松分布的随机序列了。上面这些代码尽管不长，但仍有改进的余地。例如，使用结构数组表示累积概率与 k 的对应关系，而不是简单地利用 double 数组元素与下标表示这一对应关系，可以避免当 m 较大时分布函数表的低端出现大量小于 1/RAND_MAX 的项。我们把这留做练习。

除了反函数法等通用方法外，在离散型随机变量的生成中，针对一些具体的分布函数的专用计算方法也很常用。例如，对于数学期望为 m 的泊松分布，另一种常用的随机变量生成方法是连续生成一组 $[0, 1]$ 区间上的均匀分布随机数 r_i，当不等式 $\prod_{i=1}^{n} r_i \geq e^m > \prod_{i=1}^{n+1} r_i$ 成立时，令随机变量 x 等于 n。不等式中的 $\prod$ 表示连乘。这一算法的实现很简单，我们把它留做练习。

第 7 章 *Chapter 7*

程序的优化

写出一个可以正确运行、满足任务功能要求的程序并不是编程工作的结束。很多时候，编程人员需要对程序做进一步的优化，以满足对程序性能方面的要求。对程序的优化可以分为三类，即对运行时间效率的优化，对内存空间使用效率的优化，以及对程序结构和描述方法的优化。对时间效率优化的目的是减少程序对 CPU 资源的占用，提高程序的运行速度，降低对 CPU 性能指标的要求。对空间效率优化的目的是减少程序对内存资源的占用，使之能够在较小的系统上运行，适用于更广泛的环境。对程序结构优化的目的是改进程序的结构和风格，产生更紧凑有效的代码，提高程序的可靠性、可维护性和可扩展性。通过这些优化可以使得程序在相同的硬件条件下实现更强的功能和性能，或者是在相同的功能和性能前提下降低对硬件性能的要求，并相应地降低硬件平台的成本。同时，通过对程序结构的改进，可以控制代码的规模，使之便于维护和更新，以便延长其生命周期。程序结构的优化是第 8 章中讨论的内容。本章主要讨论对程序的时间效率和空间效率的优化。

7.1 优化的作用和意义

在计算机技术发展的早期，硬件的速度很慢，内存的容量很小。在这样非常有限的硬件资源上完成复杂的计算任务，程序的优化显得非常重要。随着计算机技术和微电子技术的发展，硬件系统的计算速度迅速提高，内存容量迅速增加，成本迅速降低。在近 30 年的时间里，CPU 的发展一直遵循着所谓的"摩尔定律"，即计算速度每 18 个月提高一倍，成本降低一半。同时，内存容量也大大增加。以微机的发展为例，从早期的以 KB 为单位计量内存的大小到现在以 MB 甚至以 GB 为单位计量内存的大小，内存容量增加了上万倍，CPU 的主频也从以 MHz 为单位发展到以 GHz 为单位。在这种情况下，有些人自然会质疑，对程序的优化是否还有必要。对于这个问题的回答是肯定的。

在硬件技术飞速发展的今天仍然需要对程序进行优化，主要是因为在硬件技术发展的同时，软件系统也在迅速地发展。对软件功能和性能的要求不断增加，使得软件的结构日益复杂，规模日益庞大，因此对硬件功能和性能的要求也日益增加，而且其速度快于硬件本身的发展。早期的应用程序大多只有几千行的源代码，一千行以下的程序也很多。例如 Unix 系统中的应用程序 comm，是一个对排序文件进行比较的实用工具，其源程序只有 100 多行代码，功能却相当完善。而现在的应用程序动辄就是上万行的代码。再例如，早期的 Unix 操作系统 Unix Version 6，其核心代码不过 8000 行左右，除了缺少网络协议栈的实现外，提供了现代操作系统所有的基本功能，而 Linux 操作系统的核心代码已有 20 多万行。与其功能类似的 Windows 系统，据微软公司宣称，其源代码有 5000 多万行，其对硬件资源的消耗也就可想而知了。一个人所共知的现象就是，Windows 系统的每一次升级都对硬件资源产生了更大的需求，造成大批并不算老旧的计算机硬件被迫升级或被淘汰。除此之外，一些特殊的环境对硬件资源也有一定的限制。例如，在便携式移动计算领域以及嵌入式应用领域，由于体积、重量、功耗等方面的限制，硬件平台无论在计算速度还是在内存容量方面都低于常规的固定平台。在这种环境下提高系统的运行效率，就主要靠提高软件的性能了。更何况由于物理规律的限制，"摩尔定律"也总有失效的一天。

对于一个程序来说，优化的重要性和必要性取决于程序的种类和使用频度。一次性使用的程序，例如临时性的或偶尔使用的自用工具程序以及编程练习的答案等，只要能够满足基本要求即可，没有进一步优化的必要。而公用性的程序，例如各类软件工具、多次性 / 高频度使用的程序，不能满足基本性能要求的程序，以及具有通用性的程序结构等，都在需要优化的程序之列。大多数软件产品也需要优化，因为有时软件产品在市场上的成功可能就取决于其优于竞争对手的性能。因此优化工作对于大多数程序是必要的，程序优化的知识和技术是专业的编程人员应该必备的。

7.2　优化的基本过程

优化的过程从对程序的性能统计和分析开始，以便确认性能现状，发现性能瓶颈和改进目标。在此基础上，需要进一步对程序的瓶颈部分的实现技术和编码进行分析，初步判断优化的可能性，提出和实施改进方案。在实施了改进方案之后，需要评测改进效果，以判断是否达到了预期的目标。在未达到预期目标的情况下，需要重复上述过程，直至达到预期的目标。

7.2.1　运算时间和存储空间

运算时间和存储空间的互换是计算领域中的一个常见现象：运行较快的程序一般需要较大的存储空间，限制程序的可用存储空间往往会降低程序的运行速度。在程序设计中这样的例子比比皆是。例如，对于在数值计算和数字信号处理中用到的系数表以及三角函数表之类的数据，既可以事先将其计算好并保存在内存中，以备随时使用，也可以在用到时再根据公式临时进行计算。前一种方法需要耗费一定的内存空间，但是程序运行的速度较快，后一种方法节省了内存空间但是会降低程序的运行速度。又例如，对于 Hash 表的实现来说，表的规模越大，实际表项在其中所占的比例也越低，表项之间发生冲突的可能性就越小，对表项的操作速度就越快，但同时所需要的存储空间也越大。再例如，判断一个自然数是否是质数，既可以根据质数的规则进行计算，也可以直接查表。使用计算法时不需要额外的存储空间，但需要较多的 CPU 时间。使用查表法时的计算量远远小于计算法，但是保存质数需要占用一定的存储空间。在用查表法判断质数时也有不同的方法。一种常用的方法是把质数保存在数组中，使用二分查找方法检查一个给定的数是否在该数组中，以判断该数是否为质数。另一种方法是将所有下标为质数的数组元素的值置为 1，而下标为合数的数组元素的值置为 0。这样，以被查找的数为下标，直接读出该数组中相应元素的值就可以判断该数是否为质数了。这一方法的速度显然比对质数表的二分查找要快得多，但是所需要的存储空间也要大很多。数据输入 / 输出字符流中使用内存空间对读写内容进行缓冲以减少对操作系统读写功能的调用次数，数据库查找中使用索引表以加快数据检索的速度，文本编辑器中使用指针数组以加速对字符串的交换和排序等，也是用空间换取时间的做法。此外，早期程序设计中的程序覆盖技术和现在操作系统中广泛采用的虚拟存储器技术都是用时间换空间的典型例子。在这两种技术中，系统都把暂时不用的数据或程序代码临时保存在磁盘等外部存储器中，当在计算中实际使用这些数据或代码时，再将它们从外部存储器中调入内存。这样就可以在较小的内存中运行需要较大存储空间的程序，但所付出的代价是操作系统或用户程序需要进行相应的内存管理操作，降低了程序的运行速度。

尽管程序在时间效率与空间效率方面的互相转换是计算领域中的一般规律，但是这种转换并没有一个固定的数量关系。它取决于具体问题的性质、所采用的算法，以及计算平台所提供的支持等多方面的因素。在对程序进行优化时，需要考虑计算环境的限制、任务对性能的需求以及程序实现的复杂程度等多种因素，在程序的运算时间和所需的存储空间之间保持必要的平衡，以便在限定条件下取得最佳的性能，在满足性能要求的情况下降低对计算环境的要求。对于一些问题，也有可能找到在时间效率和空间效率方面都同时满足优化要求的实现方法。

7.2.2　优化可能性的判断

对程序性能优化可能性的判断一般源于对程序性能的整体判断和分析。在这一层面上的判断主要是定性的，多数情况下依靠经验和感觉，有时也可能需要进行一些定量的分析。例如，感觉程序的运行速度明显低于预期，对用户输入数据的响应有明显的延迟和停顿，以及程序的运行速度明显低于功能类似的其他程序，等等。这些现象都直观地说明程序在性能方面存在问题，需要进行优化和改进。

有些时候，对优化可能性的判断是很简单的。在练习中程序的运行时间超过了规定的时间限制，或者应用程序的性能与任务要求相差很远，都说明程序的性能是可以而且必须进一步优化的。有些时候，对优化可能性的判断需要经过一定的分析，并与一些参照指标进行对比。经常用到的参照指标有功能类似的其他程序、关键操作的理论极限，以及程序在计算过程中所需要的实际计算量等。例如，假设某个应用系统的两个实体之间通过 100Mb 的局域网传输数据。根据网络的带宽粗略地估算，数据传输速率的极限应该在 10MB 以上。如果在网络传输无干扰的情况下程序实际的数据传输速率与这一极限相距甚远，那就说明程序中在网络传输或与之相关的部分存在性能瓶颈。

在没有参照物或可以对比衡量的指标的情况下，对程序优化可能性的判断需要对程序结构和实现技术进行分析，看一看程序中占用计算资源最多的部分在哪里，这些部分是怎么实现的，并对其计算复杂度以及在理论上是否存在更好的实现方法进行评估。例如，假设在程序中有大量的数据查找操作，那么我们就需要对这一部分的实现技术和编码进行重点分析。如果这些操作是采用线性查找技术，那么至少在理论上我们可以考虑采用二分查找、Hash 表或者索引表等更有效的方法来改进程序的执行效率。

上面这些观察和分析只是对程序性能优化的可能性做出了初步的判断。为了实际确认性能优化的可能性以及性能改进的关键，需要使用性能分析工具对程序的实际性能进行定量分析，以便发现和确定程序占用资源明显过多的部分，并结合对测试结果和相关代码的分析，提出优化方案。

7.2.3 程序运行的整体计时

程序优化方案的设计是建立在对程序运行效率评测和分析的基础之上的，而对程序评测和分析的基础是对程序运行的计时。除了在第 2 章中介绍的对函数或计算过程的计时外，在程序优化中常用的方法是使用系统提供的计时工具对程序的运行进行整体计时和分析计时。所谓整体计时，就是观察程序作为一个整体在运行时对 CPU 资源的占用情况。在 Unix/Linux 平台上，对程序的整体计时工具是系统命令 time，其使用语法如下：

```
time <program [args ......]>
```

其中 program 是被测试的程序，args 是被测试程序在运行时所需要的命令行参数。例如，假设需要对【例 4-4-1】中的程序在计算阿克曼函数 ack(3, 10) 时进行整体计时，应使用下述命令：

```
$ time ack 3 10
```

这时，在屏幕上首先显示命令 ack 3 10 的执行结果，然后再显示其运行所占用的时间：

```
8189
real    0m0.632s
user    0m0.630s
sys     0m0.000s
```

上述数据的第一行是 ack(3, 10) 的计算结果 8189，以下三行是命令 time 对程序的计时结果。计时结果第一行的 real 说明这一行的时间是程序从开始运行到结束的时钟时间，为 0.632 秒，第二行的 user 说明这一行的时间是程序在用户态占用的 CPU 时间，为 0.630 秒，第三行的 sys 说明这一行的时间是程序在系统态占用的 CPU 时间，为 0.000 秒。当程序在整个运行过程中对 CPU 的占用率为 100% 时，real 应当等于 user+sys。如果在测试过程中有其他的程序并发地运行，使得被测程序对 CPU 的占用率低于 100% 时，real 会大于 user+sys。

需要注意的是，time 命令对程序运行的计时不一定很精确，它取决于多种因素，诸如操作系统的运行状态、系统中并发运行的进程数量、计算机系统的计时精度等等。因此每次使用 time 命令计时所得到的结果不一定严格相同，有 10% 左右的误差是很正常的。甚至在一次 time 命令执行中的计时所得到的数据也有可能由于计时精度的原因而存在互不一致的地方，例如有时可能会出现整体时间小于各部分时间之和的情况，即 real 小于 user+sys。尽管如此，time 仍然在一定精度的条件下给出了程序运行所需时间的概貌。例如，使用 time 对 ack 3 6、ack 3 7、ack 3 8 等分别计时，就会发现 ack 命令当第一个参数等于 3 时，第二个参数每增加 1 其运行时间就会约等于原来的 4 倍，而且 ack 的运行时间全部花在了程序的用户态，操作系统为之所花费的系统态时间几乎可以忽略不计。而对【例 6-5】中的程序 b_io 和 s_io 分别计时，得到的结果见表 7-1。

表 7-1 无缓冲和有缓冲读写的计时结果

读写方式及状态 / 读写单位 (字节)	b_io(无缓冲读写)		s_io(有缓冲读写)	
	用户态	系统态	用户态	系统态
1	22.62	65.33	13.56	0.03
2	11.04	30.16	6.88	0.03
4	5.56	15.23	3.43	0.03
8	2.82	7.64	1.68	0.04
16	1.39	3.77	0.93	0.03
32	0.77	1.80	0.48	0.03
64	0.35	0.99	0.26	0.03
128	0.16	0.58	0.15	0.03
256	0.10	0.34	0.11	0.03
512	0.06	0.22	0.07	0.03

这些数据表明，在无缓冲的 b_io 中，当读写单位较小时，程序在系统态，也就是执行系统调用时占用了大量的时间，而在有缓冲的 s_io 中，系统态所占用的时间就少得多，而且这一时间不随读写单位大小的变化而变化。同时，尽管 s_io 在用户态所占的时间比 b_io 中用户态所占用的时间要少一些，但是差距并不像系统态时间差距那样大，s_io 在运行时所节省的时间主要是由于程序在系统态占用时间的减少。当读写单位的长度增加时，b_io 所占用的系统态时间显著下降，从而使其与 s_io 的时间差距迅速减少。

总之，尽管使用 time 命令对程序的整体计时不够精确，不能显示运行时间在程序各个部分之间的分配，无法帮助我们确定程序的性能瓶颈，但是通过这一计时结果依然可以看出程序的运行时间与参数的关系，以及这些时间在不同的程序运行状态下的分配情况。这些信息可以向我们提示程序耗时与程序参数的关系、对操作系统功能的使用情况，以及程序性能瓶颈所处的运行状态，帮助我们判断和明确对程序进一步测试和分析的方向。

7.2.4　程序运行的分析计时和程序运行剖面

了解程序运行中时间在程序各个部分之间的实际分配，需要使用分析计时工具，生成程序运行剖面。所谓程序运行剖面，就是对程序在一次运行过程中各个函数或语句的调用次数以及每个函数在程序总的耗时中所占用的份额的统计数据。生成一个程序的运行剖面，可以使我们了解在程序运行过程中对各个函数或程序段的使用覆盖率、每个函数的调用次数和运行时间以及各个函数对程序效率的影响，以便有针对性地对程序进行改进。

在 Unix/Linux 环境下的剖面生成工具由两部分组成：第一部分是编译系统中与剖面生成选项相关联的剖面数据生成功能，第二部分是独立的对剖面数据进行解读的剖面数据解释工具。编译系统中的剖面功能选项是 –p 或 –pg，取决于所使用的剖面数据解释工具是 prof 还是 gprof。例如，在 Linux 平台上使用 gprof 作为剖面数据解释工具时，使用下面的编译命令：

```
cc -pg prog1.c -o prog1
```

就生成了一个带剖面数据生成功能的 prog1.c 的可执行文件 prog1。在运行了这个可执行文件后，程序 prog1 除了正常执行，产生正常的输出结果之外，还生成了一个名为 gmon.out 的剖面数据文件，在其中保存了程序运行的剖面数据。运行命令 gprof，就可以在屏幕上看到对剖面数据的解读了。下面我们看一个例子。

【例 7-1】Antiprime　设 n 是一个自然数，如果所有小于 n 的自然数的约数个数都少于 n 的约数个数，则 n 是一个 Antiprime 数。例如 2、4、6、12、24 等都是 Antiprime 数。编写程序，计算不大于自然数 n（$1<n\leqslant 2\,000\,000\,000$）的最大 Antiprime 数。程序限时 1 秒。

在这个示例中，给定参数的最大值是 2×10^9，因此可以用一个 32 位的 int 型数据来表示 n 和进行相关的计算。这个问题的直观算法很简单：从 1 开始直至 n 逐一计算各个自然数的约数的个数，并记录其中约数个数最大的那个数及其约数的个数。这样，在经过从 1 到 n 的遍历之后，就可以计算出不大于 n 的自然数中最大的 Antiprime 数了。根据这一算法可以写出如下的代码：

```
int divisors(int n)
{                        //计算n中约数的个数
    int i, j;

    for (j = 0, i = 2; i <= n / 2; i++)
        if (n % i == 0)
            j++;
    return j + 1;
}

int antiprime(int x)
```

```
{
    int tmp = 1, tmp_num = 1;

    for (i = 1; i <= x; i++) {
        n = divisors(i);
        if (n > tmp_num) {
            tmp_num =n;
            tmp = i;
        }
    }
    printf("%d\n", tmp);
}

int main(int c, char **v)
{
    if (c < 2) {
        fprintf(stderr, "Usage: %s N\n", v[0]);
        exit(1);
    }
    antiprime(atoi(v[1]));
    return 0;
}
```

这段代码的计算结果是正确的，但是其运行速度很慢。在 CPU 主频为 2.8GHz 的 Linux 平台上，当参数为 200000，即最大参数值的 1/10000 时，程序的运行时间就已经需要约 2 秒。使用 time 对程序在不同的参数下的运行时间计时可以发现，参数每增加 10 倍，运行时间大约增加 30 倍。因此这一算法根本无法满足问题对运行时限的要求。为了分析这段代码的运行瓶颈，可以使用 C 编译系统的 **pg** 选项生成带剖面生成功能的可执行文件 an1：

```
%cc -pg antiprime_naive.c -o an1 -lm
```

以 2000000 作为参数运行 an1，并调用 gprof 生成剖面信息的命令如下：

```
%an1 2000000
%gprof -b an1
```

其中 gprof 的命令行选项 -b 要求 gprof 以简单方式输出对剖面信息的解读，避免过多的对数据格式的解释。在执行完上述命令之后，在终端屏幕上显示出下列信息：

```
Each sample counts as 0.01 seconds.
  %     cumulative    self              self     total
 time     seconds    seconds    calls   s/call   s/call   name
99.96      67.13      67.13    2000000    0.00     0.00    divisors
 0.04      67.16       0.03          1    0.03    67.16    antiprime


                      Call graph
granularity: each sample hit covers 4 byte(s) for 0.01% of 67.16 seconds

index % time    self  children    called        name
                0.03    67.13    1/1           main [2]
[1]    100.0    0.03    67.13    1             antiprime [1]
               67.13     0.00    2000000/2000000   divisors [3]
```

```
----------------------------------------------------------------------
                                                      <spontaneous>
[2]      100.0    0.00        67.16                   main [2]
                  0.03        67.13       1/1         antiprime [1]
----------------------------------------------------------------------
                  67.13       0.00        2000000/2000000   antiprime [1]
[3]      100.0    67.13       0.00        2000000           divisors [3]
```

gprof 在 -b 选项下的输出数据可以分为两部分，以单独占一行的"Call graph"为界。上面这段统计数据的第一个部分中各个字段按顺序分别是函数 divisors() 和 antiprime() 在程序总的运行时间中所占的百分比、函数从入口到出口所占用的总的时间、函数自身实际占用的时间、函数被调用的次数、函数自身每次被调用所占用的时间、函数每次被调用时自身以及其所调用的其他函数所占用的总时间。在这部分信息中，不包含关于主函数 main() 的信息。数据的第二个部分是关于各个函数之间的调用关系及其占用时间的信息，各个字段的内容分别是函数的索引号、函数所占用时间的百分比、函数自身所占用的时间、函数所调用的子函数所占用的时间、函数被调用的次数以及函数名。这段统计数据的计时精度是 10ms，凡是小于 10ms 的时间都显示为 0。因为计时方式和计时精度的差异，所以程序总的运行时间有可能不同于使用 time 命令对程序整体计时的结果。

从运行剖面看，程序的绝大部分运行时间都被函数 divisors() 所占用，而 antiprime() 和 main() 两个函数除去被 divisors() 所占用的时间之外，自身所占用的时间微乎其微。函数 divisors() 在每次调用中所占用的时间并不多，关键是其被调用的次数太多，因此其性能的微小变化也会对程序的性能产生较大的影响。若要对程序的性能进行改进，关键首先是尽可能地减少程序计算中对该函数的调用次数，同时也需要尽量提高 divisors() 的计算速度。

目前广泛使用的大多数程序开发工具都提供了程序运行剖面的生成功能。当使用 MS VC++ IDE 生成程序的运行剖面时，需要在其项目的配置对话框（Proect→Settings）中的链接页面（Link）上选中允许生成剖面（Enable Profiling）。在编译程序、生成可执行文件后，在 MS VC++ IDE 的构造（Build）选单中选择生成剖面（Profile），即可运行程序并生成程序运行剖面。如果程序在运行时需要参数，则可以在配置对话框的调试页面（Debug）中的程序参数（Program arguments）文本输入框中填入。仍以【例 6-1】Antiprime 为例，在执行了上述操作过程之后，在集成开发环境中的 Profile 窗口显示出下列信息：

```
Program Statistics
------------------
"E:\C_Programming\ antiprime\Release\antiprime" 2000000
    Total time: 83287.688 millisecond
    Time outside of functions: 1.251 millisecond
    Call depth: 3
    Total functions: 3
    Total hits: 2000002
    Function coverage: 100.0%
    Overhead Calculated 9
    Overhead Average 9

Module Statistics for antiprime.exe
```

```
------------------------------------
    Time in module: 83286.437 millisecond
    Percent of time in module: 100.0%
    Functions in module: 3
    Hits in module: 2000002
    Module function coverage: 100.0%

    Func              Func + Child          Hit
    Time     %        Time      %         Count   Function
------------------------------------------------------------
83252.152  100.0   83252.152   100.0   2000000  _divisors (antiprime.obj)
   34.285    0.0   83286.437   100.0         1  _ antiprime (antiprime.obj)
    0.000    0.0   83286.437   100.0         1  _ main (antiprime.obj)
```

可以看出，尽管这些数据与 Linux/gprof 生成的数据在格式、具体数值以及计时精度上都略有差异，但是基本内容是一致的，通过这些数据所能得出的结论是相同的。

7.3　运行效率的改进策略和方法

对于程序运行效率的改进可以从以下几个方面入手：调整代码顺序以避免重复的复杂运算，改进算法和数据结构以降低计算复杂度，了解和掌握硬件的特性以便充分发挥硬件系统的性能，以及使用编译系统的优化选项对程序的可执行码进行优化。

7.3.1　调整代码

代码调整是一种最简单的程序优化技术，易于掌握和使用。一般来说，代码调整应该作为一种优化的辅助手段，在对算法和数据结构优化的基础之上进行。但是，由于这种技术比较便于初步接触编程和程序优化的人员理解和掌握，而且如果使用得当，常常可以取得显著的效果，因此我们首先讨论这一优化技术。

代码调整包括提取和集中处理公共表达式，将不变式条件移出循环体，将条件判断移出循环体，展开代码，预先计算，以及用低价操作替代高价操作等。这些方法分别适用于不同的条件，既可以单独使用，也可以综合使用。

1. 提取公共表达式

提取和集中处理公共表达式的基本思想是，对于需要多次使用的表达式的值只计算一次，并将计算结果保存在变量中，以避免对相同的表达式多次求值。例如，在下列表达式中：

```
x = sqrt(dx * dx + dy * dy) + (sqrt(dx * dx + dy * dy) > 0) ? vx : -vx;
```

子表达式 sqrt(dx*dx+dy*dy) 被使用了两次。因此在这个表达式的计算中可以把该子表达式提取出来单独计算和保存。这样，上述表达式的计算可以改写为：

```
sq = sqrt(dx * dx + dy * dy);
x = sq +(sq > 0) ? vx : -vx;
```

2. 将与循环无关的表达式移出循环语句

当一个表达式处在循环语句中时，每一次循环都会对其求值。与循环无关的表达式只需要求值一次即可，将与循环无关的表达式移出循环语句可以避免不必要的重复计算。例如，假设在下面的代码中，变量 k 的值在循环语句中不改变：

```
for (i =0; i < MAX_I; i++) {
    for (j =0; j < MAX_J; j++) {
        x = sqrt(k);
        ......;
```

那么，语句 x = sqrt(k) 就是与循环无关的表达式，可以将其移出循环语句：

```
x = sqrt(k);
for (i = 0; i < MAX_I; i++) {
    for (j = 0; j < MAX_J; j++) {
        ......;
```

有时，一些重复求值的表达式不易被注意到。例如，在下面代码的内层循环语句中，arr[i] 就是一个根据下标对数组元素求值的表达式。因为该数组下标 i 在内层循环中是不变的，所以 arr[i] 也是一个重复求值的表达式：

```
for (i =0; i < MAX; i++) {
    for (j =0; j < arr[i]; j++) {
        ......;
```

这段代码可以改写为下面的形式，以提高效率：

```
for (i =0; i < MAX; i++) {
    k = arr[i];
    for (j =0; j < k; j++) {
        ......;
}
```

除了在这些底层代码中有可能在循环语句中出现可以被移出的与循环无关的表达式之外，在程序的计算过程中，在更高的层次和更大的范围上也有可能存在包含在循环过程中的与循环无关的操作。将这些与循环无关的操作移出循环体所产生的效果可能更加显著。例如，假设我们需要产生图片沿给定的路径飞入屏幕的动画效果，这一效果可以通过将图片按一定的时间间隔显示在给定的路径上来实现。如果图片的实际尺寸与其在屏幕上所要显示的大小不同，就需要在显示图片之前将其缩放到所需要的尺寸。对此，一种可能采取的做法是不断地执行将图片缩放到所需要的显示尺寸，然后再根据动画效果中规定的路线将其复制到指定的位置的操作序列。如果在图片飞入的路径中需要在 N 个位置上复制图片，那么这一操作序列所需要的操作就是 N 次缩放加 N 次复制。如果在飞入过程中图片的大小不需要改变，那么对图片的缩放就是与循环无关的操作，因此可以移出循环过程。这样，显示动画效果的操作序列就可以改为一次缩放加 N 次复制。与图片的直接复制相比，对图片的缩放是一个比较耗时的操作，减少图片的缩放次数可以有效地提高操作序列的效率。

3. 将与循环无关的条件判断移出循环语句

在循环语句的循环体中常常包含条件语句。如果这些条件语句与循环变量没有任何直接或间接的关系，那么就可以将这些条件移到循环语句之外，以便改进程序的运行效率。例如，在下面的代码中条件语句 if(agent_works(a)) 需要执行 MAX 次：

```
for (i = 0; i < MAX; i++) {
    if (agent_works(a)) {
    ......
    else {
    ......
    }
}
```

如果条件 if(agent_works(a)) 与循环无关，那么可以把代码改成如下的形式：

```
if (agent_works(a)) {
    for (i = 0; i < MAX; i++) {
    ......
    }
else {
    for (i = 0; i < MAX; i++) {
    ......
    }
}
```

尽管代码长度有所增加，但是条件判断语句 if(agent_works(a)) 却只需要执行一次。当循环的次数 MAX 较大以及 if 语句中条件表达式的计算比较复杂时，这种改进的效果是显著的。

4. 展开循环体中的代码

当程序执行循环语句时，除了要执行循环体中的代码外，还需要执行循环控制语句，包括循环条件的检查以及语句执行的流向控制，而这些语句也需要占用 CPU 运行时间。当循环体很小的时候，循环控制语句所占用的 CPU 运行时间在整个循环语句的执行中所占的比例会很大。如果在执行语句的流向控制时引起了 CPU 中指令流水线的断流，则可能更显著地影响程序的效率。这时展开循环体中的代码，使之按顺序执行，可能会增加一些代码的长度，但是对于程序的执行速度会有较大的帮助。下面是一个展开循环体中代码的例子：

```
for (i = 0; i < 3; i++)
    a[i] = b[i] +c[i];
```

在 IA32/Linux 环境下，执行这段代码大约需要 450 个时钟周期。这段代码可以改写为下面的样子：

```
a[0] = b[0] + c[0];
a[1] = b[1] + c[1];
a[2] = b[2] + c[2];
```

在同样的环境下，展开后的代码的执行只需要大约 140 个时钟周期，不到原来代码的

1/3。如果这段代码在程序中只被执行一次，那么这一改进微不足道。但是，如果这段代码是包含在其他需要多次执行的代码中的，那么这一改进对程序的执行效率的影响可能就相当可观了。

5. 预先计算可能用到的数值

这是一种典型的用存储空间换取运行时间的技术，常常用于数值计算、图像处理、信号处理等方面的编程中。在这类程序中，常常会用到大量的函数值、质数表或多项式的系数表等。这些函数值、质数表或系数表既可以在被用到时临时调用相应的函数或计算公式进行计算，也可以事先计算出来保存在相应的表格中，以便减少计算工作量，提高程序运行速度。以三角函数为例，sin()、cos() 等三角函数是信号处理中经常用到的函数，也是比较耗时的数值计算函数。如果在程序中需要大量地使用三角函数，就可以预先算好这些三角函数的值，保存在数组 sin[] 和 cos[] 中，并在程序中以对数组元素的访问代替对三角函数的调用。例如，如果程序中需要使用以度为自变量单位的正弦函数和余弦函数的值，就可以定义三角函数表如下：

```
double sin_tab[] = {
......//  以度为自变量单位的sin值
}

double cos_tab[] = {
......//  以度为自变量单位的cos值
}
```

这样，程序中对正弦函数和余弦函数的调用就可以转换为对数组元素的访问。例如，下面的代码：

```
x = sin(r);
```

就可以改写为

```
x = sin_tab[(int) (r * 360 / M_PI)];
```

三角函数是一种复杂的数值计算函数。在很多计算平台上，上述两条语句的执行时间相差百倍以上。

6. 用低价操作替代高价操作

同一个计算过程，在 C 语言中往往可以使用不同的机制和描述方式。这些在功能上等价的计算机制和描述方式在性能上可能会有比较大的差别。因此在计算中使用性能较高的"低价"操作替代性能较低的"高价"操作，是程序优化中的一种常用技术。例如，当将局部数组变量的所有元素初始化为 0 时，一般可以使用的下面的两种方法：

```
int i, array[N_ITEMS];
for (i = 0; i < N_ITEMS; i++)
    array[i] = 0;
```

或

```
int array[N_ITEMS] ={0};
```

初学者往往习惯于使用第一种方法。但是实际上第二种方法不但运行效率远高于第一种方法，而且描述也更加简洁。又例如，当把一个整数数组的全部元素都置为 –1 时，可以使用下列语句：

```
int array[N_ITEMS];
memset(array, 0xff, sizeof(int) * N_ITEMS);
```

这个语句的执行效率与使用循环语句的效率差异也是显著的。再例如，在计算过程中常常需要判断一个变量 x 的平方根是否大于或小于某一个数值。最直观的描述是：

```
if (sqrt(x) > y)
```

因为 sqrt() 是一个浮点数值计算函数，所以其运行效率较低。在对效率有较高要求的程序中，常常使用 if (x>y*y) 来代替 if(sqrt(x)>y)。这两种语句在语义上是完全等价的，但是执行效率的差距很大。在【例 7-1】中的函数 divisors() 中就有这样的语句：i<=sqrt(n)。这一语句可以用等价的 i*i<=n 来取代。在参数为 2×10^6 时，未调整代码前的程序需要运行 67.13 秒，而代码调整后的程序只需要运行 31.09 秒。一个小小的改动就改进了整个程序的运行效率超过 50%。

　　此外，在大多数计算平台上，浮点类型的计算速度要低于整型数据的计算。特别是当计算平台中没有提供浮点运算部件时，这一差距就更加显著。如果在程序中需要进行大量的计算，在对运行效率有较高要求的情况下，应当分析运算的性质，以及初始数据、中间结果、最终结果的数据类型、取值范围和精度要求。如果可以使用整型数据类型完成计算，就不必使用浮点数据类型。这样可以有效地提高程序的运行速度。实际上，早期的计算平台大多没有浮点运算部件，很多数值计算程序都使用比例因子把浮点数转换成整型数进行计算，以提高程序的计算速度。

7. 避免无效语句

　　初学者的程序中有时容易包含一些无效语句，例如无用的初始化、未被使用的表达式计算和赋值，以及对一个变量的重复赋值等。无效语句的出现往往反映了编程人员的思维不够严密，编程方法不够系统。也有一些无效语句是在对程序的反复调试和修改过程中引入的。如果这些无效语句只是被执行一次，那么它们除了影响到程序的风格和简洁程度外，对程序执行效率的影响并不大。但是如果这些无效语句是被包含在一些需要频繁执行的程序段中的，那么就可能对程序的效率产生较大的影响，并且有可能引起潜在的错误。避免无效语句的关键在于注意编码方法的系统化和规范化。在编码之前对相关的计算过程和算法的描述应当严格、准确，并认真推敲，在这一层面上避免描述的冗余和无效。编码应当严格按照对计算过程的描述进行。当编码和调试过程中出现与描述不一致的情况时，应当在描述层面上认真考虑所涉及的改动是否正确、是否必要。在调试完毕后应当清理在调试过程中加入的临时性语句。当然，要做到完全避免程序中出现无效代码，经验的积累也是必要的。

8. 避免不必要的重复操作

重复操作也属于无效操作之类，其对程序效率的负面影响是显著的，特别是无效重复的是比较复杂的操作时。这方面常见的例子有对同一文件的反复打开和关闭，以及对内存的重复分配和释放。例如，如果需要在程序中不同的段落和不同的时间对同一个文件进行多次读写，那么就应该在第一次对文件读写操作时打开文件，在完成最后一次读写操作后再关闭文件，而不应该在每次读写操作时打开文件，在读写完毕后立即关闭文件，除非程序中同时打开的文件数量过多，有可能妨碍程序的正确运行。

7.3.2 改进算法

改进算法的主要目的是从根本上降低计算过程的计算复杂度，提高计算的效率。在无法找到计算复杂度更低的算法时，也可以针对具体问题，改进对计算过程的组织和描述，化简计算过程，避免不必要的计算步骤，有效地减少计算过程的实际计算量，提高程序的计算效率。

在对程序的算法进行改进前，首先需要分析计算过程的规律，找出计算的实质性目标。在此基础上，需要进一步分析影响当前算法效率的关键因素，提出新的思路和算法。例如，在对数据进行排序时，如果发现程序中当前使用的排序算法的效率不能满足要求，就需要认真分析被排序数据的分布规律，以及对这些数据的其他相关操作对排序过程的影响。有些排序算法的性能在数据的特殊排列方式下可能退化，而有些算法的性能在这种情况下依然可以满足程序的要求。这就需要我们根据程序所处理的具体数据的性质来选择最适当的排序算法。又例如，对于数据的查找，如果数据在查找过程中是只读的，那么可以使用排序的线性表保存数据，并使用二分查找的方法。如果数据在查找过程中有可能被增删，那么排序线性表的方式就不是最合适的方法了。这时可以根据数据的具体结构和访问方式，考虑采用 Hash 表、排序二叉树等数据结构和相应的查找算法。对于一些非常规的计算问题，需要根据具体问题的性质和特点，进行具体的分析，设计相应的优化算法。下面我们来看几个例子。

【例 7-2】位计数　计算整型数据中值为 1 的二进制位的位数。

这是 Kernighan 和 Ritchie《The C Programming Language》中的一道例题，其基本算法的代码如下：

```
int bitcount(unsigned x)
{
    int b;

    for (b = 0; x != 0; x >>= 1)
        if (x & 01)
            b++;
    return b;
}
```

在函数 bitcount() 的 for 语句中，每次循环需进行两次条件判断：一次是检查循环控制条件 x!=0 是否成立，另一次是检查变量 x 当前的末位是否为 1。这个程序看起来已经很简单了，但是仍然有改进的余地。对这个程序算法的改进需要用到对二进制数的位操作。回顾 2.4 节中关于位运算的模式，我们可以利用 x&=x-1 删除 x 最右边的 1 的性质，在每次循环过程中不进行任何判断，直接删除变量 x 最右侧的 1，并由循环控制条件来判断 x 中是否仍然有未被删除的 1。这样每次循环只进行一次循环控制条件的判断，减少了一次对 x 末位值的判断以及可能引起的指令流的断流，并且还有可能减少循环的次数。根据这一思路所改写的函数代码如下：

```
int bitcount(unsigned x)
{
    int b;
    for (b = 0; x != 0; x &= x - 1)
        b++;
    return b;
}
```

【例 7-1-1】Antiprime——改进搜索步长和因子个数的计算方法

为提高程序计算 Antiprime 数的速度，最直观的目标就是减少对数据的测试次数和对函数 divisors() 的调用次数。通过观察和分析可以发现，对于给定的 N，Antiprime 数必然出现在区间 $[N/2, N]$ 中。而这一点是很容易证明的。这样，我们就找到了一个最简单的优化方法：缩小搜索区间。

进一步观察可以发现，Antiprime 数必为偶数，而且随着参数的增加，能够整除 Antiprime 数的正整数 k 也不断加大。这就提示我们可以根据 N 的大小改变搜索的步长，以进一步提高程序运行的速度。可以证明，N 以下的 Antiprime 数 a 满足 $a\%k==0$，$k=2*3*...*P_m$，其中 P_i 是按递增序列连续排列的质数并且 k<=sqrt(N)。这样，我们可以首先计算出 k 的值，再以 k 为步长对给定的区间进行搜索。相应地，函数 antiprime() 的代码可以修改如下：

```
int prime[] = {2, 3, 5, 7, 11, 13, 17, 19, 23, 29, 31};
void antiprime(int x)
{
    int m, p, k, n = 0, num = 0, t;

    for (p = 0, k = 1; k <= sqrt(x); p++)   // 计算步长
        k *= prime[p];
    m = (k /= prime[p -1]);
    while (k <= x) {
        t = divisors(k);
        if (t > n)
            n = t, num = k;
        k += m;
    }
    printf("%d (%d)\n", b, a);
    return;
}
```

经过上述修改，程序的计算复杂度和运行速度有了很大的改进，对函数 divisors() 的调

用次数大大减少了。当 n 等于 2×10^6 时，运行时间从几十秒降到了几十毫秒。但是当 n 等于 2×10^9 时，运行时间仍然远远超过 1 秒：

```
"E:\C_Programming\ExamProgs\antiprime\Release\antip_2" 2000000000
Time in module: 53156.920 millisecond
   Func                Func + Child      Hit
   Time      %         Time       %      Count     Function
----------------------------------------------------------------
53138.923  100.0    53138.923   100.0   66600    _divisors (antiprime.obj)
   17.996    0.0    53156.919   100.0            1_antiprime (antiprime.obj)
    0.001    0.0    53156.920   100.0            1_main (antiprime.obj)
```

从程序的运行剖面可以看出，尽管对函数 divisors() 的调用次数大大减少，但是该函数依然占用了程序运行时间的绝大部分，函数每次调用平均用时接近 800 微秒。这就提示我们，要想进一步改进程序的运行时间，就需要提高函数 divisors() 的效率。

在【例 7-1】的代码中，函数 divisors() 所采用的是通过逐个测试所有小于 N 的自然数的方法来计算一个数中因子个数的低效算法。为改进计算效率，我们可以对一个给定的自然数进行质因子分解，然后通过该数中质因子的个数来计算其中包含的所有因子的个数。假设一个整数 $x = P_1^{n1} * P_2^{n2} * ... * P_k^{nj}$，其中 P_i 均为质数，则该数中包含的所有因子的个数为 $(n1+1) * (n2+1) * ... * (nj+1)$。一般情况下，一个数中质因子的个数远小于其所有因子的个数，因此这一方法的效率要高于按顺序测试所有小于 N 的自然数的方法。这样，函数 divisors() 的代码就可以修改如下：

```c
int divisors(int p)
{
    int i, k = 1, m;

    for (i = 0; i < NumberOf(prime); i++) {
        for (m = 0; p % prime[i] == 0; m++)      // 分解质因子
            p /= prime[i];
        if (m > 0)
            k = k *(m + 1);
    }
    if (k == 1)
        return 0;
    return k;
}
```

这一改进使函数 divisors() 的效率有近千倍的提高。当参数等于 2×10^9 时，程序的运行时间也降到了 60 毫秒左右，完全可以满足对计算速度的要求。

很多时候，对于一个问题在算法方面的改进方法不止一种。仍以 Antiprime 问题为例，我们也可以采用另一种思路，从另外一个方向改进算法的计算复杂度。

【例 7-1-2】Antiprime——改进搜索方法

在【例 7-1-1】中，对程序的改进集中在对因子个数的计算方法以及加大搜索的步长，减少被测数据的数量上。在生成答案时依然是采用先挑出候选数值，然后再计算出其所包含的因子的个数并进行比较的方法。我们也可以换一个角度思考答案的生成方法：设 n_i 为

质数 P_i 的个数，在所有不大于 N 的 $x_n=P_1^{n1}*P_2^{n2}*...*P_j^{nj}$ 中寻找 $(n1+1)*(n2+1)*...*(nj+1)$ 最大的数。这样，求解 Antiprime 数的问题就变成了对各个质数的指数的搜索。实现这一算法的程序代码如下：

```c
int prime[] = {2, 3, 5, 7, 11, 13, 17, 19, 23, 29};  // 2 *...*29 >= max_val
int tmp_div, tmp_num, g[MAX];

int get_div_num()
{
    int i, n = 1;

    for (i = 0; g[i] != 0; i++)
        n *= g[i] + 1;
    return n;
}
void antiprime(int step, int cur_val, int max_val)
{
    int i, k, m, n;

    k = cur_val;
    for (i = 1; ; i++) {                        // 遍历P₁^n1 * P₂^n2 *...* Pᵢ^ni
        n = k * prime[step];
        if (n > max_val ||k != n / prime[step]) { // 溢出检查
            m = get_div_num();
            if (m > tmp_div ||(m == tmp_div && k <tmp_num))
                tmp_div = m, tmp_num = k;
            return;
        }
        k = n, g[step] = i;
        antiprime(step + 1, k, max_val);
        g[step + 1] =0;
    }
}
```

这里的函数 antiprime() 使用了回溯搜索，参数 step 是当前搜索的深度，用作质数表和幂指数表的下标；参数 cur_val 是当前确定的质数幂的乘积；参数 max_val 是 Antiprime 数的搜索上限，在递归过程中不变。在这段代码中，有两点需要解释。首先，为了对质因子的幂指数进行遍历，程序中使用了质数表，而质数表中最大的质数是 29。显而易见的是，为使 $(n1+1)*...*(nj+1)$ 在满足 $P_1^{n1}*...*P_j^{nj}<=N$ 的条件下最大化，$P_1...P_j$ 必须是从 2 开始且连续递增排列的质数，而 $2*...*29$ 即大于 2×10^9，因此质数表中最大的质数为 29 即可。其次，函数 antiprime() 第 7 行的条件语句是用于判断 $P_1^{n1}*...*P_j^{nj}$ 是否小于等于 max_val 的。在这个语句中有一个与 n>max_val 并列的条件 k!=n/prime[step]。这个条件的作用是判断 $P_1^{n1}*...*P_j^{nj}$ 是否溢出。上述程序的运行剖面如下：

```
"E:\C_Programming\Tasks\antiprime\Release\antiprime" 2000000000
    Total time: 10.088 millisecond
 Func            Func + Child        Hit
 Time     %      Time         %      Count  Function
----------------------------------------------------------------
```

```
5.232    69.8    7.282    97.1    8120    _antiprime (antiprime.obj)
2.051    27.3    2.051    27.3    8120    _get_div_num (antiprime.obj)
0.218     2.9    7.501   100.0       1    _main (antiprime.obj)
---------------------------------------------------------------
```

可以看出，上述程序的计算复杂度很低。当程序的参数为 2×10^9 时，函数 antiprime() 和 get_div_num() 分别只被调用了 8120 次。当参数为 2×10^{16} 时，这两个函数也只被调用了 522 125 次，整个程序用时约 0.5 秒。当然，计算这么大的数值已经超出了 32 位整数的表示范围，需要使用 64 位的整数。

```
"E:C_Programming\Tasks\antiprime\Release\antiprime" 20000000000000000
 Total time: 501.002 millisecond

Func Func + Child Hit
    Time      %      Time       %     Count    Function
------------------------------------------------------------------
228.473    58.2    392.624    99.9    522125    _antiprime (antiprime.obj)
164.151    41.8    164.151    41.8    522125    _get_div_num (antiprime.obj)
  0.249     0.1    392.873   100.0              1_main (antiprime.obj)
```

Antiprime 是一个简单的示例。但是从这个简单的示例中也可以看出，算法的改进对于提高程序的运行效率有着巨大的作用，而且对于一个程序而言，算法的改进往往不止一种途径和方法。这里重要的是对问题性质的深入了解和对计算过程的认真分析。

7.3.3　空间换时间

一般而言，运行效率高的算法有可能需要较大的存储空间。因此增加程序运行中所使用的存储空间，是提高程序运行效率的一种常用手段。下面我们看两个例子。

【例 7-3】使用筛法生成质数表　写一个函数 gen_prime_tab()，给定正整数 n，使用筛法生成一个包含 n 以下所有质数的质数表，并返回其中质数的个数。

筛法生成质数表是一个典型的用空间换取时间的算法。在常规方法中，当生成 N 以下的质数表时，需要从 2 开始向上顺序检查每一个自然数，看它是否符合质数的定义，并把符合质数定义的自然数放进质数表中。程序只需为质数提供存储空间而不必为合数提供存储空间，因此在存储空间的使用上没有任何浪费。但是，这样做所付出的代价是算法复杂度较高。当质数表较大时，程序运行较慢。筛法的基本思想是在一个从 2 到 N 的整数序列中，依次划掉所有能被已经发现的质数整除的数。当这一过程进行完毕后，数列中保留下来的就都是质数了。这样，在计算过程开始前就需要为 N 以下所有的数提供存储空间，而所换来的是算法效率的提高。下面是根据筛法编写的程序代码：

```
void prime_sieve(int max, char * tab)
{                                       //划掉tab中的合数
    int i, n;

    for (n = 2; n * n <= max; n++) {
        if (tab[n] == 1)
```

```
            continue;
        for (i = n + n; i < max; i += n)
            tab[i] = 1;
    }
}
```

函数 prime_sieve() 的第一个参数是从 0 开始的整数序列的长度，第二个参数是表示这一整数序列的数组。实际上，这一整数序列是用数组的下标表示的，数组元素的值表示相应整数的性质：0 表示尚未被划掉的数，1 表示已被划掉的数。当程序执行完毕后，所有值依然为 0 的元素的下标就是筛选后留下来的质数。对 prime_sieve() 的调用、存储空间的准备以及质数表的生成是由函数 gen_prime_tab() 完成的。这个函数的代码如下：

```
int *gen_prime_tab(int n, int *p)
{
    int *buf, i;

    buf = calloc(n, sizeof(int));
    if (buf == NULL) {
        fprintf(stderr, "Out of memory for %d int\n", n);
        return NULL;
    }
    buf[0] = buf[1] = 1;              // 划掉0和1
    prime_sieve(n, buf);             // 筛掉合数
    for (*p = i = 0; i < n; i++) {   // 质数左移，生成质数表
        if (buf[i] == 0)
            buf[(*p)++] = i;
    }
    return (int *) realloc(buf, sizeof(int) **p);
}
```

函数 gen_prime_tab() 首先为整数序列分配存储空间，然后调用 prime_sieve()，使用筛法划掉整数序列中的合数，再对存储空间进行压缩，返回一个指向所生成的质数表的指针，并将该质数表中质数的个数保存在参数 p 所指向的 int 型变量中。在这段代码中，buf 实际上是作为合数表使用的：未被筛除的元素的值等于 0，被筛除的元素的值等于 1。这样做是为了便于使用函数 calloc() 对所分配空间初始化为 0 的功能。因为 N 以下质数的个数少于 N，所以在将质数向低端紧缩后，使用了函数 realloc() 修改 buf 空间的大小，释放掉不再使用的空间。

【例 7-4】华容道求解程序的优化 1——增加对盘面模式的存储，避免模式的重复生成

在【例 5-5】中给出的求解程序运行速度很慢。通过生成该程序的运行剖面可以看出，节点查重函数 exists() 本身及其所调用的其他函数占用了程序运行的绝大部分时间。对于图 5-6a 所示的布局，exists() 被调用近 8×10^4 次，其下的 getpatt() 和 getpos() 分别被调用 9×10^8 次以上。这三个函数在 AMD Athlon 64X2 3600+ 平台上分别用时约 14 秒、84 秒和 38 秒。累积用时超过程序总用时的 99%。这是因为在函数 exists() 中使用的是线性查找技术，一个新节点需要与所有已经生成的节点的模式进行比较，检查该节点的模式是否已经出现过，因此节点间的比较次数正比于合法节点数的平方。同时，因为在程序中只保存了

每一个节点的盘面布局信息，所以在每次比较时都需要重新生成每一个已有节点的盘面模式。这就造成了大量的重复计算，极大地影响了程序的运行效率。

为了避免反复计算每一个节点的盘面模式，我们可以使用一个数组来保存与每一个节点对应的盘面模式。这个盘面模式数组的大小与节点队列的大小相同，在把每个新生成的节点加入队列的同时，也生成该节点的盘面模式，并将其保存到该数组中。这样，【例5-5】中的代码需要做少量的修改：定义一个 pattern 类型的数组，修改函数 move_piece() 和 exist()。相关的代码如下：

```
pattern patt[SSIZE];
pattern cur_pat;
int exists(int n)
{
    int i;

    getpatt(n, &cur_pat);
    for (i = 0; i < tail; i++) {
        if (cur_pat.p1 == patt[i].p1 && cur_pat.p2 == patt[i].p2)
            return 1;
    }
    return 0;
}

void insert(pattern *pt)
{
    patt[tail] = *pt;
}

void move_piece(int n, int p, pos ps[])
{
    int i;

    buffer_check();
    for (i = 0; i < NumberOf(actions); i++) {
        if (actions[i](p, ps) && !exists(tail)) {
            insert(&cur_patt);
            queue[tail++].parent = n;
        }
    }
}
```

其中 move_piece() 里增加了两行，exists() 中删去了一行，修改了一行。新增加了一个函数 insert()，用于保存节点的盘面模式。这个函数只有一行，之所以把它封装起来，主要是为了增加代码的可读性，同时也便于增加程序的可维护性。这段代码中除了 pattern 类型的数组 patt[] 是一个全局变量外，当前盘面模式 cur_patt 也被定义为一个全局变量。这是因为在 exists() 中已经生成了当前节点的盘面模式，使用全局变量可以方便地将其传给 insert()，避免对同一盘面模式的重复生成。此外，在进行初始化时，不但要把初始节点放入节点队列，也需要同时把初始节点的盘面模式保存在 patt[] 中。在进行了这样的改进后，程序的运行效率有了很大的提高，求解图 5-6a 布局的时间降到了 2.5 秒左右，其中 exists() 被调用的次数不变，但所消耗的时间降到了不足 2.4 秒，getpatt() 和 getpos() 的调用次数均在 10^5 次左右，运行时间均为几十毫秒。

7.3.4　改进数据结构

　　数据结构往往与程序关键部分的算法密切相关，对数据结构的改进往往会对程序的运行效率产生显著影响。例如，如果在程序中需要对数据项进行频繁的插入、检索和删除，而且数据项的数量又比较大，使用线性表的效率会很低，往往很难满足程序性能的要求。这时，改用排序二叉树或者 Hash 表作为数据项的存储结构，会显著提高程序的运行速度。又例如，在需要对大量随机输入的字符串进行存储和排序的情况下，如果直接对存储字符串的数组进行操作，需要在排序过程中进行大量的字符串的复制，因此速度较低；而使用指针数组保存指向各个字符串存储位置的指针，就可以把排序过程中对字符串的复制改为对指针的复制。在字符串的平均长度较长的情况下，这一做法可以显著提高程序的运行速度。【例 1-8】也是一个数据结构的改变影响程序运行效率的例子。下面我们结合搜索算法再看一个通过数据结构对华容道程序进一步改进的例子。

　　通过程序运行剖面可以看出，在【例 7-4】的程序中，函数 exists() 仍然占用了大部分的运行时间。其之所以如此，是由于程序在保存盘面模式时使用了无序的线性表，导致该函数在通过盘面模式对节点查重时只能使用顺序扫描的方式。这样，尽管在查重中避免了对盘面模式的重复生成，但查重过程的计算复杂度仍然正比于已生成节点数的平方。为提高程序的运行效率，必须对保存盘面模式的数据结构进行改进，以便采用查找效率更高的算法。

　　因为状态节点以及相应的盘面模式在程序运行过程中是不断增加的，所以其存储结构不适宜采用排序线性表。可以选择的常用数据结构有排序二叉树和 Hash 表。我们在这里给出一种使用排序二叉树的实现方案，把采用 Hash 表的改进方案留给读者作为练习。

　　【例 7-4-1】华容道求解程序的优化 2——改进盘面模式的存储结构
　　与【例 7-4】中使用线性表保存节点盘面模式的方法相比，使用二叉树保存节点盘面模式所需要的修改包括定义新的数据结构，修改函数 insert() 和 exists()，以及修改初始化时对初始节点盘面模式的保存。为使用二叉树保存盘面模式，需要定义描述二叉树节点的数据结构 tnode 如下：

```
typedef struct tnode {
    long p1, p2;
    struct tnode *left, *right;
} tnode;
tnode *ptree;
```

其中的成员变量 p1 和 p2 分别对应于 pattern 类型中的成员变量。相应地，函数 insert() 需要根据盘面模式之间的"大小"顺序向树中插入新的节点，函数 exists() 需要在二叉树中进行查找。这两个函数的新版本如下，为了与【例 7-4】中的函数原型一致，这两个函数都没有使用递归：

```c
void insert(pattern *x)
{
    int cmp;
    tnode **tp;

    tp = &ptree;
    while (*tp != NULL) {
        cmp = comp(x, *tp);
        if (cmp < 0)
            tp = &((*tp)->left);
        else if (cmp > 0)
            tp = &((*tp)->right);
    }
    *tp = newnode;
    if (*tp == NULL) {
        fprintf(stderr, "Out of memory for new node!");
        exit(1);
    }
    (*tp)->p1 = x->p1;
    (*tp)->p2 = x->p2;
    (*tp)->left = (*tp)->right = NULL;
}

int exists(int n)
{
    int found = 0, cmp;
    pattern cur_pat;
    tnode *t = ptree;

    getpatt(n, &cur_pat);
    while (t != NULL && !found) {
        cmp = comp(&cur_pat, t);
        if (cmp == 0)
            found = 1;
        else if (cmp < 0)
            t = t->left;
        else
            t = t->right;
    }
    return found;
}
```

上述代码中的 newnode 用于获取新节点所需要的存储空间。因为由 newnode 所申请的二叉树的所有节点在整个程序的运行过程中都是需要的，所以在程序中没有释放这些节点空间的语句。对节点的释放由操作系统在程序运行结束后自动完成。当然，用户也可以在整个程序退出前显式地释放这些存储空间。我们把这作为一个练习留给读者。函数 comp() 用于比较盘面模式之间的 "大小"，在 exists() 和 insert() 中都要被调用。newnode 和 comp() 的定义如下：

```
#define newnode ((tnode *) malloc(sizeof(tnode)))

int comp(pattern *patt, tnode *tree)
{
    if (patt->p1 > tree->p1)
        return 1;
    if (patt->p1 < tree->p1)
        return - 1;
    return patt->p2 - tree->p2;
}
```

在进行了上述修改后，程序的运行效率又有了显著的改进，求解图 5-6a 布局的时间降到了 0.2 秒左右，其中 exists() 本身所消耗的时间降到了不足 20 毫秒，连同其所调用的其他函数在内的总耗时约 80 毫秒，insert() 的总耗时也在 60 毫秒以下。

7.3.5　了解和适应硬件的特性

任何程序都是运行在硬件平台上的，因此硬件平台的各种特性对程序的运行效率有着直接的影响。很多时候，有效地利用硬件平台的特性可以显著地改进程序的效率。硬件平台的有些特性可以直接通过 C 语言来控制和使用。这一类特性主要包括使用在功能上等价但效率不同的运算操作。例如，在满足计算要求的情况下使用整型运算代替浮点运算，使用移位来代替乘 / 除以 2 的整数次幂，在表达式的比较当中使用计算速度较快的乘法代替速度较慢的除法，使用乘法代替开方等。但是有些特性则是从程序员的角度无法直接看到，并且在编程语言中也无法直接控制的。这类特性主要是有关对存储空间的使用的。

从编程人员的角度看，计算机的内存是一片可以随机访问的连续存储空间，只要在存储空间允许的范围内，对内存中各个存储单元的访问在性质上没有任何区别。但实际上，在现代硬件平台上，这一看法并不准确。现代硬件平台为了在不大幅度提高成本的情况下提高程序的运行速度，采用了具有层次结构的存储器系统，在这样的系统上，对数据的访问速度取决于很多因素。对不同的存储单元的访问以及采用不同的访问顺序都有可能影响对数据的访问速度。

计算机的存储空间由寄存器、内存和磁盘构成。其中内存又可分为高速缓存和主存。在有些硬件平台上，高速缓存又被进一步分为一级缓存、二级缓存等不同级别的缓存。这些不同类型的存储设备的读写速度按寄存器、高速缓存、主存和由磁盘空间构成的虚拟存储空间的顺序递减，而存储空间的大小则顺序递增。寄存器的数量由 CPU 的结构决定，一般为几个到几十个，其访问速度是一个 CPU 时钟周期。高速缓存的大小一般为几十 KB，访问速度大约几个 CPU 时钟周期。主存的大小一般为几百 MB，访问速度大约几十个 CPU 时钟周期或更长。当程序在运行时用到了虚拟存储空间时，就会发生内存和外存之间的数据交换，而这一交换速度取决于磁盘的访问速度，一般是从几毫秒到几百毫秒。与 CPU 的高速相比，这是极其缓慢的速度了。

高速缓存（cache）介于主存储器与 CPU 之间，是 CPU 直接读写的存储器件。高速缓存把 CPU 当前所需要的指令和数据以一定大小的数据块为单位从主存中读入，以与 CPU

相匹配的速度提供给 CPU。当 CPU 需要访问的数据不在高速缓存中时，称为数据不命中。这时高速缓存需要从主存中将包含所需数据的数据块读入，并可能需要将被覆盖的数据块写回到主存中去。这些操作会显著地降低 CPU 对内存的访问速度。根据硬件存储系统的这一工作原理可知，为了充分发挥高速缓存的效率，提高程序运行的速度，需要程序的运行具有良好的局部性：程序连续访问的数据在内存空间中应该离得尽量近一些，程序在一段时间内应尽量只访问一个比较小的内存区域，以避免高速缓存数据的频繁更新。否则就有可能显著地影响程序的运行效率。下面我们以一个对二维数组元素遍历的程序为例，来说明这个问题。

【例 7-5】二维数组元素遍历的次序对运行速度的影响

下面是两段对 $N \times N$ 的二维数组所有元素进行遍历的例子。这两段程序分别以行优先和列优先的方式对这个数组进行相同的操作。为计时准确，每组操作分别执行了 100 次。

```
#define N 1024
double arr[N][N];

void row_first()
{
    int i, j, k;

    for (k = 0; k < 100; k++)
        for (i = 0; i < N; i++)
            for (j = 0; j < N; j++)
                arr[i][j] = 0.001;
}

void col_first()
{
    int i, j, k;

    for (k = 0; k < 100; k++)
        for (i = 0; i < N; i++)
            for (j = 0; j < N; j++)
                arr[j][i] = 0.001;
}
```

在 1.8GHz 的 IA32 平台上对上述代码运行计时的结果如表 7-2 所示。

表 7-2 行优先和列优先时二维数组的访问速度

$N=$	1023	1024	1025
row_first()	1.6s	1.6s	1.6s
col_first()	3.8s	20.7s	4.6s

当 N 等于 1024 时，函数 row_first() 与 col_first() 的用时相差约 14 倍。不仅如此，当 N 不等于 1024 时，函数 row_first() 用时仍然不变，但 col_first() 的用时减少到了原来的 1/4 以下。特别是当 N 等于 1025 时，尽管数组的规模略有增加，但函数的运行时间却大大地缩

短了。这其中的原因，无论从程序语句的角度还是系统软件的角度都是无法解释的。产生这一现象的原因只能从计算机的高速缓存结构中去找。

函数 row_first() 的运行速度高于 col_first() 的原因比较容易解释。分析这两个函数对数据范围的顺序就可以看出 row_first() 的局部性明显好于 col_first()。因为数组元素在内存中是以行为单位存储的，所以同一行中相邻的两个元素的地址仅仅相隔一个元素的大小。在这个例子中，两个元素之间的间隔是 sizeof(double)，即 8 个字节，而同一列中相邻的两个元素之间相隔着整整一行元素，就是 sizeof(double)*N=8KB。这样，当连续读写数组元素时，以 row_first() 的方式，下一个存储单元更有可能已经存于高速缓存中，而在 col_first() 中，下一个存储单元更有可能尚未从主存中读入高速缓存，高速缓存需要频繁地与主存交换数据，因此大大降低了程序的执行速度。

为了理解 col_first() 在 N 等于 1025 时的运行速度高于当 N 等于 1024 时的速度，需要进一步了解高速缓存中对数据的映射机制。高速缓存的存储空间远远小于主存，只能根据程序的运行，把当前正在使用的一部分数据从主存中轮流调入，因此主存空间与高速缓存空间是多对一的映射关系。为此，高速缓存将主存的 m 个地址位划分为 t 个标记位、s 个组索引位以及 b 个块内偏移位，如图 7-1a 所示。主存中的数据是以 2^b 个字节的存储块为单位与高速缓存进行数据交换的：组索引指明该存储块在高速缓存中的位置，块内偏移指明数据在缓存数据块中的字节偏移量。所有组索引字段相同的主存储块在被调入高速缓存中时都会被映射到相同的数据组中，由标记位说明高速缓存中每组当前所保存的数据在主存中地址的高位部分。图 7-1b 是一种常见的高速缓存的组织结构，其中每个组中只有一行数据存储块。

组0:	有效位	标记位	存储块 (64B)
组1:	有效位	标记位	存储块 (64B)
组2:	有效位	标记位	存储块 (64B)
组3:	有效位	标记位	存储块 (64B)
		......	
组127:	有效位	标记位	存储块 (64B)

标记（19）	组索引（7）	块内偏移（6）

注：括号中的数字是在32位地址时与图7-1b中结构相对应的各个字段所占用的位数

a）地址分段　　　　　　　　　　　　　　b）高速缓存的数据区

图 7-1　高速缓存的组织结构

在图 7-1 所示的结构下，高速缓存中的每一个数据组可以保存 8 个 double 类型的数据。对于 1024×1024 的二维数组，128 个数据组正好可以保存完整的一行。当按行优先的顺序对数组元素进行访问时，相邻的 8 个元素被保存在同一个数据块中，因此每访问 8 个数组元素才需要一次高速缓存与主存之间的数据交换。当按列优先的顺序对数组元素进行访问时，因为同一列的每一个数组元素都会被映射到高速缓存中的同一个单元，所以每访问一个新的数组元素都会引起高速缓存中的数据更新，把其中原有的数据写入主存，然后再从主存中读入下一行的 8 个数组元素。这种频繁而低效的数据交换使得按列优先的访问效率大大低于按行优先的访问。当 N 等于 1025 时，对于图 7-1 所示的结构，两个相邻行中同一列的两个元素具有不同的块偏移地址。每隔 8 行，同一列的数组元素就被映射到下一个数据组中。这就使得高速缓存中的数据冲突减少，程序运行的速度得以提高。

现代 CPU 的高速缓存结构和规格各异，实际情况比上面的例子更加复杂。但是从这个简化的例子中也可以看出，高速缓存的结构和规格是影响程序运行速度的一个重要因素。高速缓存的引入使得程序运行时所访问的数据区大小以及对这一数据区进行访问时的顺序和步长都可能影响到程序运行的效率。在设计和实现对性能有较高要求的程序时，必须要考虑到这一因素，以便取得更好的性能。在【例 7-5】中，如果程序必须要以列优先的方式对一个 1024×1024 的二维数组进行遍历，那么，定义一个 1025×1025 的二维数组，并且只对其中 1024×1024 个有效数据进行操作，就可以用约 2KB 的内存开销获得近 300% 的速度提升。

7.3.6 编译优化选项

对于编程人员来说，编译系统的优化选项是一种自动化的程序优化工具。将程序的源代码编译成高效的宿主机代码是编译系统的重要目标，因此各种编译系统都提供了不同等级的程序优化功能。与编程人员对程序优化的侧重点不同的是，编译系统的优化工作主要集中在对代码的调整和对一些代码模式的优化方面。并且编译系统的设计人员对于宿主机的 CPU 结构比编程人员有着更深入的了解，所以在充分利用 CPU 的特点生成高质量的代码方面有着更大的优势。

在不使用编译优化选项时，编译系统生成严格符合源程序要求的可执行码。在使用了优化选项时，编译系统根据选项的规定，对所生成的代码进行各种类型的优化，以期获得时空效率方面的改进。对代码优化的侧重点和优化的程度随优化选项的不同而不同。一般来说，最基本的优化也会对诸如与循环无关的表达式的位置调整、尾递归的消除等进行处理。更高级的优化将会对更复杂的代码模式进行分析，使用更加有效的等价运算方式，以便减少程序可执行码的大小和所需要的运行时间。由于代码优化有可能改变可执行码与源程序语句的对应关系，在使用了编译优化选项之后，就不能再使用各种源代码调试工具对所生成的程序可执行文件进行调试了。因此，编译优化必须在程序调试完毕之后，在生成程序的最终运行版本时使用。

在 Linux/gcc 上，优化选项是通过命令行选项给出的，其基本形式是 -On，n 可以是从 1 到 3 的整数，也可以是小写字母 s。优化选项的数字越大，编译系统所做的优化工作就越多，所需要的编译时间也越长。-Os 等价于 -O2 加上其他的减小可执行码大小的优化。MS VC++ 中的优化选项是在命令选单中通过下列选单序列选择的：

Project→Settings→C/C++→Category→Optimizations

其中包含 Default（默认优化）、Disable（不优化）、Maximize Speed（最大速度优化）、Minimize

Size（最小代码大小优化）以及 Customize（自选优化）等选项。

需要注意的是，编译优化并非级别越高越好。代码优化是一个相当复杂的工作，既涉及理论方面的问题，也涉及具体的实现技术。复杂的优化工作不仅需要耗费较多的编译时间，而且优化后的可执行文件对源程序编码的正确性和准确性的要求更加严格。例如，有时程序中一两个字节的地址越界在未进行编译优化时对程序的运行可能没有什么影响，而在编译优化后就有可能引起程序运行时的崩溃。此外，面对变化万千的源程序，代码的优化工作也很难保证准确无误，特别是对使用了较多副作用的程序。种种原因使得由编译优化选项造成程序运行出错甚至崩溃的现象并非鲜见，因此在使用编译优化选项时需要慎重。在使用了编译系统的优化选项，特别是高等级的优化选项之后，必须对程序的运行进行新的全面的测试，以保证程序运行的正确。

7.4　空间效率的改进策略和方法

尽管目前大多数通用计算平台可以通过虚拟存储技术提供足够大的逻辑存储空间，以满足大多数应用程序运行的需要，对程序运行时存储空间的优化仍然有其重要性。首先，有一些特殊的计算，其所需要的数据存储空间十分巨大。如果不对存储空间的使用方法进行优化，程序就有可能因为数据区的大小超过计算平台的逻辑存储空间的大小而无法运行。其次，即使程序运行时所占用的存储空间小于计算平台的逻辑存储空间，但只要其接近或大于计算平台的实际物理空间，也可能会引起频繁的虚拟存储器调度而降低程序的运行效率。第三，很多计算任务需要多个程序的协同工作。这些程序需要共享计算平台的内存资源。如果每一个程序都需要占用很多存储空间，则很有可能会造成频繁的内外存数据交换而严重影响程序的运行，甚至有可能使得这些程序无法并发运行，导致计算任务无法完成。此外，在嵌入式系统和移动计算等计算环境下，存储空间的资源比较有限，无法支持对内存占用和消耗过大的程序。所有这些都需要我们在程序中注意存储空间的合理使用，掌握一些程序存储空间效率的改进方法和策略。

7.4.1　内存使用状况的检测

在 Unix/Linux 中常用的关于内存使用情况的检测工具是系统命令 ps。ps 向用户报告计算机系统上正在运行的程序的状态。在默认情况下，它只报告当前用户程序的进程标识（PID）、终端名称（TTY）、运行时间（TIME）和命令名（CMD）。加上命令行选项 -ly，会给出包括存储空间使用状况的更多信息。下面是在 Linux Red Hat9 上使用 ps -ly 产生的信息的例子：

```
S  UID  PID    PPID   C   PRI NI  RSS   SZ WCHAN   TTY    TIME     CMD
S  500  22483  22482  0   76  0   1516  1225 rt_sig pts/7  00:00:00 csh
R  500  22708  22483  99  85  0   784   472 -       pts/7  00:00:04 ack
R  500  22709  22483  0   81  0   1188  784 -       pts/7  00:00:00 ps
```

上述信息包括 3 行，分别是当前用户正在运行的程序 csh、ack，以及 ps 命令本身的状态信息。每行信息有 13 列，其中与存储空间相关的是 RSS 和 SZ 两列。RSS 表示"常驻集合"（resident set），也就是当前程序运行时频繁访问的存储空间的大小，SZ 表示程序当前所使用的内存空间的大小。这些大小均以 KB 为单位。不同的系统上命令 ps 的信息显示格式和内容不一定完全相同，读者可参考自己所用系统的联机手册。

在 MS Windows 平台上可以使用任务管理器查看正在运行的程序所占用的内存的情况。在任务管理器上，可以通过进程的"查看"命令选单下的"选择列"设置所要查看的内容，其中可选的与进程内存使用情况相关的有内存使用、内存使用峰值、虚拟内存大小等 8 项。

除此之外，无论是在 Unix/Linux 上还是在 MS Windows 上，都还有其他工具可以对一个进程的内存使用情况进行统计和分析。例如在 Unix/Linux 上，系统命令 time 除了对程序的运行计时之外，也可以通过命令行选项来完成对内存使用情况的统计。读者可以查阅相关工具的使用手册。

7.4.2 空间效率的改进方法

改进程序运行时的空间效率，减少其内存占用的方法主要有下列几项：

❑ 在满足数值精度和表示范围的条件下使用尽量小的数据类型。

❑ 使用适当的数据结构有效地表示特定类型的数据对象。

❑ 将若干比较小的数据字段封装在一起。

❑ 数据结构的成员进行适当的组织和排列，以避免由于地址对齐所引起的数据空洞。

❑ 尽量简化程序编码。

1）使用满足计算要求的最小数据类型：C 语言中提供了多种数据类型。为了节省内存空间，可以在满足计算精度和数值范围要求的条件下选择使用占用内存最少的数据类型。例如，在对计算精度要求不高或者只需要近似值的情况下，可以使用 float 甚至 int 代替 double。又例如，假设在一个二维图形系统中两个坐标的最大绝对值都小于 2^{15}，那么就可以使用 short 代替 int。再例如，在【例 7-3】的计算过程中，整数序列是以数组下标来表示的，数组元素只是用来表示相应整数的性质，因此其存储类型不必是 int，而可以是其他更小的数据类型，例如 char，甚至是二进制位。这样，在资源有限的计算平台上就可以计算出规模更大的质数表。我们把这留做练习。

在采用小型数据类型时需要注意的是，必须充分估计程序在运行时对精度和范围的实际要求，所采用的数据类型必须能完整准确地表示参加运算的对象以及计算结果，并且需要充分考虑到程序在其整个生命周期中可能遇到的情况，否则就有可能给程序后期的使用和维护带来问题和困难。在这方面有一个很有名的例子。在一些早期的商业信息处理系统中，为了节省内存空间以便使程序能够在当时内存非常有限的计算机上运行，在对日期的表示上省去了年份的前两位而只保留了后两位。这样，19XX 年就被表示为 XX 年。当时间接近 20 世纪末时，人们发现，这样的系统在跨越 2000 年时会产生严重的问题：系统无法区分 2000 年和 1900 年，因此在与日期相关的计算中会产生严重的错误。这就是当时闹得沸沸扬扬的所谓"千年虫"问题。尽管这一问题远不如一些急于借此机会发财的软件厂商及一些推波助澜的媒体所宣扬的那么严重，其所带来的恐慌也远远大于其所引起的实质性损害，但是对于一部分使用多年的商业系统来说，问题确实是存在的。这就提醒我们注意，在使用小型数据类型时，一定要考虑充分，避免引起计算精度的损失和对程序适用范围的限制。

2）适当的数据结构：在有些问题的求解中，从形式上看，数据的规模很大，但是实质性的数据却不一定很多。选择适当的数据结构存储这些实质性的数据，压缩非实质性数据所占用的存储空间，可以有效地提高存储空间的利用率。【例 1-8】就是一个例子。在数值计算中对稀疏矩阵的表示方法也是采用适当的数据结构以节省内存空间的实例。稀疏矩阵的规模往往很大，但是其中的非 0 元素很少，大部分元素都是 0。如果按照矩阵本身的规模来为其分配存储空间，不仅内存使用效率不高，而且有可能超过计算平台所能提供的内存资源。为此，对稀疏矩阵往往采用链表、映射表等结构来表示，只记录其中的非 0 元素。这样就省去了记录 0 元素所需要的大量内存空间。为了便于对这种结构的使用，程序中往往提供相应的函数来完成对矩阵元素的访问。

3）数据字段的封装：我们在【例 5-5】中已经见过将多个字段封装到一个整型数中的例子。这种把多个字段封装到一个整型数中的方法可以有效地提高程序对内存使用的效率。其所付出的代价是需要一定的时间完成对数据的封装和提取。需要注意的是，在对字段进行封装时应避免使用位域操作，因为这种操作的可移植性差，而且所生成的代码效率也较低。

4）数据结构的组织和排列：数据在内存中的存储地址根据其长度的不同而受到不同的限制，这种限制一般称为数据地址的类型边界。目前绝大多数计算平台对内存的编址是以字节为单位的，长度为 1 个字节的 char 型数据的地址没有任何限制，可以放在任何位置；长度为 2 个字节的 short 型数据必须放在 2 的整倍数的地址上，即其地址最低二进制位必须是 0；长度为 4 个字节的 int 型数据的地址必须是 4 的倍数，也就是其最低两个二进制位必须是 00。对于 8 个字节的 double 型，gcc 默认的地址边界是 4 的倍数，而 MS Windows 上规定的地址边界是 8 的倍数。编译系统在给数据分配存储空间时要根据数据的类型边界进行地址对齐。尽管目前很多 CPU 都支持按字节地址寻址，一个多字节的数据也可以不按该种类型的地址边界进行对齐，但是这会降低对数据访问的速度。因此在默认的情况下，编译系统都会按地址边界的要求为数据分配存储空间。当为一个结构分配存储空间时，编译系统保证其中的每个成员都按其类型进行地址对齐，对于整个结构，则根据其中最长的数据类型确定地址边界。当结构成员的长度不相同时，如果排列不恰当，就会在结构中造成数据空洞，浪费一部分存储空间。例如，两个 char 和一个 int 只占 6 个字节。当这些数据组成一个结构时，其中最大的成员是 int，因此相应的变量在分配内存时是按 int 边界对齐的。这样，每一个这样的数据实体至少要占据 8 个字节的存储空间。如果排列不当，则这些数据实体有可能占据更多的内存空间。在下面的例子中，结构 x 和 y 的成员数量和类型相同，但是由于结构成员的排列方式不同，在内存中所占用的空间也不同。

【例 7-6】结构的排列方式与所占用的空间

```
struct x {
    char a;         // 结构的起始位置，按最大的元素int类型对齐，整字边界
    int b;          // 按int型对齐，整字边界
    char c;         // 按字节对齐，任意位置
};
struct y {
    char a;         // 结构的起始位置，按最大的元素int类型对齐，整字边界
    char c;         // 按字节对齐，任意位置
    int b;          // 按int型对齐，整字边界
};
```

图 7-2 显示了这两种结构的变量在内存中的状态。

a）struct x　　　　　　　　　　　　b）struct y

图 7-2　struct x 和 struct y 在内存中的排列

我们可以使用下面的代码检查一下这两种结构在程序中实际分配的空间位置及其大小：

```
struct x g_1;
struct y g_2;
......
printf("size of g_1: %d\n", sizeof(g_1));
printf("size of g_2: %d\n", sizeof(g_2));
```

上面这段代码在执行完毕后会产生如下的输出结果：

```
size of g_1: 12
size of g_2: 8
```

这说明每个具有结构 x 类型的变量占用 12 个字节，而每个具有结构 y 类型的变量只占用 8 个字节，尽管这两个类型的结构具有相同的结构成员。当变量数量较少时，这点差距微不足道。但是当变量数量较多，数据结构较大时，这点差距就可能产生重大的影响。例如对于具有 1000 万个元素的数组，使用结构 y 就会比使用结构 x 节省大约 40MB 的存储空间，而这一节省所付出的代价只是简单地调整一下结构中两个元素的相对位置。由此可以看出在定义数据结构时根据结构成员地址边界的要求合理地安排其排列顺序的作用。

为了清楚地描述结构中对成员数据的对齐方式，以便准确地把握对内存空间的使用，在一些程序中也经常采用显式地表示空洞的方法，把结构中由于数据地址对齐所产生的无用空间表示为结构的一个成员。在下面的数据结构 z 中，成员 pad[2] 所占用的就是由成员 b 的对齐所产生的空洞：

```
struct z {
    char a;
    char c;
    char pad[2];
```

```
    int b;
};
```

5）简化程序编码：程序在运行时，除了其所处理的数据要占用内存外，程序的可执行码本身也需要占用内存空间。因此对代码的优化也是程序空间效率优化的一个重要内容，几乎所有的编译系统都有对代码大小进行优化的编译选项。比起编译系统的优化工作，编程人员在代码大小的优化上所起的作用更大，因为编程人员对于程序的具体功能目标、所采用的算法以及程序的结构等具有更具体和深刻的了解，更有条件进行程序结构等高层优化工作。在对程序代码进行优化时，重要的是提高代码的复用程度，避免无效代码和冗余代码。这其中最重要的技术就是良好的程序结构和对函数的正确运用。这与程序的可读性和可维护性的要求也是一致的：一般地说，结构合理、描述简明的程序代码是比较短的，其所占用的内存空间也是比较小的。在第 8 章中我们还会对此进一步讨论。

与程序时间效率的高低会引起人们直观的感受不同的是，空间效率的高低往往不容易直接感觉到。很多时候，人们都是在程序或系统报告内存不足，或者程序运行效率非常低并且无法用算法和编码等方面的原因解释时才会关心程序的空间效率。如果能够在编程的过程中注意内存的使用效率，提前采取可能的改进措施，在程序交付运行前使用各种工具检查其对内存的使用情况，往往可以避免许多潜在的问题。

程序的风格、结构和组织

程序的风格和结构不直接影响程序的功能和性能，但是对程序的易用性和可维护性有重要的影响。程序的风格和结构反映了编程人员的思维是否严密准确，逻辑是否清晰。风格和结构良好的程序易读易懂，在发现故障时容易定位和修改，在程序的功能需要扩展时也容易下手，是代码质量和水平最直观的体现。

8.1　程序风格的要素

对程序风格的评价既涉及程序的表达形式，也涉及程序的设计思想和实现技术。一个程序的风格主要包括以下各个方面：

1）程序的描述形式：包括程序的结构是否合理，表达方式是否简洁，描述是否准确，是否易于理解，源代码的书写是否规范，是否提供了必要的注释以便他人对程序的阅读等。

2）程序的易用性：包括是否提供了良好的人机界面，程序的使用是否简便，程序对使用中可能遇到的各种情况是否有正确的预期和良好的处置，对错误的操作是否提供了必要和准确的提示信息等。

3）程序的健壮性：包括程序是否运行可靠，是否充分考虑了程序运行时的边界条件，是否对可能出现的错误进行了预防，是否提供了必要的程序故障恢复机制等。

4）程序的可扩展性：包括程序结构中模块接口是否清楚，是否为可能的需求变化提供了必要的支持，是否可以在一个合理的生命周期内以较低的成本随着需求的不断变化而改进。

5）程序的可移植性：主要是指程序是否可以方便地移植到开发平台以外的其他软硬件平台上，不需要过多的修改就可以在保持原有功能和性能的前提下正确地运行。

　　程序在描述形式方面的风格涉及代码的书写格式、变量命名和语句使用的习惯、代码的结构层次，以及程序模块的组织和接口设计等多方面的内容。其余各部分主要涉及程序设计时思维的缜密程度、程序结构和代码的组织方法和模式以及语言要素的使用习惯等。这其中有关设计层面的内容以及一些基本原则在第 1 章及其他章节中已有讨论，本章主要讨论从程序的结构、组织和描述方法上增加程序代码的可读性、可靠性和可维护性，以提高程序编码质量的问题。这些内容大多是编程人员的经验总结和体会，因此不少规则和约定都是见仁见智，有些要求甚至有可能互相矛盾。这些内容大多无关程序的正确性，一般都是建议性的。读者可以根据自己的经验，逐步体会其中的含义，考虑各种因素的平衡，以便逐渐建立起符合专业要求和自己的习惯并且规范一致的程序设计风格。

8.2　程序的描述

　　良好的程序描述风格包括规范的书写格式，系统、明确、一致的变量和函数命名规则，正确的变量使用方法，准确清晰的计算过程描述，易于理解和维护的结构，对 C 语言要素良好的习惯用法，以及准确清晰的注释。关于变量的命名和使用涉及内容较多，将在下一节中讨论。

8.2.1　代码描述的层次

　　我们在第 1 章中曾经讨论过代码描述的层次性问题：对于计算过程的描述应该遵循自顶向下的原则，通过使用函数对程序的执行过程从抽象到具体逐层进行描述，对程序实现的细节逐层进行分解，在每一个层面上只描述与该层面相关的内容，而不过多地涉及其下面各个层面的细节。这样，就可以使得代码的逻辑清晰，在每一个层面上需要描述的概念和功能的数量都处于可以控制的范围，使得程序中不同部分的代码之间没有不必要的耦合和纠缠，使得我们可以比较容易地从整体到局部各自独立地保证代码实现的正确性，在程序出现故障时也可以迅速地把检查范围缩小。

　　在程序中，有些功能相反的函数经常需要成对地使用。常见的例子有文件的打开和关闭、网络的连接和断开、动态内存空间的申请和释放、软件库使用前的初始化操作和使用结束后的收尾操作等。这些需要互相匹配的功能应该被置于同一个描述层次，并且最好位于同一个函数中，以保证这些函数功能之间的正确匹配。下面的代码就是一个对动态内存空间申请和释放的例子：

```
int func(......)
{
    double *dp = malloc(N * sizeof(double));
    if (dp == NULL)
        return 0;
    op_func(dp);
    ......
    free(dp);
```

```
    return 1;
}
```

有时，在程序中需要将这类函数分离地封装在其他函数中。例如，文件打开函数有可能与状态检查及错误处理功能封装在一起，构成一个功能更为完善的函数：

```
FILE *efopen(char *file, char *mode)
{
    FILE *fp;
    if ((fp == fopen(file, mode)) != NULL
        return fp;
    fprintf(stderr, "Can't open file %s with mode %s\n", file, mode);
    exit(1);
}
```

动态内存分配函数，如 malloc() 等也常有类似的使用方式。这时我们可以把这类封装函数同等于被其封装的基础函数，并使其与相匹配的基础函数处于同一个描述层次。

8.2.2 代码的函数封装

函数可以封装复杂的计算，使计算过程局部化，并独立于其他不直接相关的代码。这样既便于代码的检查、维护，又便于代码的重用。在使用函数对计算过程进行封装时，应当注意以下各点：

1）限制函数的长度：函数不应过长，一般以终端显示器一屏可以显示的内容为限。在目前大多数编程工具上，显示器上一屏大约显示 30 行左右。对于结构良好的代码，这已基本够用了。对于复杂一些的数值计算过程，函数的长度一般也不宜超过 50 行。过长的函数不但不易阅读，而且也难以维护。在极端的情况下，函数的最大长度也应控制在 100 行左右。当长度过长时就需要考虑对计算过程的进一步抽象和分解，使其可以表示成一些粒度较大的计算步骤。

2）使用规范的函数原型说明：很多编译系统为了兼容早期版本的 C 程序，允许程序中使用旧式的函数说明，即只说明某个标识符表示函数，而不说明函数的返回值和参数数量及其类型；对代码中在没有函数说明的情况下调用函数的情况，也只是给出警告而已。函数原型的作用是说明函数的调用参数和返回值类型，以便编译系统对函数的调用及其返回值的使用进行正确性检查。只有使用规范的函数原型才能有效地利用编译系统的这一功能，减少程序出错的可能。因此在程序中应当在函数被调用之前提供规范的函数原型，并避免函数原型与旧式的函数说明混用。

3）控制函数参数的个数：首先，函数的参数数量不宜过多，一般以不超过 6 个为宜。过多的函数参数使得函数调用的描述复杂，执行速度降低，而且也容易产生错误。当一个函数需要更多的参数时，就需要认真考虑一下对程序功能的分解是否恰当、所传递的参数是否必要，以及是否有更好的参数传递方法，例如使用结构对参数进行适当的封装等。

4）避免函数功能之间的重复：对于在多处使用的同一个计算公式或操作过程，应当将其封装成一个函数，在需要用到该计算过程的地方直接调用该函数，而不应当使用同一个表达式在多处进行重复的计算，也不应把相同的计算过程封装在多个函数中。因为那样不但会造成代码的冗余，增加代码维护的工作量，而且有可能在代码修改时由于疏忽而引起对同一个计算过程的不一致。

5）减少全局变量的使用：在函数中应当尽量使用局部变量作为函数计算过程中的临时性数据存储空间，使用参数和返回值作为函数与外部进行数据交换的手段，以减少函数的副作用，维护函数功能的局部性。只有当函数确实需要访问全局性的标志、非局部性数据、由多个程序模块共享的存储区时，才应该使用全局变量。有些初学者在程序中大量使用全局变量以代替局部变量和函数的参数。尽管这样并不影响程序的运行，而且可以减少参数的传递，但是同时也增加了函数的副作用，影响了函数的局部性。随着程序规模的增加，这种方式的负面作用会逐渐显现。

8.2.3　数据描述控制代码的执行

增加代码可维护性的一种常用方法是使用数据描述来控制代码的执行过程，而不是使用编码的方式把代码的执行过程直接固定下来。人们在复杂的程序中经常使用大量的条件语句来描述计算的步骤和逻辑，控制代码的执行。这种方法的优点是思路比较直接，编码比较容易，但同时也有其缺点。因为计算的功能和逻辑被直接使用编码固定下来，所以在需要修改计算逻辑或扩展计算功能时，就需要对编码进行修改，有时甚至是重写。

为了提高程序的可维护性和可扩展性，在很多程序中可以采用将程序运行的控制机制与具体计算过程的控制策略相分离的方法。具体地说就是，使用数据来描述程序的具体计算过程和控制策略，而在编码中只提供对这些计算过程和控制逻辑的解释执行机制，使用对数据描述的解释取代直接编码。这种方法的优点是，代码简练、结构清晰，在可读性方面优于固定编码，同时也便于代码的维护和扩展。这种方法的适用范围包括可以按预知常量索引的行为，也包括可以用表格或简单的形式语言描述的计算对象和行为。例如，目前很多被广泛应用的图形界面软件包，包括 Linux 下的 Qt、KDE，以及 MS Windows 下的 MSVS，都提供了根据界面描述语言生成图形界面的机制。用户只要根据自己的设计生成了对界面格式的描述，相应的软件包就可以在程序运行时自动生成所需的图形界面。很多程序，包括编译系统、Web 浏览器等，在对命令、关键字和标记等处理时也采用了这种方法。我们在第 3 章中见到的【例 3-21-3】也是使用这种技术的例子。在这种采用数据描述来控制程序执行的方法中，执行机制是由程序编码提供的，而功能描述所使用的数据既可以在程序内部以数据表格的方式提供，也可以在程序的外部以描述文件的方式提供。例如，在 Qt、KDE、MFC 等软件包中，对图形界面的描述保存在以 XML 或其他专用描述语言写成的文件中，在程序开始运行时由专门的程序段负责读入。在需要对各种命令和关键字进行处理的程序中，对控制策略的描述经常保存在程序内部的数据表格中。下面我们看两个例子。

【例 8-1】螺旋矩阵　给定一个整数 N，生成一个 $N*N$ 的矩阵，矩阵中元素取值为 $1 \sim N^2$，1 在左上角，其余各数按顺时针方向旋转前进，依次递增放置。例如，当 $N=4$ 时，矩阵中的内容如下：

```
          1    2    3    4
         12   13   14    5
         11   16   15    6
         10    9    8    7
```

对于这个问题，常规的计算数字与位置对应关系有两种方法：一种是对每个位置遍历，并在遍历的过程中计算每个位置上应该放置的数值；另一种是对从 1 到 N * N 的自然数依次遍历，并在遍历的过程中计算每个数值应该被放置的位置。第一种方法在分析思路和代码实现上要复杂一些，第二种方法则直观和简单得多。下面就是对这种方法的一种实现方式：

```
int a[N][N], n = N, low = 0, hi, i, t;

for (hi = n, t = 1; t <= n * n; low++, hi--) {
    for (i = low; i < hi; i++)
        a[low][i] = t++;
    for (i = low + 1; i < hi; i++)
        a[i][n - low - 1] = t++;
    for (i = hi - 2; i >= low; i--)
        a[n - low - 1][i] = t++;
    for (i = hi - 2; i > low; i--)
        a[i][low] = t++;
}
```

在上面这段代码中，螺旋矩阵的旋转方向是固定在编码中的。程序通过二重循环对一个二维数组的各个元素赋值，在内存中生成对 1 到 n^2 的自然数按顺时针顺序放置的 $n \times n$ 矩阵。采用这种方法编码比较容易，但是当需要把自然数的排列方式由逆时针方向改为逆时针时，这一程序主要部分的代码几乎要完全重写，因为自然数的排列方式是以代码的方式固定在这一段程序中的。

当采用数据描述的方式来控制代码的执行生成螺旋矩阵时，求解思路与上面的做法完全不同。在这种方法中，程序代码提供按给定的方向前进、在所经过的矩阵元素中放置数值、在无法前进时选择新的前进方向的机制。程序从矩阵的左上角单元出发，按给定的方向前进，并将从 1 开始的自然数按顺序依次放置到途经的每一个单元中。当碰到数组的边界或者碰到已经放置过数值的单元时，转向下一个方向并继续前进，直至将所有的 n^2 个自然数放置完毕，而初始前进方向的设置以及新的前进方向的选择策略则由相应的数据来描述。这样，所生成的螺旋矩阵的旋转方向就可以由一个方向顺序表来描述，修改这个方向顺序表就可以改变螺旋矩阵的旋转方向。下面是这个程序的顶层结构：

```
int a[MAX][MAX];
int main()
{
    int n, i = 0, j = 0, t = 1, dir = 0;

    scanf ("%d", &n);
    for (t = 1; t <= n * n; t++) {
        a[i][j] = t;
        if (next_step(dir, &i, &j, n))
            continue;
```

```
        dir = next_dir(dir);
        next_step(dir, &i, &j, n);
    }
    print(n);
    return 0;
}
```

　　函数 main() 读入整数 n，并在 for 语句中按照螺旋步进的方式对 n^2 个数组元素赋值。在循环的每一步中，首先对数组 a[][] 中由 i 和 j 标记的当前元素赋值，然后调用函数 next_step()，按 dir 给定的方向修改下标 i 和 j 的值，使当前元素的位置前进一步。在无法前进时，就调用函数 next_dir()，修改前进方向，再移动当前元素的位置。在循环结束后，使用函数 print() 输出排列好的矩阵。

　　函数 next_step() 的第一个参数 d 表示前进方向，i 和 j 指向当前元素的数组下标，n 是矩阵的大小。当可以按照当前方向前进时，该函数修改 i 或 j 的值并返回 1，否则保持 i 和 j 的值不变并返回 0。函数的代码如下：

```
int next_step(int d, int *i, int *j, int n)
{
    int i1, j1;
    i1 = *i;
    j1 = *j;

    if (d == UP) (*i)--;
    else if (d == RIGHT) (*j)++;
    else if (d == DOWN) (*i)++;
    else if (d == LEFT) (*j)--;

    if ((*i >= 0) && (*i < n) && (*j >= 0) && (*j < n) && (a[*i][*j] == 0))
        return 1;      // 成功地前进一步
    *i = i1;
    *j = j1;
    return 0;          // 超出矩阵的边界，或碰到已填入数值的单元
}
```

在程序中用到的方向顺序表并没有实际对应的存储结构，而只是通过枚举定义的四个常量：

```
enum {RIGHT = 0,
      DOWN,
      LEFT,
      UP
};
```

与此相对应的函数 next_dir() 的定义如下：

```
int next_dir(int d)   // 返回当前方向d的后继方向，在需要转弯时调用
{
    return (d + 1) % 4;
}
```

　　上面的方向顺序表的方向顺序依次是向右、向下、向左、向上，因此生成的螺旋矩阵是顺时针的。如果需要对程序进行修改，使得螺旋矩阵由顺时针方向改为逆时针方向时，

不需要修改任何程序段，而只需要重新定义和排列枚举常数的值和顺序，改成：

```
enum {DOWN = 0,
      RIGHT,
      UP,
      LEFT
};
```

使之描述逆时针时前进方向的顺序即可。下面我们再看一个例子。

【例 8-2】有限状态自动机　一个有限状态自动机 M 由其状态集合 Q、输入字符集合 Σ、输出字符集合 Z、状态转移函数 δ、输出函数 λ 以及初始状态 $q1$ 定义。给定一个有限状态机的状态转移表或状态转移图，就可以清楚地说明其定义的各个组成部分[⊖]。图 8-1 是一个有限状态机的例子。

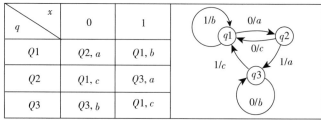

a）状态转移表　　　　b）状态转移图

图 8-1　有限状态自动机 M 的状态转移表和状态转移图

在 C 语言中，使用 switch 语句是描述有限状态机行为的一种最直观的方法。对于图 8-1 中的有限自动机，可以使用 C 语言描述如下，其中变量 x 中是自动机当前输入的字符：

```
enum {Q1, Q2, Q3};
int q = Q1, x;
… …
switch (q) {
case Q1:
    if (x == '0') {
        q = Q2;
        putchar('a');
    }
    else if (x == '1') {
        q = Q1;
        putchar('b');
    }
    break;
case Q2:
    if (x == '0') {
        q = Q1;
        putchar('c');
    }
```

⊖　关于有限状态自动机的详细讨论，可参见尹宝林、何自强、许光汉、檀凤琴等所编著的《离散数学（第 3 版）》。

```
        else if (x == '1') {
            q = Q3;
            putchar('a');
        }
        break;
    case Q3:
        if (x == '0') {
            q = Q3;
            putchar('b');
        }
        else if (x == '1') {
            q = Q1;
            putchar('c');
        }
        break;
    }
```

　　上面的代码描述了有限状态自动机的状态转移表。将这段代码包含在下面的循环语句中，就可以实现一个完整的有限状态机：

```
enum {Q1, Q2, Q3};
int q = Q1, x;
while ((x = getchar()) != EOF) {
    switch (q) {
        … …  // switch语句中的代码
    }
}
```

　　尽管使用 switch 语句是实现有限状态机行为的一种最直观的方法，但并不是一种最好的方法：每个自动机状态表对应一个特定的 switch 语句，自动机状态表的改变会直接引起对程序代码的修改。自动机的基本工作机制是读入输入数据，根据当前所处的状态决定其输出以及所转移到的新状态，而状态表所描述的是其控制策略。因此我们可以考虑实现一个提供自动机基本工作机制的程序，而把状态表作为自动机中需要初始化的数据。这样，当实现一个新的自动机时，只要按照规定的格式提供其状态表即可，而不需要再修改程序的代码。

　　有限状态自动机的核心数据结构是状态转移表。对此，最方便的数据结构是由自动机当前所处的状态和读入的字符索引的二维数组，其中的每一个元素说明其所应该输出的字符和所要转移到的新状态。为此可以定义数据结构如下：

```
typedef struct TransNode {
    short to_state;
    short output;
} TransNode;
```

　　对于图 8-1 所描述的自动机，可以将其状态集合 Q、输入字符集合 Σ 以及状态转移表定义如下：

```
enum {Q1, Q2, Q3};
char *sigma = "01";
TransNode trans_tab[][MAX_X] = {
    {{Q2, 'a'}, {Q1, 'b'}},
```

```
        {{Q1, 'c'}, {Q3, 'a'}},
        {{Q3, 'b'}, {Q1, 'c'}}
    };
```

可以看出，状态转移表 trans_tab[][] 与图 8-1a 中的描述几乎完全是一一对应的，唯一省略的是状态转移表的行列索引。在定义了这些数据结构之后，就可以写出自动机的基本执行机制函数 automata() 如下：

```
int automata()
{
    int c, n;
    while ((c = getchar()) != EOF) {
        if ((n = find_input(c, sigma)) < 0) {
            fprintf(stderr, "wrong input : %c\n", c);
            continue;
        }
        putchar(trans_tab[cur_state][n].output);
        cur_state = trans_tab[cur_state][n].to_state;
    }
    putchar('\n');
}
```

在这段代码中，cur_state 是一个 int 型的全局变量，保存自动机的当前状态，函数 find_input() 将输入字符 c 映射为其在的状态转移表中的列号。当输入字符不属于输入字符集合 Σ 时，函数返回 −1：

```
int find_input(int c, char *s)
{
    int i;
    for (i =0; i < s_len; i++)
        if (c == s[i])
            return i;
    return -1;
}
```

其中 s_len 也是一个 int 型的全局变量，表示输入字符集 sigma 中字符的个数。这个变量与 cur_state 一起在函数 main() 中被初始化：

```
int main()
{
    cur_state = Q1;
        s_len = strlen(sigma);
        automata();
        return 0;
}
```

当我们需要实现其他的有限自动机时，不需要修改上述任何函数的代码，而只需要修改状态集合、输入字符集合以及状态转移表的定义即可。从这个例子中可以看出，使用数据描述来控制代码的执行过程，不仅可以使得程序的结构更加清晰，而且程序修改起来也容易得多。在大型的、具有更复杂控制策略的程序中采用这种方法时，对程序的结构以及可维护性等方面所带来的改进将会更加显著。

对程序运行的控制策略除了可以在程序内部通过数据结构直接描述外，也可以通过外部文件来描述。一些程序图形界面的布局就是通过这种方式描述的。很多应用程序在启动时通过配置文件设定程序的属性和参数的做法也可以归于这一类。这种通过外部文件描述程序控制策略和行为的技术可以使得程序的功能更加灵活，具有更强的适应能力。下面我们仍以有限自动机为例，说明这种技术的实现要点。

【例 8-2-1】有限状态自动机——使用外部数据文件描述和控制自动机的行为

当使用外部文件描述一个程序的功能和控制策略时，描述文件的格式应当便于人员的阅读和理解。对于有限自动机的描述可以参照自动机状态转移表的格式。图 8-1a 中的状态转移表可以直接在文本文件中描述如下：

```
          0        1
Q1   (Q2, a)  (Q1, b)
Q2   (Q1, c)  (Q3, a)
Q3   (Q3, b)  (Q1, c)
```

其中第一行的“0 1”是按列排列的输入字符集合；此后每行第一个标识符表示自动机所处的状态，其后的两个有序偶分别对应第一行输入字符集中的两个字符，表示在该状态下自动机对应不同输入字符的动作，包括应当转入的下一个状态以及所要输出的字符。为将转移状态表的这一外部表示形式转换成函数 automata() 所能理解的内部数据结构，需要如下的数据结构和全局变量：

```
char sigma[MAX_X];
char q_tab[MAX_S][MAX_NAME + 1];
TransNode trans_tab[MAX_S][MAX_X];
int cur_state, s_len, q_index;
```

其中 sigma[] 保存输入字符集合，q_tab[][] 保存状态名称集合，trans_tab[][] 是状态转移表。与【例 8-2】中一样，在自动机运行时只需要使用 sigma[] 和 trans_tab[][]。数组 q_tab[][] 是在对输入文件进行分析时的中间数据结构，用于将输入文件中以字符串表示的状态转换为以整数表示的内部状态标识。这几个表中的内容都是在对输入文件进行分析时填入的。对输入文件的分析是由函数 read_file() 完成的：

```
int read_file(FILE *fp)
{
    char *p, s[BUFSIZ], x[8];

    if (fgets(s, BUFSIZ, fp) == NULL)
            return 0;
    p = s;
    do { //读入输入字符集合Sigma
        p = find_word(p, x);
        if (x[0] != '\0')
            insert_sigma(x[0]);
    } while (*p != '\0');
```

```
    while (fgets(s, BUFSIZ, fp) != NULL)
        parse_trans(s);
    return 1;
}
```

read_file() 首先读入文件的第一行，从中得到输入字符集合 Σ 并将其保存在数组 sigma[] 中。然后，通过函数 parse_trans(s) 逐行读入和处理文件中的各后续行，生成状态集合 Q 以及各个状态与内部标识的映射关系，并最终生成状态转移表中的各项。read_file() 中调用的函数 find_word()、insert_sigma() 和 parse_trans() 定义如下：

```
char *find_word(char *p, char *word)
{
    while (*p != '\0' && isspace(*p))
        p++;
    while (*p != '\0' && !isspace(*p) && !ispunct(*p))
        *word++ = *p++;
    *word = '\0';
    return p;
}

void insert_sigma(int c)
{
    sigma[s_len++] = c;
}

void parse_trans(char *s)
{
    char *p = s, q[MAX_NAME];
    int i, n, c_out;
                              // 待处理行的格式：Qi (Qj, Cj) (Qk, Ck) ...
    p = find_word(p, q);    // 提取Qi
    n = insert_Q(q);
    for (p = s, i = 0; *p != '\0' && *p != ';'; i++) {
        p = get_item(p, q, &c_out);
        if (q[0] != '\0')
            insert_item(n, i, q, c_out);
    }
}
```

其中函数 find_word() 从第一个参数所指向的源字符串中读出一个以空白符分隔的单词，将其保存在由第二个参数所指向的字符数组中，并返回指向源字符串中所读出单词之后下一个字符的指针。当源字符串中没有单词可以读出时，第二个参数所指向的字符数组中的第一个字符即为字符串结束符 '\0'。函数 insert_sigma() 将参数字符保存在数组 sigma[] 中，并使标记数组 sigma[] 大小的变量 s_len 加 1。函数 parse_trans() 处理状态转移表中的一行。该函数首先读取被处理行所对应的当前状态，使用 insert_Q() 将其插入到状态集合表中，然后再使用 get_item() 和 insert_item() 依次处理该行中所有的状态转移项。这几个函数的定义如下：

```
int insert_Q(char *q)
{
    int i;

    for (i = 0; i < q_index; i++)
        if (strcmp(q, q_tab[i]) == 0)
            return i;
    strcpy(q_tab[i], q);
    return q_index++;
}

char *get_item(char *s, char *q_to, int *c_out)
{
    char *p = s, tmp[8];

    while ( *p != '\0' && *p != '(')
        p++;
    p = find_word(p + 1, q_to);        // Get the state
    while ( *p != '\0' && *p != ',')
        p++;
    p = find_word(p + 1, tmp);         // Get the output char
    while ( *p != '\0' && *p != ')')
        p++;
    *c_out = tmp[0];
    return p;
}

void insert_item(int from_s, int i, char *st_name, int c_out)
{
    int n;

    n = insert_Q(st_name);
    trans_tab[from_s][i].to_state = n;
    trans_tab[from_s][i].output = c_out;
}
```

程序的主函数 main() 主要做两件事：第一是从指定的文件中读入自动机的状态转移表，完成自动机的初始化工作；第二是调用函数 automata()，从标准输入上读入字符，根据自动机的状态转移表产生输出字符，并使自动机转入新的状态。该函数的定义与【例 8-2】中的同名函数相同。

```
int main(int c, char **v)
{
    ......
    if (read_file(fp) == 0) {
        fprintf(stderr, "Error in reading %s\n", f_name);
        return 2;
    }
    automata();
    return 0;
}
```

8.2.4 表达式的描述

为了清晰准确地描述程序，在代码中需要注意避免对表达式理解可能产生的歧义、避免过于复杂的表达式，以及慎重使用表达式的副作用。

C 语言中复杂的运算符优先级和结合关系是对表达式理解产生歧义的一个重要来源。人们往往很难准确地记住所有运算符的优先级和结合关系，因此有时对表达式含义的理解有可能与编译系统的理解不一致，以致造成程序中的逻辑错误而无法察觉。例如，if (x & MASK == BITS) 有可能被理解成为 if((x & MASK) == BITS)，而实际上 & 的优先级低于 ==，因此它等价于 if (x & (MASK == BITS))。为了避免这类错误的产生，应该在所有可能引起误解的地方以及对运算符的优先级和结合关系没有把握的地方使用圆括号显式地规定运算次序和结合方式。

在进行数值计算的程序中，经常会遇到比较复杂的计算公式。如果把这些复杂的计算公式直接写成 C 语言的表达式，往往会使得表达式冗长和难以理解。这时应该把表达式分解成一些相对独立的部分，使用一些中间变量加以保存，或使用函数定义其中的复杂运算，以便使得计算过程看起来更加清晰，避免代码编写时的输入错误和阅读时的困难。例如，给出 a、b、c 三个点的坐标，求向量 $\vec{ab}$ 与向量 $\vec{ac}$ 之间夹角的正弦 $\sin(\vec{ab}, \vec{ac})$。根据公式，$\sin(\vec{ab}, \vec{ac}) = \dfrac{|\vec{ab} \times \vec{ac}|}{|\vec{ab}||\vec{ac}|}$，其中向量的求模和向量的叉积都是比较复杂的运算，而且向量的求模又被多次用到。因此可以将向量叉积和求模分别定义为独立的函数，在这两个函数的基础上再描述对 $\sin(\vec{ab}, \vec{ac})$ 的计算表达式。

C 语言灵活的语法使得编程人员在一个语句中不但可以描述其需要完成的基本功能，而且可以描述其他需要执行的附加功能。适当采用这类语句可以使得代码简练，但是这种方式的使用需要有一个适当的限度，必须使用在 C 语言中有明确规定效果的副作用，并使其处在编程人员明确有效的控制中，以便其执行结果不取决于编译系统的实现方式，同时也不易引起理解上的混淆。否则，程序在运行时就可能产生难以发现的错误。例如，语句 str[i++] = ' ' 在给指定的数组元素赋值的同时也改变了变量 i 的值。尽管这个语句带有副作用，但是副作用发生的时机是确定的，因此语句的执行结果也是确定的。当使用语句 str[i++]=str[i++]=str[i++]=' ' 把空格赋给数组中三个相邻的元素时，语句执行的结果取决于这三个 i 的更新方式。C 语言对这种情况下如何操作并没有明确的规定，而把它留给了编译系统的设计者来决定。在多数编译系统中，语句执行完毕后变量 i 的值确实增加了 3，但只有下标为 i 的初始值的那个元素被赋了值，其余两个元素的值均未改变，这说明编译系统决定在使用 i 的初始值对三个 str[i++] 求值完毕后才执行全部 i++ 操作。又例如，在函数调用时各个参数的求值顺序也是没有明确规定的，因此 printf("%d %d\n", ++n, power(2, n)) 的执行效果也可能随编译系统的不同而不同。这一类执行效果依赖于编译系统的语句是绝对需要避免的。例如，上面的对数组 str[] 中三个元素的赋值应该拆分成三个语句，上面的 printf() 也需要拆分成两个语句，先行计算 ++n。在无法确定某些语句的执行效果是否依赖于编译系统时，则宁可使用简单一些的基本语句。

8.2.5　预处理和变量初始化的使用

利用编译系统的预处理和变量的初始化功能可以减少冗余描述，避免描述中由于疏忽而引起的信息不一致。对于可能会随着程序版本的升级或功能的调整而变化的一些常数，尽量利用变量的初始化和编译系统的预处理功能来描述，可以简化程序的维护，避免手工修改可能产生的错误。这也是提高程序可维护性的一个常用方法。例如，如果需要定义一个包含若干个字符串的指针数组，经常有人在代码中使用常量来直接规定数组的大小：

```
#define NAME_NUM 30
char *name_list[NAME_NUM] = {"name_1", "name_2", ......"name_30"};
```

当以顺序查找的方式检查某个元素在该数组中的存储位置时，也使用这个常量来控制循环的次数：

```
int name_exists(char *name)        //检查name是否在name_list中
{
    for (i = 0; i < NAME_NUM; i++)
        if (strcmp(name, name_list[i]) == 0);
            return i;
    return -1;
}
```

函数 name_exists() 返回所要查找的字符串 name 在 name_list[] 中的位置下标，当 name 不在 name_list[] 中时，函数返回 −1。因为数组 name_list[] 的大小是由字符常量 NAME_NUM 给定的，所以当需要在 name_list[] 中增加新的名字或删去已有的名字时，就需要同时修改常量 NAME_NUM，并保证它与 name_list[] 中的元素的个数相同。如果由于疏忽而使这个常量与数组元素的实际数量不符，轻则会引起程序运行的结果错误，重则可能使程序在运行时崩溃。为避免此类现象的发生，可以采用下面的方法对数组进行初始化并定义其大小：

```
#define NAME_NUM(sizeof(name_list) / sizeof(name_list[0]))
char *name_list[] = {"name_1", "name_2", ......"name_30"};
```

这样，数组 name_list[] 的大小是由初始化表中的数据项的个数自动确定的，而 NAME_NUM 是根据 name_list[] 的大小自动计算出来的。当需要在 name_list 中增加新的名字或删去已有的名字时，只需要直接修改数组 name_list[] 的初始值列表即可。这不仅可以简化代码的修改操作，而且可以避免可能产生的数据不一致。

当在程序中需要统计某一枚举类型中枚举常量的数量时，也可以使用类似的方法。当该枚举类型中各个枚举常量是从 0 开始依次递增时，可以在最后一个所需要的枚举常量之后增加一个枚举常量。该枚举常量的值就是这一枚举类型中所有其他枚举常量的数量。例如，下面的枚举类型中，ITEM_NUM 的值就是 ITEM_i 的个数 N：

```
enum {ITEM_1, ..., ITEM_N, ITEM_NUM};
```

这个方法也可以推广到第一个枚举常量不从 0 开始的情况。只要枚举常量的值是连续的，就可以用最后一个枚举常量减第一个枚举常量然后再加 1 的方法计算出枚举常量的数量。把这一常量表达式定义为一个宏，或者赋值给一个全局变量，就可以使编译系统自动地计算枚举常量的数量而不必手工修改了。

8.2.6 程序可靠性的设计要点

程序的质量不仅体现在其功能和性能上，也体现在其运行的稳定性和可靠性方面。一个经常莫名其妙地崩溃的程序，无论如何不能算是一个高质量的程序。为保证程序在运行时的稳定可靠，需要在程序设计时具有防范程序错误的意识，采取防御性的设计，在编码时采取相应的措施，检查和处理各种所谓"不可能发生"的情况。

在程序中有相当一部分的异常情况是出现在程序与外部运行环境进行交互时。程序与外部环境交互一般都是通过库函数或者操作系统的系统调用。我们不能假设外部环境和数据总是符合我们的预期，也不能假设这些库函数和系统调用总是运行正常，可以完成预期的任务。因此在调用了与外部环境交互的库函数或系统调用之后，特别是调用了容易受到环境影响而出错的库函数和系统调用时，需要检查其返回值，以便判断其执行过程是否正常，并做出相应的处理。例如，在打开输入 / 输出文件时，在读写数据时，在申请分配内存空间，特别是在申请较大的内存空间时，都应该对库函数和系统调用的返回值进行检查和判断。此外，程序的输入数据是否在允许的范围之内、函数的参数是否符合函数设计时的要求等，也都在应该检查之列。在对代码进行检查时，应该明确一段代码在执行前所必须满足的条件，例如某个输入数据应在某一范围之内、某个变量必须被赋过值，等等，以及这些条件是否一定会被满足。在条件有可能不被满足的情况下，就需要进行必要的检查和处理。包含有除法、指针以及数组元素的表达式是需要注意的重点：0 除数、空指针、数组下标越界等都有可能使得程序发生崩溃，因此需要认真地推敲，看看在数据的源头是否进行了什么相关的检查，对数据源头的检查是否能保证在计算过程中不产生这些异常的情况，以及万一出现了异常情况应该如何处理等。下面我们看一个例子。

【例 8-3】计算 n 个元素的平均值

```c
double avg(double a[], int n)
{
    int i;
    double sum = 0.0;

    for (i = 0; i < n; i++)
        sum += a[i];
    return sum / n;
}
```

上面这段代码定义了一个计算 n 个元素平均值的函数 avg()。在不考虑 double 类型数据溢出的前提下，这个函数的正常运行有两个条件：第一是参数 n 必须要小于等于数组 a[] 的大小，第二是 n 必须不等于 0。因此我们需要检查一下，看看在直接或间接调用这个函数的其他函数中是否进行了检查和处理，以保证这两个条件在函数 avg() 被调用时总是成立。如果在程序的其他部分进行了相关的检查和处理，可以保证这两个条件在函数 avg() 被调用时成立，那么在函数 avg() 中就不需要再做类似的检查和处理，否则在函数中就需要加上相应的代码，以保证程序在任何情况下不至于崩溃。

　　为了对代码在执行前所需要满足的条件进行检查，在 C 语言中提供了断言 assert()。这是一个带参数的宏，定义在 <assert.h> 中，其参数是一个表示逻辑条件的整型表达式。当 assert() 被执行时，其参数表达式的结果必须为真，否则程序就会终止运行，并在程序的标准输出 (gcc) 或错误输出 (MS VC++) 上显示出错信息，指明不成立的断言表达式及其所在的文件和行数，以便编程人员进行故障定位。例如，在【例 8-3】的函数 avg() 中，假设我们预期在函数被调用时参数 n 必定大于 0，并且如果 n 不大于 0 的话就必须终止整个程序的运行，就可以在函数 avg() 的循环语句前加上断言 assert(n>0)。如果万一出现了 n 不大于 0 的情况，程序就会终止执行，并且输出类似于如下格式的错误信息，其中 xxx 是断言 assert(n>0) 所在行的行号：

```
Assertion failed: n > 0, file xyz.c line xxx
Abort(crash)
```

　　在使用断言 assert() 时有两点需要注意。一是 assert() 只应被用于不该出现且一旦出现就无法恢复的错误上，因为 assert() 一旦失败，就会终止程序的运行。如果错误是可以恢复的，则不应该使用 assert()，而应该对错误进行适当的处理，以便使程序在容错的状态下继续运行。二是 assert() 只有在未定义宏 NDEBUG 时才有效。如果在包含头文件 <assert.h> 之前定义了宏 NDEBUG，则 assert() 没有任何效果。这样的设计使得 assert() 可以作为程序的一种调试手段，只用于程序的调试阶段。代码在需要检查必须确保的条件的地方加入 assert()，以便说明和检查编程人员的预期和程序正确运行的先决条件。在程序调试完毕后，只需要在重新编译时通过命令行选项的方式定义宏 NDEBUG，不需要修改源文件就可以屏蔽 assert()，生成实际运行版本。在 gcc 下定义宏 NDEBUG 可以使用命令行选项 -DNDEBUG。在 MSVS 上，在 Build 选单的 "Set Active Configuration" 项下选择生成 Release 版本，MSVS 就会自动使用定义宏 NDEBUG 的命令行选项。

8.2.7　错误信息和日志文件

　　程序在运行时可能会由于各种内外部的原因而产生异常和错误。只要这些异常和错误不会引起程序的立即崩溃，程序都应该在发现错误的位置报告其所遇到的异常情况，包括错误的类型、产生的原因和在代码中的位置、相关的数据以及在程序中所采取的措施等，以便于调试人员跟踪程序的运行环境和执行过程，检查和排除程序中可能存在的错误。对于以交互方式使用的程序，这类错误信息一般直接写入标准错误输出；对于以非交互方式使用的程序，这类错误一般写入日志文件。

　　在生成和写入这类错误信息时，有三点需要注意。第一，错误信息应当清晰完整，以便给编程人员以明确的提示。信息的详细程度取决于错误的类型以及程序的规模和性质。

例如，在打开文件失败时，应该说明被打开文件的名称、未能打开该文件的原因以及程序所采取的措施。对于规模较大的程序，还应说明该操作所在的函数或程序模块。当在读入和分析数据的过程中发现错误时，不仅应该说明数据的来源、该操作的目的以及所在的函数或程序模块，还应该以便于阅读和分析的格式附带重要的相关数据。如果必要，还可以说明预期的数据是什么。第二，错误信息应该具有区分性，以便于编程人员或调试人员迅速在源代码中找到发生异常的位置。在规模较大的程序中，同一种性质的异常和错误往往可能在多处出现，其所需要输出的错误信息基本相同。例如，当对格式复杂的数据源进行分析时，数据错误可能在分析过程中的多个阶段发生。如果在同一类错误所有可能发生的位置上都输出格式完全相同的信息，就会使人难以分辨错误实际发生的位置，增加程序调试的困难。对于这类情况，需要在输出错误信息时适当使用附加信息，或者使各个故障点的输出信息格式略有不同，以便通过错误信息直接定位到程序中的相关代码。第三，对于错误信息应该直接冲刷，使其立即写入日志文件或者显示到终端屏幕上。关于这方面的内容，可以参考6.3.6节关于字符流冲刷的讨论。

在生成错误信息时，还有一个问题需要考虑，那就是需要在程序中的哪些位置上对错误进行检测，以及在发生错误时产生什么样的信息。这个问题既涉及对程序中可能发生的故障的预期，也涉及程序的规模、性质和用途。一般来说，程序中的异常和错误多发生在对外部资源和数据的访问上。例如，文件的打开、内存的申请、网络的连接、外部数据的读入、数据的传输等都是容易出现错误的地方。对于代码规模较小、生命周期较短、应用在非关键系统中的程序，对错误的检测可以适当地少一些。对于代码规模较大、生命周期较长、应用在关键系统中的程序，则对错误的检测应该更加严格，错误信息也应更加详细，并且辅以更加完善的错误处理方法。

对输入数据和中间结果的检查会在程序中增加与实质性计算无关的代码，因此可能会使程序显得冗长，同时也会影响到程序的开发维护效率和运行效率。然而这却是保证程序可靠性所必须付出的代价。当然，在程序的可靠性和所付出的代价之间应该有一个适当的平衡。程序中数据检查的范围和复杂程度取决于程序的重要性及其使用环境。对于一般的应用程序，至少也应在程序与外部环境交互的入口处或者模块之间的边界上进行必要的检查。

在日志文件中，除了需要写入系统运行时遇到的异常情况以及处理方法之外，还经常需要写入系统正常工作时的工作记录。这类记录信息的详细程度不仅取决于系统的规模和性质，而且取决于系统的运行状态和使用环境。例如，一个处于稳定运行的系统可能只需要记录其收到和处理了哪些命令和请求，而一个被怀疑处于异常状态的系统可能还需要记录在处理这些请求和命令时更详细的信息，包括请求和命令的来源、具体的执行步骤和处理时间、所访问的文件和使用的网络端口、所产生的响应和数据量等，以便对可能的错误及其来源进行跟踪和定位。为了适应系统在各种情况下对日志信息详细程度的不同要求，在程序中经常把日志信息分为不同的级别。在程序生成或运行时，可以通过适当的方法静态或动态地确定当前需要记录的日志信息的等级，改变日志记录的详细程度。在【例8-12】中我们会看到一个日志记录函数的例子。

8.2.8　关于可移植性的考虑

一个功能完善、设计良好的程序往往不只运行在该程序的开发平台上。因此在设计和实现一个具有一定适用范围和生命周期的程序时，应当考虑到程序的可移植性，以便在需要移植的时候能够方便一些，代价小一些。很多时候，程序设计和实现时的举手之劳就可以大大改善程序的可移植性。

不同的平台在硬件的结构、操作系统和编译系统的功能和处理方法，以及软件包和库函数的功能和版本等方面都可能有一定的差别。正是这些软硬件系统上的差别影响了一个程序直接在另一个平台上的运行。这些差别中与硬件相关的主要有基本数据类型的长度和表示方法、字节序、I/O 设备的名称、数量和属性；与操作系统相关的有文件的格式、程序运行的各种控制机制，如进程 / 线程的管理、信号等；与编译系统相关的主要是 C 语言中未明确规定的内容，如 char 的符号类型、函数参数的求值顺序等的实现方式，以及编译系统对 C 语言的一些非标准扩充。

为避免上述可能遇到的系统差别影响程序的可移植性，在程序中首先应当尽量采用与平台无关的描述方式。例如，在程序间传递和保存数据时，可以使用字符串方式。当需要使用二进制方式时，可以将其转换成标准的网络字节序，以避免数据文件或数据传输依赖于程序运行平台的字节序。又例如，在程序中读入正文数据时，应当尽量避免使用 getc() 之类的函数按字符一个一个地读入，而应该使用 scanf() 按数据项读入，或使用 fgets() 按行读入，以免在不同的操作系统上由于换行符的不同而引起数据读入错误。其次，在对数据进行处理时应当尽可能地使用标准库函数。例如，在对字符类型进行判断时，除有特殊情况外，最好使用 <ctype.h> 中提供的各个函数，而不宜自行选择其他的判断方法，因为这些标准库函数在不同的计算平台上都具有相同的执行结果，而自行选择的方法有可能依赖于具体的计算平台。再次，在等价的描述方式中应当选择与平台属性无关、具有可移植性的描述方式，避免使用与平台属性相关、难以移植的操作。例如，当使用掩码屏蔽掉整型变量 x 的后六位二进制位时，使用 x &= ~077 就比 x &= 0177700 具有更好的可移植性，因为前者对整型数据的长度没有限制，而后者假定一个整型数据的字长是 16 位二进制位。又例如，在程序中应当避免使用位域操作，因为它的执行结果取决于尾端和字长，移植起来很困难。最后，对于有可能随运行环境变化的因素，需要采用动态检查和处理的方法。例如，程序在屏幕上放置图标等图形对象的位置可能取决于这些需要从外部文件中读入的图形对象的大小。我们不应该假定程序今后处理的所有此类图形对象的尺寸都与程序开发时所用的图形对象相同，并将相关的数据固定下来，而应该在实际数据被获取之后再计算其属性和参数，以便程序能够灵活地适应不同的使用环境。此外，在程序中不应当使用 C 语言未明确定义执行顺序的组合操作及其副作用，以免对程序的移植造成难以发现的障碍。

当然，并不是所有程序的所有部分都是可移植的。一些与平台密切相关和耦合太紧的部分，例如涉及 I/O 设备、信号、图形界面以及进程控制等的代码，在移植时可能必须要重写。在程序中应当将这些对平台依赖的部分与程序其余的部分以接口函数的方式加以隔离，并且把这些接口函数及其所调用的与平台相关的代码组织在独立的源文件中。这样，在程序需要移植时，只需要改写或替换这些相关文件就可以了。总之，尽管程序移植是一件比较复杂的工作，但是如果事先考虑到程序的可移植性问题，是可以减少程序移植时的困难，降低移植成本的。

8.2.9 程序中的注释

注释是程序的重要组成部分，就像说明性文档是软件系统的重要组成部分一样。注释的内容和详细程度取决于程序的目的、规模和复杂程度。对于简单的程序，注释只需要说明程序编写的目的和依据，以及编写的时间和作者等基本信息即可。如果程序中涉及较为复杂的结构和算法，也应该加以说明。对于具有较长生命周期的程序，还应该说明程序的版本号，以及维护人员的姓名、修改的内容、原因和时间等内容。对于整个程序的说明应该放在源文件的开头，对于函数功能、参数、算法等的说明应该放在函数定义的前面，对于代码段的解释应该紧挨着被解释的代码。

注释的格式取决于各人的习惯。在编译程序支持行注释的情况下，一般对于局部的、针对个别语句的解释，局部错误修改的记录等往往采用行注释，放在被注释的代码行的末尾或其前后行。对于程序整体的功能、结构，以及维护过程的说明、程序段落或函数功能及参数等的解释、程序结构以及算法的改变、程序版本更新的说明等则多采用由注释界限符 /* */ 界定的注释段落。为了更加醒目，一些重要的注释往往使用醒目的符号，如 * 或 = 排成文本的边框。

在程序编写过程中应该及时添加必要的注释。在写注释时需要注意以下各点：

1）注释首先应当说明程序的功能需求、性能要求、程序设计的依据以及作者、设计日期和程序的版本号等基本内容。对于较为简单的程序需求，可以把任务描述及相关的要求等直接放到源文件的开头。

2）注释应具有足够的信息量，应当说明代码背后的设计思想，解释代码所实现的算法和机制，避免仅仅对代码做简单的复述。

3）注释应与代码一致。程序在设计和调试过程中难免会有修改。如果代码的修改涉及算法、机制或者数据结构和操作对象，就需要及时对注释进行必要的修改，以免注释与代码互相矛盾，造成对程序理解上的困惑。

4）避免过于复杂的注释。如果一段代码需要一段很长的复杂注释来解释，那往往说明程序设计的思路或者程序代码可能存在问题。这时首先需要做的是理清设计思路，检查一下是否可以修改或简化代码，或者将代码进一步分解为多个具有独立功能的较为简单的函数。

此外，对于函数和全局变量一般也应加注释，说明其功能和用途。

8.3 变量使用中的规则和风格

变量的两个基本属性是标识符和类型：标识符规定了变量的名字，类型规定了变量存储空间的大小。除了标识符和类型之外，与变量相关的另外三个重要属性是命名空间、作用域和生存周期。函数名可以看成是受 const 限制的指针型全局变量，指向一个表示函数体的复合语句。因此下面的讨论同样适合于函数。

8.3.1 变量的命名

给变量命名是一个既简单又不简单的任务。说它简单，是因为变量名就是一个合法的标识符，而标识符的定义规则是简洁明确的。说它不简单，是因为变量名是否恰当直接影响到程序的可读性。在一个充满大量变量的大型程序中为变量选择含义清楚、易写易读、又不与其他变量名混淆和冲突的名字，对于初学者，特别是母语不是拼音文字的初学者，常常是一件伤脑筋的事。在很多程序中经常可以看到大量含义不明的 a1、a2 之类的变量名，反映的就是这种情况。

变量命名的一般原则是，变量名的含义应该清楚，即使不能使人一望而知其所保存内容的性质，至少也应给人以提示，使人在第二次遇到同一个变量名时可以很容易地记起它的含义。同时，变量名之间应该比较容易区分，避免过于相似的变量名所引起的混淆。在满足前两个要求的基础上，变量名应该尽量简洁、命名的风格应该尽量一致，以便使程序代码看上去整齐规范。此外，根据习惯，变量名应以小写字母为主。

为满足上述要求，在命名变量时应该尽量使用有意义的字母组合，例如英文单词、常用的缩写、单词的词头以及单词的组合，并且可以适当地使用下划线或大写字母分隔名字字段，以增加名字的可读性。例如，max、get_line、objIndex 等都是比较合适的变量名。需要注意的是应当尽量避免使用汉语拼音作为变量名，因为汉语中的同音字词数量巨大，在不注明音调的情况下很多用拼音拼写的单词很难理解。为了便于变量名之间的区分，在同一程序段中出现的变量名之间的差异应该醒目。在两个长长的变量名中，如果只有中间或最后面一两个小写字母的差别，就很容易引起混淆。同时，尽管 C 语言的标识符是区分大小写字母的，也不要使用仅仅依据大小写的不同来区分的标识符，以免引起不必要的混乱。

为了使程序看起来清晰，在便于理解和区分的情况下应该尽量使用短一些的名字。例如，min_val 就比 minimal_value_above_zero 看起来更清爽一些，winHi 也比 windowsHeight 显得更简洁易读。为了保持风格的一致，在程序的所有变量中应当使用相同的方法来分隔变量名中的单词。在传统的 Unix/Linux 风格中使用下划线进行分隔，而在 MS Windows 风格中习惯使用的是以大写字母作为分隔标志的大小写混排。这两种方法各有其优点，因此都被广泛地采用。读者可以根据自己的习惯和偏好自行选择，但是在一个程序中应该只使用其中的一种，尽量避免把两种方式混合在一起。

除了上述的一般原则之外，变量的命名方式也与变量的存储类型相关。对于全局变量，应该尽量使用具有明确含义的说明性名字，例如 win_hi、objNum 等；避免用简单编号命名变量，如 value1、value2 等。如果确实需要以编号的方式为变量命名，那么使用数组可能会更好一些，因为那样的话可以使用下标对变量进行索引，在对变量进行遍历时会更方便一些。对于局部变量，可以使用短名字，如 i、j、k、m、n 等。这是因为全局变量可以在程序的任何部分被使用，因此其定义、初始化和使用的程序段有可能相距较远，甚至有可能不在同一个源程序文件中。使用具有明确含义的名字可以增加程序的可读性，以减少在变量使用时出错的可能；也可以避免频繁地查找变量的定义和含义，以提高编码时的工作效率。而局部变量只在一个函数内，甚至一个函数内的某个复合语句中使用。在结构良好的程序中，函数体不应该太长，定义、初始化和使用局部变量的程序段应该是紧挨在一起的。由于局部变量的使用周期很短，目的一般也很单纯，其含义往往不用说明性信息也可以一目了然，使用短变量名可以使代码显得简洁紧凑。当然，在定义局部变量时也可以使用具有说明性的变量名，如 len、wid、hi 等，以增加程序的可读性。这时需要注意的是，局部变量命名时应避免与全局变量同名，以免引起理解上的混淆和使用中潜在的错误。

有时为了进一步增加程序的可读性，可以在全局变量名前使用自定义的特殊前缀，以说明变量的性质和用途，或者变量的定义和使用范围。例如，对于在系统模块中定义和使用的全局变量，可以使用前缀 sys_ 以区别于其他模块中定义的变量。这样，我们看到变量名 sys_click 和 sys_line 就可以知道它们是定义在系统模块中的变量。我们也可以在变量名前加上前缀 s_ 说明它是只在本文件的代码中使用的静态变量；在变量名前加上前缀 g_ 说明它是在程序的任何源文件代码中都可以使用的全局变量；等等。MS Windows 在其 MFC 软件包中也使用了一些这类前缀，例如使用 m_ 表示类的成员变量。对于这类前缀的使用，完全取决于编程人员自己的约定。在使用这类前缀时需要注意必须规范和一致，并且最好在源文件的注释以及编码的文档中说明，以免混淆和遗忘。同时，使用这种依靠前缀来标记变量名的某种属性的方法应该有一个适当的限度，应当根据自己的习惯和程序的规模等因素来决定是否使用变量名的前缀以及使用什么样的前缀。例如，对于一个几百行的小程序，可能根本不需要使用任何前缀，只需要变量命名简洁易懂即可。刻板教条地采用某些规则，往往会适得其反。在这方面匈牙利命名法是一个极端的例子。匈牙利命名法规定变量名由属性、类型以及对象描述三部分组成，同时每一对象的名称都要求有明确的含义，可以取对象名全称或其中的一部分。这种命名法的基本思想是使人看到一个变量名就知道它的属性、类型以及用途，但是所付出的代价是变量名过长、信息冗余以及维护困难。严格遵循这一方法不仅降低了程序的可读性，增加了程序维护的成本，而且在很多情况下也没有达到其提高程序设计效率，保证程序正确性的目的。因此即使早期大力推行过这一命名法的微软公司，现在也不再坚持这一方法了。

对函数的命名除了遵循上述原则之外，一般采用含义清晰的动作性的名字，因为函数所表示的是一种操作而不是运算对象。例如，isdigit()、draw_window()、setWindowFlag()、GetHandle() 等都是含义清楚的函数名。使用这样的函数名可以使程序代码更加易读易懂。

8.3.2 变量的命名空间和作用域

变量命名空间的主要作用是为了避免命名的冲突。当我们编写只有几十行或几百行的小程序时，有可能通过仔细的安排来避免变量的重名。但是为大型程序中的变量命名，特别是不重复地为大量的变量命名就不是一件很容易的事情了。当一个大型程序需要由很多人共同协作完成时，变量名的协调就更不是一件简单的事情。例如，假设甲乙两个程序员共同开发一个程序，每个人独立地负责一个功能相对独立的部分。程序员甲需要使用一个 int 型的全局变量来保存所有部门的人员总数。为了便于记忆，他把这个变量命名为 total。而程序员乙需要使用一个 double 型的全局变量来保存所有人员的工资总额，并且也把这个变量命名为 total。这样，当这两部分代码在一起编译链接以便生成一个完整的可执行文件时，这两个全局变量由于使用了相同的名字而产生命名冲突，编译系统因此无法生成程序的可执行文件。为了避免这类变量命名的冲突，甲乙二人就需要经常对变量命名进行协调，而这会大大降低编程人员的工作效率。

命名空间为避免命名冲突提供了一种机制：只要处于不同的命名空间，就可以采用相同的标识符来命名不同的变量。每个程序员只需要注意使自己代码的命名空间不同于其他人员的代码，就可以不必关心其他人员对变量的命名。在自己控制的代码中，只要在每一个命名空间中避免命名冲突就可以了，而这一般是不难做到的。这样，通过合理地划分和使用命名空间，就可以大大减轻协调变量命名的负担。

变量的命名空间也被称为上下文，它可以被看成是一种保存标识符的抽象的容器。在不同的命名空间中相同的名字是互相独立的，可以有完全不同的含义，也就是说，在不同的上下文中对同一个标识符可以有完全不同的解释。因此我们可以在一个命名空间中定义一个名字为 i 的 int 型变量，而在另一个命名空间中定义一个名字也是 i 但是类型不同的变量，如 float i。这很有些类似于汽车号牌上的 BTV 并不代表北京电视台一样，因为这两者也处于不同的命名空间。

在 C 语言中，命名空间是用花括号 {} 来界定的。从语法的角度来看，一对花括号界定一个复合语句。从命名空间的角度看，每一个由花括号所界定的范围都是一个独立的命名空间。复合语句是可以嵌套的，与之相对应，命名空间也是可以嵌套的，而且嵌套的命名空间互不重叠。定义在花括号内的变量是属于该命名空间的局部变量，而不包括在任何花括号之内的变量则是属于全局命名空间的全局变量。在【例 8-4】的代码中共有 3 个命名空间，其中 if 语句所创建的命名空间和 for 语句创建的命名空间被嵌套在由函数 func 所定义的命名空间之中。这三个命名空间互不重叠，因此分别定义在这三个命名空间中的名为 a 的变量互不冲突。例如，for 语句的循环控制变量 a 是属于 if 语句的命名空间的，因此 for 语句循环体中对 a 的赋值不会对该循环控制变量有所改变。

【例 8-4】嵌套的变量命名空间

```
void func(int x)
{
    int a = x + 5;
    if (x > 0) {
        int a;
        for (a = 0; a < x; a++) {
            int a = x + 10;
            ......
        }
    }
}
```

尽管命名空间提供了区分变量定义的机制，使得我们可以在不同的命名空间使用相同的变量名，但是从程序的易读性来看，应当尽量避免在距离较近、关系较密切的程序段中使用相同或相近的标识符给不同的变量命名，以免引起不必要的麻烦。例如在【例 8-4】中，当在一个表达式中包含变量 a 时，我们需要思考一下表达式中的 a 到底是不是我们需要的那一个。而如果给函数中的三个变量用不同的标识符命名，事情就简单直观得多了。命名空间应该是我们解决命名冲突时的工具，而不是自找麻烦的手段。

变量的作用域与命名空间是两个互相关联但又不同的概念。变量的作用域是指变量名在程序中可见、变量内容可以被程序中的语句访问的区域。对于变量作用域的确定，不同的程序设计语言采用不同的策略：有的采用静态方式，有的采用动态方式。C 语言和大多数程序设计语言一样，采用静态作用域的确定方式，也就是说，在 C 语言中，变量的作用域是由程序的静态结构确定的，而不受语句执行顺序或函数在执行过程中的调用关系的影响。

在 C 语言中，一个变量的作用域由两部分组成：第一部分是该变量所在的命名空间中从该变量的声明处开始直至该命名空间结束，第二部分是该变量所在命名空间中嵌套的，并且位于该变量的声明处之后的其他命名空间。在这两部分中，第一部分成为变量的作用域是无条件的：一个变量在其命名空间中，在被声明之后必然是可见的和可访问的。变量所在命名空间中嵌套的其他命名空间成为该变量的作用域是有条件的，那就是在这个命名空间中没有与该变量同名的变量。这是因为在编译过程中，对指定名称的变量的绑定是按命名空间的层次，由内向外逐级确定的：编译系统首先在变量访问语句所在的命名空间中查找指定的变量。如果查找成功，则可以立即确定被访问的对象；如果查找失败，则继续在其上层的命名空间中查找，直至全局变量所在的命名空间。如果这时依然查找失败，则会产生错误信息，报告所要访问的变量不存在。从这一变量绑定的过程可以看出，如果在一个程序中有多个同名的变量，在以该名字对变量进行访问时，与引用语句所在命名空间的层次距离小的变量优先。下面的例子说明了这一情况。

【例 8-5】变量的作用域

```c
int a = 1,  b = 2,  c = 3,  d = 4;

int main()
{
    int b = 12, c = 13, d = 14;
    {
        int c = 23, d = 24;
        {
            int d = 34;
            printf("a = %d, b = %d, c = %d, d = %d\n", a, b, c, d);
        }
    }
    return 0
}
```

这段程序的执行结果是：

```
a = 1, b = 12, c = 23, d = 34
```

这段程序及其执行结果清楚地显示了 C 语言中变量的作用域及变量的绑定规则。可以看出，变量的作用域从其被定义的命名空间向被嵌套的命名空间延伸。该程序中的 printf 语句是在最内层的命名空间中访问各个变量的，因此它自内向外进行查找，并绑定所遇到的第一个同名变量。

8.3.3　变量的生存周期和静态局部变量

　　生存周期是变量的另一个重要属性，变量只有在其生存周期中才可以被使用。从生存周期的角度看，C 语言中的变量有两种类型：长效性变量和临时性变量。长效性变量存在于程序运行的所有阶段，从 main 函数被调用开始，到程序由于各种原因而结束运行为止。临时性变量只在程序的某一特定阶段存在。C 语言中的全局变量属于长效变量，因此可以在程序的任何函数中对其进行访问；而局部变量属于临时性变量，只有在其所属的函数被执行的这一特定阶段才存在，在该函数执行完毕后就消失了。因此局部变量的值不能以任何方式在函数的外部被使用。

　　了解一下操作系统对程序所使用的内存的管理以及各种变量在内存空间中的位置，有助于理解变量的生存周期。程序在进程上下文中运行，而进程上下文有自己的虚拟空间，被分隔成具有不同性质和用途的区域。程序中各种变量就被分配在这个虚拟空间的不同区域上。Linux/IA32 下程序内存的分配参见图 8-2a，用户程序可以访问的是 0xc0000000 以下的大约 3GB 的虚拟空间。程序中的可执行码以及只读数据，包括各类字符串常量等被分段保存在只读区；已初始化的全局变量和未初始化的全局变量被分别保存在读写区的不同段中。这两部分的大小和位置由编译系统确定，在程序运行过程中也不再改变，因此全局变量与程序运行相始终。由 malloc() 申请的动态存储空间被分配在运行堆上，与只读区和读写区共享 0x40000000 以下大约 1GB 的空间。局部变量被分配在用户栈区。用户栈也称调用栈，是一个以后进先出方式访问的、大小可变的存储空间，其栈底位于 0xc0000000，栈顶向低地址方向增长。调用栈是由编译系统生成的函数调用代码维护的，因此在用户程序中一般不需要直接和它打交道。程序中每一个函数在被调用时都会在这个栈上分配一段被称为栈帧的区域。在这个栈帧中，按规定的次序保存有调用者的栈帧指针、函数中的局部变量、在函数被调用前 CPU 中各个寄存器的值以及其调用其他函数时所要传递的参数。函数嵌套调用时使用的栈帧的结构参见图 8-2b。在一个函数执行完毕后，其所占用的存储空间就被收回，以便其他函数被调用时使用。因此局部变量在其所属的函数结束执行后就不存在了。

　　与变量生存周期相关的常见错误是在函数外面引用函数中的局部变量。下面是一个例子。

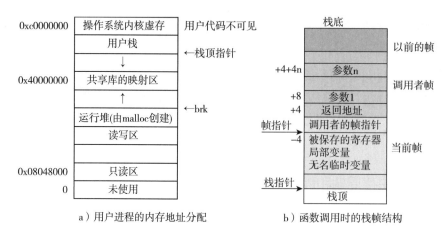

图 8-2   Linux/IA32 中的内存映像

【例 8-6】错误地在函数外面引用函数中的局部变量

```
typedef struct vec_3d {
    int x, y, z;
} vec_3d;

vec_3d *add_vec(vec_3d x, vec_3d y)
{
    vec_3d v;
    ......
    return &v;
}
void proc_vec()
{
    vec_3d *p, a, b;
    int d;
    ......
    p = add_vec(a, b);
    ......
    d = p->y;
    ......
}
```

在这个例子中，函数 add_vec() 返回了其局部变量 v 的地址，函数 proc_vec() 中的代码
通过指针变量 p 引用函数 add_vec() 中局部变量 v 的值。从理论上讲，在 add_vec() 结束后
其所有的局部变量就不存在了，因此 p 所指向的内容已经失去了原有的意义。在实际的程
序中，在函数外部通过指针访问其内部的局部变量之前该变量的内容是否会改变，取决于
程序所使用的运行平台，以及该变量被引用的位置与方式、程序的运行模式，甚至同一运
行平台上其他程序的运行状态。在【例 8-6】中，如果 *p 被引用的语句与 add_vec() 的返
回值被赋值到 p 之间相隔了一个或多个函数调用，那么几乎可以肯定 *p 的值已经发生了改
变。在这些情况下程序会产生难以预期的、不确定的结果。而如果在 p 被赋值后立即被引
用，在某些计算平台上 *p 的值有可能还没有发生改变。即使如此，大多数编译系统仍然会

发出警告，提示编程人员函数 add_vec() 不应该返回其局部变量的地址。

有些时候，在程序中需要使用一些具有长效性的变量，但是又不希望使用全局变量，以便使程序的结构保持必要的局部性，避免过多地使用全局变量引起程序维护的困难。为此，C 语言提供了一种具有长效性的局部变量，称为静态局部变量。与之相应，我们通常使用的普通局部变量被称为自动局部变量，或自动变量。自动变量在函数被调用时自动生成，在函数执行完毕退出时自动消失。同一个函数在两次连续的调用过程之间，自动变量的值不被保存。不但在函数的外部不能以任何方式引用自动变量的值，而且在后一次函数的调用中也无法得到前一次函数调用时自动变量的值。静态局部变量也是被定义在函数或复合语句内部的，但是在变量定义时带有 static 属性。下面代码中变量 a 和 b 就都是静态局部变量：

```
void func(int x)
{
    static int a = 1;
    static double b;
    ......
}
```

尽管局部静态变量被定义在函数或复合语句内部，但是却与全局变量一样被保存在虚拟空间的读写区，是一种函数或复合语句专用的长效性变量。与全局变量一样，局部静态变量的生存周期贯穿于程序的全部运行阶段，因此可以在函数之外通过指针的方式被访问。在【例 8-7】中，函数返回内部的局部静态变量 s 的地址，以便其他函数访问其内部的数据。

【例 8-7】函数返回静态局部变量地址

```
char *str_con(char *s1, char *s2)
{
    static char s[BUFSIZ];

    strcpy(s, s1);
    strcat(s, s2);
    return s;
}
int main()
{
    char *p;

    p = str_con("This is", "a string");
    printf("%s\n", p);
    return 0;
}
```

执行完这段代码后，屏幕上会出现下面的显示：

```
This is a string
```

当然，在一个函数的外部对其内部的静态局部变量进行访问必须慎重。无限制地在函数的外部使用其内部的静态局部变量会破坏代码的局部性：一段程序的执行效果不仅取决于可以直接看到的代码，而且可能取决于程序的其他部分。例如，函数内部的静态局部变量有可能被其他代码段通过外部的引用而修改。这就降低了程序的可读性，使程序变得不易理解，更为程序将来的修改和维护留下了潜在的困难。而且一个函数的所有运行实例都共享同一个局部静态变量，对一个函数的不同调用之间有可能互相影响，产生非预期的结果。例如，如果对函数 str_con() 进行嵌套调用：

```
p = str_con(str_con("This is", "a string"), "and its tail");
```

这段程序可以产生出我们所预期的结果：p 所指向的字符串是"This is a string and its tail"。而当我们换一种嵌套的方式时：

```
p = str_con("This is a head and", str_con("This is", "a string"));
```

程序会由于在运行中产生的地址越界而崩溃。对这其中原因的分析留给读者作为练习。

如果对局部静态变量进行初始化，那么这个初始化动作只在程序开始运行时执行一次，而不是在每次函数被调用时都执行。同一个函数在两次连续的调用过程之间，局部静态变量的值不发生改变，在后一次函数的调用中可以得到前一次函数调用时变量的值。因此，局部静态变量常用于保存函数的状态或函数专用的数据，下面是一个这方面的例子。

【例 8-8】使用静态局部变量记录函数的状态

```
int afunc(char *word)
{
    static int n = 0;
    n++;
    ......
    return n;
}
```

在这个例子中，静态局部变量 n 用来记录函数 afunc() 被调用的次数。该变量首先被初始化为 0，并且在 afunc() 每次被调用时加 1。这样，通过 afunc() 的返回值就可以知道该函数被调用的次数了。

8.3.4 全局变量的使用

C 语言中的全局变量是定义在所有函数之外的长效性变量。它的命名空间是整个程序中所有函数之外的空间，其生存周期贯穿于程序的运行阶段。全局变量可以定义在程序的任何地方，并可以被所有能看到该全局变量声明的语句访问。在两次赋值之间，全局变量的值不发生改变。

全局变量的第一个用途是保存长效公用数据。在程序中经常会有一些在整个运行阶段都可能需要使用的数据，例如各种类型的表格、计算过程的中间结果等。由于这些数据需要长期存在，并且不直接依附于任何函数，因此只能保存在全局变量中。例如，很多程序在运行的初始化阶段都从配置文件中读入程序运行的各种参数。这些参数决定了程序运行时的各种属性。由于这些参数在程序运行的整个阶段都有可能被访问，因此必须使用全局变量来保存。

　　全局变量的第二个用途是在函数或程序模块之间共享数据。我们在前面的章节中已经见过一些这样的例子。因为全局变量在程序运行的全部过程中是一直存在的，并且全局变量在程序的各个函数和程序模块中都是可见的，所以可以被所有的函数和程序模块共享。这样，全局变量就为各个函数提供了一个公共的存储空间，便于函数之间的通信和数据共享。

　　全局变量还可以简化函数参数的传递。当某些函数需要对大量的外部数据进行处理时，使用全局变量可以避免声明过长的参数表和传递过多的参数。参数传递是函数调用时的一项重要工作。参数传递所花费的时间与参数的数量和参数类型的大小成正比，过多参数的传递会降低程序运行的速度。同时，如果一个函数的参数过多，也会影响程序的可读性，增加程序出错的可能性。此时适当地采用全局变量代替函数参数的传递，对于提高程序运行的速度和改进程序的可读性都有帮助。有时，即使函数的参数数量不多，适当地采用全局变量也可以使程序显得简洁。例如，如果在整个程序中只有一个栈结构，则压栈和弹栈操作就不必使用参数来指定所要操作的栈，而可以在函数中直接使用全局变量对这个唯一的栈进行操作。

　　此外，全局变量也常用在一些大型的局部数据结构的存储上。如前所述，函数的局部变量是保存在函数调用栈上的。栈空间的大小是有限的，因此难以在上面定义过大的局部变量。如果程序的整体运行空间足够，使用全局变量来保存大型的局部数据结构不但可以避免栈空间大小的限制，而且可以避免使用动态内存分配和释放所带来的麻烦。

　　使用全局变量尽管有其优点和方便之处，但是也同时存在着不可忽视的缺点，因此需要权衡利弊，有节制地慎用。使用全局变量的主要缺点在于引入了函数的副作用，而副作用的效果和影响有时是难以把握的，特别是当程序的规模较大时。在 C 程序中最常见的函数副作用就是通过全局变量或指针改变函数局部变量以外的其他数据。函数副作用改变了函数影响的局部性，降低了函数行为的直观性。通常在程序中对函数使用的标准方式是通过函数调用产生返回值，并将这一返回值赋给某一变量。在这样的使用方式下，程序的结构和执行顺序很清楚，程序语句的影响仅限于赋值表达式的左值，函数内部语句的执行不会直接影响到函数的外部。因此程序员在调用一个函数时不需要过多地关心函数内部的细节，而只需要了解函数的原型和功能，即函数返回值与函数参数的类型以及它们之间的关系即可。这也是自顶向下设计模式的要求。这种函数影响的局部性使得程序易于理解和把握。当函数使用全局变量时，对函数的调用除了通过函数的返回值影响到赋值表达式的左值外，还可能通过全局变量影响和改变其他函数的运行。这就增加了程序中不同模块之间的耦合度，造成了对程序理解的困难，以及当程序出现错误时故障定位和修改的困难。尽管在百十行的程序中使用全局变量可能会使程序写起来比较方便，而且不会产生什么难以预料的副作用，但是却可能因此养成随便使用全局变量的习惯。当程序的规模较大时，这种习惯就有可能严重影响程序的可读性和可维护性。

8.3.5　变量与常量的比较

　　从书写风格的角度来看，变量之间的比较只要遵循一般的书写规范即可。而变量与常量之间的比较则有一些需要特别注意的地方。为了更清晰地表达变量与常量比较的含义，需要针对不同的变量类型，采取适当的格式，以增加程序的可读性。

❑ 逻辑值的比较：逻辑值在 C 语言中就是整型值，因此有人往往使用对整型变量的比较方式来对逻辑型的变量进行比较。这种比较方式无论在语法上还是在语义上都没有错误，但是却容易使人忽略表达式中的逻辑含义，混淆比较的目的，并且使表达式显得冗长。例如，假设变量 in_action 和 done 分别是记录程序运行状态的逻辑变量。使用 if(in_action == 1) 和 if(done == FALSE) 就远不如使用 if(in_action) 和 if(!done) 这种直接对逻辑值进行判断的方式来得简洁易读。使用逻辑判断函数时的情况也与此相同。例如在对字符类型进行判断时，使用 if(isdigit(c)) 就比 if(isdigit(c) == 1) 读起来更自然。这里可能唯一的例外就是 strcmp() 组的库函数了。这个函数及其同组的 strncmp() 等函数比较两个字符串，并返回 –1、0 和 1，分别表示第一个字符串小于、等于和大于第二个字符串，因此在条件语句中需要明确写出与之比较的常数。

❑ 整型数与 0 的比较：尽管在判断整型变量是否等于 0 时使用 if(!v1) 在语义上等价于 if(v1 == 0)，if(v2) 等价于 if(v2 != 0)，但是从书写风格上看这是一种不好的方式，因为它容易使人把数值变量 v1 和 v2 误解为逻辑型的变量。正确的方式是明确地写出与整型值进行比较的 0。

❑ 浮点数的比较：浮点型变量与常量的比较在 2.2.3 节中已有讨论。在比较中需要注意计算的精度，设定误差的控制范围，以避免浮点数直接比较可能产生的错误。

❑ 指针变量的比较：指针型变量与常量比较时一般都是判断其是否等于 0。这时应该使用符号常量 NULL，以强调变量的类型和比较的含义。例如，假设 p 是一个指针型变量，当判断其是否等于 0 时，应该使用 if(p==NULL) 或 if(p!=NULL)，而不使用 if(p==0) 或 if(p!=0)，因为这容易使人误认为 p 是整型变量。同时也不应使用 if(!p) 或 if(p)，因为这容易使人误认为 p 是逻辑型变量。

8.4 函数的参数和变长参数表

一般的函数在定义时其参数表是已知的和确定的，也就是说，函数在定义时已经明确地知道这个函数在被调用时需要几个参数，每个参数的类型是什么。但有些函数，特别是一些功能比较通用的函数，在函数设计阶段无法准确地预知函数在被调用时所要处理的参数的个数和类型。例如标准库函数中的 printf() 族打印函数提供的是通用的打印输出功能，在函数设计时不希望硬性地规定未来的使用者每次调用时只能打印多少个类型固定的数据，以及使用什么样的格式来打印。相反，设计者希望提供一种满足各种要求的通用功能。使用者可以根据自己的需要，灵活地使用这个函数，选择需要打印的数据的类型、数量以及输出格式等。这样，这组函数的参数表在函数设计时就无法准确地预知，参数的类型和数量只能在函数被使用时才能最终确定。这时常规的函数参数表的定义方式就无能为力，必须使用其他的机制。常用的处理变长参数的方法有两类，分别适用于不同的情况。第一类方法适用于当函数被调用时所要处理的参数个数不确定，但是参数的类型已知并且一致时。第二类方法适用于函数参数的个数不确定，而且参数的类型未知或者不一致时。

8.4.1　基于指针数组的变长参数处理机制

当函数参数的个数不确定，但类型已知并且一致时，最简单的方法是把数量可变的参数保存在一个数组中，并将这个数组以及其中元素的个数传递给所要调用的函数。我们在 3.3.4 节中讨论过的向函数 main() 中传递命令行参数就是使用这类方法的典型例子。实际上，在函数 main() 的完整定义中，参数表中可以至多有三个参数，其函数原型如下：

```
int main(int argc, char *argv[ ], char *envp[ ]);
```

函数 main() 的这些参数以及所涉及的数组，都是由操作系统在调用程序时自动构造的。其中 argv 是一个指针数组，该数组中的每个元素都指向一个字符串，表示程序被调用时的命令行参数。argc 说明程序命令行参数的个数，也就是数组 argv[] 中元素的个数。不同的程序所需要的命令行参数的个数是不同的，但是这些参数都是字符串，因此这些参数的存储位置可以被保存在一个字符串指针数组中。参数 envp 也是一个指向字符串的指针数组，其元素个数可变，以 NULL 作为其结尾元素。除了结尾元素外，数组中的每个元素都指向一个当前操作系统中的环境变量。所谓环境变量，是由操作系统提供的一组由等号 (=) 连接的名 – 值对，用以说明操作系统中的一些信息和设置，例如主机名、用户名、当前工作目录等，其具体内容取决于所使用的操作系统及其设置。下面是一个打印输出程序命令行参数和环境变量的例子。

【例 8-9】输出命令行参数和环境变量

```
int main(int c, char **v, char **envp)
{
    int i;
    char *p;

    for (i = 0; i < c; i++) {
        printf("%s", v[i]);
    }
    putchar('\n');
    while ((p = *envp++) != NULL)
        puts(p);
    return 0;
}
```

下面是这段程序在 Linux/RedHat 9 上运行时输出的关于环境变量数据中的几行：

```
TERM = xterm
REMOTEHOST = 192.168.48.160
SHELL = /bin/csh
```

8.4.2 变长参数表

当一个函数所要处理的参数的个数和类型都无法预知时，使用数组传递参数的方法就失效了，因为不同类型数据的长度不同，而数组不能同时保存长度不同的数据。即使有办法保存不同长度的数据，也需要一种机制来说明各个数据的类型和长度，才能正确地理解和使用这些数据。为此，C 语言中提供了一种被称为变长参数表的机制。使用变长参数表，并辅以相应的描述控制功能，就可以在仅仅知道可能的参数的类型范围，但无法预知实际参数个数以及每一个具体参数类型的情况下定义一个函数，并把对每一个具体参数的处理留待程序运行时去做。这样就大大增加了函数的通用性和灵活性。

在 ANSI C 中，变长参数表必须放在函数参数表的最后，用省略号 "..." 表示。例如，标准库函数 printf() 和 scanf() 的第一个参数都是一个 const char *，其后跟随着一个变长参数表。下面的函数原型：

```
void func_1(int x, double y, ...);
```

说明函数 func_1 具有两个类型确定的参数，分别是 int x 和 double y。此外，该函数还有一个变长参数表，其中的参数个数和类型都是未知的。

8.4.3 函数的参数传递

看一看函数的参数传递过程在计算机中是如何实际进行的，有助于理解函数参数在函数内部的地位和作用，以及变长参数表的实现机制。

C 程序中参数的传递是通过调用栈进行的。在 C 程序中之所以采用栈的方式传递参数，是因为函数的调用是嵌套进行的。从程序的结构上看，函数之间的调用关系形成了一棵以函数 main() 为根的树。但是一个函数在一个确定的时刻只能直接调用一个另外的函数，因此在任何一个时刻，函数的实际调用序列就形成了一个自顶向下嵌套调用的链。每一个被调用的函数从它的调用者那里接收函数运行所需要的参数，执行自己的代码，为它所要调用的函数准备必要的参数，然后再调用之。在一个函数执行完毕后，程序使用在函数调用栈中保存的返回地址返回到函数调用语句的后一条语句继续执行。因为函数的嵌套调用过程是后进先出的，所以与函数相关的各种数据以后进先出的方式保存在函数调用栈里，在任何时刻，当前正在执行的函数的相关数据总是处于栈顶，也就是可以被方便地直接访问的位置。函数嵌套调用时使用的栈帧的结构参见图 8-2b。当一个函数要调用其他函数时，会首先将其所要传递给被调用函数的参数以及被调用函数的返回地址保存在自己的栈帧的顶部，然后再执行函数调用指令。这样，被调用的函数就可以通过相对于栈帧指针的偏移量访问调用者传递给它的参数。

在调用栈中，参数所占用的存储空间是以 sizeof(int) 为单位的。也就是说，参数所占用的存储空间的大小必须是 sizeof(int) 的整数倍。例如，short 和 char 类型的长度尽管小于 sizeof(int)，但在调用栈中也与 int 类型数据一样，占用 sizeof(int) 个字节。在 IA32 平台上，sizeof(int) 等于 4，因此 int、short、char、float 以及各种指针类型的参数都占用 4 个字节，而 double 类型的参数占用 8 个字节。

8.4.4　变长参数表的基本处理机制和工具

当在程序中调用一个带有变长参数表的函数时，系统按规定把参数放到栈中，然后调用该函数。对于变长参数表的处理完全是由带变长参数表的函数来完成的。带变长参数表的函数必须知道如何确定变长参数表中函数的个数，以及每一个参数的类型。标准库函数 printf()、scanf() 以及相关的函数族就是使用变长参数表的典型例子。函数 printf() 的第一个参数是输出格式说明字符串，在这个字符串中用以 % 引导的格式说明符表示参数表中所对应的参数的类型以及所需要的输出格式，例如，%d 和 %x 都表示其所对应的参数是 int 类型的，但是一个要按十进制方式输出，另一个要按十六进制方式输出。格式说明字符串中以 % 引导的格式说明的个数就等于其所需要输出的参数的个数，格式说明字符指明每个参数的类型，以便函数正确地读取跟随在格式说明字符串后面的参数。

从函数参数传递的机制可知，在函数调用时实际参数是按照参数表中由后向前的次序被保存在栈帧中的。因此，只要知道了变长参数表前面参数的地址和类型，就可以计算出变长参数表的起始位置，而这个位置也就是变长参数表中第一个参数的地址。根据第一个参数的类型，就可以知道它所占据的存储空间，也就可以推算出第二个参数的地址。依此类推，就可以计算出所有参数的地址。变长参数表的基本处理机制就是根据这一原理，使用指向变长参数表的指针，根据参数的类型计算各个后续参数的位置，逐一对参数表中所有参数进行访问，获得各个参数的值的。

为了便于编程人员利用上述机制访问变长参数表，在 C 语言中提供了一组工具。这组工具定义在 <stdarg.h> 中，因此在使用变长参数表时，需要在源代码文件中包含这个头文件。这组工具都以前缀 va_ 开头，包括 va_list、va_start、va_arg 和 va_end，其中 va_list 是指向变长参数表的指针类型，其余各项分别是对指向变长参数表的指针变量的初始化、从变长参数表中获取参数以及停止对变长参数表访问的操作命令。这组工具的定义与计算平台相关，具体定义在不同的平台上可能不完全相同，但是它们的功能和使用方法是完全一样的。在 IA32/Linux 平台上，这组工具以及相关操作的定义如下：

```
#define _INTSIZEOF(n) ((sizeof(n) + sizeof(int) -1) & ~(sizeof(int) -1))
typedef char * va_list;
#define va_start(ap,lsat) (ap = (va_list) &last + _INTSIZEOF(last))
#define va_arg(ap,type) (*(type *)((ap += _INTSIZEOF(type)) - _INTSIZEOF(type)))
#define va_end(ap) (ap = (va_list) 0)
```

在这组定义中，宏 _INTSIZEOF(n) 是在工具内部由其他宏调用的。它的作用是按照 int 类型的长度的整倍数计算一个数据或类型的长度，也就是当一个数据或类型的长度不等于 int 类型的长度的整倍数时，将其向上规整到 int 类型长度的整倍数。例如，假设 sizeof(int) 等于 4，那么，当 sizeof(n) 等于 1、2、3 或 4 时，这个宏所产生的值都是 4，当 sizeof(n) 等于 5、6、7 或 8 时，这个宏所产生的值都是 8。对数据长度按 int 的整数倍进行规整是因为参数在调用栈中所占用的存储空间是以 sizeof(int) 的整数倍为单位的。这个宏将 sizeof(n)

加上 (sizeof(int)-1)，然后再用"按位与"操作把不足 int 类型长度整倍数的部分滤掉，以获得大于等于 sizeof(n) 的 sizeof(int) 的最小整倍数。这种方法是 C 程序中对数值按一定单位大小进行向上规整时常用的技术。需要注意的是，这个宏定义假设 sizeof(int) 是 2 的整数次幂，因此使用 ~(sizeof(int)-1) 生成一个后 log2(sizeof(int)) 位为 0、其余所有高位均为 1 的掩码。此外，尽管加法 (+) 和减法 (-) 的优先级高于"按位与"(&)，但是宏定义在"按位与"之前的运算表达式 sizeof(n)+sizeof(int)-1 两端仍然加上了括号，以便于阅读和理解。这也是一种良好的编码风格。

va_list 是为了便于程序在不同的平台上移植而定义的一个数据类型。在 IA32 平台上，它被定义为指向字符的指针 char *，因此具有 va_list 类型的变量可以指向内存中的任意地址。当使用变长参数表机制时，首先必须定义一个指向变长参数表的指针变量。这个变量具有类型 va_list。例如：

```
va_list ap;
```

就定义了一个这样的变量 ap。在使用这个变量之前，必须对其进行初始化，使其指向变长参数表中的第一个参数。这一工作是由 va_start 完成的。这是一个带参数的宏，其使用方式类似于函数，因此也常用类似于函数原型的方式来说明它的使用方式：

```
void va_start(va_list ap, last);
```

这个宏的第一个参数 ap 是一个具有 va_list 类型的变量，第二个参数 last 是函数参数表中最后一个具有确定的位置和类型的参数，也就是紧接在变长参数表"..."前面的那个形式参数。例如，在下面函数的参数表中，当使用 va_start 时，y 就是 last 的实际参数：

```
void func_1(int x, double y, ...)
{
    va_list ap;
    va_start(ap, y);
}
```

va_start(ap, last) 首先把参数 last 的地址转换为 va_list 类型，以便使后面的加法操作以字节为单位，然后再加上该参数在调用栈中所占用的存储空间的字节数，计算出变长参数表中第一个参数的地址，并把它赋给宏的第一个参数变量 ap，完成对 ap 的初始化工作。

为了获取参数表中各个参数的值，需要使用命令 va_arg。va_arg 也是一个带参数的宏：

```
type va_arg(va_list ap, type);
```

这个宏的第一个参数 ap 必须是一个具有 va_list 类型，并且被 va_start 初始化过的变量，第二个参数 type 是一个类型说明符，说明当前正在获取的参数的类型。这个宏在执行完毕后所返回的是具有 type 所规定的类型的值。同时，这个宏根据 type 自动地修改变量 ap 的值，使其指向下一个参数。在函数的代码中反复调用 va_arg，就可以遍历变长参数表中的所有参数。va_arg() 是一个指针表达式，它既需要返回 ap 当前所指向的内容，又需要修改 ap 的值，使其指向下一个参数。因此 va_arg() 首先根据指定的类型修改 ap 的值，然后再用 ap

的新值通过减法生成指向当前参数的指针，通过强制类型转换再返回其所指向的内容。

在对变长参数表遍历完毕之后，需要使用命令 va_end 说明指向变长参数表的指针已经无效。这个命令带有一个参数：

```
void va_end(va_list ap);
```

参数 ap 是由 va_start 初始化过，且被 va_arg 使用过的变量。在调用了 va_end 之后，变量 ap 中的值就不能再被使用了。在大多数计算平台上，va_end 只是给其参数变量赋一个 0 值，并不涉及系统资源的释放等操作，因此这一命令在程序中经常被省略。

下面是一个使用这组工具的例子。

【例 8-10】 *N* 个数值求和   设计一个函数 sum_n()，可以对任意给定的 *N* 个 double 类型的数值求和。

被求和的加数数量可变，因此需要使用变长参数表。因为被求和的所有参数都是 double 类型，所以在参数中不需要再提供对参数类型的说明。函数 sum_n() 的代码如下：

```
double sum_n(int n, ...)
{
    int i;
    va_list ap;
    double s = 0.0;

    va_start(ap, n);
    for (i = 0; i < n; i++) {
        m = va_arg(ap, double);
        s += m;
    }
    va_end(ap);
    return s;
}
```

在函数被调用时，被求和的数值的数量 n 作为第一个参数，其后是 n 个被求和的数值。例如，对 x、y、z 三个 double 类型的变量求和时，函数调用语句可写为 sum_n(3, x, y, z)。

8.4.5 变长参数表和程序描述风格

变长参数表为程序功能提供了一种灵活的描述机制。在很多情况下，适当地使用变长参数表，并结合将程序的执行机制和控制策略相分离的其他程序描述技术，可以使程序的结构更加清晰、易读，并且便于维护。下面我们看一个例子。

【例 8-11】超长指令码的生成   根据指令格式描述表，生成由数量可变的指令域组成的超长指令码。

本例题取自于一个运行于 IA32/Linux 平台上的超长指令字（VLIW）CPU 交叉编译的指令码生成部分，并进行了适当的简化。该 CPU 指令字长度为 128 位，分为长度不同的指令域，分别放置各类算子和数据，控制 CPU 中运算部件、数据通路、寄存器组等功能部件。由于指令域的数量较多，为充分利用 CPU 各部件之间的并行性，指令编码分为 8 种模式，以便把需要同时使用的指令域组织在一起。在不同的指令模式下，指令字中的指令域集合以及各个指令域的位置和宽度各不相同。图 8-3 是其中的两种指令模式，每个指令域中的字符串是该指令域的名称，括号中的数字是该指令域的宽度。

sys (2)	CBFF (3)	DAT (1)	CBCF1 (5)	CBCF2 (5)	CBCF3 (5)	CBCF4 (5)	CBCF5 (5)	CBCF6 (2)	op1 (11)	op2 (13)	op3 (11)	op4 (13)	op5 (12)	op6 (12)	TMS (5)	op7 (18)

sys (2)	CBFF (3)	ATM (1)	CBCF1 (4)	CBCF2 (5)	CBCF3 (6)	CBCF4 (6)	CBCF5 (4)	op1 (40)	op2 (12)	op3 (12)	op4 (12)	op5 (5)	IMMD (16)

图 8-3 【例 8-11】中两种 VLIW 指令模式的例子

为了便于处理这种复杂多变的指令结构，以及减少指令结构和指令域的修改对程序结构和编码造成的影响，增加程序的可维护性和可扩展性，缩短编译系统对 CPU 设计改变的响应时间，在编译系统的这一部分采用了以表格方式描述各个指令域、使用函数的变长参数表描述实际机器指令码生成的技术。在程序中首先定义了各种表格的数据结构。例如，描述指令域的数据结构 _instPat 的定义如下：

```c
typedef struct _instPat {
    int f_name;
    int wid;
    int type;
} _instPat;
```

该结构中的字段 f_name 是指令域的标识，wid 说明指令域的宽度，type 说明对该指令域取值类型的限制，其中属性 type 没有表示在图 8-3 中。这样，一个指令模式就可以描述为 _instPat 类型的数组，数组中的各个元素依次描述该指令模式下的各个指令域。下面给出了图 8-3 中的两个指令模式的描述。在指令模式描述中，每行对应该模式中的一个指令域，零元素表示该模式描述的结束。指令域的标识，如 SYS、CBFF 等都是预先定义的取值为正整数的宏。

```c
_instPat type0[] = {
    SYS,    2, 0,
    CBFF,   3, 0,
    DAT,    1, 0,
    CBCF1,  5, 'A',
    CBCF2,  5, 'B',
    CBCF3,  5, 'C',
    CBCF4,  5, 'D',
    CBCF5,  5, 'E',
    CBCF6,  2, 'G',
    OP1,   11, 0,
    OP2,   13, 0,
    OP3,   11, 0,
    OP4,   13, 0,
    OP5,   12, 0,
    OP6,   12, 0,
    TMS,    5, 0,
```

```
    OP7,    18, 0,
    0,      0,  0
};
_instPat type7[] = {
    SYS,    2,  0,
    CBFF,   3,  0,
    ATM,    1,  0,
    CBCF1,  4,  0,
    CBCF2,  5,  'E',
    CBCF3,  6,  'H',
    CBCF4,  6,  'H',
    CBCF5,  4,  'J',
    OP1,    40, 0,
    OP2,    12, 0,
    OP3,    12, 0,
    OP4,    12, 0,
    OP5,    5,  0,
    IMMD,   16, 0,
    0,      0,  0
};
```

所有 8 种指令模式构成的指令模式集合可以描述如下：

```
_instPat *instTypes[] = {
    type0, type1, type2, type3,
    type4, type5, type6, type7
};
```

采用这种方法，整个 CPU 的指令结构以及各个指令域的属性和取值范围等被描述为近百个类似的表格。这些表格的处理代码大约 2000 行。当 CPU 设计的修改引起指令系统格式的改动时，在编译系统中的代码生成部分只需要修改相应的表格，而不需要改动任何的程序代码。

机器码的生成是根据编译系统前端所产生的中间指令进行的。中间指令的类型决定了机器码的指令模式和所需要使用的指令域，中间指令的参数决定了这些指令域的值。每种中间指令所对应的机器码模式和所使用的指令域都不完全相同。为了简化编码，增加代码的通用性、可读性和可维护性，在机器指令的生成中使用了数量可变的 < 指令域 – 值 > 对的方式描述机器指令的编码。下面是对两个中间指令进行处理和编码的函数例子。在这两个例子中略去了根据参数获取各个指令域的值的计算过程，只显示了使用函数 setPat() 描述机器码结构等与指令格式描述表直接相关的代码：

```
int *arith_FMUL3(int n, char *a, int op, int len)
{
    int p_set1, p_set2, p_pat1, p_pat2, arith;
    ......
    arith = setArith(FMUL2Pat, op, FMUL2OP, FMUL2OPD, fp);
    return setPat(1, CBCF2, p_set1,
        OP2,   p_pat1,
        CBCF4, p_set2,
        OP4,   p_pat2,
```

```
        OP5,    0x50cc,
        CBCF6, FMUL2,
        OP6,    arith,
        0);
}

int *arith_DCMP(int n, char *a, int op, int len)
{
    int p_set1, p_set2, p_pat1, p_pat2, arith;
    _pathField **fp;

    ......
    return setPat(5, CBCF2, p_set1,
            OP2,    p_pat1,
            CBCF4, p_set2,
            OP4,    p_pat2,
            CBCF6, FMUL2,
            OP6,    arith,
            0);
}
```

函数 setPat() 是机器码生成的核心函数之一，是所有对中间指令进行转换的函数在最终生成机器码时都要调用的函数。这是一个使用变长参数表的函数：函数的第一个参数说明所要生成的机器指令的模式，以后 $2n$ 个参数是 n 个 <指令域 – 值> 对，最后一个 0 结束对机器指令的描述。在上面的例子中，arith_FMUL3() 所生成的机器码使用了 7 个指令域，arith_DCMP() 所生成的机器码使用了 6 个指令域。setPat() 的定义如下：

```
int *setPat(int type, ...)
{
    va_list ap;
    int t, n, v, pos, wid, ft;
    static int inst[4];
    _instPat *instPat;

    memset(inst, 0, sizeof(inst));
    va_start(ap, type);
    instPat = instTypes[type];
    if (!findPos(instPat, CBFF, &pos, &wid, &ft))
        return 0;
    setInst(inst, pos, wid, type);
    while ((n = va_arg(ap, int)) != 0) {
        t = va_arg(ap, int);
        if (!findPos(instPat, n, &pos, &wid, &ft))
            return 0;
        if (!is_of_type(t, ft, &v)) {
            fprintf(stderr, "%d is not of type %c\n", t, ft);
            continue;
        }
        setInst(inst, pos, wid, v);
    }
```

```
        SHOW_INST;
        return inst;
}
```

函数 setPat() 首先以参数 type 为索引找到指定的指令模式，使用 findPos() 找到指令域
CBFF 的位置和宽度，并使用 setInst() 将 type 的值填入该指令域。然后，setPat() 对变长参
数表中的 <指令域 – 值> 对逐一地扫描和处理：使用 findPos() 找到该指令域的位置、宽度
和类型，使用 is_of_type() 检查给定的值是否符合指令域的类型限制，然后再使用 setInst()
将符合要求的值填入该指令域中。这一过程循环执行，直至在变长参数表指令域的位置上
遇到标志参数表结束的 0 为止。

函数 findPos() 检查给定的指令域是否属于当前的指令模式，并返回该指令域在 128 位
长度的机器码中的起始位置、宽度以及所需要的数据类型。这个函数的定义如下：

```
int findPos(_instPat *pat, int field, int *pos, int *wid, int *f_type)
{
    int i, w;

    for (w = i = 0; pat[i].f_name != 0; i++) {
        w += pat[i].wid;
        if (w > INSTWID) {
            fprintf(stderr, "Field %d is not in the inst! \n",
                field);
            return 0;
        }
        if (pat[i].f_name == field)
            break;
    }
    if (pat[i].f_name == 0) {
        fprintf(stderr, "%x: No such field in the inst! \n", field);
            return 0;
    }
    *pos = INSTWID - w;
    *wid = pat[i].wid;
    *f_type = pat[i].type;
    return 1;
}
```

函数 setInst() 将数值 v 填入到规定的指令域中。指令域的起始位置由参数 p 给定，宽
度由参数 w 说明，128 位长度的机器码的存储空间由 inst 指向的由 4 个 int 型元素组成的数
组提供。函数的定义如下，其中使用了我们在前面章节中讨论过的多种位操作。函数最后
两行用来处理指令域中可能跨越数组元素的部分。在给定的指令格式中，一个指令域最多
只可能占据两个数组元素，因此这里只用一个条件语句处理就够了。

```
void setInst(int *inst, int p, int w, int v)
{
    int i, m, n;

    n = p >> 5;                        /*确定指令域所在的数组元素*/
```

```
    m = gen_msk(w);
    inst[n] |= (v & m) << (p & 0x01f);
    if ((p ^ (p + w - 1)) >= 32) /*处理指令域中跨越数组元素的部分*/
        inst[n + 1] |= (v & m) >> ((-p) & 0x1f);
}
```

限于篇幅，我们在这里没有给出在程序中使用的其他表格以及相应的数据类型，因此也就略去了 is_of_type() 以及其他相关函数的定义。但是，这些省略不会妨碍我们对这段代码基本思想和所使用的技术的理解。可以看出，通过使用表格描述指令结构，使用变长参数表描述 <指令域 - 值> 对，这段程序的代码具有很好的可读性、可维护性和可扩展性。无论是指令结构的改变、指令域的增删和修改，还是中间指令向机器码转换方法的改变，在程序中所对应的都是描述的改变而非操作性代码的改变。这种技术在其他具有类似性质的程序中也可以采用，并且可以有效地改进程序的结构，提高程序编码的质量。

8.4.6 vprintf() 函数族

vprintf() 函数族包括 vprintf()、vfprintf() 以及 vsprintf()。有些编译系统还提供了以 v 开头的其他打印函数。这些以 v 开头的函数的基本功能与不以 v 开头的 printf() 函数相同，所不同的是 vprintf() 族中的函数接受指向变长参数表的指针作为参数，而 printf() 族中的函数只接受变长参数表。下面是 vprintf() 族函数的原型：

```
    int vprintf(const char *format, va_list ap);
    int vfprintf(FILE *stream, const char *format, va_list ap);
    int vsprintf(char *str, const char *format, va_list ap);
```

vprintf() 族函数适用于在具有变长参数表的函数中打印输出变长参数表中的参数，其中参数 format 中的格式说明形式与 printf() 族函数完全相同，参数 ap 是一个被 va_start 初始化过、指向一个变长参数表的指针。C 语言函数库之所以要提供这样一族函数，是因为在很多情况下程序中需要按照 printf() 族函数所接受的描述格式，以变长参数的方式输出信息，但是在信息输出的前后又需要进行一些固定的附加操作。为此需要把这些附加操作与数据输出操作封装在一个函数中。这个封装函数本身在被调用时具有一个数量和类型均不确定的变长参数表，但是这个变长参数表却不能直接传递给 printf() 族函数。这是由于 printf() 族函数虽然能够接受和处理变长参数表，但是其在被调用时的参数表必须是确定的，而封装函数在定义时其所接受的参数的个数和类型均是未知的，其所能确定的只是封装函数中变长参数表的地址。因此，在封装函数中不能直接使用 printf() 族函数。而 vprintf() 族函数接受指向变长参数表的指针，可以通过该指针访问并输出该变长参数表中的数据。下面是一个使用函数 vfprintf() 的例子。

【例 8-12】日志信息的输出　设计一个日志记录函数 log_msg()，其函数原型如下：

```
    void log_msg(int level, char *format, ...);
```

该函数的第一个参数 level 指明信息的记录级别，此后是一个由格式字符串引导的变长参数表，其形式和含义与 printf() 相同。系统当前的日志记录级别由全局变量 _do_log 指定。当 _do_log 等于 0 或 _do_log 的值小于日志信息的级别时不记录该日志信息，否则将该日志信息及其记录时间一起写入由 FILE * 类型的全局变量 log_fp 指定的日志文件。当 log_fp 为 NULL 时日志信息写入标准错误输出。

因为在函数 log_msg() 中需要将其参数中由格式字符串引导的变长参数表打印输出到指定的日志文件中，所以需要使用函数 vfprintf()。函数的代码如下：

```
void log_msg(int level, char *format, ...)
{
    va_list ap;
    time_t tm;

    if (!_do_log || _do_log < level)
        return;
    if (log_fp == NULL)
        log_fp = stderr;
    va_start(ap, format);
    tm = time(NULL);
    fprintf(log_fp, "% s\t", ctime(&tm));        // date and time
    vfprintf(log_fp, format, ap);
    putc('\n', log_fp);
    fflush(log_fp);
    va_end(ap);
}
```

8.5　缓冲区溢出

将函数的参数、局部变量、返回地址等相关内容保存在调用栈中，为函数的调用提供了有效的控制机制和局部变量管理机制，但是也同时带来了潜在的问题。在程序中如果对局部变量，特别是局部数组变量使用不当，往往会引起程序执行错误甚至崩溃等严重错误。这是因为函数中局部变量的地址低于保存该函数返回地址的存储单元的地址，而数组中各个元素的地址是随着其下标的增长而由低向高增长的。当程序有意或无意地越界将数据写入给定范围之外的数组元素时，就会侵入其他存储单元的地址空间，产生数据存储区溢出的错误。当越界的范围不大，受影响的只是函数中其他局部变量时，函数的计算可能会出错。当越界范围较大时，就可能覆盖和修改函数返回地址和调用者的栈帧指针，以致引起函数返回地址错误而不能正确地返回到函数被调用的地方。有些程序中莫名其妙的错误就是由此类原因引起的。如果被地址越界修改之后的函数返回地址是一个有效的地址，程序就会将那个地址中保存的内容作为指令，继续运行。至于运行的是什么指令，会产生什么结果，一般的编程人员是根本无法预料的。

除了在代码中直接访问数组造成的地址越界之外，还有多种操作有可能造成函数局部变量存储区的溢出，其中比较常见的是在输入数据时由于编程错误或者缺乏必要的检查而造成的输入缓冲区溢出。下面是两个例子。

【例 8-13】输入数据类型描述错误造成的缓冲区溢出

下面的函数 read_int() 从标准输入上读入一个整数，并将它返回给调用它的函数：

```
int read_int()
{
    int n;
    scanf("%s", &n);
    return n;
}
```

但是这段代码中有一个错误，那就是在函数 scanf() 中用错了数据类型描述符。读入整型数的描述符是 %d，而 %s 是字符串的描述符。因此，当这个函数被调用时，它就将变量 n 的地址作为一个字符数组的地址，将标准输入上的字符逐一存入从这个地址开始的字节，并在最后一个字符之后添上一个 '\0'，作为字符串的结束符。当标准输入上给出的数字少于 4 个时，调用这个函数除了产生不正确的结果外，程序依然可以正常地运行。但是当标准输入上给出的数字等于或多于 4 个时，就有可能使该函数无法正常地返回，并且引起程序的崩溃。程序运行时的具体错误现象取决于多种因素，包括标准输入上给出的数据、程序的结构和调用关系、程序其他部分的代码，以及所使用的操作系统等。

【例 8-14】输入数据过长造成的缓冲区溢出   函数 find_substr() 从标准输入上读入一个字符串，在其中搜索，看它是否包含有由 substr 指明的字符串，并将搜索的结果返回给调用它的函数。

```
int find_substr(char *substr)
{
    char buf[N], *p;
    p = gets(buf);
    if (p == NULL)
        return 0;
    return strstr(buf, substr) != NULL;
}
```

在这个函数中使用了标准库函数 gets() 和 strstr()。这两个函数在第 6 章中都讨论过。函数 gets() 的功能是从标准输入上读入一个字符串，将它保存在由参数指定的缓冲区中，并将行尾的换行符 '\n' 替换为字符串结束符 '\0'；函数 strstr() 的功能是查找并返回第二个参数字符串在第一个参数字符串中第一次出现的位置，当第一个参数字符串中不包含第二个参数字符串时，函数返回 NULL。

函数 find_substr() 的代码看起来没有什么问题。除了一个数组定义、一个逻辑比较以及一个 return 之外，剩下的就是对两个标准库函数的调用了。在简单的测试中，如果从标准输入上输入的字符串不太长，一般也不会出什么问题。但是实际上，这段代码存在一个非常严重的隐患。因为函数 gets() 并不检查输入字符串和输入缓冲区的长度，所以当输入字符串的长度大于输入缓冲区 buf 的长度时，就会产生缓冲区溢出，覆盖调用栈中栈帧指针和函数返回地址等关键数据，引起程序运行的错误。程序中这样的漏洞被称为缓冲区溢出漏洞。有相当一部分广泛使用的应用程序，特别是未经安全性检查和修改的早期版本，都存在这种缓冲区溢出漏洞。这类漏洞被黑客广为利用，严重威胁了计算机系统的安全。这类利用缓冲区溢出漏洞的攻击不但可以使被攻击的程序崩溃，而且可以通过精心构造输入字符串，利用函数的返回机制，使程序转移到攻击者所期望的程序段，执行其所预期的操作，以获得更大的权限和对系统资源的控制。

避免在程序中引入输入缓冲区漏洞的基本方法就是在读入数据时对数据的长度进行检查，在其将要超过缓冲区的长度时停止读入数据。以函数 find_substr() 为例，在这段代码中使用函数 fgets() 取代 gets() 就可以避免输入缓冲区的溢出。函数 fgets() 的功能与 gets() 相似，只是多了两个参数：一个指明最大读入字符数 n，另一个指明输入文件。函数从指定的输入文件中读入一行字符串，并连同行末的换行符一起存入缓冲区中。与 gets() 不同的是，fgets() 最多读入 n−1 个字符，并在其后添加上字符串结束符 '\0'。因此如果输入字符串很长，fgets() 会对输入字符串进行截断，以确保不会造成输入数据缓冲区的溢出。使用 fgets() 的函数 find_substr() 的代码如下：

```
int find_substr(char *substr)
{
    char buf[N], *p;
    p = fgets(buf, N, stdin);
    if (p == NULL)
        return 0;
    return strstr(buf, substr) != NULL;
}
```

8.6　常用编译预处理命令的使用

几乎每个程序的源文件中都包含有编译预处理命令，用于在程序中引入头文件、定义符号常量以及进行程序的版本控制等。所有的编译预处理命令都是以 # 开头，以行为单位，由命令和单词组成的。编译预处理命令中的 # 必须位于该行的第一列，与其后构成命令的单词之间可以有 0 个或多个空白符。常用的预处理命令有用于文件包含的 #include、用于宏定义的 #define，以及用于条件编译的 #if 等。编译预处理器执行这些编译预处理命令，并删除源文件中的注释、进行必要的字符替换，以生成待编译的中间源文件。因为预处理工作是在对源文件的编译之前由预编译系统进行的，所以与 C 语言的语法和程序结构无关。在源文件中，编译预处理命令可以位于程序文件的任何位置，其作用域从定义位置开始，一直延续到当前文件的末尾，或遇到结束该预处理命令的其他预处理命令为止。

8.6.1　文件的包含

文件包含便于文件共享，可以增加程序的可维护性。文件包含命令有两种使用格式。一种是：

```
#include  <文件名>
```

这种格式规定预编译器在指定的目录中搜索由尖括号括起来的文件名，并把该文件包含进源文件中。在 Unix/Linux 上，编译系统默认的搜索目录是 /usr/include。此外，编译系统 cc/gcc 提供了命令行选项 -I 来指定其他需要搜索的目录。当使用了 -I 选项时，编译系统首先在命令行选项指定的目录中搜索，然后再在系统默认的目录中搜索。文件包含命令的另一种格式是：

```
#include "文件名"
```

这种格式规定预编译器首先在当前目录中搜索由双引号引起来的文件名。如果该文件存在，则把它包含进源文件中。否则，就在指定的目录中继续搜索。

常见的被包含文件有两种类型。一种是以 .h 为后缀的头文件，包括由编译系统提供的系统头文件和程序源文件中自定义的头文件。另一种是不以 .c 为后缀的其他文件，一般是程序中需要使用的具有相对独立性的数据文件。编译预处理器对于包含文件的类型和后缀没有任何特殊的要求。只要是操作系统中合法的文件，都可以通过 #include 导入到源文件中。但是根据规则，在程序中不应通过包含引入以 .c 为后缀的文件，而应该把这类文件直接作为编译程序的输入文件。这是因为根据约定，.c 文件是包含有函数、全局变量等程序实体定义的文件。一个实体的定义在程序中只应出现一次，而通过包含引入 .c 文件有可能造成对其多次引用，引起程序实体的重复定义。因此尽管通过 #include 引入 .c 文件并不必然导致程序编译或运行错误，但也是一种必须要避免的不良做法。下面我们看一个以包含文件形式使用函数数值表的例子。

【例 8-15】导入以独立文件形式保存的函数表

在程序中需要以表格形式存储以度为自变量单位的正弦函数值。设文件 sin.data 中以逗号分隔浮点数的格式保存了从 0° 到 359° 的 360 个正弦函数值：

```
0.0,
0.0175,
0.0349,
......
-0.0175
```

当函数表格定义为 double 类型数组 f_sin[] 时，sin.data 中的函数值可以通过数组初始化方式导入：

```
double f_sin[] = {
#include "sin.data"
};
```

这样，sin.data 中的函数表可以以独立文件的形式保存。比起把 sin.data 中的数据直接复制到程序代码中，这种方式更加便于程序的维护。

8.6.2 宏

宏是一种使用标识符定义单词序列的机制。在定义了一个宏之后，就可以使用该标识符表示所定义的单词序列。在程序中使用宏可以增加程序的可读性、可维护性和可扩展性，便于程序的调试。我们在前面各章中已经见过了很多宏的例子。根据定义方式，宏可以分为无参数宏和有参数宏两类。无论哪种宏，在预处理阶段都会被展开为其所定义的单词序列。两类宏的区别仅在于对于无参数宏的展开是使用其定义单词序列进行直接的替换，而对于有参数宏，在进行单词序列的替换时还需要进行参数的替换。

无参数宏的定义方式如下：

```
#define  标识符   单词序列
```

宏定义单词序列前后的空白符被忽略。一般情况下，宏定义结尾处不使用分号 (;)，以便使其与一般 C 语句中标识符的使用格式相同。在使用宏时需要注意的是，宏定义在展开时是将其定义直接插入宏所在的位置，宏定义中的各个单词是独立解释的。在包含两个以上单词的宏定义中需要使用括号将宏定义括起来，以避免在宏展开时产生与原意不符的变化。下面是一个宏的定义和展开的例子。

【例 8-16】无参数宏的替换

```
#define WIDTH 80
#define HI WIDTH + 40
int v = HI * 20;
```

在这段代码被处理和执行完毕后，符号常量 HI 等于 120，但是 v 的值不等于 2400。这是因为 HI*20 在预处理完毕后被替换成为 80+40*20，结果等于 880。为了避免这种在宏替换后产生的语义变化，需要使用括号将宏定义的内容括在一起。这样，当使用宏时，其定义就会被作为一个整体处理。例如，将上例中 HI 的定义改为 #define HI (WIDTH+40)，表达式 HI*20 的值就是 2400 了。

有参数宏的定义方式如下：

```
#define  标识符(标识符表)   单词序列
```

其中标识符表类似于函数原型中的参数表，只是没有类型说明，其中的标识符由逗号分隔，表中第一个标识符与开括号之间无空格。与无参数宏类似，有参数宏定义的结尾处一般也不使用 ';'。为了避免在展开时由宏的实际参数的优先级和结合关系引起的语义变化，在展开序列中出现的参数一般用括号括起来。下面是一个有参数宏定义的例子。

【例 8-17】有参数宏的定义

```
#define ABSDIFF(a, b)  ((a) > (b) ? (a) - (b) : (b) - (a))
```

对有参数宏的调用方式与函数调用类似，其调用时的实际参数的数量必须与定义时的形式参数的数量相同，并且由逗号分隔。宏的每一个参数都可以是任意表达式。至于表达式的形式及其类型是否合法，则是展开之后由编译器来判断的。当有参数宏展开时，宏的标识符被其定义中的单词序列代替，定义中的形式参数都被实际参数替换。例如，表达式

```
z = ABSDIFF(x + y, x - y);
```

在预处理后被展开成

```
z = ((x + y) > (x - y) ? (x + y) -(x - y) : (x - y) -(x + y));
```

如果在有参数宏的定义中没有把每一个参数也括起来，则宏在展开后也有可能发生语义变化。例如，假设在上面的宏 ABSDIFF(a, b) 的定义中没有把 a 和 b 括起来：

```
#define ABSDIFF(a, b)(a > b ? a - b : b - a)
```

则表达式 z = ABSDIFF(x + y, x - y); 就被展开成如下的形式：

```
z = (x + y > x - y ? x + y - x - y : x - y - x + y);
```

这时无论 x+y 是否大于 x-y，结果都等于 0。

此外，在使用有参数宏的时候，需要注意宏展开后对副作用的影响。如果宏的实际参数中包含有副作用，而该参数又在宏定义中多次出现，则该副作用也可能多次发生。例如，下面的表达式

```
z = ABSDIFF(x++, --y);
```

被展开成

```
z = ((x++) > (--y) ? (x++) - (--y) : (--y) - (x++));
```

无论条件表达式中的条件是否成立，对 x 的增量操作和对 y 的减量操作都会执行两次，而这在源文件中是无法看出的，由此而引起的错误也是很难发现的。

宏的作用域开始于它的定义之后，终止于它所在的文件的结束。因为宏是由预编译器处理的，所以它不受限于程序的结构。预编译器不理解 C 语言的语法，它只把源程序文件看成是一个字符流，因此宏是属于整个文件的。它在被定义后的任何地方均可以使用，而不必考虑其是否被定义在某一个具体的函数之中。当然，为了保持程序的良好结构和可读性，在实际编码时一般尽量将宏定义安排在相关的头文件中，或者使用这些宏的源文件的开头部分。

在早期的 C 程序中曾广泛地使用宏。除了符号常量外，宏还被大量地用来定义在程序中需要经常使用的代码段，以便在代码重用的同时避免因为把代码封装在函数中所带来的函数调用的开销。由于宏在扩展时可能引起的副作用，以及宏作为一种编译预处理机制不能被调试工具识别而使得程序不易调试和跟踪等原因，在当前的编程实践中使用宏来定义大段的可执行语句序列的情况已不多见。但是由于宏在程序运行时不需要任何额外的开销，在很多场合，特别是简单判断或表达式的定义中，宏仍然被广泛使用。例如，在 2.1.2 节中列举了在 Unix/Linux 文件系统中使用的文件类型的标志位。这些标志位定义在头文件 <sys/stat.h> 中。为方便对文件类型的判断，在该头文件中还定义了相应宏：

```
#define __S_ISTYPE(mode, mask) (((mode) & __S_IFMT) == (mask))
#define S_ISDIR(mode) __S_ISTYPE((mode), __S_IFDIR)
#define S_ISCHR(mode) __S_ISTYPE((mode), __S_IFCHR)
#define S_ISBLK(mode) __S_ISTYPE((mode), __S_IFBLK)
#define S_ISREG(mode) __S_ISTYPE((mode), __S_IFREG)
......
```

当某一标志位被置位时，对该标志位进行判断的宏所返回的值为真。使用这些宏，就可以直接根据 mode 中保存的文件类型标志来判断一个文件的类型。

在大型程序中，一个源文件往往需要包含大量的 .h 文件。这其中既有系统提供的各类头文件，也有程序自定义的头文件。这样，在编程人员定义自己的宏时，很有可能会发生命名冲突而引起编译预处理的错误。为避免出现这样的命名冲突，编程人员可以在源文件中首先取消可能存在的相关宏定义，然后再使用该标识符定义自己的宏。当取消宏定义时，需要使用命令 #undef。#undef 的语法如下：

```
#undef <标识符>
```

在 #undef 命令之后，< 标识符 > 所指定的宏就不存在了。即使此前程序中不存在以该标识符命名的宏，#undef 也不会引起任何错误。下面是一个使用 #undef 的例子。

【例 8-18】#undef 的使用 定义 BUFSIZ 等于 2048。

```
#undef BUFSIZ
#define BUFSIZ  2048
```

BUFSIZ 是一个定义在 <stdio.h> 中的符号常量，其具体的值取决于编译系统和配置。在有些系统上，BUFSIZ 等于 512，在另一些系统上，BUFSIZ 等于 4096，或者其他的值。使用上述两行编译预处理命令，就可以使得程序中的符号常量 BUFSIZ 不受编译系统的影响而固定地等于 2048。

由于存在各种缺点，随着计算机软硬件技术的发展，宏在一些新的语言版本和编译系统中逐渐被一些新的机制所取代，使用宏的场合逐渐减少。但是作为编译预处理的一种重要机制，宏仍然有其不可替代的作用，特别是在条件编译和版本控制等方面。此外，在程序代码中适当地使用宏也可以使程序更加简洁和便于维护，这里重要的是"适当"。

8.6.3 系统预定义的宏

符合 ISO 标准的 C 语言编译器预定义了多个标准的宏，用于说明编译器的版本及工作状态。在程序中，这些宏的使用方法与用户自定义的宏相同，在编译时被展开，替换为相应的内容。这些宏都是以两个下划线 (__) 作为其前导和后缀字符。其中常用的有下列 4 个：

- ❑ __DATE__：__DATE__ 的替换文本是一个说明编译日期的字符串，日期格式为 "Mmm dd yyyy"，例如："Mar 18 2021" 表示 2021 年 3 月 18 日。
- ❑ __FILE__：__FILE__ 的替换文本是一个字符串，其内容是当前源代码文件的文件名。
- ❑ __LINE__：__LINE__ 的替换内容是一个整数常量，其值是 __LINE__ 在当前源文件中的行号，以文件头为第一行起算。
- ❑ __TIME__：__TIME__ 的替换文本是一个说明编译时间的字符串，格式为 "hh：mm：ss"，例如："08：15：59" 表示 8 点 15 分 59 秒。

下面我们看一个使用这些宏的例子。

【例 8-19】预定义宏 __DATE__ 、 __FILE__ 、 __LINE__ 、 __TIME__ 的使用

```
// t1.c
// B. Yin, 2021, 11, 15

#include "stdio.h"

int main()
{
    int a = 123, b = 456, c;
    c = a * a / b;
    printf("This is line %d, File %s compiled at: %s %s, \n", __LINE__, __FILE__,
        __DATE__, __TIME__);
    printf("C: %d\n", c);
    return 0;
}
```

上面这段代码的输出是下面这个样子的：

```
This is line 10, File /home/yin/prog/t1.c compiled at: NOV 15 2021 11:53:36,
C: 33
```

需要注意的是，__DATE__ 、 __FILE__ 、 __TIME__ 的替换内容都是字符串，在 printf 的格式串中对应的格式描述符是 %s，而 __LINE__ 的替换内容是整数，所对应的格式描述符是 %d。

8.6.4 条件编译

条件编译命令的作用是控制编译系统根据给定的条件对源文件中的内容有选择地进行编译，主要用于在程序开发和调试中控制版本、增加和屏蔽临时调试代码以及适应不同的软硬件环境，以增加程序代码的可移植性等方面。条件编译涉及 #if、#ifdef、#ifndef、#elif、#else 和 #endif 等预编译命令。

条件编译的基本语法格式如下：

```
#if <常量表达式>
    <正文>
#endif
```

#if 行和与之匹配的 #endif 之间的 < 正文 > 是合法的程序段，包括预编译命令和各种语句，也可以为空。当 < 常量表达式 > 不等于 0 时，< 正文 > 部分被正常地预处理和编译。当 < 常量表达式 > 等于 0 时，其后的 < 正文 > 部分被跳过，不再构成程序的组成部分。条件语句中常用的常量表达式是常量、宏，或对宏的比较。常量表达式两端可以加括号。下面是一个例子，其中 GCC_VERSION 就是一个由编译系统预定义的宏，说明编译系统的版本号：

```
#if (GCC_VERSION >= 2096)
......
#endif
```

除了使用常量表达式之外，在 #if 语句中也可以使用 defined < 标识符 > 或 !defined < 标

识符 > 来检测 < 标识符 > 是否是一个已经被定义的宏。如果 < 标识符 > 是一个已被定义了的宏，则 defined < 标识符 > 等于常量 1L，而 !defined < 标识符 > 等于 0L。因为在条件编译中经常会遇到需要判断一个宏是否已被定义的情况，所以预编译系统提供了另外两个命令来实现这一操作：#ifdef < 标识符 > 等价于 #if defined < 标识符 >，#ifndef < 标识符 > 等价于 #if !defined < 标识符 >。例如，在 C++ 程序中也经常会用到一些 C 语言的头文件，使用其中的宏、类型以及对变量和函数的声明等。在 C++ 中使用 C 语言的各类实体声明时，需要将其包含在 extern "C" { } 中。因此我们常常可以在一些系统头文件中见到下面的条件编译语句：

```
#ifdef  __cplusplus
extern "C" {
#endif
......
#ifdef  __cplusplus
}
#endif
```

当对 C++ 的源文件进行编译时，系统自动定义了宏 __cplusplus，因此在这两个条件编译语句之间的所有正文都被包含进了 extern "C" { } 的花括号之中。当对 C 源文件进行编译时，系统没有定义宏 __cplusplus，extern "C" { } 就不会出现在预处理之后的中间源文件中了。

在条件编译中也可以使用 #elif 和 #else 来进行多路选择，其中 #elif 与 #if 一样，其后要跟随由常量表达式构成的条件。这两部分都是可选项。一个条件编译结构中可以有 0 个或多个 #elif 部分，而 #else 部分最多只能有 1 个。带 #elif 和 #else 部分的条件编译结构常常用于需要适应多种不同平台和运行环境的程序：根据程序的运行环境定义不同的宏，把与运行环境相关的代码写入条件编译语句的不同分支。下面是使用 #elif 和 #else 的例子。

```
#ifdef _M68K
#define LEN 32
#elif defined _X86
#define LEN 16
#else
#define LEN 8
#endif
```

在这个例子中，如果程序在编译时 _M68K 是一个被定义了的宏，则 LEN 等于 32，否则如果 _X86 是一个被定义了的宏，则 LEN 等于 16，否则 LEN 等于 8。

条件编译经常用于控制生成程序的调试版本和发行版本。很多程序在调试阶段需要进行诸如函数参数及中间结果的检查、调试信息的输出等操作，也可能需要定义与最终的发行版本不同的函数、宏和常量等。在调试完毕之后，这些与调试相关的代码就需要从程序的发行版本中剔除或修改。但是为了便于程序日后的维护和更新，这些调试代码又不能简单地从源文件中删除或直接进行修改。因此在源文件中，这些调试代码被包含在条件编译命令中。我们在 8.2.6 节见过的 assert() 就是这样的例子。在可执行文件生成时，条件编译命令根据指定编译版本的宏决定是否对相关的代码段进行编译。指定编译版本的宏一般不在源文件

中进行定义，而是通过编译系统的命令行选项进行定义。例如，在 gcc 中，命令行参数 –D<
标识符 > 就在被编译的源文件中定义了一个以 < 标识符 > 命名的宏。在其他编译系统或集成
开发环境中也有类似的编译命令行选项。这样，不需要对程序进行任何修改，就可以仅通过
编译系统命令行选项的宏定义功能而生成不同版本的可执行文件。下面我们看一个例子。

【例 8-20】使用条件编译在发行版本中屏蔽调试信息输出

```
#ifdef _DEBUG
#define MSG(s)  fprintf(stderr, s)
......
#else
#define MSG(s)
......
#endif
```

上面的代码使用条件编译命令给出了宏 MSG 的不同定义。在编译生成程序的调试版本时需
要首先定义名为 _DEBUG 的宏，这样 MSG 就等价于 fprintf()，使用 MSG 就可以在程序中
的检测点上输出调试信息。当编译生成程序的发行版本时，取消对 _DEBUG 的定义，MSG
就等价于空白符，因此就屏蔽了所有的调试信息输出。假设上述代码是文件 my_prog.c 的
一部分。通过下面的编译命令行：

```
gcc -o my_prog - D_DEBUG my_prog.c
```

就生成了该程序的调试版本。如果去掉命令行中的选项 -D_DEBUG，就生成了程序的发行版本。
　　在程序中，条件编译命令经常被嵌套使用。C 语言的标准头文件中就有大量的嵌套使
用条件编译命令的例子。下面我们看一个在程序中嵌套使用条件编译命令的例子。

【例 8-21】条件编译命令的嵌套使用　　在【例 7-1-2】中使用条件编译命令，使之能够
在 Linux/gcc 和 MSVS 上根据命令行选项的要求分别生成使用 32 位和 64 位整数进行计算
的可执行文件。

　　尽管在 Linux/gcc 和 MSVS 上都可以使用 64 位整数，但是相同的数据类型在不同系统
上的名称不同。在 Linux/gcc 上，其类型名是 long long，而在有些 MSVS 上，则是 __int64。
此外，在不同的编译系统中，对 64 位整数的输入数据转换函数以及 printf() 中的格式控制
符也各不相同。下面是根据运行平台之间的这些差异进行处理的条件编译代码段：

```
#ifdef _LONG64
#   ifdef _MSWIN
#       define int __int64
#       define atoi _atoi64
#       define INT_FMT  "%I64d"
#   else
#       define int long long
#       define atoi atoll
#       define INT_FMT  "%lld"
#   endif
#else
#   define INT_FMT   "%d"
#endif
```

为了使该程序可以根据运行平台生成相应的可执行文件，除了将上面这段条件编译代码加到【例 7-1-2】中程序的开头外，还需要将该程序中的质数表和数组 g[] 扩大一些，并且将 printf() 中的数据输出格式改变为下列形式：

```
......
int main(unsigned c, char **v)
{
    ......
    printf(INT_FMT "\n", tmp_num);
    return 0;
}
```

当需要生成使用 64 位整数进行计算的可执行文件时，在 Linux 平台上使用下列编译命令

```
gcc-o antiprimt -D_LONG64 antiprime.c
```

即可。在 MSVS 平台上，需要在编译系统的选项上增加对宏 _LONG64 和 _MSWIN 的定义。当使用 32 位整数时，在 Linux 平台上使用 gcc-o antiprimt antiprime.c，在 MSVS 平台上取消宏 _LONG64 和 _MSWIN 的定义即可。这样，程序不需要进行任何修改，就可以仅通过编译系统命令行选项的宏定义功能而生成具有不同功能和适应不同平台的可执行文件。

条件编译也常用于程序调试时对大段代码的屏蔽。我们往往使用注释界定符 /* 和 */ 对小段代码进行屏蔽。但是对大段的代码，使用注释界定符就不是很方便了：除了必须在需要被屏蔽的代码段两端同时增加和删除注释界定符之外，还需要注意在被屏蔽的代码段中是否还有其他的注释界定符，以免由于注释界定符的错误匹配而产生编译错误。这时，使用条件编译命令就显示出其优点了：将需要被屏蔽的代码的两端分别加上 #if 0 和 #endif，就可以完成对代码的屏蔽。当需要恢复被屏蔽的代码时，只需要将 #if 0 改为 #if 1 即可。

8.7　编译选项指令：#pragma

编译器在工作时可以有多种辅助功能选项，例如输出警告信息的等级、是否需要进行代码优化以及优化的等级、需要链接哪些库文件，等等。这些功能选项一般通过编译系统的命令行参数给出。#pragma 编译选项指令提供了另一种指定编译系统功能选项的手段。与命令行参数相比，#pragma 指令更加灵活，在对由多个源文件组成的大型程序进行编译时，可以方便、精准的规定对于每个源文件的编译选项。

可以在 #pragma 下具体描述指定的编译选项有几十种之多。在一般的编程中常用的有下面几个。

1. #pragma comment：这个选项主要用于对链接过程选项的说明，其语法格式如下：

```
#pragma comment(<comment-type> [,"<comment_string>"])
```

其中 <comment-type> 是具体的功能选项，是一个预定义的标识符，<comment_string> 是与功能标识符相关的附加信息，是一个字符串。并不是每一个功能标识符

都附带 <comment_string>。功能标识符 <comment-type> 有 5 个，其中较为常用的是 lib，说明程序在编译时需要链接的函数库文件。下面是使用功能标识符 lib 的例子。

```
#pragma comment(lib, "cxcore.lib")
#pragma comment(lib, "cv.lib")
#pragma comment(lib, "mysql.lib" )
```

这几个例子分别说明在编译其所在的源文件时，需要链接库文件 cxcore.lib、cv.lib 和 mysql.lib。

2. #pragma once：这个选项指定其所在的源文件在编译时仅由编译器打开一次，而无论这个文件被间接包含引用了多少次。这个选项常常被用在 .h 文件中，以避免同一个文件被重复引用。参见 8.8.3 节。

3. #pragma waring：这个功能选项用来修改编译器生成警告消息的行为，其语法格式如下：

```
#pragma warning(<specifier>:<number-list>[;<specifier>:<number-list> ...])
```

其中 <specifier> 是具体的功能说明符，是一个预定义的标识符，<number-list> 是由空格符分隔的数字序列，说明功能选项所指定的警告消息编号。功能说明符 <specifier> 有 5 个，外加 4 个说明警告等级的数字。功能说明符中常用的是 error、disable 和 once。error 要求编译器把指定的警告信息作为错误来处理；disable 禁止编译系统输出指定的警告信息；once 要求编译系统对指定的警告信息只输出一次。下面是使用 #pragma waring 的几个例子。

```
#pragma  warning(disable: 4101)
#pragma  warning(disable: 4224)
#pragma  warning(disable: 4225)
#pragma  warning(once: 4121)
#pragma  warning( error: 4996)
```

上面这些例子分别说明在编译其所在的源文件时，不输出编号为 4101、4224 和 4225 的警告信息，对于编号为 4121 的警告信息，只输出一次；把编号为 4996 的警告作为错误，也就是一旦程序中出现这种原本只需要发出警告信息的轻微错误，就视为程序出错，不再链接生成可执行文件。

根据语法，上述这几个 #pragma waring 指令也可以写在一个语句之中：

```
#pragma  warning(disable: 4101 4224 4225; once 4121; error 4996)
```

8.8 源文件的拆分

三五百行的小程序一般写在一个源文件中。当程序的规模逐步增大时，把所有的代码写在一个文件中就不便于程序的阅读、编辑和修改了。当程序的规模大到一定程度时，再把所有的代码写在一个源文件中将是非常困难，甚至是不可能的。为便于对大型程序的开发和调试，在 C 程序中可以对源文件进行拆分，把代码写在多个文件中，分别进行编译，生成出各自的目标码文件，然后再通过链接生成可执行文件。

对源文件进行拆分的主要优点是便于程序的增量式开发和调试，以及程序的维护。在一个几百行的文件中进行代码的编辑以及故障的查找、定位和修改总比在一个几千行甚至更长的文件中方便。在对程序的局部修改完毕后，只需要对所修改的文件重新编译、链接，即可生成新的可执行文件。这比对程序的全部源代码重新编译一遍要更节省时间。对源文件进行拆分也是程序协同开发的重要手段：把一个程序分为若干相对独立的模块，并由多个人分工合作，共同完成，可以大大加快程序开发的速度，是大型程序开发的基本工作方式。

8.8.1　源文件拆分的基本原则

源文件拆分的基本原则是，尽量使每个源文件构成相对独立的功能模块或结构模块，在模块内部的代码应该具有相对紧密的关联，内部尽量封闭。不同模块之间的代码之间的关联应当尽量地少，尽量避免交叉引用，同时模块之间的相互调用的接口应当尽量简单。这也是人们常说的所谓"模块内部高内聚，模块之间松耦合"的意思。此外，在对源文件进行拆分时，应当避免单个文件的尺度过大。在一些大型软件中，由几个关联密切的函数组成的一两百行甚至更短的源文件并不鲜见。一般情况下，当文件的长度超过 1000 行时，就可以考虑对它的拆分了。

源文件的拆分可以有多种方式，取决于程序的模块划分方法和程序的规模。例如，对于规模不太大的程序，可以按描述的内容，把关于程序实体的声明和关于程序实体的定义分开，分别放在 .h 和 .c 文件中。对于规模较大的程序，一般采用基于功能的划分，以基本功能模块为单位组织代码，把功能及数据结构相对独立的代码放在一个或一组文件中，并提供向其他模块开放的函数界面。例如，与平台相关的部分就可以从程序的其他部分分离出来，组成单独的模块，并对程序的其他部分提供与平台无关的接口函数。对于复杂而重要的数据结构，也可以将其封装在独立的文件中，并对程序的其他模块提供对复杂数据结构的基本操作功能。

在源文件的拆分中需要避免不同文件内容的交叉引用，因为这种文件内容之间的交叉引用会使得程序结构不清、程序调试困难、程序维护复杂。为防止出现这种文件内容之间的交叉引用，可以对代码中的相关函数写出函数调用关系，并把同一调用子树下的函数或相互调用的函数写在同一个文件中。对于被较多模块调用的公用的函数，则可以单独提取出来写在一个或几个文件中。

8.8.2　源文件的类型和后缀

C 程序的源文件有两种类型，分别以 .c 和 .h 为文件名的后缀。C 语言对源文件名的后缀没有硬性的规定，但编译系统以及相关的程序生成工具对文件名的后缀有一些要求。此外，对不同后缀的文件的使用也有一些约定俗成的规则。

.c 文件是源程序文件，其中的内容主要是对程序实体，包括以函数为单位的程序代码、全局变量等的定义。.h 文件一般称为"头文件"，用于集中管理各类声明，主要包括对函数原型的说明、全局变量的声明、由 struct 或 typedef 定义的新的类型，以及由编译预处理命令 #define 定义的宏等说明性内容。一个标识符可以被说明多次，只要各次说明相同，并且与定义一致即可。

因为 .c 文件的内容是对实体的定义，所以它可以独立存在，一个程序的组成中必须包含 .c 文件。在编译过程中，.c 文件只被编译一次，并生成目标码文件。.c 文件中可以包含涉及存储分配的内容。而 .h 文件的作用是对实体的声明以及对类型的定义，因此它不独立存在，而是依附于 .c 文件，并通过编译预处理命令 #include 被包含进 .c 文件。一个 .h 文件可能被多个 .c 文件引用，在编译过程中可能被多次访问；一个 .c 文件也可能引用多个 .h 文件。在一个规模较小的程序中，完全可以把 .h 文件中的内容放到 .c 文件中，因此一个程序的组成可以不包含 .h 文件。

.h 文件的一个重要作用是作为 .c 文件对外的界面说明。以标准函数库为例，函数库中的每一组函数都对应着一个 .h 文件。例如，如果我们在程序中需要使用输入 / 输出函数，就必须在程序的开始处通过 #include 引用头文件 <stdio.h>。在这个 .h 文件中不但说明了所有输入 / 输出函数的函数原型，而且定义了在使用输入 / 输出函数时需要用到的数据结构以及宏定义。有些标准头文件，如 <errno.h> 等，还给出了相关的全局变量的说明。当我们对程序进行拆分时，也应参考这种源文件的组织方式，使每一个功能模块都有一个作为该模块对外开放界面描述的 .h 文件，说明该模块对其他模块开放的实体，以及与这些实体相关的特殊类型和宏的定义。此外，为了便于程序的维护，也可以为每一个 .c 文件建立一个其内部自用的 .h 文件，为模块中各个 .c 文件建立一个或一组模块内部共享的 .h 文件。

因为一个 .h 文件有可能被同一程序中的多个 .c 文件引用，所以在 .h 文件中只应包含说明性的内容，而不应包含实体的定义，也不应包含涉及存储分配的内容。有时有些初学者会把全局变量的定义或函数的定义写在 .h 文件中，然后再通过 #include 命令把它包含进一个 .c 文件，构成程序的一部分。当只把这个 .h 文件包含进一个 .c 文件中时，这样做并不会产生任何编译错误，而且也不妨碍程序的运行。但是，这样做不仅违反了 C 程序的规则和惯例，使程序的组织结构混乱，而且有可能带来潜在的维护困难。如果随着程序功能的扩展，在同一个程序中又有其他 .c 文件也需要使用这个 .h 文件中的说明信息，并因此引用了这个 .h 文件，那么在目标码被链接时就会引起程序实体被重复定义的错误。

8.8.3 避免 .h 文件被重复引用

复杂的大型程序或者函数库有可能涉及复杂的数据结构，因此 .h 文件在 .c 文件中引用的方式也可能是复杂的。有些 .h 文件有可能通过间接的方式被多次引用。例如，假设在文件 a.h 中定义了数据类型 x 和 y，文件 b.h 中定义了数据类型 u 和 v。如果数据类型 x 中的一个成员的类型是 u，那么文件 a.h 就需要引用 b.h。如果在文件 s.c 中使用了 a.h 和 b.h 中说明的函数，那么 s.c 就必须同时引用 a.h 和 b.h。这样，在 s.c 中 b.h 就会被以直接的方式和间接的方式各引用一次，编译系统就会在编译 s.c 时两次遇到对数据类型 u 和 v 的定义，并且报告数据类型的重复定义错误。即使在 .h 文件中没有对数据类型的定义，大量重复引

用 .h 文件也会使得编译的速度降低。为了避免 .h 文件在编译一个 .c 文件时被多次重复引用，可以在 .h 文件中配合使用条件编译命令和宏，根据特定的宏是否存在来判断本 .h 文件在当前的 .c 文件中是否已经被引用过。例如，在 Linux 上，<stdlib.h> 文件中包含如下的命令行：

```
#ifndef_STDLIB_H
#define_STDLIB_H
......
#endif
```

上述命令的前两行出现在文件的开头，最后一行出现在文件的末尾，中间用省略号略去的是 <stdlib.h> 中的正文内容。这样，只要 <stdlib.h> 在当前的 .c 文件中被引用过一次，就定义了宏 _STDLIB_H。此后无论是再直接引用 <stdlib.h>，还是通过其他的 .h 文件间接引用了 <stdlib.h>，<stdlib.h> 中的第一行的 #ifndef 就不再成立，<stdlib.h> 中其余的内容也就不会再被处理了。

为避免 .h 文件被重复引用，也可以使用编译选项指令 #pragma once。把这一语句放到 .h 文件的第一行，就可以实现与上面 3 行条件编译宏完全等价的功能了。

8.8.4　静态全局变量

当一个程序的源代码被分别组织在多个文件中时，所有这些文件中的全局变量都属于同一个命名空间。这些变量不能够同名，否则就会发生命名冲突。当源文件的数量不多时，当所有这些源文件都由一位程序员编写时，避免变量的重名尽管不容易，但依然可能。当源文件的数量较多时，当程序由多位程序员同时编写、共同完成时，避免变量的重名就是一件非常困难的任务了。为了进一步划分全局变量的命名空间，避免命名冲突，在 C 语言中引入了静态全局变量。

静态全局变量常被简称为静态变量。它是在全局变量前加上 static 属性而定义的。例如，下面的语句

```
static double total;
static int my_local_func(double x);
```

就定义了一个 double 类型的静态全局变量 total，并声明了一个静态函数 my_local_func()。静态全局变量限定了被定义变量的命名空间和作用域，使其局限于所在的源文件中。在这一文件之外，静态全局变量是不可见的，因此不会与其他文件中的同名静态变量发生命名冲突。这样，虽然在每一个源文件的范围内每个静态全局变量只能被定义一次，但是在由多个源文件组成的程序中用同一个名字定义的静态全局变量可以有多个。当程序的其他源文件中有名字相同的非静态全局变量时，只要这个变量不通过 extern 的变量声明引入到包含有同名静态全局变量的源文件中，也不会引起命名冲突[⊖]。编程人员只需要保证在一个源

⊖　如果在同一个源文件中既有静态全局变量，又有一个与之名字相同的全局变量的声明，只要这个通过 extern 声明的全局变量的类型与静态全局变量相同，大多数编译系统都不会报告错误，而是认为这个通过 extern 声明的全局变量指的就是在这个源文件中定义的静态全局变量。

文件内的静态全局变量名之间不发生冲突，而不必关心其他文件中是否使用了同样的变量名。通过静态全局变量提供的这种模块化和数据隐藏功能，使得程序中一个源文件中的代码无法随意访问属于另一个源文件内部的函数和变量，减少了变量命名冲突的机会和程序出错的可能。对于不需要被其他源文件调用的函数，也可以用相同的方法处理，将这些源文件内部使用的函数声明和定义为静态函数，就可以防止它们暴露在其所定义的源文件之外而与其他文件中的同名函数发生冲突了。

8.8.5　可执行文件的生成和更新

对于由多个源文件组成的程序，其可执行文件的基本生成过程与由单个源文件构成的程序没有什么差别：编译系统逐一地对组成程序的所有源文件进行编译，生成目标码文件，然后再将这些目标码文件与必要的库函数链接起来，生成可执行文件。编译系统对组成一个程序的源文件的数量没有限制。我们经常可以见到由几十个、上百个，甚至更多的 .c 文件组成的大型程序。

在程序的开发调试阶段，对源文件的改动是经常的。在每次改动后都需要对可执行文件进行相应的更新。对于小型的程序，在每一次程序的修改之后重复上述程序生成的基本过程，对全部源文件重新编译一遍是很正常的。但是对于由几十或几百个源文件组成的程序来说，为了修改一个文件中的错误而把所有的源文件从头到尾重新编译一遍，不但相当耗时，而且也没有必要，因为这时需要重新编译的只是被改动过的文件，以及受到这一改动影响的其他文件。

为了提高大型程序在开发和调试过程中的生成效率，各种程序开发平台都提供了相应的工具。这些工具的基本工作原理是根据文件之间的依赖关系以及文件的更新时间来判断哪些文件会受到程序修改工作的影响，需要重新编译，以及应该执行什么样的操作来更新程序的可执行文件。例如，可执行文件是由目标码文件链接而成的，如果目标码文件发生了改变，使得可执行文件的生成时间早于目标码文件的生成时间，就需要重新执行链接工作，生成新的可执行文件。又例如，目标码文件是由 .c 文件编译而成的，而 .c 文件中可能又包含了若干 .h 文件，如果这些文件发生了改动，使得相应的目标码文件的生成时间早于这些文件，就需要对这些相关文件重新编译，生成新的目标码文件。

在 Unix/Linux 平台上，最常用的可执行文件生成工具是 make。当使用 make 时，需要提供一个描述文件，其默认文件名是 makefile。在这个描述文件中需要说明所要生成的程序名称、组成这一程序的文件之间的依赖关系，以及生成目标文件的方法。为了简化描述，在 make 中保存了一些基本的文件依赖规则。例如，make 默认 .o 文件是使用命令 cc -c 对具有相同主文件名的 .c 文件编译生成的。这样，在描述文件中就不用再逐一地说明 .o 文件和 .c 文件的依赖关系和生成方法了。下面我们看一个 makefile 的例子。

【例 8-22】makefile 的例子　设程序 my_tool 由 x.c、y.c 和 z.c 三个 .c 文件，以及 x.h、y.h、z.h 和 comm.h 四个 .h 文件组成。x.c、y.c 和 z.c 分别包含了 x.h、y.h 和 z.h，并且 y.c 和 z.c 又都包含了 comm.h。

根据上述程序与文件之间的依赖关系，makefile 可以描述如下：

```
my_tool : x.o y.o z.o
    cc -o my_tool x.o y.o z.o -lm
x.o : x.h

y.o : y.h comm.h

z.o : z.h comm.h

clean :
    rm -f *.o my_tool
```

在 makefile 文件中，每个目标生成的规则描述一般由两行组成：第一行说明目标及其所依赖的文件，第二行说明目标生成的动作。第一行的目标及其所依赖的文件由冒号分隔，冒号左侧是所要生成的目标，一般是一个或多个文件名；冒号右侧是目标所依赖的文件。当冒号左侧的目标文件不存在，或者其更新日期早于其所依赖的文件时，需要对其进行生成或更新操作。第二行是一个或多个由操作系统执行的命令，说明目标生成或更新时所要执行的动作。当目标的生成使用 make 默认的规则时，该行可以为空；当目标的生成所需要执行的命令较多时，可以将它们写在多行中。上面的文件内容说明，文件 my_tool 依赖于 x.o、y.o 和 z.o 这三个 .o 文件，其生成命令是

```
cc -o my_tool x.o y.o z.o -lm
```

而 x.o 依赖于 x.h，y.o 依赖于 y.h 和 comm.h，z.o 依赖于 z.h 和 comm.h。其生成命令以及各个 .o 文件对 .c 文件的依赖关系都由 make 的默认规则隐含。make 命令的使用格式如下：

```
make [<目标>]
```

其中 < 目标 > 可以省略。当命令行中给出所要生成的目标时，make 首先找到 makefile 中描述该 < 目标 > 的规则，然后检查该目标文件是否不存在，以及它的生成日期是否早于其所依赖的文件。这两个条件中的任何一个被满足时，make 就执行该目标的生成命令。当命令行中没有给出所要生成的目标时，make 就从 makefile 文件中寻找并生成其所发现的第一个目标。对于【例 8-22】中的 makefile 文件，仅使用命令 make 就等价于命令 make my_tool。这时，make 会检查 my_tool 以及其所依赖的文件是否需要更新，并执行相应的动作。例如，如果 y.h 或 y.c 在 y.o 生成之后又被修改过，则 make 会首先执行命令 cc -c y.c 生成 y.o，然后再执行命令 cc -o my_tool x.o y.o z.o 生成 my_tool。而如果在上一次使用 make 生成 my_tool 之后 comm.h 又被修改过，则 make 命令会首先重新编译 y.c 和 z.c，生成新的 y.o 和 z.o，然后再链接生成新的 my_tool。当使用命令 make clean 时，因为在当前的目录中没有名为 clean 的文件，所以 make 执行命令 rm -f *.o my_tool，删除掉所有的 .o 文件以及 my_tool。

为了便于描述目标文件的依赖关系和生成规则，make 还提供了宏和规则说明等多种机制。很多集成编程环境也都提供了这种根据文件依赖关系和文件生成时间决定如何对可执行文件进行更新的机制。例如，MSVS 可以根据各个源文件中的 #include 命令自动生成对文件依赖关系的描述，并且使用这些依赖关系来决定在更新可执行文件时哪些 .c 文件需要重新编译。需要进一步了解这些内容的读者可以参考相关的联机手册。

Appendix A 附录 A

标准头文件及其中的函数说明和符号常量

头文件名	相关功能
<assert.h>	运行时的断言检查
NDEBUG void assert(< 标量表达式 >);	
<ctype.h>	字符类型判断和转换
int isalnum(int c);　　　　int isalpha(int c);　　　　int iscntrl(int c); int isdigit(int c);　　　　int isgraph(int c);　　　　int islower(int c);　　　int isprint(int c); int ispunct(int c);　　　　int isspace(int c);　　　　int isupper(int c);　　　int isxdigit(int c); int tolower(int c);　　　　int toupper(int c);	
<errno.h>	错误处理
EDOM　　　　　　　EILSEQ　　　　　　　ERANGE　　　　　errno	
<float.h>	浮点数的属性描述
FLT_ROUNDS　　　　FLT_EVAL_METHOD　　FLT_RADIX　　　　FLT_MANT_DIG　　　DBL_MANT_DIG LDBL_MANT_DIG　　DECIMAL_DIG　　　　FLT_DIG　　　　　DBL_DIG　　　　　　LDBL_DIG FLT_MIN_EXP　　　　DBL_MIN_EXP　　　　LDBL_MIN_EXP　　FLT_MIN_10_EXP　　DBL_MIN_10_EXP LDBL_MIN_10_EXP　FLT_MAX_EXP　　　　DBL_MAX_EXP　　LDBL_MAX_EXP　　FLT_MAX_10_EXP DBL_MAX_10_EXP　LDBL_MAX_10_EXP	
<limits.h>	整型数的大小
CHAR_BIT　　　SCHAR_MIN　　SCHAR_MAX　　UCHAR_MAX　　CHAR_MIN　　　CHAR_MAX MB_LEN_MAX　　SHRT_MIN　　SHRT_MAX　　USHRT_MAX　　INT_MIN　　　　INT_MAX UINT_MAX　　　LONG_MIN　　LONG_MAX　　ULONG_MAX　　LLONG_MIN　　LLONG_MAX ULLONG_MAX	
<locale.h>	本地化处理

struct lconv
char *setlocale(int category, const char *locale);
struct lconv *localeconv(void);
LC_ALL　LC_COLLATE　LC_CTYPE　LC_MONETARY　LC_NUMERIC　LC_TIME NULL	

（续）

\<math.h\>	数学函数

double acos(double x);   double asin(double x);   double atan(double x);
double atan2(double y, double x);   double cos(double x);
double sin(double x);   double tan(double x);   double cosh(double x);
double sinh(double x);   double tanh(double x);   double exp(double x);
double frexp(double x, int *exp);   double ldexp(double x , int exp);
double log(double x);   double log10(double x);   double modf(double x, double *iptr);
double pow(double x, double y);   double sqrt(double x);
double ceil(double x);   double fabs(double x);   double floor(double x);
double fmod(double x, double y);

\<setjmp.h\>	非局部跳转

jmp_buf   int setjmp(jmp_buf env);   void longjmp(jmp_buf env, int val);

\<signal.h\>	异常信号处理

SIG_DFL   SIG_ERR   SIG_IGN   SIGABRT   SIGFPE
SIGILL   SIGINT   SIGSEGV   SIGTERM
void(*signal(int sig, void(*func) (int sig))) (int sig);   int raise(int sig);

\<stdarg.h\>	变长参数表

va_list   \<类型\> va_arg(va_list ap, \<类型\>);   void va_end(va_list ap);
void va_start(va_list ap, \<参数\>);

\<stddef.h\>	公用定义

ptrdiff_t   size_t   wchar_t   NULL
offsetof(\<结构类型\>, \<结构成员\>)

\<stdio.h\>	标准输入 / 输出

size_t   FILE   NULL   BUFSIZ   EOF   FOPEN_MAX   FILENAME_MAX
SEEK_CUR   SEEK_ENDSEEK_SET   stderr   stdin   stdout
int remove(const char *filename);   int rename(const char *old, const char *new);
FILE *tmpfile(void);   char *tmpnam(char *s);
int fclose(FILE *stream);
int fflush(FILE *stream);   FILE *fopen(const char *filename, const char *mode);
FILE *freopen(const char *filename, const char *mode, FILE *stream);
void setbuf(FILE *stream, char *buf);
void setvbuf(FILE *stream, char *buf, int mode, size_t size);
int fprintf(FILE *stream, const char *format, ...);
int fscanf(FILE *stream, const char *format, ...);
int printf(const char *format, ...);   int scanf(const char *format, ...);
int sprintf(char *s, const char *format, ...);
int sscanf(const char *s, const char *format, ...);
int vfprintf(FILE *stream, const char *format, va_list arg);
int vprintf(const char *format, va_list arg);   int vsprintf(char *s, const char *format, va_list arg);
int fgetc(FILE *stream);   char *fgets(char *s, int n, FILE *stream);
int fputc(int c, FILE *stream);   int fputs(const char *s, FILE *stream);
int getc(FILE *stream);   int getchar(void);
char *gets(char *s);   int putc(int c, FILE *stream);
int putchar(int c);   int puts(const char *s);
int ungetc(int c, FILE *stream);
size_t fread(void *ptr, size_t size, size_t nmemb, FILE *stream);
size_t fwrite(const void *ptr, size_t size, size_t nmemb, FILE *stream);
int fgetpos(FILE *stream, fpos_t *pos);   int fsetpos(FILE *stream, fpos_t *pos);

（续）

int fseek(FILE *stream, long int offset, int whence);	
long int ftell(FILE *stream);	void rewind(FILE *stream);
void clearerr(FILE *stream);	int feof(FILE *stream);
int ferror(FILE *stream);	void perror(const char *s);
\<stdlib.h\>	**常用标准函数**

size_t   RAND_MAX
int abs(int j);
double atof(const char *nptr);   int atoi(const char *nptr);
long int atol(const char *nptr);   long int labs(long int j);
void *bsearch(const void *key, const void *base, size_t nmemb, size_t size,
                                         int(*compar)(const void *, const void *));
double strtod(const char *nptr, char **endptr);
long int strtol(const char *nptr, char **endptr, int base);
strtoul(const char *nptr, char **endptr, int base);
int rand(void);   void srand(unsigned int seed);
void *calloc(size_t nmemb, size_t size);
void free(void *ptr);   void *malloc(size_t size);
void *realloc(void *ptr, size_t size);
void abort(void);   void exit(int status);
int atexit(void (*function)(void));
char *getenv(const char *name);   int system(const char *string);
void qsort(void *base, size_t nmemb, size_t size, int (*compar)(const void *, const void *));
div_t div(int numer, int denom);   ldiv_t ldiv(long int numer, long int denom);
int mblen(const char *s, size_t n);
int mbtowc(wchar_t *pwc, const char *s, size_t n);   int wctomb(char *s, wchar_t wc);
size_t mbstowcs(wchar_t *dest, const char *src, size_t n);
size_t wcstombs(char *dest, const wchar_t *src, size_t n);	

\<string.h\>	**字符串处理**

void *memchr(const void *s, int c, size_t n);
int memcmp(const void *s1, const void *s2, size_t n);
void *memcpy(void *s1, const void *s2, size_t n);
void *memmove(void *s1, const void *s2, size_t n);
void *memset(void *dest, int c, size_t count);
char *strpbrk(const char *s1, const char *s2);
char *strcat(char *s1, const char *s2);   char *strncat(char *s1, const char *s2, size_t n);
char *strchr(const char *s, int c);   char *strrchr(const char *s, int c);
int strcmp(const char *s1, const char *s2);   int strncmp(const char *s1, const char *s2, size_t n);
int strcoll(const char *s1, const char *s2);   char *strerror(int errnum);
char *strcpy(char *s1, const char *s2);   char *strncpy(char *s1, const char*s2, size_t n);
size_t strspn(const char *s1, const char *s2);   size_t strcspn(const char *s1, const char *s2);
char *strstr(const char *s1, const char *s2);   char *strtok(char *s1, const char *s2);
size_t strlen(const char *s); size_t strxfrm(char *dest, const char *src, size_t n);	

\<time.h\>	**时间与日期**

CLOCKS_PER_SEC   clock_t   time_t   struct tm
clock_t clock(void);   double difftime(time_t time1, time_t time0);
time_t mktime(struct tm *timeptr);   time_t time(time_t *timer);
char *asctime(const struct tm *timeptr);
char *ctime(const time_t *timer);   struct tm *gmtime(const time_t *timer);
struct tm *localtime(const time_t *timer);
size_t strftime(char *s, size_t maxsize, const char *format, const struct tm *timeptr);	

cc/gcc 的常用命令选项

选　项	功　能
-c	编译但不进行链接，只生成以 .o 为后缀的目标码文件
-o <file>	将编译结果写入文件 <file> 中
-v	在标准错误输出上输出编译过程中执行的命令及程序版本号
-Wall	在标准错误输出上输出所有可选的警告级错误信息
-w	不输出任何警告级错误信息
-g	生成调试辅助信息，以便使用 GDB 等调试工具对程序进行调试
-p	加入运行剖面生成代码，以便生成可被 prof 解读的程序运行剖面数据
-pg	加入运行剖面生成代码，以便生成可被 gprof 解读的程序运行剖面数据
-O -O<n>	指定编译优化级别，<n> 可以为 1、2、3 和 s。-O 等于 -O1
-D <name> -D <name>=<def>	定义宏 <name> 等于 <def>。-D <name> 定义宏 <name> 等于 1
-I <dir>	将目录 <dir> 加入搜索头文件的目录集合中。对 <dir> 的搜索先于对标准目录的搜索
-l <library>	在函数库 <library> 中查找需要链接的函数
-L<dir>	将目录 <dir> 加入搜索链接函数库的目录集合中
-static	在支持动态链接的系统上使用静态链接库进行静态链接

Appendix C 附录 C

vi 的基本操作命令

	命　令	功　能
光标移动	0	将光标移到当前行的第一个字符前
	$	将光标移到当前行的最后一个字符后
	h j k l	分别将光标向左、下、上、右移动一格。与键盘上的箭头键功能相同
	w	将光标沿字符序列向后移动一个单词
	b	将光标沿字符序列向前移动一个单词
插入	i	进入字符插入状态，在光标所在位置前插入字符序列
	a	进入字符插入状态，在光标所在位置后插入字符序列
	o	进入字符插入状态，在光标所在行后建立一个空行并插入字符序列
	I	进入字符插入状态，在光标所在行前插入字符序列
	A	进入字符插入状态，在光标所在行后插入字符序列
	O	进入字符插入状态，在光标所在行前建立一个空行并插入字符序列
	<Esc> 键	退出字符插入状态，回到光标移动状态
删除	xX	分别删除光标左侧和右侧的字符
	[<n>]dw	删除 <n> 个单词。当省略 <n> 时，删除一个单词
	[<n>]dd	删除 <n> 行。当省略 <n> 时，删除一行
	D	删除从光标位置至行尾的全部内容
替换	cc	替换当前行的全部内容，进入字符插入状态
	C	替换从光标位置至行尾的全部内容，进入字符插入状态
	r	用一个字符替换光标所在位置的字符
	s	用字符串替换光标所在位置的字符，进入字符插入状态
	n1, n2 s/s1/s2/[g]	在从行号 n1 到 n2 的所有内容中查找字符串 s1，并将其替换为字符串 s2。当命令中有最后的 g 时，替换所有的 s1，否则每行只进行最多 1 次替换

（续）

命　　令		功　　能
查找	/<string>	查找字符串 <string>
移动	n1, n2 m[n3]	将从行号 n1 到 n2 的所有内容移动到行号 n3 的内容之后。当不指定 n3 时，将上述内容移动到光标当前所在行的下面
复制	n1, n2 t[n3]	将从行号 n1 到 n2 的所有内容复制到行号 n3 的内容之后。当不指定 n3 时，将上述内容复制到光标当前所在行的下面
杂项命令	:f	显示当前正在编辑的文件名
	:e <file>	编辑文件 <file>
	:w [<file>]	将当前的编辑内容写入文件 <file> 中。当不指定文件时写入当前文件中
	:q	退出 vi
	:help	显示帮助信息
	!	强制执行，可以跟在 :e、:f、:w 等命令之后

ASCII 编码表

Dec	Hex	Char	Dec	Hex	Char	Dec	Hex	Char	Dec	Hex	Char
0	00	NUL '\0'	21	15	NAK	42	2A	*	63	3F	?
1	01	SOH	22	16	SYN	43	2B	+	64	40	@
2	02	STX	23	17	ETB	44	2C	,	65	41	A
3	03	ETX	24	18	CAN	45	2D	—	66	42	B
4	04	EOT	25	19	EM	46	2E	.	67	43	C
5	05	ENQ	26	1A	SUB	47	2F	/	68	44	D
6	06	ACK	27	1B	ESC	48	30	0	69	45	E
7	07	BEL '\a'	28	1C	FS	49	31	1	70	46	F
8	08	BS '\b'	29	1D	GS	50	32	2	71	47	G
9	09	HT '\t'	30	1E	RS	51	33	3	72	48	H
10	0A	LF '\n'	31	1F	US	52	34	4	73	49	I
11	0B	VT '\v'	32	20	SPACE	53	35	5	74	4A	J
12	0C	FF '\f'	33	21	!	54	36	6	75	4B	K
13	0D	CR '\r'	34	22	"	55	37	7	76	4C	L
14	0E	SO	35	23	#	56	38	8	77	4D	M
15	0F	SI	36	24	$	57	39	9	78	4E	N
16	10	DLE	37	25	%	58	3A	:	79	4F	O
17	11	DC1	38	26	&	59	3B	;	80	50	P
18	12	DC2	39	27	'	60	3C	<	81	51	Q
19	13	DC3	40	28	(	61	3D	=	82	52	R
20	14	DC4	41	29	)	62	3E	>	83	53	S

（续）

Dec	Hex	Char	Dec	Hex	Char	Dec	Hex	Char	Dec	Hex	Char
84	54	T	95	5F	_	106	6A	j	117	75	u
85	55	U	96	60	`	107	6B	k	118	76	v
86	56	V	97	61	a	108	6C	l	119	77	w
87	57	W	98	62	b	109	6D	m	120	78	x
88	58	X	99	63	c	110	6E	n	121	79	y
89	59	Y	100	64	d	111	6F	o	122	7A	z
90	5A	Z	101	65	e	112	70	p	123	7B	{
91	5B	[	102	66	f	113	71	q	124	7C	|
92	5C	\ '\\'	103	67	g	114	72	r	125	7D	}
93	5D	]	104	68	h	115	73	s	126	7E	~
94	5E	^	105	69	i	116	74	t	127	7F	DEL

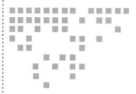

Appendix E 附录 E

函数 printf() 的常用描述符及其含义

函数 printf() 的原型如下：

```
int printf(const char *format, ...);
```

其中第一个参数 format 是一个描述输出数据格式的字符串，其后可以跟随 0 个或多个其他类型的参数。参数 format 中可以包含普通字符以及由 % 引导的数据格式描述符。格式字符串中的普通字符按照原样直接输出，数据格式描述符按顺序对应于函数中其他的参数，说明该参数的输出格式。

数据格式描述符由 % 引导，并且跟随 1～5 个由数字或字符构成的描述域，如下所示：

```
%[flags] [width] [.precision] [{h | l | L}] <type>
```

其中类型域 <type> 为必选项，其余由方括号括起来的 [flags]、[width]、[.precision] 和 [{h | l | L}] 分别是标志域、宽度域、精度域和数据长度域。这些域均为可选项。

数据格式描述符中的类型域说明该描述符所对应的被输出的数据的类型以及基本输出格式。类型域中可选的字符及其含义见表 E-1。

表 E-1　printf() 数据格式描述符中类型域的可选字符

字　符	数据类型	输出格式
c	int	单个字符
d, i	int	有符号十进制整数
o	int	无符号八进制整数
u	int	无符号十进制整数
x, X	int	无符号十六进制整数。x 使用小写字符 abcdef，X 使用大写字符 ABCDEF
e, E	double	有符号浮点数，格式为 [–]d.dddd e[符号]ddd。使用 E 时指数前面的 e 显示为 E

（续）

字　符	数据类型	输出格式
f	double	有符号浮点数，格式为 [-]dddd.dddd，小数点前的数位取决于数值的大小，小数点后的数位取决于所要求的精度
g，G	double	有符号浮点数，按格式 f 和 e 中对相应数值最简洁的格式输出。使用 G 时按格式 f 和 E 中对相应数值最简洁的格式输出
p	指针	以十六进制方式输出指针，等价于 %#x 或 %#lx
s	char*	字符串

标志域规定对基本输出格式进行的调整，这个域中可用的字符及其含义见表 E-2。

表 E-2　printf() 数据格式描述符中标志域的可选字符

字　符	含　义	无该字符时的默认格式
-	在给定的宽度内左对齐	右对齐
+	对有符号数，无论正负均显示符号	只对负数显示符号
0	在数据左侧添加 0，使输出数据满足最小宽度要求	不添加 0
空格	对有符号的正数的左侧添加一个前导空格	
#	当与类型字符 o、x、X 合用时，在非 0 值前分别添加 0、0x 和 0X	不添加前缀
	当与类型字符 e、E、f 合用时，强制输出小数点	仅在有小数部分时才输出小数点
	当与类型字符 g 或 G 合用时，强制输出小数点并且不截断小数部分低端的 0	仅在有小数部分时才输出小数点并且截断小数部分低端的 0

　　宽度域规定数据输出的最小宽度，以字符为单位。宽度 width 是一个非负的十进制数。如果数据的实际输出宽度小于 width 的规定，在非左对齐的情况下根据标志域的说明在该数值的左端补 0 或者补空格，以填满规定的最小宽度。当数据的实际宽度大于 width 的规定时，数据按照实际的数值输出。如果使用星号 (*) 说明数据的输出宽度，则数据的实际输出宽度取自星号所对应的位于变长参数表中的 int 型参数。

　　精度域规定数据输出的精度，以字符为单位。精度 precision 是一个跟随在小数点之后的非负十进制数。对于类型符 d、i、o、u、x 和 X，精度域规定输出数据的字符数；对于类型符 e、E 和 f，精度域规定数据在基数字符之后的数字的个数；对于类型符 g 和 G，精度域规定有效数字的上限；对于类型符 s，精度域规定输出字符的个数。当数据的实际精度大于 precision 的规定时，输出数据会对小数部分进行截断。

　　数据长度域中常用的可选字符是 h 和 l，可以与整型数据类型符一起用，说明其所对应的被输出参数的长度类型。其中 h 表示短整数（short），l 表示长整数（long）。

示例索引